普通高等教育“十一五”国家级规划教材

“十三五”江苏省高等学校重点教材(编号 2016-1-125)

现代气候学

(第二版)

缪启龙　江志红　陈海山　余锦华 等　编著

气象出版社
China Meteorological Press

内容简介

本教材为普通高等教育“十一五”国家级规划教材，“十三五”江苏省高等学校重点教材。全书共10章，系统地阐述了现代气候学的基本概念、原理和研究内容，力求反映现代气候学的最新成果。内容包括气候系统概念、辐射平衡、能量输送、水分交换，海气、陆气相互作用，冰雪与气候，以及大气的平均状态和气候变化的事实与可能原因，并对现代气候学的研究方法的基础理论予以介绍和阐述。

本教材可作为大气科学类本科生教材，还可供地理、水文、环境、海洋、农、林等专业的本科生或研究生作为教学参考书，还可供相关专业技术人员参考。

图书在版编目(CIP)数据

现代气候学/缪启龙等编著．—2版．--北京：气象出版社，2018.9(2020.5重印)

ISBN 978-7-5029-6863-2

Ⅰ.①现… Ⅱ.①缪… Ⅲ.①气候学—高等学校—教材 Ⅳ.①P46

中国版本图书馆CIP数据核字(2018)第255763号

现代气候学(第二版)

缪启龙　江志红　陈海山　余锦华 等　编著

出版发行：气象出版社

地　　址：北京市海淀区中关村南大街46号　　**邮政编码**：100081

电　　话：010-68407112(总编室)　010-68408042(发行部)

网　　址：http://www.qxcbs.com　　**E-mail**：qxcbs@cma.gov.cn

责任编辑：黄红丽　黄海燕　　**终　　审**：吴晓鹏

责任校对：王丽梅　　**责任技编**：赵相宁

封面设计：博雅思企划

印　　刷：三河市百盛印装有限公司

开　　本：720 mm×960 mm　1/16　　**印　　张**：24

字　　数：467千字　　**彩　　插**：8

版　　次：2018年9月第2版　　**印　　次**：2020年5月第5次印刷

定　　价：70.00元

第二版前言

本教材是普通高等教育“十一五”国家级规划教材，于2010年由气象出版社出版，满足了我国高校相关气候学教学的需要，受到各高校师生的欢迎，特别向曾对本教材提出宝贵意见的专家、学者，致以诚挚的谢意！2016年气象出版社要求重印或再版，正值2017年本教材入选“十三五”江苏省高等学校重点教材立项名单。于是组织了教材编写修订小组，这次修订的基本思想是吸收现代气候学的最新研究成果，增强教材内容的先进性；吸取教学经验，增强教材的实践性；适应教学对象的多样性，增强教材的可读性；增设思考题，加强学生知识掌握的有效性。

根据教学实践，调整了教材的层次、结构。修订稿依据逻辑结构和知识体系，吸收了最新的现代气候学研究成果，特别是IPCC第五次气候变化科学评估报告和第三次中国国家评估报告的内容。将原教材的12章调整为10章，包括绪论、气候系统、气候系统的能量平衡、气候系统的水分循环、大气系统的平均状态、海气相互作用、陆气相互作用、冰冻圈与气候、气候变化、现代气候学研究方法。其中第9章中将原书中的第10章“人类活动与气候”改编到这里，避免了阐述气候变化原因的重复；第7章“陆气相互作用”修改较大，删除了原书的“陆面过程模拟”一节，增加了陆面的土壤温度、土壤湿度、植被、地形等与气候，增加了“青藏高原陆面过程”；在第10章中，将原书中的第11章和第12章合并为“现代气候学研究方法”，把气候统计学与气候数值模拟有机地联系起来，并展现了气候变化各种研究方法的最新研究成果。此次修订在各章后增加了思考题，有利于读者消化、理解教材基本内容。

本次修订除原作者外还增加了几位年轻的教授，张春莹负责第2章，余锦华负责第3～4章，王志福负责第5章，温娜负责第6章，陈海山、俞淼、孙善磊、华文剑、朱司光负责第7章和第10章，游庆龙负责第8章，江志红、陈威霖负责第9

章，缪启龙负责第1章以及全书的统稿和定稿。

本教材此次修订出版得到了江苏省教育厅高等教育处、南京信息工程大学教务处、南京信息工程大学大气科学学院的大力支持，江苏省教育厅高等教育处组织专家提出了宝贵的评审意见，本教材引用了大量的专家、学者的科研成果，并得到江苏高校品牌专业建设工程资助项目（PPZY2015A016）、2015年江苏省高等教育教改研究立项课题（2015JSJG032）的资助，气象出版社给予了极大关心，在此一并表示真诚的谢意。

由于我们的水平有限，内容难免有不妥和错误之处，祈望批评指正。

编著者

2018年9月

于南京信息工程大学

第一版前言

自从20世纪70年代提出气候系统的理论以来，气候学的研究进入一个崭新的阶段，从气候系统各个子系统之间的相互作用来讨论气候问题的科学研究在全世界都十分活跃，一些新发现、新观点、新方法、新理论层出不穷，使气候学得到了空前的大发展，形成了丰富的现代气候学内容。尽管我们长期从事气候学的教学，想在一本教材中全面地、系统地阐述现代气候学的全部内容仍感到十分困难。本教材试图用气候系统的基本理论阐述气候形成与变化的各种影响因子及子系统之间复杂的相互作用，使读者能对现代气候学有一个基本的认识和理解。本教材引用了大量的科学文献，力求反映最新成果，为的是使读者能对现代气候学研究进展有一定的了解。

本书共12章，第1章为绪论，介绍气候学的发展过程；第2章介绍气候系统的概念；第3～10章阐述气候系统各子系统之间能量、动量、物质的交换和输送过程，各子系统之间的相互作用及其对气候形成与变化的影响；第11章介绍气候诊断与气候预测的方法；第12章阐述现代气候学理论研究及气候预测的重要手段——气候数值模拟的基础。这些内容可使读者对现代气候学的基本理论有较完整的了解。本书供大气科学类本科生作为教材，可作为地理、环境、生态、水文、农、林等专业本科生或研究生的教学参考书，教学时数为50～70学时，也可供相关专业技术人员参考。

本书由缪启龙负责主编。江志红编写第9章和第11章；陈海山编写第7章和第12章；余锦华编写第4章；缪启龙编写第1～3章、第5～6章、第8章和第10章，并对全书内容进行了调整、修改、定稿。

本书在编写过程中，得到了南京信息工程大学领导的支持，南京信息工程大学翁笃鸣教授审阅了书稿，并提出宝贵的修改意见，段春锋、曹雯、王勇、丁园圆、张春莹等博士及方思达硕士为本教材的编写付出了大量的辛勤劳动，气象出版社给予了大力支持，在此一并致以衷心的感谢。

诚恳希望能对本教材的不足与错误提出批评、指正。

缪启龙
2010年9月15日
于南京信息工程大学

目　录

第 1 章

绪　论

地球是宇宙中一个很特殊的星球，有大气、水和地球表面岩石，构成了一个适宜于生物生存的地理环境，而地球气候的适宜性、相对稳定性，又形成了地球上各种纷纭复杂的气候环境，为各种生物（包括人类）找到了相应的聚集地，长期生存繁衍，于是有了今天的世界。由于人类社会的发展，不仅人类活动对气候变化有着影响，而且人类对气候的变化也愈来愈敏感，基于近百年来气候的变暖，人们感到气候的变化必将影响我们的生存和经济社会的发展，因此"气候和气候变化"成为当今世界最热门的词汇之一，受到全世界的广泛关注。

1.1　气候的概念

关于"气候"一词有着各种各样的定义，100 多年来，人们从不同的角度、不同的方法对气候给出不同的定义，随着对气候现象认识的不断深入，"气候"的概念也就随之不断地变化，气候可以理解为某一地区（或某一区域）大气的长年状态，用各种气候要素的统计值来表示。洪堡（A. V. Humboldt，1845）认为气候是人类能够感知的大气中所有的变化；汉恩（J. Hann，1908）认为气候是地表上某一地点、根据大气平均状态可以了解的气象现象的总称，即气候是大气的平均状态，研究各种气象要素的地理分布和年、日变化。随着天气学的发展，柯本（Koppen）、阿里索夫（B. П. Алисов）等认为气候是一地区天气的平均状态和一般过程，研究各种天气系统、大气环流的平均状态。也有人提出气候是大气众多状态的一个统计集合，这一定义除了大气的平均态外，还包含着大气的其他统计特征，如距平、协方差、相关等。

20 世纪 70 年代以来，气候学研究进入了一个新的阶段。1974 年在斯德哥尔摩召开的世界气象组织（WMO）和国际科学联盟理事会（ICSU）联合召开的"气候的物理基础及其模拟"国际学术讨论会上，明确地提出了"气候系统"的概念，气候系统作为大气圈与水圈（海洋）、冰冻圈、岩石圈和生物圈相互作用的整体，认为气候是天-地-生相互作用下的大气系统的较长时间的平均状态。

政府间气候变化专门委员会(IPCC)2007 年报告给出:狭义上气候通常被定义为"天气的平均状态",严格表述为"在某一时段内气候要素的平均值和变率的统计描述"。这里"某一时段的长度"从几个月到几千年甚至几百万年不等,WMO 规定 30 年,如 1971—2000 年,1981—2010 年等,作为代表某一地区现代气候的定义时段,反映当前气候的基本特征。

图 1.1 是大气过程的尺度谱,图上的时间坐标是用 10 年为底的对数表示,空间坐标则是以 10 km 为底的对数。可见气候的时间尺度谱很宽。

时间尺度	−6　−5　−4　−3　−2　−1　0　1　2　3　4　5　6　7			
	分　时　日　月　年			
空间尺度	−2　−1　0　1　2　3　4			
谱段	湍流尺度	天气尺度	大天气尺度	气候尺度
阶次		积云　中小尺度系统　短波　长波　超长波	年变	2~5 年周期　25~40 年周期　小冰期、间暖期　副冰期、副间冰期　亚冰期、亚间冰期　大冰期、温暖期
频率	超高频	高频	低频	次频率
学科	微气象学	天气学	大天气学	气候学

图 1.1　大气过程的尺度谱

天气和气候都是研究大气的运动,如天气学研究大气波动的状态和位相,有超长波、长波、短波等,其位相就是槽、脊、高压、低压等气压场成员。这些大气波动的位相在时间坐标上有着对应的关系,因为地球是有一定的空间尺度的,超长波在半球尺度上只有 3 个波,大约 15 天的时间,这个时间长度的大气过程是一个短期过程,其运转主要是靠大气自身具有的能量来维持的,不需要考虑其他能量的输入,即是一个绝热过程,是一个大气内部的过程。

由此,对时间较长的气候尺度的大气,我们不能认为是绝热系统,它与下垫面如地表植被、海洋、地形、地貌等环境因子处于频繁而又复杂的相互作用之中,这是气候与天气的根本区别之一。因此气候系统概念的提出,促使气候学向更深入、更广阔的领域发展,加深了对气候形成和变化的认识和了解。

1.2　现代气候学和传统气候学

陶诗言认为在 20 世纪 50 年代以前用气象要素的统计平均来描述气候,是把气候当作静态来研究的;而现代则把气候看作是不断变化的。前者主要是描述一定区域的气候特点,称为传统气候学;后者则研究气候形成和变化的原因,要求预测某个地区或全球范围的各种时间尺度的气候变化,即围绕平衡态的扰动或对平衡态的偏差或距平,单纯关注大气本身的温、压、湿等要素是不够的,更要关注引起大气要素变化的一些影响因素,因此 20 世纪 70 年代以来,气候学研究的重要进展之一是研究范畴拓展到包括大气、海洋、冰雪、陆面、生物等圈层及其相互作用,即气候系统。基于气候系统理论来研究气候形成和变化的原因及预测的科学,称为现代气候学。

在传统的气候学里,阐明气候和生态(主要是植被)的关系时采用气候带的概念,如湿温型气候带、亚热带气候带等。无疑在现代气候学中仍是有意义的概念,但为了描述气候异常或气候距平的全球分布,揭露不同地区距平之间的相互关系及其中的动力学问题,需要引入气候距平型。这里,统计平衡状态下的气候带和偏离平衡状态的气候距平型并不是一回事,它们也不重合。

现代气候学不同于传统气候学的另一个特点是现代气候学引入了“气候系统”的概念。传统气候学着重描述各个气候因子的时空特征,即只考虑大气本身的一些参数。现代气候学主要研究气候变化,决定气候变化的因子不单是大气内部的种种过程,还决定于发生在大气上、下界处的各种物理和化学过程。所以气候的形成和变化不仅是大气内部状态和行为的反映,而且是与大气有明显作用的各个子系统所组成的复杂系统的总体行为。各子系统内部以及各子系统彼此之间的各种物理、化学乃至生物过程的相互作用决定气候的长期平均状态及各种时间尺度的变化。因此现代气候学从概念上已经不再是过去常常被作为气象学或地理学一个分支的传统气候学,而是大气科学、海洋学、地球物理学、地理学、地质学、冰川学、天文学、生物学以至社会科学等众多学科相互渗透共同研究的交叉科学。

研究方法上,现代气候学和传统气候学也有明显不同。传统气候学中的统计方法和定性描述方法在地理气候学中是有用的,现代气候学更需要推理和定量的研究,并要求对气候系统进行定量的大规模观测和综合分析,高度重视气候系统的相互作用动态过程的物理-动力学理论研究及对气候形成和演变的数值模拟。人们认为必须利用比较完善的有坚实物理基础的气候模式,才能定量地考虑复杂的气候系统中各成员之间的各种相互作用并展现气候过程,才能准确地理解气候变化的机制,使气候预测的可能性得以实现。

1.3　气候学的发展

气候从其性质上讲是一种客观存在的自然现象,气候学则主要是一种社会现象,是人类对这种自然现象的认识和理解。气候学与其他自然科学一样是随着人类对自然界认识的深入、社会文明和科学技术的进步而逐步发展起来的,既有社会对气候认识的需要,又要有社会提供对研究气候的科学技术和经济基础支持。气候学在发展过程中经历了从定性到定量、从简单到复杂、从低级到高级逐步的演变过程,是一脉相承的,前一阶段为后一阶段的形成与发展积聚了资料、丰富了经验,为进一步认识深化、理论创新提供科学基础。我国么枕生、陶诗言、王绍武、张家诚、汤懋苍等都曾对气候学的发展过程做过分析。通常把气候学的发展过程分为下列几个阶段。

1.3.1 古典气候学阶段

早在中国古代,为了便于掌握农事季节,劳动人民对气候就有某些感性认识并加以总结。如在春秋战国时代,当时为了便于掌握农事活动,将一年分为二十四节气和七十二候,以五日为候,三候为气,各候各气都有其自然特征,合称气候。西汉(公元206年)以来,中国古代劳动人民在气象观测、气象仪器和对某些气象现象的解释上已达到相当的水平,1424年就有用量雨器作雨量观测的记载,同时在应用气候方面也积累了许多丰富的知识,尤其是农业生产,各地利用当地气候的特征选择农作物物种、安排耕作制度,并利用气候资源发现、培育了许多名、特、优产品。在古希腊时代,欧洲也出现有关气候方面的记载。这一阶段人们对气候的认识是一种直接的感性认识。

1.3.2 地理气候学阶段

随着科学技术的发展,温度表和气压表相继问世,到了18世纪,工业的发展能提供标准基本统一的观测仪器,整个国际上开始收集和发行气象观测记录资料,使人们能从大量的气象观测资料中进行总结、归纳,并能与物理学原理结合起来,开始了气候学的科学研究。给出它们的月平均值和年平均值,并用这类平均值对气候作叙述性的描述。气候学才真正作为一种科学形态存在。从19世纪初开始,1817年,德国A. von Humboldt(1769—1859)根据全球57个气象站的观测资料,首先采用等温线的概念,绘制出世界上第一幅全球年平均温度分布图,并借助等温线图得出大陆东岸气候和大陆西岸气候的差异,并根据植物与气候的关系,把全球划分为16个气候区,Humboldt的工作被认为是近代气候学的开创者。之后,德国的H. Berghaus(1797—1884)于1845年绘制出世界降水量分布图,H. W. Dove(1803—1879)于1849年出版第一部月平均等温图和温度距平图。英国的A. Buchan(1829—1907)于1869年根据盛行风资料首次绘制全球等压线分布图。俄国气候学奠基人A. N. Boenkob(1842—1916),1873年开始将美国学者J. H. Coffin因去世而未完成的《全球的风》继续下去,在1884年出版了《地球气候与俄国气候》。同年德国的

W. P. Koppen(1846—1940)首次提出气候分类法并对全球气候进行分类的尝试。奥地利的 J. F. von Hann(1839—1921)于 1883 年出版了了一本被誉为气候学的经典著作《气候学大纲》,从而确立了气候学作为一门自然科学的基本轮廓。这一阶段主要表现的是气候要素的地理分布,并进行特征的描述。

18 世纪初发展起来的气候学,由于资料的积累和研究领域扩大,对气候的认识越来越深入。进入 20 世纪后,气候学研究逐渐发展,尤其是 1945 年以后,气候学研究工作不仅在理论上而且在应用上都得到广泛的开展,成为自然科学界中一支较为活跃的学术领地,这个时期大约一直持续到 20 世纪 50 年代。

但是,气候学在这个发展阶段中基本上没有突破准平均概念的束缚,在"气候就是大气的平均状态"这个观念指导下,统计学成为对气候资料加工处理的基本手段和工具。在以平均概念对气候进行描述和分类的同时,不可否认在这期间所得出的有关气候形成和气候变化方面许多重要的规律和原理,至今仍不失其指导意义。尽管现在的气候资料十分丰富,研究方法极为先进,但是,长期以来经过几代人的辛勤工作和努力所发现的气候学上某些基本原则,有的早就成为定论,有的即使用现代的眼光来衡量,仍不失其原有的价值。由于科学技术和社会生产力发展等历史条件的限制,前人不可能像今天这样采用先进的计算工具和探测手段来模拟气候过程,但是他们所得出的基本结论却为今天更深入的研究奠定了坚实的基础。这一阶段经历了大约一个半世纪,是以"气候是大气的平均状态"为基本认识的,主要是描述气候特征,也分析气候形成的原因。这期间得到的一系列基本认识,对今天的气候学研究仍有重要意义。以后随着自然科学的飞速发展,尤其是数学、流体力学、气象探测手段和计算手段的进步,气候学的研究便进入下一个发展阶段。

1.3.3　天气气候学阶段

这一时期以 20 世纪中叶开始,由于各种新技术的出现和探测手段的改进以及经济建设和军事上的需要,气候学的发展跨进了一个新的阶段。在第二次世界大战期间,由于要在天气图上标注高压、低压和锋面等,用气团和锋面的移行、频数、变性以及大气活动中心在气候形成中的作用作为理论基础来研究气候形成与气候变动,于是形成了天气气候学。气团、锋面、天气系统的气候学分析加深了对气候形成的认识。诸如中国对副热带高压、寒潮、台风、气候分区的研究尤为突出,提出环流指数、副高指数、寒潮指数、干燥度指数等一系列的气候学指数,并进行了中国气候区划,出版了《中国近五百年旱涝图集》。中国气候学家竺可桢、涂长望、高由禧、陶诗言、朱炳海、么枕生等一大批老前辈为中国气候学的研究奠定了坚实的基础。么枕生先生出版了《气候学原理》。这一阶段中大量从动量平衡、能量输送和水分循环等物理学理论探讨气候形成,于是产生了物理气候学。俄国 M. U. 布德科提出了关于辐射平衡、热量平衡、水分平衡的计算方法,分析了全球的辐射平衡、热量平衡的分布,中国翁笃鸣、陆渝蓉、高国栋等全面分析研究了中国的辐射平衡、热量平衡、水分平衡的计算和分布。这一时期,现在地理气候学和天气气候学常被认为是传统气候学,在其长期发展过程中所得出的基本气候规律为现代气候学奠定了坚实的基础,提出了研究的课题,也准备了充足的材料;而现代气候学所取得的成就加深了对气候形成、气候变化和气候现象的物理本质的理解。传统气候学是对气候现象的定性描述,现代气候学则是对气候成因的定量探讨。对于气候学发展来说,从传统气候学向现代气候学过渡,体现了科学发展的必然性,是气候学研究的进步和发展,是不可能取代的。

1.3.4 动力气候学阶段

在天气气候学和物理气候学发展的基础上,人们对大气运动的认识更进了一步,开始大量采用动力气象学的基础理论来研究气候学问题,产生了与天气气候学的分离,于是发展为动力气候学,即从大气动力学方程、热力学方程和连续方程出发,在一定的初始条件和边界条件下经过适当的简化,用数值方法对方程组进行数值求解。求数值解的方案称为气候数值模式,求解过程称为气候数值模拟。用气候数值模拟方法所获得的结果在某种程度上可以较好地解释气候形成和气候变化中的物理机制,并可作为气候预报的有效途径。因为气候时间序列具有显著的周期性,但气候随时间的变化则是一个随机过程,所以气候问题既是一个动力学问题,也是一个统计学问题。动力气候学与统计气候学相互渗透的结果,发展成为随机动力气候学。同时,动力气候学与物理气候相结合,发展成为物理动力气候学。

可见动力气候学已不是传统气候学那样对气候现象定性描述,而是对气候形成和变化的影响因子用定量分析的方法加以探讨。这为人们更深入地认识气候形成和变化的规律并对气候变化的预测提供了更有物理内涵的重要途径。于是动力气候学在最近几十年有飞速发展。动力气候学显然与传统气候学有着显著的不同,但它们又是相互联系的、互为补充的。动力气候学是气候学发展的必然阶段。

这一阶段还有一个重要的特点是卫星遥感资料的积累和应用。使人们能够获得人们无法直接观测的高山、荒漠及广大海洋地区的大量气象资料,而且这些资料在时间上、空间上都具有连续性。因此由此而发展为卫星气候学;加速了近代气候学的发展。

1.3.5 现代气候学阶段

20 世纪 70 年代以来,由于气候变化给人类带来了前所未有的威胁,并给世界上最贫困和最弱势的人们带来了最直接的影响，引起人们对气候变化的广泛关注，加上科学技术的迅速发展，气候学发生了重大变革，1972年在瑞典斯德哥尔摩召开联合国环境大会上强调了地球气候对于人类及其福利有极其重要的影响。1974年召开联合国粮食大会，探讨了气候对世界粮食生产的重要作用，呼吁世界气象组织和联合国粮食组织建立气候预警系统。1974年世界气象组织与世界科学联盟在瑞典斯德哥尔摩召开气候的物理基础及其模拟的国际讨论会，着重研究了气候形成的物理学机制和气候与人类的关系，并提出了气候系统(climate system)的概念和世界气候计划(WCP)，1979年在日内瓦召开了第一次世界气候大会(FWCC)，主题为"世界气候大会——气候与人类"，在会议上"温室效应和气候变化"作为正式议题开始受到国际社会的关注。认识到潜在的全球气候变化问题，推动建立了"世界气候计划"(WCP)、"世界气候研究计划"(WCRP)和政府间气候变化专门委员会(IPCC)。确认气候系统的研究是实施世界气候研究计划(WCRP)的重要理论基础。于1988年世界气象组织(WMO)及联合国环境规划署(UNEP)联合建立了政府间机构，即"联合国政府间气候变化专门委员会(Intergovernmental Panel on Climate Change, IPCC)"。IPCC对联合国和WMO的全体会员开放。

考虑到人类活动的规模已开始对复杂的自然系统(如全球气候)产生了很大的干扰。许多科学家认为，气候变化会造成严重的或不可逆转的破坏风险，决策者们需要有关气候变化成因、其潜在环境和社会经济影响以及可能的对策等客观信息来源。而IPCC这样一个机构的地位能够在全球范围内为决策层以及其他科研等领域提供科学依据和数据等。IPCC的作用是在全面、客观、公开和透明的基础上，对世界上有关全球气候变化的现有的最好科学、技术和社会经济信息进行评估。这些评估吸收了世界上所有地区的数百位专家的工作成果。并于1990年、1995年、2001年、2007年和2013年，IPCC相继完成了五次评估报告，这些报告已成为国际社会认识和了解气候变化问题的主要科学依据。促使联合国大会做出制定《联合国气候变化框架公约(UNFCCC)》的决定。由于气候变化问题与国家建设密切相关，气候变化与政策的关联日益紧密，政府组织比纯科学家组织在组织和推动气候研究中能发挥着更大的作用。

正是由于IPCC的工作，极大地推动了全世界科学家对气候变化科学认识；气候变化对社会、经济的潜在影响以及如何适应；减缓气候变化的可能对策等方面的科学研究。20世纪70年代以来，是气候学发展最快、研究内容最深入、最广泛的时期。这些研究使气候学从单一的大气运动扩展到影响气候形成和变化的天文、地理的各个圈层(即大气圈、水圈、冰冻圈、岩石圈、生物圈)及其相互作用；还涉及气候变化对社会、经济、生态、人类活动的可能影响；以及如何适应和减缓气候变化的可能对策。认识到气候过程是一个非绝热过程，只讨论大气自身的变化是无法解释气候变化的,因为气候变化还受到其他许多因子的相互作用和相互影响。因此人们从系统论、信息论和控制论的观点来研究气候分布和气候变化过程,提出气候系统的概念。对气候变化的因果关系进行多学科交叉的深入探讨,这是对气候学理论一次科学革命,是现阶段气候学发展的必然趋势。使气候学的研究发展到一个包括天文学、生物学及地球科学各领域的多学科交叉的新阶段。奠定了现代气候学的科学基础,极大地发展和丰富了现代气候学的内容。

王绍武(2005)认为这一时期现代气候学有三个特点:

(1)从气候变化来研究气候。这一点十分重要,由于认识到气候变化有一个很宽的时间谱,长者在10000年以上,短到1年、季尺度。所以,现代气候是从变动中认识气候,而不再仅仅局限于追求解释气候平均值,这也就推动了气候预测研究的发展。

(2)从气候系统来研究气候。这是把研究范围扩大到整个气候系统,即包括大气、海洋、冰雪、陆地、生物圈。因为人们已经发现,仅仅研究大气,不可能认识气候形成的全过程,也不可能对气候变化做出有效的预测。

(3)从气候动力学来研究气候。这是现代气候学研究的灵魂。从统计学角度研究气候,有助于认识气候的特征,但不可能深入认识气候形成的过程。物理研究对辐射平衡及热量平衡进行了分析,但是只是一个静的地点对另一个地点的对比。其本身甚至与传统的气候形成三要素也有一定矛盾。因为三要素即太阳辐射、海陆分布与大气环流,辐射平衡及相应的能量平衡模式的最大缺陷就是不能考虑大气环流这个因子。

1.4 现代气候学的研究

自1979年第一次世界气候大会以来,国际上开展多项研究计划,如1980年成立的世界气候研究计划(WCRP)是四大全球环境变化(Global Environmental Change, GEC)计划之一,WCRP由世界气象组织(WMO)与国际科学联合会(ICSU)联合主持,以物理气候系统为主要研究对象。世界气候计划包括四个子计划:世界气候研究计划(WCRP)、世界气候应用计划(WCAP)、世界气候影响研究计划(WCIP)、世界气候资料计划(WCDP);

世界气候研究计划(WCRP)是一个长期研究计划,主要研究地球系统中有关气候的物理过程,涉及整个气候系统。主要是大气、海洋、低温层(冰冻圈)和陆地以及这些组成部分之间的相互作用和反馈。其目标是发展有关自然气候系统和气候过程的基础研究,以确定气候在多大程度上可以预测,以及人类活动对气候影响的程度。开展针对全球大气、海洋、地表、海冰和陆冰等对理解地球自然气候系统有贡献的深入研究，尤其关注可以为气候及其变率等热点问题提供科学的定量回答。WCRP 的主要研究计划包括：全球能量与水循环试验（GEWEX）、气候变率及其可预报性（CLIVAR）、气候与冰冻圈（CLIC）、平流层过程及其在气候中的作用（SPARC）等。

世界气候研究计划（WCRP）研究有三个方向：为期数周的长期天气预报、全球大气年际变率以及为期数年的热带海洋的年际变率、长期变化。包括两大试验：热带海洋和全球大气试验和世界海洋环流试验，以作为第二和第三研究方向的中心。1993 年 WCRP 科学委员会又在热带海洋和全球大气计划（TOGA）的成果的基础上提出了气候变率和可预报性研究（CLIVAR）计划，旨在对百年尺度的气候变率进行描述、分析、模拟和预测。

气候系统由大气圈、水圈、岩石圈、冰冻圈和生物圈等五大圈层构成，全面、系统地获取气候系统各组成部分用其之间相互作用和反馈过程的综合信息，是理解和认识气候系统及其变化的基础。1992 年，世界气象组织、联合国教科文组织的政府间海洋委员会、联合国环境规划署、国际科学联盟理事会共同发起建立了“全球气候观测系统（GCOS）”。GCOS 旨在为监测气候系统、检测和归因气候变化、评估气候变化影响以及支持开展气候系统模拟和预测的相关科学研究提供所需的综合观测资料。随后又先后建立了全球海洋观测系统计划（GOOS）、全球陆地观测系统计划（GTOS）、世界天气网计划（WWW）、国际耦合模式比较计划（CMIP）等一系列国际性的有关气候学的观测研究计划。

我国是世界气象组织的重要成员国，我国积极参与世界的气候和气候研究工作，1985 年成立“世界气候研究计划（WCRP）中国委员会（CNC-WCRP）”、1987 年 2 月成立“国家气候委员会”以来，制定我国的气候研究计划，积极加强国际合作，推动并协调国内各有关单位开展全球变化和全球气候变化的研究和学术交流活动、促进社会公众环境保护意识的增强、提升我国在国际全球变化研究领域的地位等方面做出了积极贡献。积极开展各项有关气候及气候变化的研究，并已出版三次《气候变化国家评估报告》。取得令人注目的成果，引起世界关注。中国是最早参与 IPCC 工作的国家之一，时任中国气象局局长邹竞蒙推动了 IPCC 的诞生。30 年来，我国共有 148 位科学家当选了 IPCC 作者，近千位科学家参加了 IPCC 评估报告编写和评审。2012 年 7 月在中国北京召开世界气候研究计划（WCRP）联合科学委员会第 33 次会议，200 位国内外气候学专家参加了会议；2018 年 4 月，WCRP 第 39 次会议在南京信息工程大学召开；2018 年 7 月 IPCC 的领衔作者超过 30 个国家的 117 名科学家齐聚我国兰州共同编制 IPCC 第六次评估报告《气候变化中的海洋和冰冻圈特别报告》。

我国一些重要的科研院所、大学和业务单位，还相继建立了气候变化相关的国家级重点实验室，作为平台，积极开展气候变化的相关研究。近期研究项目主要有：

(1)中国气象局《气候研究计划(2013—2020年)》。重点主攻气候基础数据集研制、气候监测诊断、气候预测、气候变化、气候影响评估与灾害风险管理、气候系统模式等六大领域。

(2)国家自然科学基金委员会和中国气象局联合资助的《青藏高原地气耦合系统变化及其全球气候效应重大研究计划(2013—2023)》。其科学目标旨在揭示青藏高原对全球气候及其变化的影响机制;提高亚洲及全球天气气候预测水平;培养一批优秀的领军人才;把我国青藏高原大气科学研究进一步推向世界舞台,处于国际的领军地位;为社会的可持续发展做出贡献。

(3)2016年启动的科技部国家重点研发计划"全球变化及应对"重点专项。其总体目标是:发挥优势,突出重点,整合资源,在全球变化领域若干关键科学问题上取得一批原创性的成果,增强多学科交叉研究能力,提升我国全球变化研究的竞争力和国际地位,为维护国家权益、实现可持续发展提供科学支撑。重点关注以下关键科学和技术问题:全球变化关键过程、机制和趋势的精确刻画和模拟,全球变化影响、风险、减缓和适应、数据产品及大数据集成分析技术体系研发,具有自主知识产权的地球系统模式研制,国家、区域应对全球变化和实现可持续发展的途径。项目分5方面的研究:全球变化综合观测、数据同化与大数据平台建设及应用;全球变化事实、关键过程和动力学机制研究;地球系统模式研发、预测和预估;全球变化影响与风险评估;减缓和适应全球变化与可持续转型研究。

(4)在"十一五""十二五""十三五"期间国家都起动了"国家科技支撑计划应对气候变化科技发展专项"项目。目标是深入开展气候变化研究,提升我国在应对气候变化领域的科技实力,缩小与国际领先水平的差距;推动我国减缓和适应气候变化技术创新和推广应用,支撑我国可持续发展战略实施,健全应对气候变化科技的政策法规,完善应对气候变化科技的国家管理体系。

(5)国家发展和改革委员会《地球系统数值模拟装置》国家重大科技基础设施项目。该项目集高性能计算机、软件工具、支撑技术、地球数值模拟应用软件等于一体,借助该装置,科学家就可以实现对大气、洋流、地壳、生态等的仿真研究,用于还原或预测地球自然变化过程的应用,用于应对地球变化、防治大气污染、防灾减灾和环境治理等面临的问题,并将帮助人类更深刻地认识地球。

(6)1997年7月,我国正式成立了"全球气候观测系统(GCOS)"中国委员会。旨在为监测气候系统、检测和归因气候变化、评估气候变化影响以及支持开展气候系统模拟和预测的相关科学研究提供所需的综合观测资料。规划了地基、空基、天基一体化的气候系统综合观测网,完善和建立了一个满足气候和气候变化预测、研究与服务需求的、具有统一标准和高效的符合我国国情的多部门参与的中国气候观测系统。在这个系统的支持下,到2016年,中国气象局所属的2500多个国家气象站已全部实现观测自动化，建成了覆盖全国85%以上乡(镇)的3.3万多个自动气象站，建成了200多部新一代多普勒天气雷达，实现了静止气象卫星双星观测、极轨气象卫星成功换代。此外，还建立了1个全球大气本底站、6个区域大气本底站，建立了风能、太阳能资源专业观测网。为现代气候学研究提供了强有力的资料支撑。

1.5　现代气候学的任务

气候学作为一种科学形态开始至今已有两个世纪的历史。在其自身发展的各个阶段，由于历史条件的局限，随着气候学研究的目的、方法、探测手段和资料积累的程度不同，所获得的结果及其服务于社会的方式也不同。如果说经历了漫长岁月的传统气候学是出于资料积累和确定基本的气候事实的阶段，则天气气候学或动力气候学阶段主要是致力于探求气候变化过程和气候现象的因果关系。气候系统概念的引入，使气候学研究达到一个前所未有的崭新阶段，不仅为气候学研究注入了新的思维方法，也使气候预报成为可能。因此，可以说，气候学既是一门古老的科学，又是一门年轻的科学。气候学的发展和进步，不仅将其自身推向科学发展的前沿阵地，其研究结果也将极大地改变整个社会经济活动的结构。

现代气候学在不同的发展阶段，其研究任务也有各自的特点，随着自然科学和社会的发展，气候研究的侧重面也不断更新、发展。

(1)理论研究方面，主要是从气候系统观点出发，进一步分析气候时空分布的事实，探讨气候形成和气候变化的影响因子，并力求弄清气候系统内部相互作用的内在联系，努力探索气候预测的理论、方法；理论研究中还包括大量的国际性、区域性的多学科综合科学试验观测研究以及卫星遥感资料的充分利用，以丰富、充实气候学的基础；方法上，理论研究着重运用数学物理方法对气候系统的各种过程进行物理-动力学研究，因此各种气候模式的设计、气候模拟、气候的数值试验等不断涌现。由于人类文明的发展，人类对气候变化的敏感性日趋增强，气候预测、气象灾害、气候变化对人类生存环境的影响研究的理论、方法也应是气候理论研究的一个组成。

(2)应用研究方面，气候是人类生存的环境因子之一，也是自然环境中变化最活跃、最复杂的因子之一，它影响到人类生活中的各个方面，因此将气候理论和知识应用到人类生活中去是气候学研究的一个重要内容，由此而形成了应用气候学。应用气候学涉及自然科学和社会科学的范畴，其研究内容十分广泛，专业性强，与各自具体的专业相结合发展成有各专业特点的应用气候学。尤其是人类活动开始影响气候变化，气候变化又将对人类产生影响的今天。气候对环境生态、资源利用、经济社会的影响，并涉及国家安全，已经成为全人类关心的科学热点问题，这是应用气候学研究的崭新内容。

※ 思考题

1. 气候与气候学的定义是什么?
2. 阐述传统气候学与现代气候学的区别。
3. 现代气候学的特点是什么?

第 2 章

气候系统

对气候的形成与变化的影响是一个非绝热过程，决定气候形成与变化的因子不单是大气内部的种种过程，还决定于发生在大气上、下界处的各种物理和化学过程。所以气候的形成和变化不仅是大气内部状态和行为的反映，而且是与大气有明显作用的各个子系统所组成的复杂系统的总体行为，即气候系统。

2.1 气候系统的组成

近几十年来的科学发展，使得科学家们逐渐认识到要解释气候的形成、探讨气候变化的原因，尝试进行气候预测，仅限于大气本身的研究并不能得到满意的效果，而是要更深入、更广泛地研究整个地球系统，因此形成了气候系统的概念。

气候系统（图 2.1）通常定义为由大气圈、水圈、冰冻圈、岩石圈和生物圈等组成的相互作用的整体。显然这五个部分的物理、化学性质的差异是很大的，功能也各不相同，所以称这 5 个部分为气候系统的 5 个子系统。5 个子系统虽相互作用，但又长期地独立存在。为了讨论问题的方便，还可把大气、海洋、冰雪等系统，即气候系统中的由气体和水构成的部分，看成是气候的内系统，而把全部陆地和地球周围的宇宙看成外系统或强迫系统。

因为气候系统与外界有连续的能量输入、输出，且其各个组成部分之间通过物质和能量交换紧密地相互联系、相互作用，所以气候系统是一个非线性的开放系统。大气圈、水圈、冰冻圈、岩石圈和生物圈内部及其之间普遍存在着能量、动量和物质的输送与交换过程，因此，各子系统也都是开放系统。正是由于这些子系统之间复杂的物理、化学和生物作用，才形成了气候系统行为的多样性和复杂性。

由于气候系统的各子系统都是非均匀的热力学-动力学系统，所以描述气候系统必须同时使用热力学和动力学两类状态参量。对气候系统而言，热力学状态由温度、气压、比湿、密度、盐度等确定；而动力学状态则由力源项、运动速度等确定。

控制气候系统总体行为的两个最重要的外强迫因子是源于外空间能量输入的太阳辐射和源于地球本身的重力作用。气候系统的热力学和动力学状态均与这两个因子有关。在气候系统内部,能量是以多种形式存在的,包括辐射能、热能、位能、动能、化学能、电磁能等,并且存在着不同能量形式间的能量转换。此外,地球本身的固有性质,如旋转、椭球形形状、地轴倾斜和轨道运动等也都制约着气候系统的热力学和动力学状态。

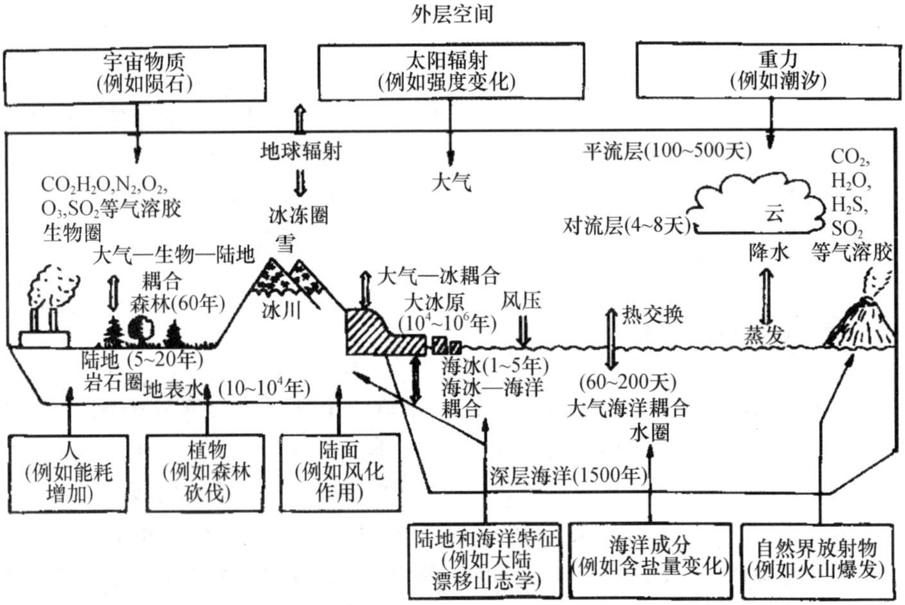

图 2.1　大气-海洋-冰-陆面-生物量耦合气候系统示意图(Bach,1984)

(实线箭头是气候变化外部过程的例子,空心箭头是气候变化内部过程的例子)

2.1.1　大气圈

大气圈是包围地球的一层气体,与地球的固体部分相比,大气圈仅为地球半径的0.5%厚度的浅薄气体。但它是人类赖以生存的最重要的环境,是气候系统的主体部分,也是气候系统中最活跃、变化最大的部分。通过大气环流实现的南北方向热量输送是气候系统中最为重要的宏观能量过程。大气和气候系统其他成员间的热量、水分和物质交换是气候系统中各圈层之间相互作用的最基本过程。如地-气之间的热量、动量及水汽的湍流输送过程;水汽凝结时的潜热释放过程;云对太阳辐射和长波辐射的影响过程;大气中 CO_2、水汽、臭氧及其他微量气体的辐射冷却和加热过程;地表状况的变化及气溶胶、山脉、海陆分布等都对大气系统产生重要作用。

大气与气候系统其他子系统的相互作用是通过与其相接触的下垫面传输能量、动量和物质,而位于最靠近地表的大气底层被称为大气边界层,一般指从地球表面向上 1500～2000 m 左右的低层大气。该层大气受地表面的热力和动力作用,存在着各种时空尺度的湍流运动,这种湍流运动使大气与地表(包括陆地、植被、水和冰雪)之间能进行着能量、动量、物质的交换,大气边界层的湍流运动所引起的能量、动量、物质输送是气候系统内部相互作用的主要途径之一;它将气候系统的各个子系统的相互作用紧密地联系成一个整体。正因大气边界层湍流运动对气候系统的这种重要作用,目前已将大气边界层的研究作为气候系统深入研究的一个新方向。(在第 3、4 章中有通量输送计算的较详细阐述)

2.1.2　水圈

水圈包括海洋、河流、湖泊和地下水,也包括大气中的液态水,在有些研究工作中将冰冻圈也划入水圈。水圈也是气候系统中最活跃的子系统,水的三相变化过程是气候系统最重要的过程之一;水圈不断地运动,从地表蒸发到大气、降水落回地面,在陆地地表形成径流流回海洋,它的存在和运动构成了地表、空中、水中的形形色色的自然现象,也是生命赖以生存的基本要素。在水系统中海洋对气候变化的影响最重要,全球的海洋代表了水圈的主要特征,所以也常用海洋圈代替水圈。

海洋约占地球表面积的 70.8%,海水的热容量大,若仅考虑 100 m 深的表层海水,其热含量占整个气候系统总热量的 95.6%,因此海洋是一个巨大的能量贮存库。对短期气候和气候数值模拟,则需要考虑下垫面,特别是海洋状况的热异常。由于海洋热惯性大,海温异常不仅空间尺度大,持续时间也长,在中高纬度一般均可持续数月之久,低纬海洋持续性则更强。

同时,海洋通过洋流把赤道地区的多余热量向极地输送。所以很容易理解海洋在气候系统中占有的重要地位,在全球热平衡过程、水分平衡过程中扮演重要的角色。而洋流受海洋与大气之间动量、热量及水分交换的制约;洋面的风场结构、海陆分布及海底地形使海洋的水平和垂直结构变得很复杂。海洋在气候形成中也是一个重要因素,世界上著名的干燥区,除亚洲腹地外,均出现在强大的冷洋流附近,这也突出说明海洋在气候系统中的重要性。

海洋中含有的化学和生物机制对控制气候系统中的二氧化碳是非常重要的,由海洋和大气底层之间二氧化碳的分压差使大气中的二氧化碳进入海洋,另一方面海洋上层浮游生物将溶解的二氧化碳转换为颗粒沉入深海,海洋在全球碳循环中吸取二氧化碳的交换通量,取决于海洋上层与大气底层的 CO_2 分压差,也受风速的影响。海洋对 CO_2 的溶解和向深层传输,减缓了温室气体的增加对气候变化的影响。

2.1.3 冰冻圈

冰冻圈指全球的冰体和积雪,由极地冰原、海冰、季节性雪盖、高山冰川和冻土层组成,是气候寒冷的产物。目前,全球陆地约有 10.6%被冰雪覆盖,海洋有 6.7%为海冰覆盖,但海冰面积比陆冰面积大。其中海冰和季节性雪盖有很大的季节性变化,年际变化也颇大,而冰原、冰川和永冻层的变化却要缓慢得多。

无论海冰还是陆冰对气候都会产生很大影响。主要表现在两方面,即影响地表辐射平衡和热量平衡。反照率与辐射平衡成正反馈,因此,在气候模式中考虑冰雪覆盖的变化,往往可以增加模式的敏感度。但由于冰冻圈的可变性大,在模拟时对它的数学表达还是相当困难的。季节性雪盖顾名思义是指随季节变动的积雪范围。其特征时间尺度为数日或更长,季节性积雪的最大效应是地表反照率的变化,有雪时反射率很高,无雪时则视地面反照率较小,并视地面植被或土壤颜色有所不同。

海冰的特征时间尺度为数个季节或更长。海冰具有高反照率,同时又隔绝了大气和海洋之间的水汽和动量交换。

永久性积冰,包括极地冰盖、高山冰川和永冻层。其特征时间尺度为数百年或更长,尤其极地冰盖,在全球气候系统的热量平衡中起着热汇的作用,同时,陆地冰盖的冰量变化可严重影响海平面的升降。

2.1.4 岩石圈

岩石圈是地球表层固态的壳体,包括大陆的陆块,即山体、地表岩石、沉积和土壤,也包括海洋底部形态,广义的也还应包括河、湖与地下水。由于大陆板块的运动及地壳的造山运动等巨大变化,可改变地球上的海陆分布和陆地地形,其时间尺度是气候系统的所有组成中最长的,为 10^5～10^6 年以上。岩石圈对气候系统的影响主要表现在地形的动力作用、地表热力特性的差异及陆面水分循环这三个方面。动力作用主要包括陆地地形对气流、洋底地形对海流的影响。热力作用则由于大气的能量直接补充主要来源于由地面热量输送。不同地形对地表吸收太阳辐射会产生影响,也对地表热量输送产生影响。陆面过程在全球水分循环中有重要意义,地表径流在高纬地区还可影响海洋环流。土壤通过气体、气溶胶、水分交换的形式与大气相互作用,这种相互作用受土壤类型及植被的影响,而植被又强烈地依赖于土壤湿度,同时土壤反射率的变化直接影响地表辐射平衡,这也是目前气候数值模拟的热点和难点。

2.1.5 生物圈

生物圈，也称为生物系统，包括地球上所有的生物，也包括人类本身，广义的还包括微生物。生物圈与气候是休戚相关的，影响较大的是世界范围的植被，植被既是气候的产物，反过来又对气候产生影响。同时它调节和控制着大气、海洋和陆地之间几种温室气体通量；地面植被类型也通过影响地面辐射平衡、热量输送、粗糙度、蒸发和渗透等进而影响陆气相互作用的各个环节。地表植被变化的特征时间差异很大，农田为数周，大片森林可达数十年或数百年甚至更长。

2.2 气候系统的物理、化学过程

气候系统的最终能量来源于太阳辐射，在地球的不同地区，特别是高、低纬度间，在太阳辐射加热作用下，在大气中生成了风，在海洋中产生了洋流。风和洋流反过来又将热量从过剩地区输送到热量不足地区。因此有人把大气视为一部热机，赤道和极地的温差、地表和大气高层的温差、陆地-海洋间的热力属性差异使大气热机运转起来。如前所述，气候系统是一个由气体、液体和固体组成的复杂系统，其中除热力过程外还有动力过程、化学过程，所以气候系统中的物理过程远非由热机功能所能完全描述。

完整的气候系统可被看作是一个物理系统，它的活动受控于系统外一组地球物理条件。气候系统的外边界条件是大气上界太阳辐射的天文变动、地球的几何特征和转动速率、重力加速度以及地形包括山岳分布和海盆几何形状。这些外界条件本身在地球演化过程中已有显著变化，因而对地球史上的气候演化产生深刻的影响。如果没有海洋，地球大气大概还不会演变成现在这样富有氧气的状态，大气也不会包含有使大气现象变化多样的主要成分——水汽。

显然，在气候系统中存在着各种时、空尺度的物理、化学过程。与生命周期为2～3周的大尺度天气系统的物理过程相比，在气候系统的物理过程中气候系统的外部加热起着举足轻重的作用。就是说，大尺度天气系统的第一近似可视为绝热系统，而气候系统则必须考虑非绝热加热。即外源强迫作用对气候系统显得更重要。但复杂的是，在气候系统中源于太阳辐射的净加热率在很大程度上取决于大气中的温度、湿度和气体浓度的分布，以及云形成过程中凝结潜热的释放。云形成后，又会对太阳辐射和地球长波辐射产生很大影响。

这些物理、化学过程主要有辐射过程、云过程、陆面过程、海洋过程、冰冻圈过程、气溶胶过程、二氧化碳过程及生物过程等。

2.3 气候系统的基本特性

气候系统的各子系统存在线性和非线性的相互作用。子系统之间的能量和物质的交换可以通过各种渠道在各种时空尺度内发生,存在着大量的反馈过程,它们起着从内部调节气候系统的作用。

2.3.1 气候系统是一个复杂、高度非线性、开放的巨系统

气候系统是一个非常庞大的系统,它包括了若干个子系统。而且这些子系统又可被分解成许多更小的二级子系统,都是复杂的多级结构。气候系统与外空间的物质交换是微乎其微的,在这个意义上气候系统可视为一个封闭系统。但气候系统与外空间有能量的交换:吸收太阳辐射的同时向外空间放射长波辐射,所以,从热力学的观点来看,气候系统是一个开放系统。而且对于其子系统,如大气圈、海洋圈和生物圈等也都是开放系统。在开放的气候系统中,既有能量的不断耗散,又有一些稳定的周期性的变化,还具有某些随机扰动。

无论从描述气候系统物理量的空间分布和时间变化,还是从气候系统发生的过程类型,气候系统都是非常复杂的。气候系统的复杂性也是气候学研究长盛不衰的原因之一。就气候要素的空间分布而言,从气候系统的低层到高层,从极地到赤道,从海洋到陆地……气候要素呈现出各种尺度的复杂变化。正是由于这种空间分布的复杂性,才导致了各类输送和交换过程的多样性,才有丰富多彩的气候类型。从气候系统随时间演变看,复杂性表现得更为突出:既有规则的周期性变化,如日变化和年变化等,还有比较规则的准周期性变化,如准两年振荡等,也有看似随机的不规则变化;既有缓慢的趋势变化,如近百年增暖,又有急剧的突变,如大气环流的突变、近千年来和近百年来的气候突变等。

从气候系统发生的重要过程看,这些过程正是气候系统各子系统之间相互作用和相互影响的具体表现,也是气候系统表现出高度非线性的根本原因。气候系统中的重要过程按其类型至少有三大类:物理过程、化学过程、生物过程等。例如辐射传输和热量输送,云辐射过程,陆面、海洋和冰冻圈过程,水分、碳、硫等物理过程,臭氧及其光化学过程,气溶胶过程以及其他一些生物过程等。即使对于这些过程中的某一个,甚至某个过程中的某些环节都是极其复杂的。

2.3.2 气候系统各子系统之间显著的热力学和动力学属性差异

地球气候系统的行为之所以表现得如此复杂多样,一个重要的原因是组成气候系统的各子系统之间热力学和动力学属性有着非常显著的差异(表 2.1)。

表 2.1　气候系统各子系统的热力学和动力学属性差异(李晓东,1997)

圈层和代表物质	大气圈 空气	水圈 水	冰冻圈 冰(纯)、雪(新鲜)		陆地表面 黏土(干)	生物圈 森林
密度	0.0012	1.00	0.92	0.10	1.60	
比热容	1.00	4.19	2.10	2.09	0.89	
热容量	0.0012	4.19	1.93	0.21	1.42	
热传导	0.026	0.58	2.24	0.08	0.25	
热扩散	21.5	0.14	1.16	0.38	0.18	
传导能力	0.006	1.57	2.08	0.13	0.60	
日穿透深度	2.3	0.2	0.5	0.3	0.2	
年穿透深度	44	3.6	10.2	6.0	3.9	
反射率	～27	2～10	～70	84～95	>20	<20
连续性	好	好				
可压缩性	较强	较弱	弱		弱	
黏性	小	较大	大		大	
流动性	好	好	差		差	

该表表明,空气具有最小的密度、比热容、热容量、热传导和热传导能力,但却具有最大的热扩散率和穿透深度。水具有较大的密度、最大的比热容、热容量和较大的热传导能力,但具有最小的穿透深度。顺便指出,这里的热扩散率和热传导能力是对于静态的空气和水而言的,对于运动着的空气和水来说,其热扩散率和热传导能力分别要比表中数字大 4 个和 2 个量级以上,这是由于湍流扰动混合的垂直输送比分子传导要有效得多。冰雪的密度和热容量比水要小,但却远远比空气大。土壤(黏土为例)具有最大的密度、最小的比热容和较小的穿透深度,其热传导率和热传导能力不到水的一半。值得注意的是,冰冻圈具有最大的反射率,而水圈的主体海洋的反射率较小。

2.3.3　气候系统的反馈过程

设两个子系统 A、B 组成的系统,A 的输出增量加强了 B 的输出增量,B 的输出增量进一步又引发 A 的输出增量增加,这样循环往复,使整个系统不断偏离稳定态,这种 A 与 B 的相互作用称为正反馈机制。反之,若 A 的输出增量抑制了 B 的输出增量,减弱了的 B 输出增量使 A 的输出增量又进一步降低,这种 A 与 B 的相互作用称为负反馈机制。可见正反馈机制将使气候系统变得失去控制而不稳定,使气候出现异常现象,任何一种正反馈机制都必然会在某一阶段由于受到其他内部调节过程的相互作用而被抵消。否则,气候便会出现爆发性的或连锁反应式的变化。正是由于大气中存在负反馈作用,当大气中出现某一异常时,很快就能调整到新的平衡状态,使气候处于一种相对的稳定态之中。可见气候的不稳定性是由气候系统内部的正反馈机制控制着,而气候的稳定性则是由气候系统内部的负反馈机制调节并维持的。气候的历史演变表明正、负反馈机制在气候系统中同时存在使气候系统总保持某种相对稳定状态。

气候系统中的反馈机制对气候变化具有很重要的意义。弄清反馈过程的物理机制,在气候变化研究中是一个极为重要的问题,但目前对气候系统的许多反馈过程的认识尚不很深入。目前研究得较多的正反馈过程有:冰雪面-温度、水汽含量-温度、CO_2-海温、高云(或云顶高度)-温度、植物-稳定度等。研究较多的负反馈过程有:(中低)云量-太阳辐射,蒸发量-水面温度,赤道、极地温差-热量输送等。

2.4 气候系统的可预报性

对未来气候状况进行有效预报,是人们最为关切的科学问题之一。1975 年,Lorenz 把气候预报问题分为两类。第一类是与时间有关的,这就是通常意义下的预报问题,即未来某一具体时间的气候状况的预报;第二类与时间无关,仅讨论某些因素产生某种变化,将使气候产生什么样的变化,至于这些因素的变化在何时发生并不关心。因此第二类预报问题实质上是气候系统的适应问题。

天气和气候都是研究大气的运动,如天气学研究大气波动的位相,有超长波、长波、短波等,其位相就是槽、脊、高压、低压等气压场成员。这些大气波动的位相在时间坐标上有着对应的关系。

气候是一个长时期的大气运动过程,需要靠外界能源和物质的长期供给来维持,大气在长期的运动过程中不断吸收地表向上输送的能量包括热能、辐射能,也就是说气候是大气与下垫面相互作用的结果。下垫面是一个十分复杂的系统,它包括以植被为主的生物圈、地球表层的固体壳体的岩石圈、以海洋为主的水圈及冰冻圈。它们对大气输送的能量和物质的过程相差较大,当然,天文因素包括太阳辐射及天体引力也是很重要的。

气候系统的可预报性与驱动的“力”(广义为力)是紧密相关的。可将驱动力分为两大类,一类是外力,即独立于气候系统之外,不受气候系统的反馈作用的“力”。它又可分为周期性外力和非周期性外力两种,前者如太阳辐射的日、年变化,米氏周期,银河周期,后者如火山爆发、地震等。对短期气候变化来说,深层海温和深层地温也是一种非周期的外力。第二类是内力,它也可分为两种,一种是系统内部各因子之间相互耦合而成的自持振荡，如地气耦合、南方涛动等，这是一种具有准周期性的作用因子；另一种是随机性内部因子，如暴雨、雾、霾等。

所有外力驱使的气候系统都具有可预报性，特别是上述周期性外力，因其强度比随机扰动强得多。故其周期强度是随机扰动所无法掩盖的，甚至其强度的一部分随机扰动也不能掩盖，即具有可预报性。譬如，根据正常的年变化规律，对我国大部分地区，总可以“预报”4 月的平均温度比 3 月平均温度要高，却不能肯定 4 月中旬的平均温度一定比 4 月上旬的平均温度高，更不能肯定某一天的温度一定比前一天的温度要高。这就是说，当利用外力的周期性做气候预报时，存在着一个可预报的时间下限(不短于多少天)，而“天气预报”可预报性中则存在一个时间上限(不长于多少天)。可见在某种意义上“气候可预报性”与“天气的可预报性”在时间尺度的要求上是截然相反的。

至于内力致使的气候系统演变。有人认为不具备可预报性。但现在不少人认为其相互耦合而成的自持振荡部分还是具有可预报性的。关键是找到控制振荡周期长度的制约因子。不具备可预报性的是非自持振荡以外的随机因素。随着人们认识的深入，在这些随机因素中又会分出一部分使其具有可预报性，不可预报部分的比重将越来越小。

对于具有不同本质特征的不同时间尺度的大气，要用不同的方程组来确定，正如不能用描写微尺度的大气湍流方程组来做中短期天气预报一样，也不能用描述天气过程的动力学方程组来做气候变化的预报(虽然用这个方程组来模拟各季的气候平均情况是相当成功的)。关于这一点，Bryson 给出过一张颇为形象的图(图 2.2)，可见，给定大气动力学方程组初值，其可预报性随时间迅速衰减，到 14 天以后趋于零(图中实线)。对长于 10 天的预报，如果采用热力学方程组，给定边界条件的话则可预报性又随时间而增加(图中虚线)。

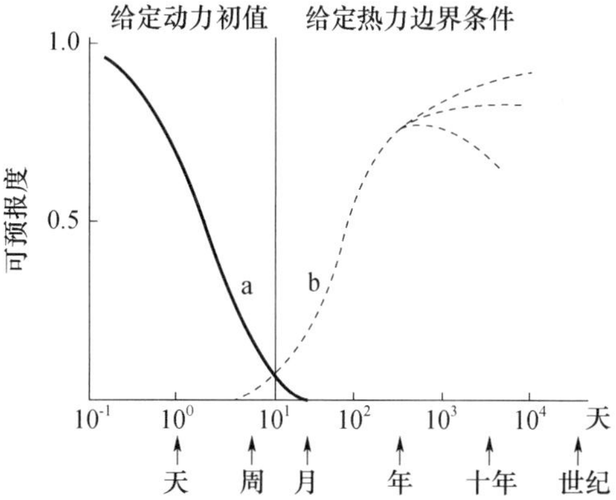

图 2.2　可预报性与时间尺度关系示意图(引自 Bryson，1975)

※ 思考题

1. 理解天气与气候的联系与区别?
2. 什么是气候系统?
3. 为什么研究大气的长时间尺度变化需要涉及气候系统?
4. 气候系统各组成部分的动力学和热力学属性有哪些差异?
5. 气候预测有哪两种类型?

第3章

气候系统的能量平衡

气候系统作为一个开放系统，它不断地由太阳获取能量，在气候系统内部进行着一系列物理、化学、生物等复杂的运动过程，并以逸出长波辐射的形式与宇宙空间处于能量平衡状态。遵循能量守恒定律，气候系统内各种不同形式的能量（如辐射能、热能、动能、化学能、电磁能等）之间相互转化，且处于不停的运动状态，从一处输送到另一处，由某一子系统传输到另一子系统。正是由于这种能量转换和输送，才使气候系统既具有稳定性，又具有变化性的特征。本章即主要讨论气候系统的辐射能量及热量的转换和输送的机制。

3.1 太阳辐射

在地球的自然环境中几乎所有能量都是来自太阳的辐射能量。太阳辐射能量在地球上的时间和空间的分布，制约着地球上气候系统的运动，在气候形成和演变过程中，太阳辐射能量是重要的外参数，是影响整个气候系统状况的强迫因子。

3.1.1 天文辐射

(1)太阳常数

太阳是距离地球最近的一个恒星，其直径为 1.39×10^6 km，日地平均距离为 1.496×10^8 km。太阳内部不停顿地进行着热核聚变反应，中心温度可达数百万度。时时刻刻都在以电磁波的方式向空间辐射能量。能够到达地球仅是其中极小的一部分，约为太阳向宇宙空间辐射能量的二十亿分之一。太阳向外发射的能量称为太阳辐射。太阳表面温度约为 6000 K，向外辐射能量是由不同波长组成的一条连续光谱。到达大气上界的太阳辐射光谱实际上是在 0.17～4.0 μm，其中约有 50%的能量在可见光谱区(0.4～0.76 μm)，7%的能量在紫外光谱区($\lambda<0.40$ μm)内，43%能量是在红外光谱区($\lambda>0.76$ μm)，能量最大的波段在 0.475 μm 处。

如果将太阳温度的黑体辐射和地球温度(300 K)的黑体辐射相比较(图 3.1),可以发现二者的光谱几乎完全没有重叠的部分。地球辐射的波长范围为 4.0～100 μm,峰值波段在 10 μm 附近。这给我们带来了极大的方便,即可将太阳辐射和地球辐射分别处理,前者称为短波辐射,后者称为长波辐射(亦称红外辐射)。而且太阳辐射的强度远远大于地球辐射的强度。

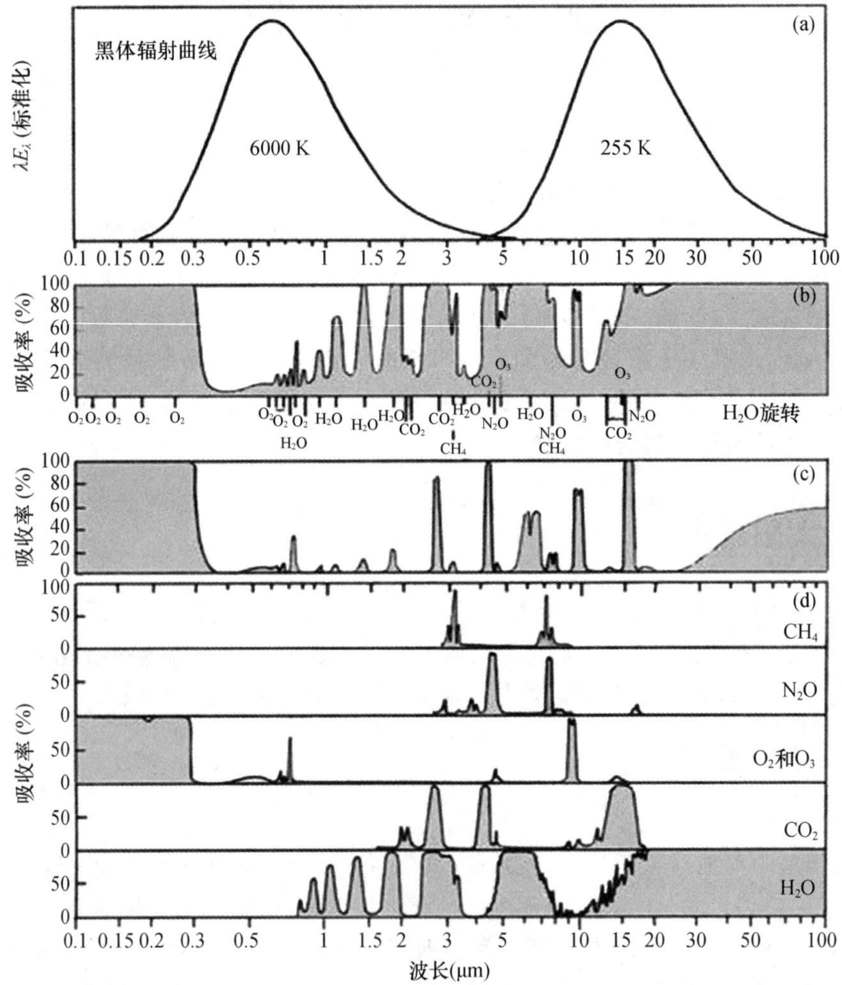

图 3.1 (a)太阳和地球的黑体辐射;(b)整层大气的吸收谱;(c)11 km 高度以上大气吸收谱;(d)整层大气中不同气体成分的吸收谱(转引自潘乃先等译,1988)

为了表示进入地球太阳辐射能量的强度,定义一个太阳常数 I_0,即大气上界在日地平均距离时,垂直于太阳光线的单位面积上单位时间内通过全部波长的太阳辐射能量。在大气科学中，获得一个准确的太阳常数对于研究气候形成与变化是有理论意义和实践意义的。一些太阳物理学家、气象科学家曾给出过不同的太阳常数值。1981年10月在墨西哥召开的世界气象组织仪器和观测委员会第八届会议上通过决定，把太阳常数取值为1367±7 W/m^2（或1.96卡/(厘米^2·分)）。

由于太阳处于不停的运动、变化之中，有温度极低的太阳黑子的变化，也有温度很高的光斑、耀斑、日珥等活动。从太阳物理学角度认为太阳常数应该是有变化的。但确定这种变化的大小，在目前尚有困难。

(2)天文辐射日总量

由于地球本身是一个球体，太阳辐射在地球上各处的投射方向是不一致的；其次地球的赤道平面与地球公转黄道平面之间有近于23.45°的夹角；又由于地球公转轨道是椭圆的，日地之间的距离以年为周期而改变，1月3日地球通过近日点时，地球单位面积上得到太阳辐射能比7月4日通过远日点时多7%。太阳相对于地球的位置是不断变化的。因而，各地得到的太阳辐射能量是以一年为周期而变化的。

大气上界与地球表面同心球面上接收到的太阳辐射，或者说不考虑大气圈影响，地表面接收到的太阳辐射称为天文辐射。其影响因素有三个，分别是日地距离、太阳高度角和日照时间。日地距离的影响表现为

$$I_0'=\frac{I_0}{D^2} \tag{3.1}$$

式中，I_0为太阳常数；I_0'为大气上界、任意日地距离时、单位时间、垂直于太阳光线方向的单位面积上通过全部波长的太阳辐射能；D表示任意一天的日地距离与日地平均距离之比。太阳高度角h_0的影响符合朗伯定律，地球上各处水平面上的太阳辐射强度I与太阳高度角h_0的正弦（或天顶距Z的余弦）成正比，即

$$I=I_0'\sin h_0=I_0'\cos Z \tag{3.2}$$

由天球坐标系统中的球面三角公式关系，得到

$$\sin h_0=\sin\varphi\sin\delta+\cos\varphi\cos\delta\cos\omega$$

式中，φ为某地点的地理纬度；δ为太阳赤纬；ω为时角。将太阳高度角公式代入式(3.2)，得

$$I=I_0\frac{1}{D^2}(\sin\varphi\sin\delta+\cos\varphi\cos\delta\cos\omega) \tag{3.3}$$

式(3.3)是任意时刻单位时间到达大气上界水平面（或不考虑大气影响的地球水平面）的单位面积上太阳辐射能量的计算公式。由此可以得到地球上任一地点任意时刻的天文辐射通量密度。为了简单起见，令$\omega=0$，即讨论正午时刻地球上天文辐射强度的时空分布，于是有

$$I=I_0\frac{1}{D^2}\sin[90°-(\varphi-\delta)]=\frac{I_0}{D^2}\cos(\varphi-\delta) \tag{3.4}$$

从季节上看,由春分到秋分($\delta>0$)期间,南半球的太阳辐射强度由北向南减低;北半球($\varphi\geqslant\delta$)地区,太阳辐射强度由南向北递减,$|\varphi-\delta|$ 愈大则太阳辐射强度越弱,在 $\varphi=\delta$ 处,即太阳直照射地面时,太阳辐射强度最大。由式(3.4),在北半球冬至正午时,$I=\frac{I_0}{D^2}\cos(\varphi+23.45°)$,夏至正午时,$I=\frac{I_0}{D^2}\cos(\varphi-23.45°)$。可见,冬、夏太阳辐射强度的差异则随着纬度的增加而增加。在春秋分时,$\delta=0$,$I=\frac{I_0}{D^2}\cos\varphi$,赤道最大,极地最小为 0。

从地区来看,在赤道地区($\varphi=0$),$I=\frac{I_0}{D^2}\cos\delta$,太阳辐射强度在春秋分最大,冬、夏最小。在极地($\varphi=90$),$I=\frac{I_0}{D^2}\sin\delta$,在北极太阳辐射强度夏至最大,冬至为永夜(太阳辐射强度为零)。南极冬至最大,夏至为永夜。

由式(3.3),如果 ds 是太阳在时间 dt 内辐射到单位水平面上的能量,则有

$$ds=\frac{I_0}{D^2}(\sin\varphi\sin\delta+\cos\varphi\cos\delta\cos\omega)dt$$

计算天文辐射日总量实际上就是将上式对一天的可照时间进行积分。由于上式积分元和被积函数不一致。用时角和时间的关系 $dt=\frac{T}{2\pi}d\omega$ 代入,则有

$$ds=\frac{I_0T}{2\pi D^2}(\sin\varphi\sin\delta+\cos\varphi\cos\delta\cos\omega)d\omega \tag{3.5}$$

在一天中 D、δ 的变化甚微,可以将 D、δ 视为常数,于是有

$$\int_{-\omega_0}^{\omega_0}ds=\int_{-\omega_0}^{\omega_0}\frac{I_0T}{2\pi D^2}(\sin\varphi\sin\delta+\cos\varphi\cos\delta\cos\omega)d\omega$$

因此,天文辐射日总量的计算公式为

$$S_{日}=\frac{I_0T}{\pi D^2}(\omega_0\sin\varphi\sin\delta+\cos\varphi\cos\delta\sin\omega_0) \tag{3.6}$$

式中,T 为一天的时间长度(24 h = 86400 s),ω_0 为日落时角($\omega_0=\arccos(-\mathrm{tg}\varphi\mathrm{tg}\delta)$)。式(3.6)便是地球大气上界某纬度 φ 处水平面上一天的太阳辐射总量。该式中,I_0、T 为常数,D、δ、ω_0 由相应公式算出,因此,地球大气上界的太阳辐射日总量是由天文参数决定的,故而也称为天文辐射日总量。图 3.2 即为地球大气上界太阳辐射(天文辐射)日总量的时空分布。

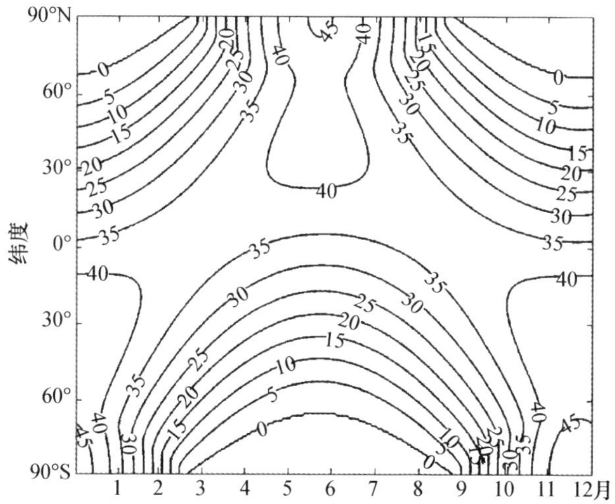

图 3.2　天文辐射日总量的分布(单位:MJ/m²)

(由缪启龙计算并绘制)

由式(3.6)可见:

① 在春分时$\left(\delta=0,\omega_0=\frac{\pi}{2}\right)$

$$S_{日}=\frac{TI_0}{\pi D^2}\cos\varphi=27502\ \frac{I_0}{D^2}\cos\varphi$$

所以,春秋分时,地球上天文辐射日总量的分布与纬度的余弦成正比。

② 在赤道上$\left(\varphi=0,\omega_0=\frac{\pi}{2}\right)$

$$S_{日}=27502\ \frac{I_0}{D^2}\cos\delta$$

所以,赤道上,天文辐射日总量与太阳赤纬的余弦成正比。

③ 在极地$\left(\varphi=\frac{\pi}{2},冬季\ \omega_0=0,夏季\ \omega_0=\pi\right)$

$$S_{日}=27502\ \frac{I_0}{D^2}\pi\sin\delta$$

所以,夏季极地的天文辐射日总量与太阳赤纬的正弦成正比。于是,夏半年,极地与赤道的天文辐射日总量之比为:$\frac{\pi\sin\delta}{\cos\delta}=\pi\mathrm{tg}\delta$。夏至时,$\delta=23.5°$,则比值为1.364。即极地在夏至这一天的天文辐射日总量比同一天赤道的天文辐射日总量大36.4%。

④ 在永夜地区，$S_{日}=0$

在永昼地区，$\omega_0=\pi$，$S_{日}=\frac{I_0}{D^2}T\sin\varphi\sin\delta$

⑤ 由图 3.2 还可看出，在夏半年，天文辐射日总量在一相当宽的纬度带内变化甚小，在极地达最大。这是由于在夏半球，可照时间是随着纬度增加而增长，从而使天文辐射日总量随着纬度增加而增大，补偿了因太阳高度随纬度增加而减小造成的天文辐射日总量随纬度增加而减小的现象。在冬半年，可照时间随纬度增大而缩短，太阳高度角随纬度的增加亦减小，因此冬半年天文辐射日总量随纬度的变化较大，南北梯度大。

3.1.2 太阳辐射在大气中的减弱

太阳辐射通过地球大气时，会产生散射、吸收、透射等过程。因此，通过大气到达地球表面的太阳辐射不仅在数量上小于大气上界的太阳辐射量，而且光谱成分也发生一定的改变。如大气上界的太阳辐射光谱能量中 7% 为紫外光，50% 为可见光，43% 为红外光。由于大气的吸收和散射作用，到达地面的紫外光几乎绝迹，可见光占总能量的 40%，而红外光却占 60%。大气因吸收作用使太阳辐射削弱的现象，主要发生在紫外光区和红外光区，因散射作用削弱的现象，主要发生在可见光区。

(1)太阳辐射在大气中的传递方程

太阳辐射通过大气时，因大气中的气体分子如水汽、O_3、CO_2、O_2 等和云的吸收、反射、散射及大气尘埃的散射作用而受到削弱，这种大气对太阳辐射的削弱作用称为大气的消光作用。

对一束单色太阳辐射，设强度为 $I_{0\lambda}$ 为经过无限小的路径 $\mathrm{d}l$ 中其强度的减弱量为 $\mathrm{d}I_\lambda$，这一变化显然与入射辐射强度 $I_{0\lambda}$、通过大气的路径长度及大气的密度成正比。即

$$\mathrm{d}I_\lambda=-k_\lambda\rho I_{0\lambda}\mathrm{d}l \tag{3.7}$$

式中，比例系数 k_λ 称为太阳辐射的质量削弱系数。单位：m^2/g。

对式(3.7)积分，可得到比耳(Beer)指数定律(或布格-朗伯定律)

$$I_\lambda = I_{0\lambda}\mathrm{e}^{-\int_0^l k_\lambda\rho\mathrm{d}l} \tag{3.8}$$

对于 Z 以上整层大气和全部波长积分，可表示为

$$I_z=\int_0^\infty I_{0\lambda}\mathrm{e}^{-\int_z^\infty k_\lambda\rho\mathrm{d}l}\mathrm{d}\lambda$$

式中，I_z 为大气中 z 高度处的太阳辐射量，$\int_z^\infty\rho\mathrm{d}l$ 称为 z 高度的大气光学路径，$-\int_z^\infty k_\lambda\rho\mathrm{d}l$ 为入射方向上的 z 高度的大气光学厚度或绝对光学质量。这是一个与太

阳的天顶距有关的函数。若令太阳光投射到地面所经路程中,单位截面积空气柱的质量称为大气质量,将实际投射条件下的大气质量与垂直投射下的大气质量的比值称为大气质量数 m,即

$$m=\frac{\int\rho\mathrm{d}l}{\int\rho\mathrm{d}z} \tag{3.9}$$

即若将太阳垂直入射时的大气光学质量作为1个单位,则太阳成倾斜入射时,大气光学质量是垂直入射时的 m 倍。当太阳高度角不小于 30°时,近似满足 $m=\frac{\mathrm{d}l}{\mathrm{d}z}=\sec\vartheta$,$\vartheta$ 为天顶距。根据观测,大气质量数与太阳高度角的关系如表 3.1所示,可见,当太阳高度角为 30°时,太阳光线与垂直照射时相比,穿过了两个大气,当太阳高度角为 10°时,相当于穿过了 10 个大气。

表 3.1　大气质量数与太阳高度角的关系

太阳高度角(h°)	90	60	30	10	5	3	1	0
大气质量数(m)	1	1.15	2.0	5.6	10.4	15.4	27.0	35.4

为了分离大气和太阳高度角对到达地表的太阳辐射的影响,提出了大气透明度的概念,表示大气对所有波段太阳辐射的衰减程度,用大气透明系数表示。引入均质大气高度 H_0 和密度 ρ_0,大气质量数可表示为 $m=\frac{\int\rho\mathrm{d}l}{\rho_0 H_0}$,即 $\int\rho\mathrm{d}l=m\rho_0 H_0$,同时假设介质的光学性质是均匀的,式(3.8)的太阳辐射的质量削弱系数 k_λ 仅与 λ 有关,则 $I_\lambda=I_{0\lambda}\mathrm{e}^{-\int_0^l k_\lambda\rho\mathrm{d}l}=I_{0\lambda}\mathrm{e}^{-k_\lambda\int_0^l\rho\mathrm{d}l}=I_{0\lambda}\mathrm{e}^{-k_\lambda m\rho_0 H_0}$,令单波 λ 的大气透明系数为 $P_\lambda=\mathrm{e}^{-k_\lambda\rho_0 H_0}$,仅与波长 λ 和大气本身的状况有关,到达地面的单色辐射强度为 $I_\lambda=I_{0\lambda}P_\lambda^m$,对所有波长积分,得到 $I=I'_0P^m=\frac{I_0}{D^2}P^m$,$I'_0=\int_0^\infty I_{0\lambda}\mathrm{d}\lambda$,$P^m=\int_0^\infty P_\lambda^m\mathrm{d}\lambda$,$P$ 表示大气对所有波段太阳辐射的衰减程度,简称大气透明系数,其仅与大气本身的成分及结构有关,与太阳高度角无关。I 为经过大气到达地面垂直于太阳光线方向的单位面积,单位时间的太阳辐射能($\mathrm{J\cdot m^{-2}\cdot s^{-1}}$)。

(2)大气对太阳辐射的吸收

大气分子被入射太阳辐射激发,由低能级跃迁到高能级的过程称为吸收。两能级的差就是大气吸收的辐射能量值。大气吸收辐射能量后转换成自身的内能而加热增温。由于大气的各种气体成分或同一成分具有不同的能级差,因此大气对辐射能量的吸收具有选择性。大气对太阳辐射能的吸收主要是氧(O_2)、臭氧(O_3)、二氧

化碳(CO_2)、水汽(H_2O)等,其他气体的吸收能力很弱(图 3.1)。

氧(O_2)对太阳辐射的吸收主要发生在高层大气,吸收带的主要波长小于 0.26 μm的远紫外光区,一个在 0.175～0.2026 μm;另一个在 0.242～0.26 μm,氧的吸收作用很强。可见光区也还有两个较弱的吸收带,一个集中于 0.76 μm 处,另一个集中于 0.69 μm 处。

臭氧(O_3)在大气中主要集中在 25 km 左右高的臭氧层。O_3 最强的吸收带在 0.22～0.34 μm 处,中心最强波长为 0.2555 μm;其次在 0.32～0.36 μm 处;可见光区 0.44～0.80 μm 处吸收较弱。大气中臭氧层吸收太阳辐射的 2%左右,主要加热臭氧层温度。

二氧化碳(CO_2)主要在大于 2 μm 的红外区有吸收,比较强的是中心位于 2.7 μm,4.3 μm 和 15 μm 的吸收带,由于 2.7 μm 带与水汽的吸收带重叠,而太阳辐射在 4.3 μm 处已很弱,所以 CO_2 对太阳辐射吸收较弱,而对地表长波15 μm附近的吸收带最为重要。

水汽(H_2O)对太阳辐射的吸收作用较强,且主要集中于太阳辐射光谱的红外区。大气的液态水有与水汽相对应的吸收带,且比水汽的吸收能力更强,其波段向长波方向移动,吸收系数远大于水汽,大气中的液态水存在于天空的云中,实际上云中水滴含量并不很大,吸收也不强,而云中水滴对太阳辐射的散射作用却非常大,因而云对太阳辐射的削弱作用,主要由于云中水滴的散射作用。

大气在吸收太阳辐射能量后,通过改变温度来增加自身的内能。考虑 z 高度单位水平面积的薄层大气,其厚度为任意小的 dz。假定 z 高度向下和向上的太阳辐射通量密度分别 $F\downarrow(z)$,$F\uparrow(z)$,$z+dz$ 高度向下和向上的所有波长太阳辐射通量密度分别为 $F\downarrow(z+dz)$,$F\uparrow(z+dz)$,则该薄层的太阳辐射通量散度为 $\Delta F(z)=F\downarrow(z)+F\uparrow(z+dz)-F\uparrow(z)-F\downarrow(z+dz)$,根据热力学第一定律,单位面积 dz 薄层大气吸收太阳辐射的加热率$\frac{\partial T}{\partial t}$满足

$$\Delta F(z)=-\rho C_p dz\frac{\partial T}{\partial t},\text{即}\frac{\partial T}{\partial t}=-\frac{g}{C_p}\frac{\Delta F(p)}{\Delta p} \tag{3.10}$$

大气对太阳短波辐射的吸收,使薄层的太阳辐射通量散度 $\Delta F(z)$小于零,大气得到了加热。

(3)大气对太阳辐射的散射

太阳辐射进入大气后,由于空气分子、水汽和气溶胶的散射作用,改变了太阳辐射的传递方向,其中一部分后向散射返回太空,一部分以漫射形式射向天空各个方向。虽然散射作用不发生能量转换,但削弱了太阳光线投射方向上的能量。因为经过散射,一部分太阳辐射就到不了地面。如果太阳辐射遇到直径比波长小的空气分

子，则辐射的波长愈短，散射愈强，对于一定大小的分子来说，散射能力与波长的四次方成反比，这种散射具有选择性，称为分子散射，也叫蕾莉散射。假设，波长为 0.7 μm的散射能力为 1，则波长为 0.3 μm 的散射能力为 30。因此，对于干洁空气，太阳辐射中的青蓝光波长较短，散射较强，使天空呈青蓝色。分子散射还有一个特点是质点散射对于其光学特性来说是对称的球形，在光线入射及相反方向上的散射比垂直于入射光线方向上的散射量大 1 倍。

如果太阳辐射遇到直径比波长大一些的质点，辐射也要被散射，但这种散射没有选择性，即辐射的各种波长都同样地被散射，称这类散射为粗粒散射，也称米散射。当空气中存在较多的雾粒或尘埃，一定范围的长短波被同样地散射，使天空呈灰白色。米散射还有一特点，散射在入射光方向最强，分别超过入射光线的相反方向及其垂直方向上能量之 2.37 及 2.85 倍。散射质点愈大，这种偏对称的程度就更大。

(4)大气的云层和尘埃对太阳辐射的反射

大气中云层和较大颗粒的尘埃能将太阳辐射中一部分能量反射到宇宙中去。云的反射作用最显著，其反射能力随云状和云的厚度而不同，高云反射率约 25%，中云为 50%，低云为 65%，稀薄的云层也可反射 10%～20%。随着云层增厚反射增强，厚云层反射可达 90%，一般情况下云的平均反射率为 50%～55%。反射对各种波长没有选择性，所以反射光呈白色。

3.1.3　到达地面的太阳辐射

(1)太阳直接辐射

太阳辐射经过大气的吸收和散射的削弱之后，沿投射方向直接到达地表面的那部分太阳辐射能量称为地表面的直接太阳辐射(或太阳直接辐射)。

到达地表面的太阳直接辐射通量密度 S 可表示为

$$S=\frac{I_0}{D^2}P^m(\sin\varphi\sin\delta+\cos\varphi\cos\delta\cos\omega) \tag{3.11}$$

对某一地点(φ= 常数)，一日内日地距离订正项$\frac{1}{D^2}$可视为常数，将式(3.11)对一天可照时间积分，则直接辐射日总量

$$S_{日}=\frac{I_0 T}{2\pi D^2}\int_{-\omega_0}^{+\omega_0}P^m(\sin\varphi\sin\delta+\cos\varphi\cos\delta\cos\omega)\mathrm{d}\omega \tag{3.12}$$

式中，$\pm\omega_0$ 为日没日出时角，T 为地球自转周期，P^m 为复合透明系数，表示大气质量为 m 时的大气透明度特征，上标 m 为大气质量数，由表 3.1 可知，其与太阳高度角有关，即是时角 ω 的函数，即使大气透系数 P 一天内不变，由于 P^m 是时角 ω 的函数，难

以确定,因此,应用上式计算太阳直接辐射日总量比较困难,一般只能求助于经验方法。

上述考虑仅是天空无云条件下的太阳直接辐射的可能日总量。而在天空有云的实际气候条件下,地表面的太阳直接辐射由于云而受到显著影响,云量愈多,云层愈厚,地表太阳直接辐射愈少。因此,获取地表面太阳直接辐射资料除可以用仪器直接测量外,通常用气候学计算方法求得。即由实际资料拟合出求算地面直接辐射的经验计算式。如

$$S=S_0 f(n) \text{或} S=S_0 f(S_1)$$

式中,n 为云量,S_0 为天文辐射量,S_1 为日照百分率(或日照时数),S 为地面太阳直接辐射。由于日照百分率 S_1 比云量 n 的观测资料更准确,人们以 采用 $S=S_0 f(S_1)$ 为最常见。很显然,把晴天大气对太阳辐射削弱的影响放在了 $f(S_1)$ 函数中的经验系数里了。考虑到各地区,$f(S_1)$ 以线性方程或二次方程较多。翁笃鸣分析了直接辐射与天文辐射之比(相对辐射)随日照百分率的变化趋势,各地资料都十分明显地显示它们之间的抛物线关系。于是,就提出以抛物线方程计算直接辐射的经验公式,即

$$S=S_0(aS_1+bS_1^2) \tag{3.13}$$

由此,当全阴天 $S_1=0$ 时,$S=0$ 没有直接辐射,当全晴天,$S_1=1$ 时,$S/S_0=(a+b)$,$(a+b)$ 是全晴天太阳直接辐射与天文辐射之比,即晴天相对辐射。翁笃鸣还给出 a、b 系数的全国分布。式(3.13)有较高计算精度,平均相对误差为 5%。

(2)散射辐射

当太阳辐射通过大气时,受到大气中的气体分子、尘埃、气溶胶、水汽等的散射作用,使太阳辐射的一部分以漫射形式从天空的各个角度到达地表,这一部分辐射量称为散射辐射,可表示为

$$D=\beta S_0(1-P^m)\sin h_0 \tag{3.14}$$

式中,β 为太阳辐射经大气散射后到达地面的比例系数。

如果假定大气散射是各向同性的,则天空散射有一半到达地表,$\beta=\frac{1}{2}$。可见,地表得到的散射辐射随太阳高度 h_0 的增大而增加,随大气的混浊度的增大而增加。

在天空有云的实际气候条件下,地表散射辐射的到达量还与云量、云状和地表反照率大小有关。一般是云量愈大,地表散射辐射到达量愈大。但在云层又厚又密的积雨云下,云量的增加反而会使散射辐射减少,这是因为厚而密的积雨云使太阳辐射因强烈反射而导致散射辐射随之减少。但对一定时段(如旬、月、年)的平均而言,云量的增加,总是使散射辐射增大的。同直接辐射一样,地表散射辐射的到达量也可用气候学计算式求得。即

$$D=S_0 f(n)$$

式中，$f(n)$常以云量的线性和二次方程为主。显然，晴天的天空散射作用反映在$f(n)$的经验系数中。

王冰梅、翁笃鸣在讨论我国散射辐射时，提出以总云量为参数的抛物线方程，并考虑地表反射辐射的作用。即

$$D=S_0(a+bn-cn^2)\mathrm{e}^{k(\alpha/\bar{\alpha}-1)} \tag{3.15}$$

式中，K 取 0.05，α 为月平均反照率，$\bar{\alpha}$ 可为年平均反照率。a 取 0.1，并给出 b、c 系数的全国分布。

(3)地表总辐射

实际大气条件下到达地表的太阳直接辐射与散射辐射之和，是到达地表面的太阳辐射总能量，称为地表总辐射。到达地表的太阳总辐射与天文辐射、云量以及大气透明度有关。天文辐射越强，地表总辐射越大，云量越多，地表总辐射越小，大气透明度好(大气透明系数大)地表总辐射越大。基于总辐射实际观测站点较少，获取地表总辐射资源的数值仍以气候学计算方法为主要手段。几十年来，国内外的学者探讨过很多的计算方法，概括起来可以普遍表示为

$$Q=Q_0 f_1(S_1,n) \tag{3.16}$$

$$Q=Q_i f_2(S_1,n) \tag{3.17}$$

$$Q=S_0 f_3(S_1,n) \tag{3.18}$$

式中，Q_0、Q_i、S_0 分别为晴天总辐射、理想大气总辐射、天文辐射，$f_1(S_1,n)$、$f_2(S_1,n)$、$f_3(S_1,n)$分别为不同的天空遮蔽度函数，根据不同的情况可采用一次或二次方程的形式。祝昌汉从理论上近似地证实下列计算式比较恰当，即

$$Q=S_0(a+bS_1) \tag{3.19}$$

式中，a、b 为经验系数，其含义比较复杂，取决于大气的平均透明系数，云的透射系数，日照计的灵敏度等一系列因素。同时，这些因素在不同气候区中的作用亦不相同，a、b 系数也就常有不同。其物理意义可以这样理解：当 n 为零(无云)时 $S_1=1$，$Q=(a+b)S_0$，即$(a+b)$为晴天状况下实测总辐射占天文辐射的比值。当 $n=1$(全阴天)时，$S_1=0$，$Q=aS_0$，即 b 是晴天总辐射与阴天总辐射的差值占天文辐射的比值。如同计算直接辐射一样，总辐射计算式中的 a、b 系数也可由事先绘制的全国分布图上内插出来。

1)全球总辐射分布

图 3.3 为美国大气环境预报中心和大气研究中心(NCEP/NCAR)提供的再分析资料 1981—2010 年全球太阳地表总辐射年平均通量密度的地理分布，可见：

① 在南、北半球的中、高纬度地区，地面总辐射年平均通量密度呈纬向带状分布，且随地理纬度的增大而减小。但在热带低纬度地区总辐射年平均通量密

度并非最大,而且并不符合这种带状分布;因为在赤道附近地区一年中阴天的出现频率较大,云量比较多,致使地面总辐射年平均通量密度明显降低。

② 在南、北半球的副热带地区,特别是在大陆上的沙漠地区,地面总辐射年平均通量密度最大。因为处于副热带高压的下沉辐散区域,大气透明度好,云量很少。地面总辐射极大值出现在非洲东北部地区,撒哈拉大沙漠的总辐射年平均通量密度高达 260 W/m^2;其次是西亚、北美等其他地区,地面总辐射年平均通量密度都很大。

③ 在季风气候区以及气旋活动频繁、发展强烈的中纬度沿岸地区,由于云量分布不均匀使得总辐射的纬向带状分布遭到破坏。主要表现在印度半岛、亚洲东部沿海、印度洋西北部地区以及加拿大西海岸、北欧和南美洲西南沿岸地区。此外,热带大洋东部由于信风逆温和冷洋流的影响,总辐射年平均通量密度也不遵循纬向带状分布。

④ 海洋上总辐射年平均通量密度通常比同纬度的陆地上小,这是因为洋面上平均云量一般大于同纬度的陆地。赤道附近的热带和两极附近的寒带,太阳总辐射年平均通量密度可相差 3 倍以上,这正是对流层西风带产生的根本原因之一。

在南、北半球的冬、夏半年中,地面总辐射平均通量密度的地理分布也不相同。南、北半球月总辐射量夏季大于冬季,纬向带状分布特征冬季月份比夏季月份明显,而且月总辐射量的径向梯度冬季大于夏季。南、北半球冬季月份的地面总辐射分布都是从低纬度地区向相应半球的极区方向减小的,这与正午太阳高度角的减小和白昼时间的缩短有关;夏季月份地面总辐射平均通量密度最大值出现在南、北回归线附近地区,云量分布不均匀破坏了地面总辐射平均通量密度的纬向带状分布特征。

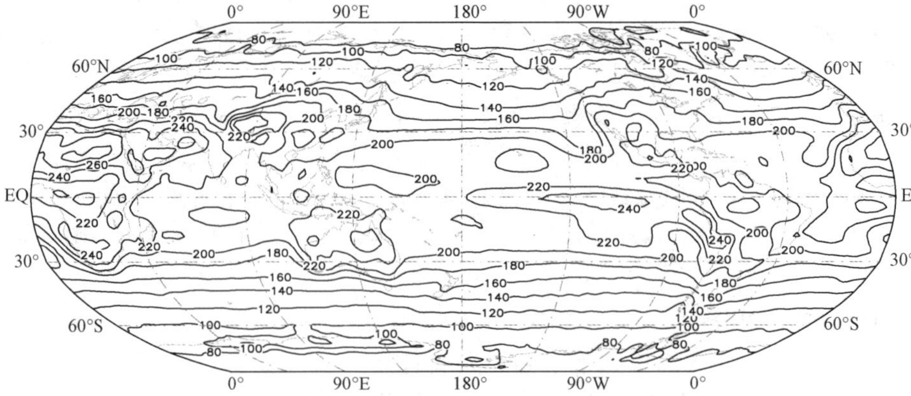

图 3.3 全球地表总辐射年平均通量密度(W/m^2)的地理分布
(1981—2010 年平均的 NCEP/NCAR 再分析数据)

2)中国总辐射分布

中国总辐射年平均通量密度的分布,主要取决于云量和地理纬度。总的看具有高原大于平原、内陆大于沿海和干燥区大于湿润区等特点(图 3.4)。纬度的影响表现不很明显,青藏高原为一稳定的高值区,高中心在雅鲁藏布江流域一带,最大值达到 250 W/m^2 以上。高值带由此向东北和东南伸延,北支可抵内蒙古高原,南支直抵横断山区,等值线在高原东部边缘密集。川黔山地因全年云量较多成为稳定的低中心,并由此扩展至整个长江中下游及其以南的广大地区,中心最低值区 180 W/m^{2}以下。滇西南地处西南季风迎风侧部位,全年云量较多平均总辐射通量密度较小。塔里木盆地因气候干燥,全年多风沙,大气透明度较差,总辐射通量密度也相对较小。中国总辐射年平均通量密度最小值和最大值之间的差异明显,两者相差在 2 倍以上(图 3.4)。

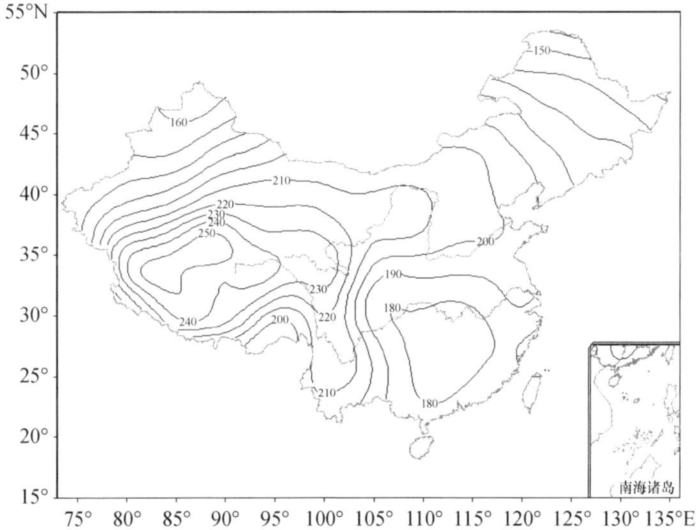

图 3.4　中国年平均总辐射通量密度的分布(W/m^2)(1981—2010)

(资料来源同图 3.3)

3.1.4　地面对太阳辐射的反射

到达地表的总辐射有一部分由于反射作用而返回天空,这部分被地表反射回去的辐射能量称为地表反射辐射,其占入射总辐射量的比称为地表反照率 α,表示各种不同地表对于太阳辐射反射能力。即

$$\alpha=\frac{A}{Q}$$

A 为地表的反射辐射,显然地表吸收辐射量即为

$$Q-A=Q(1-\alpha) \tag{3.20}$$

地表反照率的研究,在气候形成和气候变化的过程中有着重要意义,它与地表吸收辐射直接相联系,是陆面过程的重要研究内容。所以,在能量平衡模式中,地表反照率的变化与太阳常数的变化对气候系统的影响具有同等意义。就是说,如果在其他条件相同的状况下,地表反照率变化1%造成对气候系统能量输入的改变几乎等效于太阳常数变化1%。由此,人们在影响气候、改造小气候等方面,改变地表反照率的大小要比使太阳辐射变化现实得多。

影响地表反照率大小的主要因子之一是太阳高度的变化,图3.5是各种地表面反照率随太阳高度角的变化。可见,绝大部分地表反照率在太阳高度从90°变化到40°时基本上为一常数,当太阳高度角小于40°,而逐渐减少时,地表反照率迅速增加,这一现象称为菲涅尔(Fresnel)反射特征。这是地表反照率日变化的主要原因。

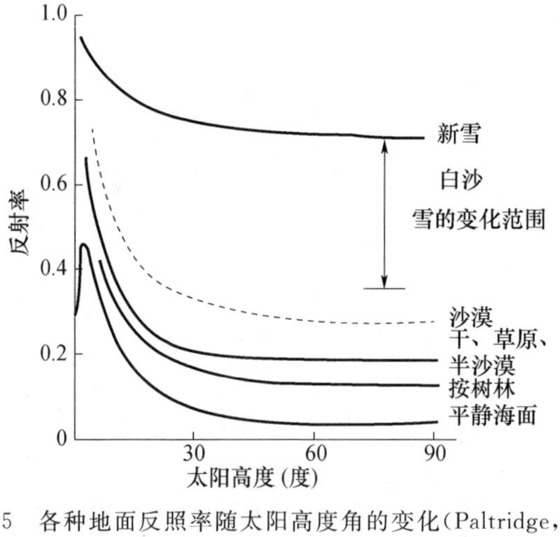

图3.5　各种地面反照率随太阳高度角的变化(Paltridge,1976)

图3.5中我们还可以看到,对于平静海面,其反照率在太阳高度小时,变化较大,在太阳高度较大时,则水面反照率很小,仅有5%,对海洋,水面反照率还与水面波浪等有关,平均而言,海洋反照率在6%～8%。

各种地表反射特性的差异,主要与下垫面的特征和性质有关(表3.2)。由于下垫面的性质极其复杂,随着土壤成分,覆盖物类型,地形特点、水陆差异等的变化而变化,因此计算某一区域的反照率 α,可根据该地整个区域范围内各种不同类型下垫面反照率的面积加权平均取得。

根据实际观测,地表反照率还取决于下垫面的颜色、干湿程度、表面粗糙度等。

表 3.2　各种地面的平均反照率

地面状况	水面	阔叶林	草地、沼泽	水稻田	灌木	田野	草原	沙漠	冰川、雪被
反照率(%)	6～8	13～15	10～18	12～18	16～18	15～20	20～25	25～35	>50

地表颜色对反照率的影响，是由于物体的颜色对于太阳辐射的各波长有选择性吸收和反射的性质。反照率的大小在不同波长的光谱段是不同的。对于可见光而言，黑体具有全吸收能力，白体具有全反射能力。因此，各种不同颜色的地表，其反照率的差异相当显著，表明，改变地表颜色对反照率的影响确实是很大的，因此很有实用意义。事实上，人们在冬、夏季穿不同颜色的服装，正是利用了反照率的这一特性。

土壤湿度增加，地表反照率减小。这是由于土壤湿度增加了，地表颜色变深变黑，且由于水是反照率很小的物质，所以土壤湿度增加后，反照率减小。

地表粗糙状况对地表反照率也有影响。粗糙度大的自然表面多起伏，对太阳辐射会产生多次反射，造成总反照率的减小，如新耕翻的土壤。

从图 3.6 的不同种类下垫面的反照率光谱可以看到，积雪具有很高的反照率，而且在可见光和近红外波段变化较小。实际上积雪在可见光波段的反照率还高于近红外波段，这和其他各种下垫面都是不同的。水面的反照率一般是较小的，约 5%，而且它随波长的变化也不大。黑钙土的反照率也是较低的，而且随波长变化也较小。各种植被下垫面反照率光谱的一个主要特点是：它们在近红外波段的反照率远大于可见光波段，其突变发生在大约 0.7 μm 附近。利用这一特点，在 NOAA 气象卫星上利用两个通道，分别测量可见光通道（例如 0.58～0.68 μm）和近红外通道（0.7～1.1 μm）波段的地面反照率，并计算各种植被指数。其中应用较广的是归一化差分植被指数（NDVI，即 normalized difference vegetation index），其定义为

$$NDVI=(Ch_2-Ch_1)/(Ch_2+Ch_1)$$

式中，Ch_1 和 Ch_2 分别为 1 通道和 2 通道卫星观测的地面反照率。当植被生长茂盛，归一化植被指数就较大。植被指数被广泛地用于判断下垫面植被生长的状况，对农业估产和土地利用状况的监测有很好的应用。

行星反照率分为各地区行星反照率和全球行星反照率。因为各地云量和冰雪分布情况不同，各地区行星反照率的差别较大，赤道地区的行星反照率约为 0.2 甚至更小，而极地为 0.6 甚至达到 0.95。至于全年平均的全球行星反照率，1967 年雨云 2 号（NIMBUS 2）测出的值为 0.295～0.300，泰罗斯 7 号（TIROS 7）测出的是 0.32 左右，由雨云 3 号测出的是 0.284，后来雨云 4 号测出的是 0.30，在 1985 年地球辐射收支实验（ERBE，即 earth radiation budget experiment）中卫星测出的是 0.297。总之，目前认为全球的行星反照率数值可取 0.30。这是由于地球表面的平均反照率

(约为0.15)、云的高反照率和大气的后向散射作用的综合结果。

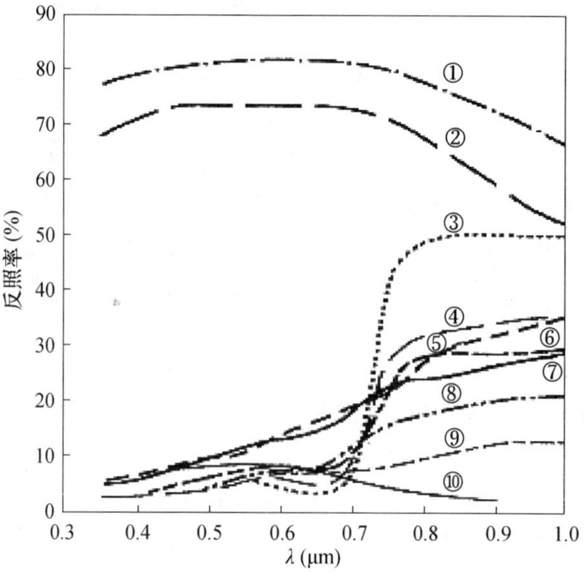

图3.6 几种典型下垫面实测的反照率光谱(Kondratyev,1973)

①带有冰盖的雪,$h=38°$;②大粒湿雪,$h=37°$;③苏丹草,$h=52°$;④青玉米,$h=54°$;⑤谷物茬子,$h=35°$;⑥高的绿玉米,$h=56°$;⑦黄玉米,$h=46°$;⑧土壤融雪后,$h=24.5°$;⑨黑钙土,$h=40°$;⑩湖面,$h=56°$

3.2 地气系统的长波辐射

3.2.1 地面辐射和大气长波辐射

(1)地面和大气辐射特点

地面和大气在其温度变化范围内会以热辐射形式放射辐射能。由于地面和大气的温度较低,所以其放出辐射的波长处于红外波段,故统称为长波辐射。地面向上放射的长波辐射称为地面辐射(U),大气向下放射的长波辐射称为大气逆辐射(G)。地面辐射减去地面吸收的大气逆辐射称为地面有效辐射,亦可称为地面长波辐射净通量($U-\varepsilon G$)。

大气向地面的长波辐射是整个大气的平均温度、水汽总量的函数。即

$$G=\varepsilon_a f(T_1,w_\infty) \tag{3.21}$$

式中,ε_a 为大气相对辐射率,σ 为斯蒂芬-玻尔兹曼常数(5.66961×10^{-8} W·m^{-2}·K^{-4}),T_1 为大气的平均温度,w_∞ 为大气的总水汽量。由于 T_1、w_∞ 实际上不容易取

得，人们发现大气逆辐射与近地层的大气湿度、水汽压有较密切的关系，于是式(3.21)以可写为

$$G=\varepsilon_a f(T,e) \tag{3.22}$$

式中，T、e 为近地层大气温度和水汽压。

地面向上的长波辐射同样可由黑体辐射公式给出

$$U=\varepsilon\sigma T_0{}^4 \tag{3.23}$$

T_0 为地面温度，地表相对辐射率 ε 一般为 0.85～0.99(表 3.3)。

表 3.3　各种地表的相对辐射率(翁笃鸣，1997)

地表状况	干沙	湿沙	黑沙	沙壤土	针叶林	黏土
相对辐射率	0.95	0.96	0.95	0.94	0.97	0.97
地表状况	腐殖土	白霜	煤灰	新雪	水	草原
相对辐射率	0.99	0.99	0.97	0.99	0.95	0.98

(2)长波辐射传输方程

设 $I_\lambda(\tau,\mu,\varphi)$ 表示通过高度 z(或 τ)处，天顶距为 ϑ、方位角为 φ 方向上单位面积、单位时间通过单位波长的长波辐射量($\mathrm{J\cdot m^{-2}\cdot s^{-1}\cdot \mu m^{-1}}$，称为单色辐射强度)，$I_\lambda(\tau,\mu,\varphi)$ 通过 $\mathrm{d}z$ 薄层后的变化为

$$\mathrm{d}I_\lambda(\tau,\mu,\varphi)=-k_\lambda\rho I_\lambda(\tau,\mu,\varphi)\frac{\mathrm{d}z}{\cos\vartheta}+k_\lambda\rho J_\lambda(\tau,\mu,\varphi)\frac{\mathrm{d}z}{\cos\vartheta}$$

式中，$\mu=\cos\vartheta$，长波辐射传输方程为

$$\mu\frac{\mathrm{d}I_\lambda(\tau,\mu,\varphi)}{\mathrm{d}\tau}=I_\lambda(\tau,\mu,\varphi)-J_\lambda(\tau,\mu,\varphi) \tag{3.24}$$

式中，$J_\lambda(\tau,\mu,\varphi)$ 为高度 z(或 τ)到 $z+\mathrm{d}z$ 薄层中空气分子在天顶距为 ϑ、方位角为 φ 方向上单位面积、单位时间放射的长波辐射量，光学厚度 $\tau=\int_z^\infty k_\lambda\rho\mathrm{d}z'$，$\mathrm{d}\tau=-k_\lambda\rho\mathrm{d}z$ 。

将长波辐射分为两个方向，Z 高度向上($0\leqslant\mu\leqslant1$)的单色辐射强度为

$$I_\lambda(\tau,\mu,\varphi)=\underset{(1)}{I_\lambda(\tau_*,\mu,\varphi)\mathrm{e}^{-(\tau_*-\tau)/\mu}}+\underset{(2)}{\int_\tau^{\tau_*}J_\lambda(\tau',\mu,\varphi)\mathrm{e}^{-(\tau'-\tau)/\mu}\frac{\mathrm{d}\tau'}{\mu}} \tag{3.25}$$

式中，(1)为地面长波放射辐射 $I_\lambda(\tau_*,\mu,\varphi)$ 经大气层 $\tau_*\rightarrow\tau$ 衰减透过的部分，(2)为 $\tau_*\rightarrow\tau$ 中任意一层大气 τ' 放射辐射 $J_\lambda(\tau',\mu,\varphi)$ 经大气层 $\tau'\rightarrow\tau$ 衰减透过的部分之积分。向上通过单位时间、单位水平面面积、单位波长的长波辐射量(向上单色辐射通量)

$$F_\lambda\uparrow(\tau)=\int_0^{2\pi}\int_0^1 I_\lambda(\tau,\mu,\varphi)\cos\vartheta\mathrm{d}\mu\mathrm{d}\varphi \tag{3.26}$$

假设地气系统放射辐射与方位角无关(各向同性),即

$$I_\lambda(\tau,\mu,\varphi)=I_\lambda(\tau,\mu) \tag{3.27}$$

则 z 高度,向上单色辐射通量密度为

$$F_\lambda\uparrow(\tau)=2\pi B_\lambda(T_0)\int_0^1 e^{-(\tau_*-\tau)/\mu}\mu d\mu+2\pi\int_0^1\int_\tau^{\tau_*}B_\lambda(T(\tau'))e^{-(\tau'-\tau)/\mu}d\tau' d\mu \tag{3.28}$$

大气底部($\tau=\tau_*$),向上辐射仅由地表发射造成,将地表、大气在红外区近似当作黑体,即 $I_\lambda(\tau_*,\mu)=B_\lambda(T_0)$,$J_\lambda(\tau',\mu)=B_\lambda(T(\tau'))$。

z 高度,向下的单色辐射强度

$$I(\tau,-\mu,\varphi)=I(0,-\mu,\varphi)e^{-\tau/\mu}+\int_0^\tau J_\lambda(\tau',-\mu,\varphi)e^{-(\tau'-\tau)/\mu}\frac{d\tau'}{\mu}$$
$$(0\leqslant\mu\leqslant 1) \tag{3.29}$$

z 高度,向下的单色辐射通量密度

$$F_\lambda\downarrow(\tau)=2\pi\int_0^1\int_0^\tau B_\lambda(T(\tau'))e^{-(\tau-\tau')/\mu}d\tau' d\mu \tag{3.30}$$

理论上来说,对所有波长,从大气顶积分到地面即可得到大气逆辐射,由于辐射过程的复杂性,模式中需要对辐射进行参数化。

(3)红外辐射冷却率

$z(\tau)$高度薄层大气净长波辐射通量散度为

$$\Delta F(z)=F\downarrow(z)+F\uparrow(z+dz)-F\uparrow(z)-F\downarrow(z+dz) \tag{3.31}$$

该层大气的长波辐射冷却率为

$$\frac{\partial T}{\partial t}=-\frac{1}{\rho C_p}\frac{\Delta F(z)}{\Delta z}=-\frac{g}{C_p}\frac{\Delta F(p)}{\Delta p} \tag{3.32}$$

大气既能强烈吸收长波辐射,又能强烈放射长波辐射,dz 薄层大气净长波辐射通量散度是大于零的,即大气层长波辐射使其冷却。

3.2.2 地面有效辐射

地面有效辐射表示地面的长波净辐射通量,即

$$F=U-\varepsilon G=\varepsilon\sigma T_0^4-\varepsilon\varepsilon_a f(T,e) \tag{3.33}$$

等式右边的 ε 表示地面对长波辐射的放射率,也是对大气逆辐射的吸收率,ε_a 表示大气对长波辐射的放射率(大气相对辐射率)。该式表示当地面的长波辐射大于大气逆辐射时,地面有长波辐射损失,反之亦然。这一能量的散失,虽然强度较弱,但是地面夜以继日散发辐射能量,所以有效辐射损失的总量很大,这对温度的日变化、最低温度、霜冻、辐射雾和近地面逆温等的形成有重要影响。

如果考虑到大气对长波辐射在 8~14 μm 的窗区,那么在大气窗区以外的长波

辐射的能量约为大气长波辐射总能量的 70%。注意到低层大气温度和地面温度相关很好，且二者之间的差值也不大，所以在窗区以外波长上的净长波辐射损失总量是很小的。

对地面有效辐射计算，一方面可以由大气辐射传输方程为出发点，在给定的边界条件和初始条件下求解。但由于实际大气中大气的层结、状态及成分千变万化，大气中各种成分的吸收系数也不相同，进行积分计算十分复杂。于是一些科学家对传输方程进行简化并运用较简便的方法进行计算。

根据气象资料进行气候学计算是比较常用的方法。国内外的学者都曾对此作过研究。对于晴天有效辐射，一般可表示为

$$F_0 = \varepsilon f(T_0, T, e) \tag{3.34}$$

式中，e 为 1.5～2.5 m 高处空气的水汽压；T_0 为地面温度；T 为空气温度。

M. E. 别尔良德等对大气辐射传输方程作适当简化后，得到晴天有效辐射的理论公式为

$$F_0 = \varepsilon\sigma T_0^4 \sum P_n \mathrm{e}^{-\alpha_n m_\infty} \left\{ \left(\frac{T_H}{T_0}\right)^4 - \frac{4\gamma}{\beta T_0}\left(\frac{T_{0H}}{T_0}\right)^3 \left[E_i(\alpha_n m_\infty \mathrm{e}^{-\beta H}) - E_i(\alpha_n m_\infty)\right] \right\} \tag{3.35}$$

式中，α_n 为大气对长波辐射的吸收系数；m_∞ 为水汽光学质量；P_n 为光谱区间特征量；T_H 为对流层顶高度的温度；H 为对流层顶高度；γ 为对流层平均气温递减率；β 为湿度随高度递减的特征系数；T_{0H} 为对流层的平均温度；$E_\lambda(x) = \int_{-\infty}^{x} \frac{\mathrm{e}^t}{t}\mathrm{d}t$ 为欧拉函数。

有云时，云的存在将使大气逆辐射大大加强，有效辐射减弱，所以，有云时的地面有效辐射可表示为

$$F_n = F_0(1 - Cn) \text{ 或 } F_n = F_0(1 - Cn^m) \tag{3.36}$$

式中，C 为云对有效辐射的影响系数，不同纬度带 C 的平均值变化于 0.50～0.82（$\varphi=0°—75°$），低纬地区小，高纬地区大。n 为云量，m 为 1.5～2.0。

3.3　地气系统的辐射收支

3.3.1　地面辐射平衡

（1）地面辐射平衡方程

太阳辐射到达地表面后，产生辐射能量的分配。对地表面一个薄层（下垫面）常被理解为一个无限薄的几何面，厚度为零。所以发生在地表面的辐射能量的收支状

况,可表示为

$$R=Q(1-\alpha)-F \tag{3.37}$$

该式称为地表辐射平衡方程,R 为地表净辐射(或称为地表辐射平衡值),Q 为到达地表面的总辐射,即地表总辐射,包括直接太阳辐射 S 和散射太阳辐射 D,α 为地表反照率,$Q(1-\alpha)$表示地面吸收的太阳总辐射,F 为地表有效辐射,因此地表辐射差额可定义为单位地表面面积所吸收的太阳总辐射和有效辐射之差。可见,影响地面辐射差额有地表总辐射、反照率和有效辐射三个物理因子,地表总辐射越强,反照率越小,有效辐射越小,则地面辐射差额越强。所有影响这三个因子的因素也会影响地表辐射差额的强度和变化。例如,云量增加,地表总辐射减小,使地表辐射差额减小,另一方面,云量增加,地表有效辐射减小,使地表辐射差额增加。因此,在分析云量对地表辐射差额的影响时,我们必须分不同的情形加以说明,比如,白天或夏季或低纬度,云量增加,地表总辐射减小,使地表辐射差额减小的效应大于地表有效辐射减小引起的地表辐射差额增大的效应,最终,云量增加,地表辐射差额减小;夜间或冬季或高纬度,云量增加将引起地表辐射差额增加。

地表辐射差额是发生在地表面最原始的能量收支。当该辐射差额大于零,表示地表面通过辐射过程获得净能量,因此地表面的内能会增加,温度会升高。一般来讲,日出后,随着太阳辐射的增强,地表面吸收的太阳短波辐射逐渐增加,地表面辐射差额逐渐增大,地表面温度会渐渐升高。日落后,没有太阳照射,地面有效辐射 F 总是大于零,地表面辐射差额为负值,夜间,地表通过辐射收支,净失去能量,温度降低。

(2)地表净辐射的空间分布

由式(3.37)可知,地表面净辐射量由短波辐射收入与地面有效辐射之间的差值决定。凡是影响地表总辐射、反照率、影响地面有效辐射的因子都会影响到地表净辐射的大小。当辐射收入大于支出时,净辐射为正,使地面温度升高,地表为热源。当辐射收入小于支出时,地表温度下降,地表为热汇。因此,地表面净辐射量的大小,决定了地表(包括土壤上层)和近地层空气温度的分布。所以,地表净辐射对于地面与大气间的热量交换、地面霜冻形成等方面都有重要意义,是推动大气环流和海洋环流的基本的强迫因子。

图 3.7 为地表净辐射年平均通量密度的地理分布。由图可见,从大陆到海洋,净辐射平均通量密度等值线在沿海出现中断,因为洋面平均反照率小于陆面,故洋面上净辐射年平均通量密度比同纬度大陆表面要大得多。在整个洋面和大陆表面上,地表净辐射年平均通量密度都是正的,而在具有稳定的冰雪覆盖的格陵兰中部和南极大陆上出现负净辐射年平均通量密度。地球上大陆地表净辐射年平均通量密度由接近于零的南、北极中央地区变化到热带纬度的 150～170 W/m^2。由于南北半球

的海陆分布和环流条件的不同，在南半球年净辐射平均通量密度基本上呈纬向带状分布，而北半球的纬向带状分布遭到一些破坏。

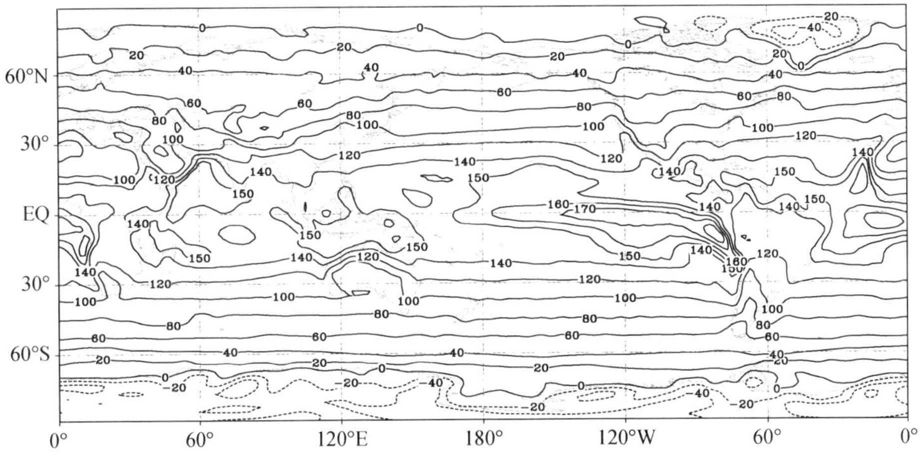

图 3.7　地表净辐射年平均通量密度(W/m^2)的地理分布
(1981—2010 年平均的 NCEP/NCAR 资料)

大陆表面净辐射年平均通量密度最大值出现在潮湿的热带地区，其数值约等于 140～150 W/m^2，比同纬度大洋表面小得多。大陆上，净辐射年平均通量密度随纬度的分布也略具带状特征，但是在许多地区由于湿润条件不同，使带状特征被破坏了，因此干旱地区净辐射通量密度比同纬度充分湿润地区要小得多。

高纬度的北极冻原带净辐射年平均通量密度小于 20 W/m^2；苔原带、森林苔原带为 20～40 W/m^2。

在副热带、热带和赤道带，由于云量和湿润状况的不同，年净辐射通量密度变化很大。在热带、副热带沙漠和干旱气候条件下，由于地面温度高、云量少、空气干燥、表面反照率大，致使吸收辐射减少而长波辐射亏损加大，用此在中亚沙漠、撒哈拉沙漠以及该纬度带内的其他许多沙漠和干旱地区，净辐射年平均通量密度为极小值，其数值约为 60 W/m^2。在季风盛行区，由于暖季云量增加，陆面净辐射年平均通量密度也比同纬度大陆表面要小一些。该纬度带内充分湿润地区，净辐射年平均通量密度值达到最大，其数值约为 100 W/m^2。

大洋上净辐射年平均通量密度的分布比大陆上简单，从低纬到高纬年净辐射值迅速减小，呈带状分布特征。在所有无冰的大洋上净辐射年平均通量密度都是正值，大洋上净辐射年平均通量密度最大值超过 170 W/m^2，出现在赤道中东太平洋，无冰大洋的最小值出现在沿着浮冰界线一带，为 20～30 W/m^2。

在冷暖海流影响的海域，净辐射年平均通量密度的分布与带状分布有偏差，偏差的符号对不同类型的海流来说不同,即使对同一类型的海流也可能不同,这是因为海洋、气温、空气湿度和云的状况都会对辐射平衡值的大小有影响。

在热带纬度洋面上,净辐射年平均通量密度的变化比较小。

中国地表净辐射分布,因受季风气候和地形条件的综合影响,具有明显的特点。图 3.8 是中国地表净辐射年平均通量密度的分布。可见台湾西南部最大达 130 W/m² 以上,其次,在大陆上高值区域分布在华南沿海,中心强度都在 100 W/m² 以上。低中心出现在全年湿润且多云的川黔山地,并东伸至长江流域以南的广大地区。中心最小净辐射平均通量密度在 80 W/m² 以下。青藏高原腹地由于海拔高度大,气候极端干燥、地表反照率大等原因,净辐射平均通量密度也比较小(在 70 W/m² 以下)。在天山地区由于高山积雪等影响,在一定海拔高度以上,存在低中心区。由塔里木盆地向东直至内蒙古大沙漠,为一低值带(60 W/m² 以下)。另外,在横断山区的西南侧以及深入海洋的辽东、山东半岛也存在着相对低值区,强度在 70 W/m² 以下。纬度对地表净辐射年平均通量密度分布的影响不明显,只有在纬度较低的东南和较高的东北平原地区,才能大致上识别其作用。

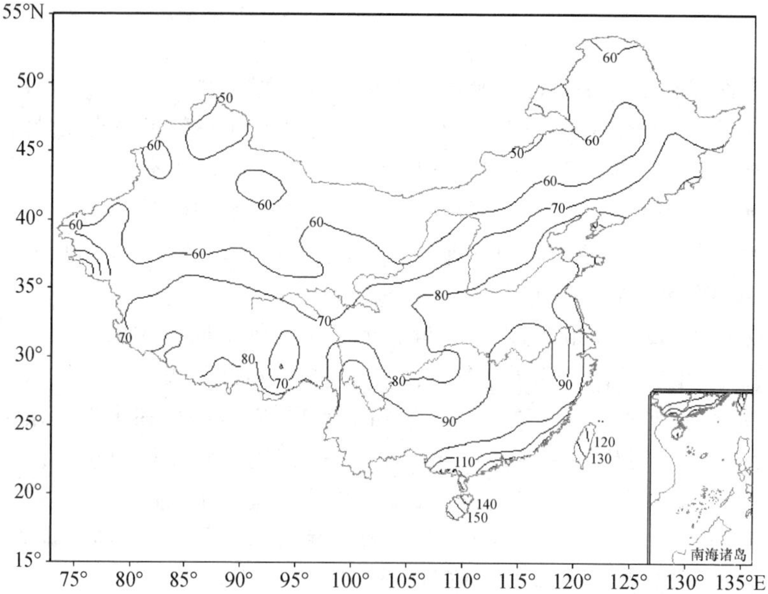

图 3.8 中国地表净辐射年平均通量密度(W/m²)分布(1981—2010)
(资料来源同图 3.7)

3.3.2 大气系统的辐射平衡

大气系统中收入辐射有吸收的太阳辐射 Q_a、吸收的下垫面长波射出辐射 U_a,大气系统中支出辐射有向下的大气逆辐射 G 及向宇宙空间逸出的长波辐射 U_{∞}，于是大气辐射平衡方程可写为

$$R_a = Q_a + U_a - (G + U_{\infty}) \tag{3.38}$$

式中，R_a 为大气系统的净辐射。

若以 τ 为大气对长波辐射的透射系数，大气吸收地表放出长波辐射 $U_a=(1-\tau)U+\varepsilon(1-\varepsilon)G$，地面有效辐射 $F=U-\varepsilon G$，大气和地表向宇宙空间逸出的长波辐射的总和为 $F_{\infty}=\tau U+U_{\infty}+\tau(1-\varepsilon)G$，于是式(3.38)写为

$$R_a = Q_a + (F - F_{\infty}) \tag{3.39}$$

大气对于短波辐射的吸收很小，大气的辐射平衡值主要取决于$(F-F_{\infty})$，而地面的有效辐射远小于大气顶的逸出长波辐射，所以 $R_a<0$，即大气辐射收入的净通量总是负的。表明大气通过辐射收支失去能量，温度会降低，需要来自地表的感热和潜热输送，来维持大气的能量平衡。

大气的净辐射通量尚难以直接测量，在没有卫星探测时主要通过常规气象资料进行一些间接推算，卫星探测与地面辐射观测资料的应用，为直接计算大气净辐射提供可能。

不少人曾计算过大气净辐射随纬度的分布。计算表明，随着纬度的增加，大气净辐射通量的绝对值在赤道至 25°φ 左右之间虽然纬度增加而略有减小，其后又随纬度增加而增加，50°—60°φ 以后又随着纬度增加而减小(图 3.9)。由图 3.9还可以看出，大气净辐射通量在南、北两半球并不对称。这种分布不对称性主要是由于南、北两半球海陆分布的不均匀性引起的。

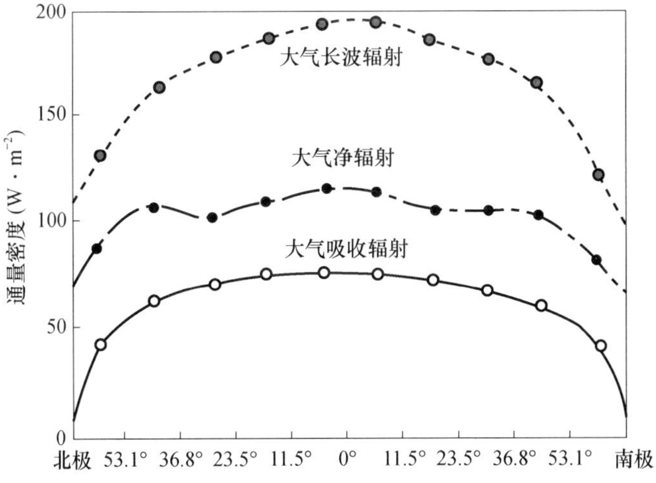

图 3.9　大气辐射收支随纬度的变化(Paltridge et al,1976)

3.3.3 地气系统的辐射平衡

地气系统包括地表和大气系统,在这一系统中,收入辐射是地表和大气吸收的太阳总辐射,支出辐射是整个系统向宇宙空间逸出的长波辐射。因此,地气系统的辐射平衡方程为

$$R_s = Q(1-\alpha) + Q_a - F_\infty \tag{3.40}$$

$$\text{或 } R_s = S_0(1-\alpha_s) - F_\infty \tag{3.41}$$

式中,R_s 为地气系统的净辐射;S_0 为到达大气上界的天文辐射;α_s 为行星反照率;Q_a 为大气吸收的太阳辐射;F_∞ 为地气系统向宇宙空间逸出的长波辐射。

地气系统净辐射的年变化。表 3.4 为 Ellis 等人用一般的气象资料、海洋资料和卫星资料计算的结果。地气系统净辐射通量从入射太阳辐射较多的 12 月到次年 3 月,R_s 为较大的正值;从 4 月开始到入射辐射较少的 7 月,为绝对值较大的负值。这是因为太阳辐射在 1 月是近日点比 7 月远日点多。另外地气系统的物理状况如云状云量、地表反照率、地面和大气温度等的变化也影响地气系统净辐射的年变化。

表 3.4 地气系统辐射平衡各分量的年变化(单位:除 α_s 外均为 W/m^2)(Ellis et al,1978)

月	S_0	α_s(%)	$S_0(1-\alpha_s)$	F_∞	R_s
1	350.7	30.8	242.7	231.1	11.6
2	347.6	30.9	240.2	230.0	10.2
3	342.5	29.9	240.1	227.8	12.3
4	336.8	30.4	234.4	246.8	−12.4
5	332.0	31.4	227.8	245.0	−17.2
6	329.1	31.1	226.7	245.4	−18.7
7	328.8	29.6	231.5	236.5	−5.0
8	331.1	29.0	235.1	235.2	−0.1
9	335.7	28.7	239.4	231.1	8.3
10	341.6	29.8	239.8	235.8	4.0
11	347.1	31.3	238.5	232.6	5.9
12	350.5	31.8	239.0	230.7	8.3
年平均	339.5	30.4	236.3	235.7	0.6

地气系统净辐射的地理分布取决于天文辐射随纬度的变化、地气系统行星反照率的分布及行星长波辐射。

(1)行星反照率的年平均分布

图 3.10 是基于欧洲中期预报中心(ECMWF)的 ERI-interim 和美国国家环境预报中心(NCEP)提供的大气顶吸收的太阳辐射和放出的长波辐射计算得到的行星反照率的年平均值的全球分布。由图可见,行星反照率的地理分布与各纬度的海陆分布、云的分布和冰雪覆盖面积有关。行星反照率的地理分布趋势是由赤道向两极增高,在纬度大于 30°的南北半球分布趋势有明显差异,南半球 α_s 的等值线有明显的带状分布特征,北半球 α_s 的等值线走向复杂,在低纬热带地区的 α_s 则有复杂的高低值中心,高值区出现在热带沙漠地区、大陆性对流云持续发展的地区。

热带海洋上一般说来行星反照率比陆地上的小,一般小于 20%。而南、北半球的极区,则因冰雪覆盖,行星反照率年平均都大于 50%。

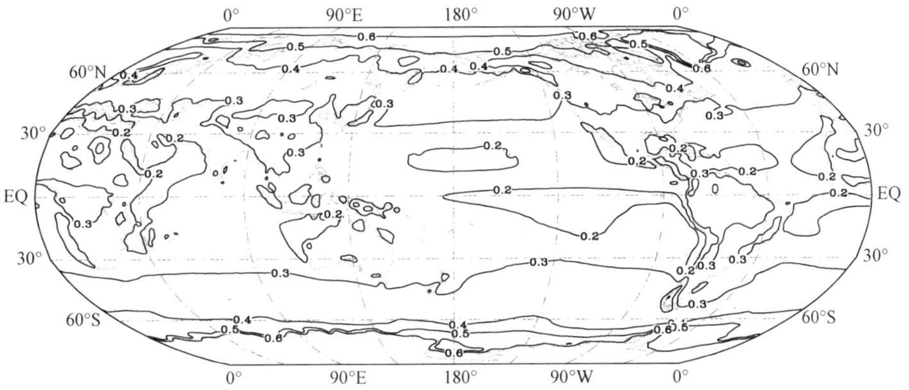

图 3.10　行星反照率年平均的地理分布图

(1981—2010 年平均,资料来源:ERI-interim 和 NCEP)

(2)地气系统长波辐射的分布

图 3.11 是行星地球的长波射出辐射年平均通量密度的地理分布,由图可见地气系统射出长波辐射年平均通量密度的分布型式与行星反照率的分布有一定的关系。局部的反照率高值区基本上与该地区行星射出长波辐射年平均通量密度的低值区相对应,尤其是在低纬地区更相似。但在北非这种关系遭到破坏,因为反照率很高的撒哈拉沙漠地区比较干燥,天空晴朗无云,致使沙漠地面的长波辐射损失很大,这表明射出长波辐射的分布与地面温度之间的关系,地面温度高,长波辐射损失大。在热带地区的热带辐合带区由于存在着深厚对流云,所以该地区也是行星射出长波辐射通量密度的相对低值区。从整体上看,从赤道到

极地,随着纬度的增加,地气系统长波射出辐射通量密度随之减小,而在副热带地区有最大值。

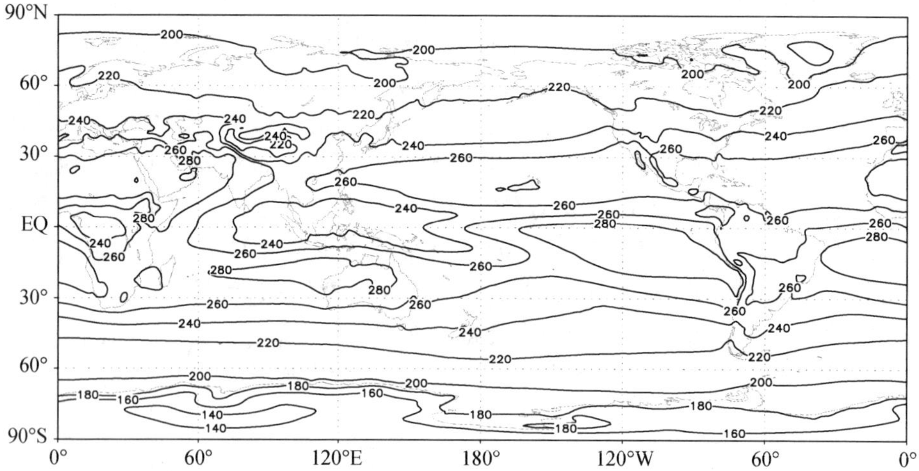

图 3.11 行星射出长波辐射年平均通量密度(W/m^2)的地理分布图
(1981—2010 平均的 ECMWF 再分析资料)

(3)地气系统净辐射年平均通量密度的地理分布

图 3.12 表明,地气系统净辐射年平均通量密度在赤道两侧至中纬度地区为正值并大致呈带状分布,零值线在 30°纬度一带摆动,大于 30°纬度的地区,地气系统净辐射年平均通量密度为负值;在小于 30°纬度的地区,地气系统净辐射年平均通量密度为正,这是一个很重要的事实。在赤道两侧的 10°纬度范围内,环绕地球为一不连续的高值区;在副热带的高值区内也有一些相对低值区,特别是北非和阿拉伯沙漠地区甚至出现负值,必须有大气能量的输入,或由空气压缩产生的绝热加热来抵消这一辐射冷却。为了达到地球上地气系统的能量平衡状态,地气系统内必然存在着一种能量的再分布过程,不断地把能量从热带向两极输送,这在下一节还要详细说明。但年平均值对全球积分而言,$R_s=0$,这意味着整个行星地球吸收的太阳辐射和向宇宙空间逸出的长波辐射是相等的而处于平衡状态。在这种平衡状态下,考虑行星地球的相应温度,可用所谓零维能量平衡模式,即

$$R_s=0$$

$$4\pi r^2\sigma T_c^4=I_0(1-\alpha_s)\pi r^2$$

式中,T_c 为行星地球的辐射平衡温度,r 为地球半径,$I_0=1340\ W/m^2$,$\sigma=5.66961\times10^{-8}\ W/(m^2\cdot K^4)$,$\alpha_s=0.30$,则 $T_c=254.6\ K$,这相当于 500 hPa 的平均温度,比地表平均温度低约 33 K。显然,这是地球大气的保温效应所致。

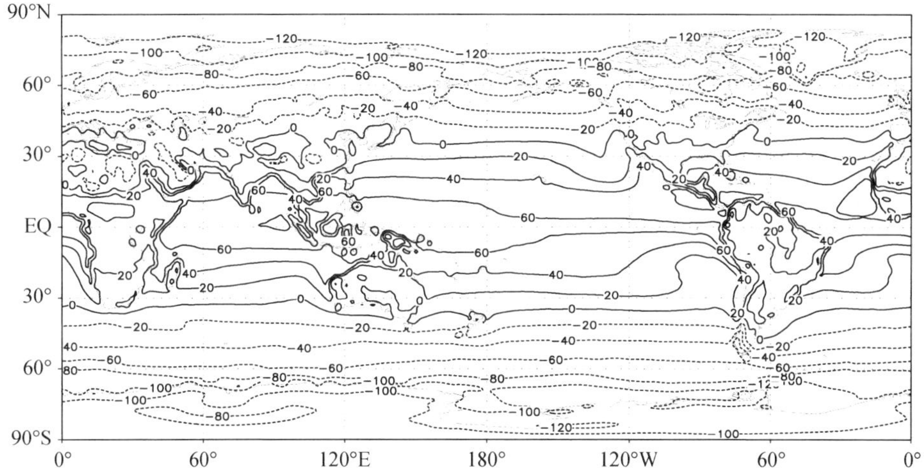

图 3.12　地气系统净辐射年平均通量密度(W/m^2)的地理分布图
(1981—2010 平均的 ECMWF 再分析资料)

3.4　地气系统的热量平衡

无论地表还是地气系统,在吸收了辐射能后,会产生能量转换和输送而达到新的平衡,这样的物理过程,称为热量平衡过程。是能量守恒定律在气候学中的一种表现,可用热量平衡方程来描述。

3.4.1　地表的热量平衡

发生在地表的辐射交换过程,可因地表性质不同而不相同。在土壤表层,太阳辐射透射的深度为零至几毫米。而在水体中,太阳辐射则能透射几米到几十米深度。又如对雪被表面,太阳辐射透射深度几十毫米,而在森林中,太阳辐射能从林冠透射到地面。在气候学中,把参与吸收太阳辐射的这一地表薄层称为地表面(或下垫面,或活动面)。地表面的热量平衡过程有着特别重要的意义,因为入射的太阳辐射在这里所发生的能量转换是地球大气中一切气象过程的基础。

地表面在气候学研究中被理解为一无限薄的几何面,故其厚度为零。在此面上获得的净辐射通量 R 一方面要升高地表温度,另一方面将盈余的热量转换为蒸发潜热通量 LE、地表与大气间的湍流显热通量 H(亦称感热通量或显热通量)、地表向下的热通量 Q_s 及地表面与在其上的生物体间的物理、化学过程有关的能通量 S_t(如光合作用、生物能储藏、冰雪融冻等),长期平均,使能量在下垫面上处于平衡状态称为

地表面的热量平衡。其表达式为

$$R=LE+H+Q_s+S_t \tag{3.42}$$

式中,左边的 R 即为地表面的净辐射,其影响因素由式(3.37)的右侧决定,大于零表示地表面辐射有盈余,右边各项中,LE 大于零表示地面蒸发,潜热从地面输向大气,增加近地层大气湿度,H 大于零表示显热从地面输送给大气,使近地层气温升高,它们的影响因素都很复杂,与温度、云量、湿度、降水、下垫面状况等有关。至今人们还不能对上述各项进行精确的数学描述,只能用气候学计算方法进行参数化或作适当简化。其中 S_t 在一般情况下(讨论冰期的气候变化外)较之其余各项小得多,故可忽略。所以地表热量平衡方程通常为

$$R=LE+H+Q_s \tag{3.43}$$

下面我们将讨论上式右侧各项的计算。

(1)地表与大气间的湍流显热交换

① 通量梯度法

由湍流交换理论,地表向大气的湍流热显热通量 H 可由湍流扩散法计算

$$H=-\rho C_p K_T \frac{\partial T}{\partial Z} \tag{3.44}$$

式中,ρ 为空气密度,C_p 为空气定压比热,K_T 为湍流热交换系数,$\frac{\partial T}{\partial Z}$为大气绝对温度的垂直梯度。可见,$K_T$ 越大,H 的数值也越大,但 K_T 不是一个定值,与风速大小成正比,同时与大气层结、地表性质等有关,这给式(3.44)的应用带来了不便。$\frac{\partial T}{\partial Z}$不仅影响 H 的大小,而且影响它的方向,当气温从地表面向上递减时,$\frac{\partial T}{\partial Z}$小于零,$H$ 大于零,表示显热从地表面输向大气,温度梯度越大,从地表面输向大气的显热也越多。

② 整体空气动力学方法

在气候计算时,不可能从常规资料中取得这些要素梯度值,若考虑地面与大气的整体交换,从地表(假设温度为 T_0)积分式(3.44)到常规观测的高度(气温为 T),湍流热交换系数 K_T 用风速和热量拖曳系数 C_H 的乘积来表征,风速随高度而变,拖曳系数 C_H 表征下垫面和大气间物理量的湍流垂直输送的积分特征量,与高度几乎无关,且随风速的变化缓慢,在中性条件下用 C_H 则可把湍流热量写成

$$H=\rho C_p C_H u(T_0-T) \tag{3.45}$$

这是湍流热通量的牛顿形式。式中,ρ 为空气密度,C_p 为定压比热,u 为风速,T_0 为地面温度,T 为空气温度。

③ 涡动相关法

在有风和温湿度的脉动观测仪器探测时,可用扰动相关法直接计算湍流热通

量，不必涉及地表面性质和传输机制。中国已有一些观象台安装有通量观测的仪器可以直接输出包括湍流热通量、水汽通量、CO_2 的多种通量数据。

$$H=\rho C_p\overline{w'T'} \tag{3.46}$$

式中，w'，T'分别为扰动垂直速度和气温，可用观测瞬时值与 1 小时平均值相减而得。

④ 近地层相似理论

大气边界层可分为贴地层，近地层和 Ekman 层；近地面只有几厘米厚，以热量分子交换为主；近地层称为常值通量层，湍流通量在垂直方向近似相等，不随高度而变，其厚度约为大气边界层的 1/10。我们主要计算近地层湍流通量。显热输送通量的计算公式为

$$H=-\rho C_P U_*\theta_* \tag{3.47}$$

式中，U_*、θ_*分别为常值通量层摩擦速度和摩擦温度，在近地层的常值通量层近似不变。其计算公式为

$$U_*=\kappa(U(z_2)-U(z_1))/(\ln(z_2/z_1)-\Psi_m(z_2/L_1)+\Psi_m(z_1/L_1)) \tag{3.48}$$

$$\theta_*=\kappa(\theta(z_2)-\theta(z_1))/(\ln(z_2/z_1)-\Psi_h(z_2/L_1)+\Psi_h(z_1/L_1)) \tag{3.49}$$

式中，z_1 和 z_2 分别是下、上两个观测高度，$U(z)$、$\theta(z)$和 $q(z)$分别是 z 高度上的风速和位温，反映温度层结对动量及热量通量影响的普适函数 Ψ_m 和 Ψ_h 为

$$\begin{cases}\Psi_m=\ln((1+x^2)/2)+2\ln((1+x)/2)-2\mathrm{arctg}x+\pi/2 \\ \Psi_h=2\ln((1+y)/2)\end{cases}\quad z/L_1<0 \tag{3.50}$$

$$\Psi_m=\Psi_h=-5z/L_1\qquad z/L_1\geqslant 0 \tag{3.51}$$

式中，$x=(1-16z/L_1)^{1/4}$，$y=(1-16z/L_1)^{1/2}$，L_1 为 Monin-Obukhov 长度，它反映了动力（通过 U_*）和热力（通过 θ_*）的综合作用，其表达式为：

$$L_1=\frac{U_*^2 T_0}{\kappa\theta_* g} \tag{3.52}$$

式中，κ 为卡门常数，可取 $\kappa=0.40$，T_0 为某一高度的参考温度，g 是重力加速度，取 $g=9.8\ \mathrm{m\cdot s^{-2}}$，$L_1$ 可通过梯度理查逊数由式(3.48)～(3.49)及式(3.52)迭代求得。

⑤ 波文比-能量平衡法

高庆先、翁笃鸣(1995)还探讨了用波文比计算湍流热通量的可能。由地表的热量平衡方程，引入波文比 β，即

$$\beta=H/LE \tag{3.53}$$

$$\text{则 } H=\frac{(R-Q_s)\beta}{1+\beta} \tag{3.54}$$

可见，若在确定了 R、Q_s 气候值的条件下，只要确定了波文比 β，即可解决湍流热通量 H 的计算。

由近地层热量和水汽的扩散方程，β 的表达式为

$$\beta=\frac{C_p(T_0-T)}{L(q_s-q)} \tag{3.55}$$

式中，T_0、q 为下垫面温度和该温度下的饱和比湿。β 是近地层风、温、湿等要素的函数，其隐函数可写成

$$\beta=f(u,\Delta T,T,e,r,P) \tag{3.56}$$

这里 P 为降水量，其他参数含义同前。

根据实测资料，对式(3.56)设计了4种参数化形式进行试验，结果认为下式效果较好。即

$$\beta=a_0\exp(b_1u\Delta T+b_2e)\left(\frac{a+P}{P}\right)^{b_3} \tag{3.57}$$

式中，$a_0=1.59$，$b_1=0.05$，$b_2=-0.069$，$b_3=1$，$a=2.5$。和实测资料比较，用式(3.57)代入式(3.39)计算的湍流热通量 H 其拟合误差为 5.02 W/m，平均相对误差为18.3%。

由以上分析可知，对于近地层湍流显热通量的计算，不同的条件可用不同的方法进行，在有脉动观测的条件下，用涡动相关法最好，在有梯度观测的条件下，用近地层相似理论的迭代计算比较合适，这两个方法计算的瞬时或短时段内的湍流热通量都有较好的效果。在已有地表净辐射和土壤热通量资料的条件下，以应用波文比，式(3.54)和(3.57)较为合适。对中、高纬地区的冬季月份，$\Delta T<0$，则应用热量平衡的余项法确定。

(2)地表的潜热输送

① 通量梯度法

由湍流交换理论，地表蒸发的潜热通量也可以由梯度通量法式(3.44)得到：

$$LE=-L\rho K_g\frac{\partial q}{\partial Z} \tag{3.58}$$

式中，q 为空气比湿，K_g 为水汽湍流交换系数，L 为蒸发潜热。

② 整体空气动力学方法

当地表面充分湿润，空气未达到饱和时，LE 也可写成牛顿形式，即

$$LE=L\rho C_E u(q_0-q) \tag{3.59}$$

式中，q_0 为下垫面温度下的饱和比湿。q 为空气实际比湿，式(3.59)中 C_E 水汽的拖曳系数，同感热计算中式(3.45)的 C_H，实际上是有差异的，有时近似取一致的值。

③ 涡动相关法

在有风和温、湿度的脉动观测仪器探测时，同样可用扰动相关法直接计算湍流潜热通量。

$$H=\rho C_p\overline{w'q'} \tag{3.60}$$

式中，w'，q'分别为扰动垂直速度和比湿，可用观测瞬时值与 1 小时平均值相减而得。

④ 近地层相似理论

常值通量层的潜热通量计算公式为

$$LE=\rho LU_* q_* \tag{3.61}$$

式中，q_* 为常值通量层的摩擦湿度，在近地层的常值通量层近似不变。其计算公式为

$$q_*=\kappa(q(z_2)-q(z_1))/(\ln(z_2/z_1)-\Psi_{\mathrm{h}}(z_2/L_1)+\Psi_{\mathrm{h}}(z_1/L_1)) \tag{3.62}$$

得到近地层的显热通量，就可以根据(3.61)和(3.62)计算出潜热通量。

⑤ 波文比法

由地表热量平衡方程，引入波文比 β，则

$$LE=\frac{R-Q_s}{1+\beta} \tag{3.63}$$

高庆先、翁笃鸣(1995)利用我国热平衡站资料由式(3.63)的计算误差平均为 4.14 W/m^2，平均相对误差为 8.5%。可见，当有地表净辐射资料时，用式(3.63)计算 LE 可取得满意结果。

高庆先、翁笃鸣(1995)在分析了热平衡站的实测资料后，认为影响地表蒸发耗热的因素是气候和地理特征。并发现蒸发潜热与月平均水汽压相关明显，相关系数达 0.906。并以此为基础由常规气象资料拟合以下经验式取得较满意的效果。

$$LE=a_0\exp(b_1 e)u^{b_2}\left(\frac{P}{a_1+P}\right) \tag{3.64}$$

式中，$a_0=17.70$，$b_1=0.067$，$b_2=-0.274$，$a_1=2.5$，P 为可供蒸发水量，是当月降水量与前月降水量的平均值。该式考虑了特别干燥的和充分湿润的极端情况，物理意义明确，普适性好。

对于高山地区，用青藏高原热源考察站的资料，在式(3.64)中加入高度订正函数，得到适用不同高度的蒸发潜热的气候计算式

$$LE=a_0\exp(b_1 e)u^{b_2}(1+0.55H)\left(\frac{P}{2.5+P}\right) \tag{3.65}$$

(3)地表面与下层的热交换

地表与下层土壤之间热输送通量可表示为

$$Q_s=-\lambda_T\frac{\partial T_s}{\partial Z}=-\rho_T C_T K_s\frac{\partial T_s}{\partial Z} \tag{3.66}$$

式中，λ_T 为土壤导热率；ρ_T 为土壤密度；C_T 为土壤比热；K_s 为垂直方向土壤热传导；Z 为从地表向下的深度；T_s 为土壤温度。由上式可知，了解了土壤热力性质的物理量，即导热率 λ_T，或土壤的比热 C_T，密度 ρ_T 及导温系数 K_s，即可求出土壤的热交换

量 Q_s。

翁笃鸣等在分析了各种土壤热交换计算方法后,用我国热平衡站的实测资料,试验了 5 种计算土壤热交换的参数化方案,经比较,用下式计算比较适合

$$Q_s = a\Delta Q_{5\sim20} + b\Delta T + c \tag{3.67}$$

式中,$\Delta Q_{5\sim20}$ 为土壤 5 cm 与 20 cm 的土温差;ΔT 为地气温差;$a=2.826$;$b=0.486$;$c=-0.777$。该式相关比为 0.897,平均拟合误差为 1.40 W/m²。

(4)地面冷、热源

由前述内容可知,地表在吸收太阳辐射后除部分以长波辐射形式损失外,在地表产生能量的转换和输送。由于地理环境和大气状况的差异,这种地表热量输送的大小、方向因地因时而有变化。如果地表有热量向大气输送,称这个地区为地面热源;反之地表由大气得到热量,称这个地区为地面冷源(也称热汇)。地表面的冷、热源的强度和时空分布反映了地表和大气间的热力差异状况,是直接影响大气运动和大气环流的基本因子,对天气气候特征的形成起着重要作用。

由地表热量平衡方程

$$R - Q_s = LE + H \tag{3.68}$$

潜热通量 LE 和感热通量 H 是地表向大气输送热量的主要途径,如$(LE+H)>0$,则表示地表有热量供给大气;如$(LE+H)<0$,则表示地表相反由大气取得热量。所以当某地 $R-Q_s=LE+H>0$,该地地表即为地面热源,相反 $R-Q_s=LE+H<0$,该地即为地面冷源。

我国地表热源的分布如图 3.13 和 3.14 所示。冬季(1 月),在纬度的主导影响下,地表热源等值线分布的南高北低特点比较明显。零值线大致在40°—48°N之间通过;在此以北,由于地表积雪,反照率增大以及天文辐射,急剧减小的缘故,地表热源为负值;另外在以四川盆地为中心的较大区域范围内,由于云雾和阴雨天较多以及其特殊的地理环境的影响,出现一大低值区,其中心强度可降至 10 W/m² 以下;整个沿海地区,热源强度超过 40 W/m²;另外在横断山区和青藏高原东南部,在旱季较强的辐射加热下,地表热源强度也较大,其值约与同纬度沿海地区相当;在塔里木盆地,由于地形条件的重大作用,也形成一个小高值中心。青藏高原主体部分的地表热源保持正值,表明高原冬季为热源区。

夏季(7 月),全国热源分布为一不对称的大鞍形场,两个大高值区分别位于内蒙古高原和淮河以南的整个东南和华南沿海地区,低值区位于滇西南及青藏高原主体部分,另一低值区在我国境内表现不大明显,仅包括山东半岛一角;上述鞍型场的出现是我国地形条件和季风气候相结合的典型产物;以内蒙高原为中心的强大热源区主要是该区很强的太阳辐射作用所造成的;而东南沿海高值区则是副高影响的结果;滇西南低值的产生,是与西南季风影响下的雨带形成分不开的;西藏高原南部雅

鲁藏布江流域及东部的高热源中心的出现,则与夜雨作用有关;高原主体部分由于气候干燥,大气混浊,以及地表反照率大等缘故,热源强度也较小。

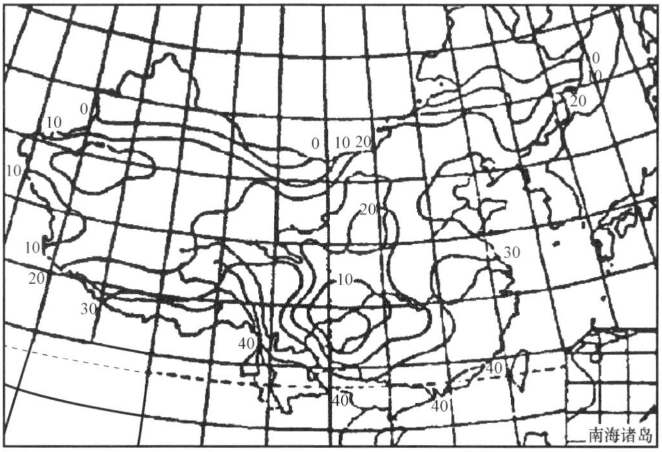

图3.13 中国1月地表热源的全国分布(W/m²)(高庆先 等,1995)

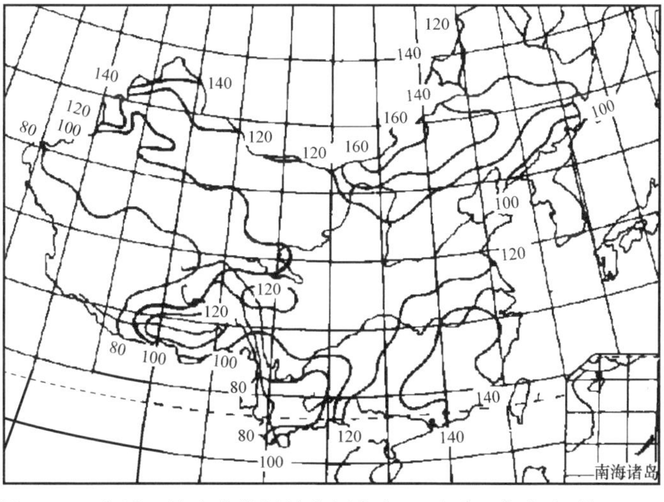

图3.14 中国7月地表热源的全国分布(W/m²)(高庆先 等,1995)

(5)地表热量平衡的分布

① 地表面与大气间的感热输送

地球上无论是陆面还是水面,其表面温度与低层大气的温度并不相等,因此地表和大气间便由感热交换而产生能量的输送。在地球表面的能量转换过程中,当地表面温度高于低层大气的温度时,将出现指向大气的感热输送,反之,感热输送方向将指向地面。就全球而言,无论是陆面或洋面,感热交换的结果总是由地表面向大气输送能量。

图 3.15 为全球地表面与大气间感热输送年平均通量的地理分布。由图可见,在大陆上感热输送平均通量由高纬向低纬增加,但在干燥地区和潮湿地区感热输送相差很大,由地表面向大气的感热输送最大值出现在热带的沙漠地区,其年平均通量达 80 W/m^2,感热输送随着气候湿润程度的增加而减小,在潮湿的热带森林地区,感热输送通量的年平均通量约为 10～20 W/m^2,随着向高纬度推进,感热输送则随地表净辐射的减小而减小,在北半球大陆北部沿岸的感热输送年平均通量小于 5 W/m^2,与北半球中纬度地区充分湿润地区相当。

图 3.15 表明,世界各大洋上几乎都是通过感热交换形式由洋面向大气输送能量。洋面上最大的感热输送发生在北半球大洋的西部和北部海区,其年平均通量超过 40 W/m^2。在较南部的海区,尤其是赤道附近,由于水面和流经水面上方的气流间的温差较小,由洋面指向大气的感热输送年平均通量不到 10 W/m^2;在南半球,由于水-气温差不如北半球大,故南半球洋面上的感热输送比北半球小得多,其年平均通量不超过 15 W/m^2。

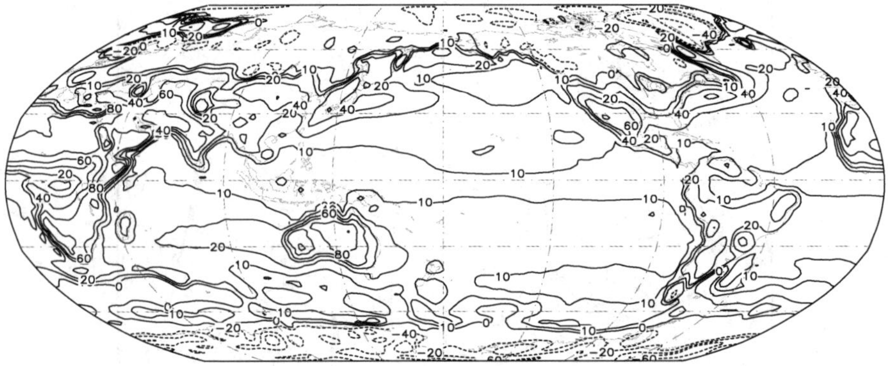

图 3.15　地表面与大气间感热输送年平均通量分布(W/m^2)
(1981—2010 年平均 ECMWF)

由图 3.15 还可以看出,洋面和大气间的感热交换在某些冷海流(例如本格拉海流和加利福尼亚海流等)影响的海区以及南半球的西风漂流区,年平均通量出现负值,即由大气向洋面输送能量,但其绝对值却不大。

如就感热输送年平均通量而言,大陆表面(含南极洲)平均约为 20 W/m^2,约占陆面净辐射的 46%,大洋表面不足 10 W/m^2,约占洋面净辐射的 10%,全球表面感热输送年平均通量为 13 W/m^2,约占全球净辐射的 16%,只有潜热输送通量的 1/5。因此,在地气间的能量交换中潜热输送是主要的,感热输送所占份额比较小。

中国年平均感热通量的分布呈北高南低的分布(图 3.16),塔里木盆地和内蒙古高原为高值区,分别大于 60 W/m^2 和 50 W/m^2,这与这些地区干燥、少云、多日照等因素有关。主要低值区出现在四川、贵州一带,不足 20 W/m^2,东南沿海及青藏高原感热通量分布均匀,一般在 20～30 W/m^2,在雅鲁藏布江的中游河谷有一个小高值区。

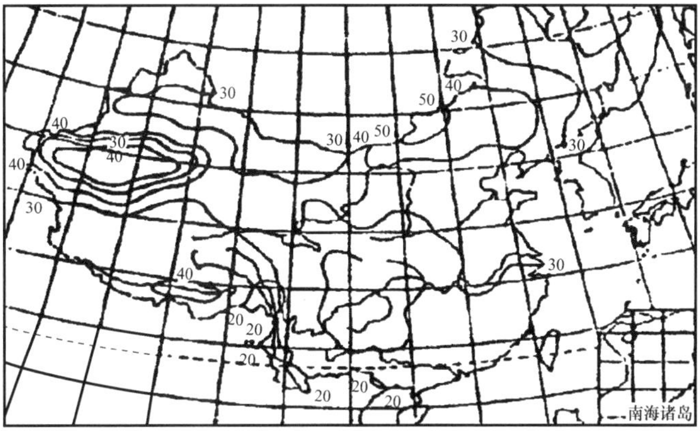

图 3.16　中国年平均感热通量的分布(W/m^2)(高庆先 等,1997)

② 地表与大气间的潜热输送

图 3.17 为地球表面与大气间潜热输送年平均输送通量的地理分布。由图可见,在海陆分界处,洋面和陆面的潜热输送通量相差很大,这种现象的发生,一方面说明大陆和大洋上净辐射的不同引起的蒸发力的不同,另一方面也说明大陆上很多地区由于水分供应不足而制约着潜热的输送。

大陆表面的潜热输送因受到气候条件的制约而具有极其明显的非带状分布特征。由图看出,陆面上潜热输送的变化较大;在充分湿润地区,潜热输送的大小基本上决定于地表净辐射的大小,因此,潜热输送随着净辐射自高纬向赤道增大而增大,其年平均通量是由大陆北部沿岸的不足 10 W/m^2 变化到南美,非洲和马来群岛湿润的赤道雨林地区的 100 W/m^2;在不够湿润的地区里,潜热输送因土壤水分供应不足而减小,并与气候的干旱程度成反比,在热带沙漠地区潜热输送出现最小值,其年平均通量只有几至几十 W/m^2;由图 3.17 可以明显看出,世界上主要的干旱地区也是潜热输送最小的地区。

大洋上潜热输送年平均通量的分布与洋面净辐射的分布基本上相似。由图可见,在全球范围内,洋面上潜热输送的变化很大,潜热输送年平均通量由热带洋面 150 W/m^2 变化到冰盖边界的 30 W/m^2 左右;赤道附近,潜热输送比热带洋面上略有减小,其数值不到 100 W/m²。

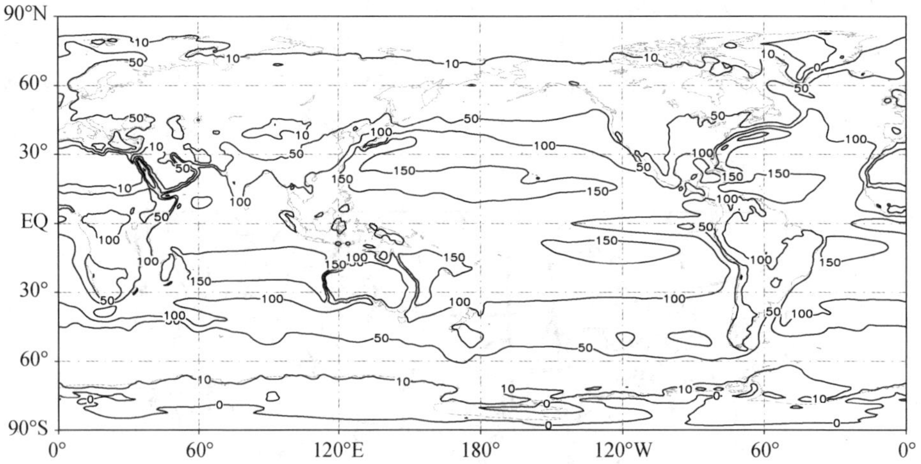

图 3.17　地表面与大气间潜热输送年平均通量分布(W/m²)
(1981—2010 年平均 ECMWF 再分析资料)

大洋上潜热输送通量的带状分布特征遭到破坏的主要原因是由冷、暖海流的分布所引起的。大洋上净辐射除消耗于潜热输送外,同时也消耗于海流的水平输送;世界上所有主要的暖海流所经之处都使潜热明显地加大,而冷海流和冷海流作用的地区,潜热输送通量的带状分布特征不仅遭到破坏,而且明显地偏离于纬向平均值;由图 3.17 可以清楚地看出,墨西哥湾流、黑潮、巴西暖流以及其他几支暖流影响的地区,潜热输送比所在纬度带显著偏高;而加那利、本格拉、秘鲁、加利福尼亚和拉布拉多等冷海流影响的地区,潜热输送通量明显地偏低;偏差最大的地区出现在北半球,例如在墨西哥湾流海区潜热输送通量高达150 W/m²,黑潮海区超过 150 W/m²;这些海区不仅水温高,而且冷季从北美和亚洲大陆流入的空气温度很低,致使该海区空气饱和差很大从而产生较大的潜热输送;在使水温增高或降低的海流影响之下,在某些纬度洋面的年潜热输送通量可能有 2～3 倍的变化。

应当指出,对大洋上潜热输送的非带状分布的影响除海流外,大气环流的季节变化也是重要的影响因子,例如在季风区和极锋活动频繁的海区附近尤其明显。

洋面上潜热输送年平均通量的大小基本上取决于秋、冬季节。冬季各月潜热输送的分布图与年平均通量分布图相似,这个季节暖海流的影响力增强,各大洋的特点表现得挺明显。在中纬度北大西洋洋面的潜热输送比太平洋同纬度的洋面上大 1 倍。潜热输送通量的最低值位于南半球中纬度的大西洋和印度洋上,这些海区水温较低,当暖气团自低纬入侵后,抑制了洋面向大气的潜热输送。

向夏季过渡时，随海流对潜热输送的影响随海流能源的减少而减弱，到了夏季，由于平均风速小和水-气温差减小，潜热输送明显地下降，与此同时，各大洋洋面潜热输送的差别也随之减小。一般说来，大陆上冷季的潜热输送明显地小于暖季。最大值出现在暖季的开始或者暖季中期。与此相反，大洋上冷季的潜热输送通常比暖季大，其直接原因是冷季中水-气温差较大，此外，在许多海区，冷季的平均风速比暖季大也是原因之一。洋面上潜热输送加大或减弱与同一时期冷、暖海流的影响有关。在暖季，冷海流对减小潜热输送影响较大，而在冷季，洋面上潜热输送的加强与暖流有关。冷季在大洋中发生的强烈的水平输送，使暖海流所经海区的潜热输送显著地增加。

如就潜热输送年平均通量而言，大陆表面潜热输送占陆地净辐射的 54%；大洋表面潜热输送通量占洋面净辐射的 90%，洋面上潜热输送比陆面上大 3 倍。全球表面年平均潜热输送通量为约占净辐射的 84%，因此地气间的能量交换主要是通过潜热输送完成的。

我国潜热输送的年平均通量等值线基本上呈纬向分布，由南向北递减。这是因为中国南部地区较北方湿润，且温度也较北方高。低值中心在塔里木盆地，中心强度小于 10 W/m^2，由此向东至中蒙边境一带为一低值区，这与该地区为沙漠、戈壁地面十分干燥有关(图 3.18)。

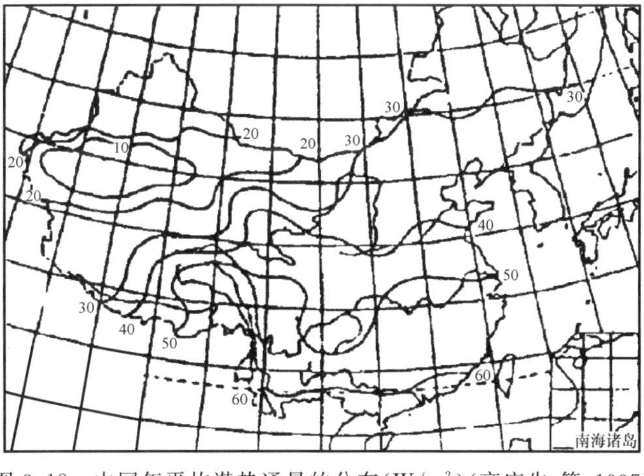

图 3.18　中国年平均潜热通量的分布(W/m^2)(高庆先 等，1997)

③ 洋面与下层水体的能量交换

如果洋面净辐射供给潜热和感热输出外还有盈余，洋面同深层水体的热量交换将用来闭合表面能量平衡方程。由于海洋热容量大并占有广阔的面积，它将通过表层与深层水体的能量交换起到蓄热和释热的作用。通过这种调节作用，洋面的能量收支得以维持平衡。

图 3.19 是洋面与下层水体热量交换的地理分布,它是作为余项给出的,表明在海流和大气环流的影响下,洋面从深层水体获得的或向水体下层输送的能量大小,以及各海域能量的分配。

由图可以看出,在赤道以及南、北半球热带纬度的部分海区内,由于辐射热流量很大,从洋面指向大气的潜热输送和感热输送相对较小,所以能量盈余由洋面向下层水体输送。由水体向大气输送热量最多的海区位于暖海流活动区,例如,墨西哥湾流和黑潮。冬半年,在这些海区的暖海水与来自北美和亚洲大陆的冷气流相遇,造成由深层海水通过洋面向大气输送巨大的能量,其平均通量每年达 100 W/m^2 以上。

由于水温和气温相差很大,在北半球的中、高纬度,不仅在暖海流活动区,甚至在冷海流活动区也会发生类似的过程。

在南半球,由于水面和空气的温差要小得多,从洋面失去的热量按绝对值来说,年平均输送通量在 20 W/m^2。

在南、北半球冷洋流活动区,大洋表面从太阳和大气获得的热量,其大部分向深层水体输送,如加利福尼亚冷洋流区向深层水体输送的平均热通量最大约为 40 W/m^2。在南半球,从秘鲁海流、本格拉海流,福克兰海流及西风漂流的表面向深层输送的热量要小些,其值约为 30 W/m^2。

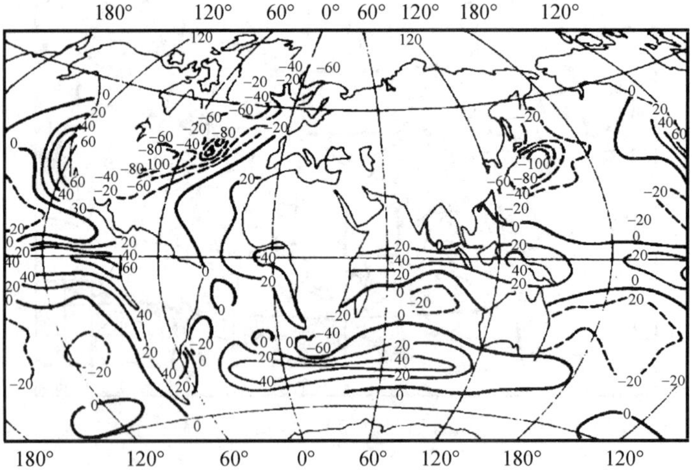

图 3.19 洋面与深层水体的热量输送年平均通量(W/m^2)的地理分布(布德科,1956)

④ 地表面热量平衡的纬圈平均

方程(3.43)确定了地表面热量平衡各分量之间所遵循的数量关系。对于大陆表面的年平均值而言，土壤中热含量的变化趋近于零，土壤中热量的水平输送很小可略去不计，所以陆地表面净辐射的年盈亏值可由地表面与大气间的感热交换 H 和潜热交换 LE 来调整。大洋表面净辐射的年盈亏值除由感热交换和潜热交换调整外，还通过大规模的海洋环流进行能量的水平输送。

表 3.5 给出全球表面以及大陆和海洋热量平衡各分量的纬圈年平均值。表中资料表明，无论在大陆或是在海洋，净辐射仅在中纬度地区随纬度增加而迅速减少，在热带地区净辐射与纬度的关系却比较小。同纬度的陆地与海洋相比，除了北半球的高纬度地区外，从赤道到中纬度地区，海洋上的净辐射都大于陆地。

表 3.5　全球表面热量平衡各分量的纬圈年平均值(MJ/m^2)(布德科，1956)

纬度带	陆地			海洋				全球			
	R	LE	H	R	LE	H	C_0	R	LE	H	C_0
70°—60°N	921	670	251	963	1298	921	−1256	921	837	461	−377
60°—50°	1340	963	377	1800	1968	795	−963	1549	1382	544	−377
50°—40°	1884	1047	837	1680	2805	670	−795	2261	1884	754	−377
40°—30°	2428	963	1465	3768	4019	586	−837	3182	2721	963	−502
30°—20°	2680	796	1884	4647	4563	293	−209	3935	3140	879	−84
20°—10°	3098	1340	1758	5066	4899	293	−126	4564	3978	670	−84
10°—0°	3308	2387	921	5191	4354	293	544	4773	3894	418	461
0°—10°S	3308	2554	745	5317	4154	251	921	4857	3768	377	712
10°—20°	3140	1884	1256	5108	4731	377	0	4689	4103	586	0
20°—30°	2971	1172	1800	4564	4438	461	−335	4187	3684	754	−251
30°—40°	2596	1214	1382	3852	3433	461	−42	3684	3182	586	−84
40°—50°	1842	921	921	3014	2135	251	628	2972	2093	293	586
50°—60°	1465	921	544	1926	1465	377	84	1926	1465	377	84
全年平均	2093	1130	963	3810	3433	377	0	3307	2763	544	0

自陆面和洋面上的潜热输送随纬度而改变的情况是不同的。陆地上最大潜热输送出现在赤道附近；在副热带高压带控制的纬度带，由于气候干燥，潜热输送急剧减小；可是在该纬度带的大洋上，由于入射太阳辐射特别大以及信风的作用而使潜热输送出现极大值。在赤道附近的大洋上，潜热输送比副热带大洋上要小，与赤道地区风速小于副热带，同时空气湿度大于副热带地区有关。除了 70°—60°N 纬带外，其余纬带海洋的潜热输送都大于陆地，特别是副热带地区，前者是后者的六倍多。

大陆上感热输送极大值出现在副热带高压带,除了 50°—70°N 纬带外,其余比同纬度带大洋上要大许多;从洋面指向大气的感热输送在各纬度带都比较小,但随纬度的增加而略有增加,这是与冷季的暖海流作用有关。

洋面与较深层之间由于海流作用而出现的热量水平输送,从 20°S 到 10°N 附近的大洋上,因净辐射收支的盈余而有热量贮存;相反,在两半球中高纬度的大洋上,则因净辐射收支的亏损而有热量的释放。中高纬度大陆沿岸,特别是大陆的西海岸,因大洋上的这种热量释放,气候变得比同纬度大陆中央和东海岸要温和得多。

就全球平均而言,洋面上的净辐射比陆地表面上的净辐射大 80%以上,甚至比全球平均值大 15%,这主要是因为洋面上的平均反照率和有效辐射比陆面上小的缘故。指向大气的潜热输送和感热输送,出现相反的情况,洋面上潜热输送是陆面上的 3 倍,而感热输送则不到陆面上的 40%。不论从全球平均情况来看,还是从海陆表面的平均情况来看,地表面与大气间的感热输送和潜热输送方向,在 70°N—60°S 都是从地表指向大气,这就是说,在能量收入的盈亏中,地球绝大部分表面上总是通过感热和潜热形式向大气输送能量;而大气层却因为这种形式的输入而获得来自地表面的能量。

3.4.2 大气的热量平衡

大气中的热量平衡是自地面伸展到大气上界的单位截面积垂直空气柱内所有热通量(收入为正,支出为负)的代数和等于其热含量变化,大气热量平衡方程写为

$$D_a = R_a + Lr + H + C_a \tag{3.69}$$

式中,Lr 为大气中水汽凝结释放的潜热;r 为降水量;C_a 为大气中平流引起的热交换量;D_a 为大气柱内热含量的变化量,对年平均 $D_a = 0$。前面已经讲述,大气的净辐射总是负值,主要是 Lr、H 两项来补偿,并由大气的平流输送热量来调整。

图 3.20 是大气中热量平衡的分布,可见,任何纬度上的大气净辐射 R_a 均为负值,且随纬度的变化较小。Lr、H 均为正值,补偿负的 R_a,由于赤道地区降水量多,凝结释放热量 Lr 也最大,H 在中纬度稍大一些。大气平流热量 C_a 在赤道地区均为负值,正好对应于 Lr 的高值区,在高纬度地区 C_a 为正值,表明大气的运动总是使热量向极地输送。

如果某地大气中收入热量大于支出热量,则大气便要升高温度或通过大气平流向外输送热量,该地气柱则为大气热源;若大气收入热量小于支出热量,大气便要降低温度或通过大气平流补充热量,该地气柱为大气热汇。

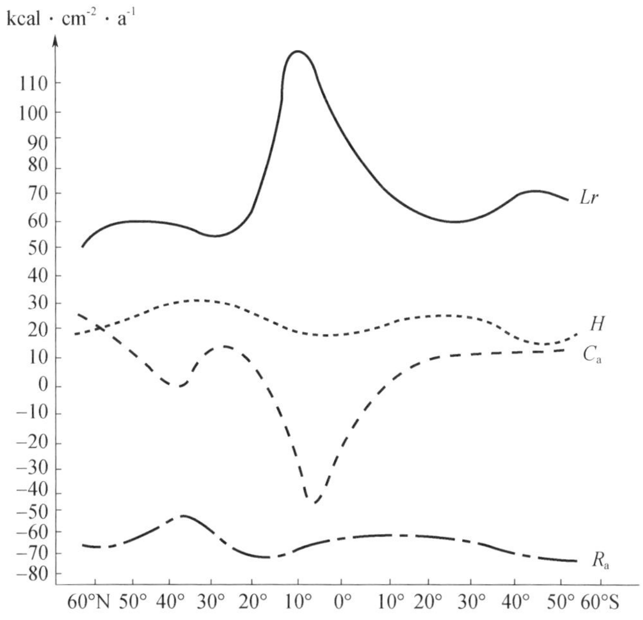

图 3.20　大气中的热量平衡分布

3.4.3　地气系统的热量平衡

地气系统的热量平衡必须考虑包括下垫面及其以下的活动层（即温度日变化波及的深度）和大气柱在内的热量收支状况。地气系统热量平衡方程可写为

大洋上　　$R_s = C_a + L(E - r) + Q_\omega + D_s$　　(3.70)

陆地上　　$R_s = C_a + L(E - r) + D_s$　　(3.71)

(3.70)，(3.71)二式中，左边收入为正，支出为负，右边收入为负，支出为正。其中，D_s 为地气系统内气柱、土柱（或水柱）热含量的变化，C 为气柱的平流热量，Q_ω 为水体的平流热输送。

对全年平均，$D_s = 0$，对整个地球，$E = r$，$C = 0$，$Q_\omega = 0$，所以 $R_s = 0$。

地气系统热量平衡各分量随着纬度有着显著变化，在赤道两侧 R_s、水分交换引起巨大的热输入量 $L(E - r)$，而最大消耗是大气和海洋的水平热输送。很清楚，在赤道两侧是地球上能量最重要的来源。

在纬度 35°—45°地区为过渡带，这里各分量的收入与支出接近平衡。随纬度的增大，R_s 负值越来越大，显然，这依靠大气环流、水分交换、洋流输送来补偿。

3.5 全球热量平衡

3.5.1 热量的经向输送

我们已知对于整个行星地球,其吸收的太阳辐射是靠地球放射出去的长波辐射来维持平衡的。但是,地球各纬带吸收的太阳辐射随纬度变化很大,赤道吸收很大,极地吸收少。而地气系统向外的长波辐射随纬度的变化很小。这导致了低纬度能量盈余、高纬度能量亏缺。为维持地气系统的能量平衡,这就需有向极地的能量输送。

图 3.21 的横坐标为纬度的余弦函数,因为自赤道向极地去,纬线间的面积越来越小,以纬度的余弦表示的纬度标尺与纬线间的面积相当。例如相同的纬度间隔所包围的面积在极地附近比赤道附近要小得多,从 30°N 到 30°S 间约占整个地球表面积的一半。由图可见,在两半球 30°纬度之间地气系统的辐射过剩,中高纬地区辐射不足,低纬度地区的过剩与中高纬地区的不足相抵,整个地球保持辐射平衡状态。

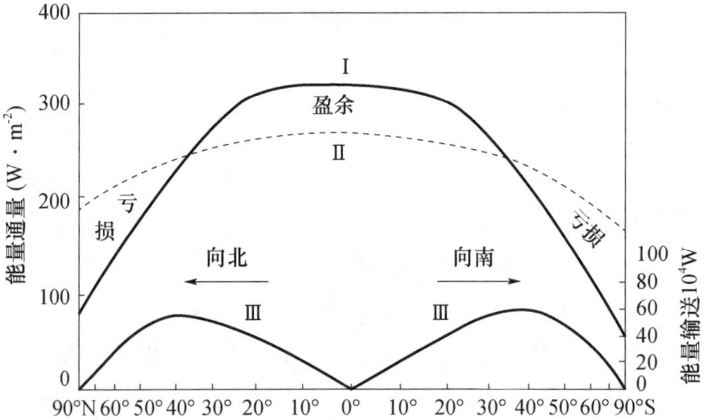

图 3.21 地气系统年平均吸收辐射(曲线Ⅰ)和射出辐射(曲线Ⅱ)以及指向极地的能量输送(曲线Ⅲ)

低纬度地区的辐射过剩和中高纬度地区的辐射不足将使赤道和极地间的温度梯度加大,有可能导致低纬地区变得越来越热,极地变得越来越冷。事实上,赤道地区并没有逐年变暖,两极地区也没有逐年变冷,这表明在赤道与极地间必须具有某些能量调节机制,从低纬向高纬进行能量的水平输送(图 3.21 曲线Ⅲ)。很明显,在纬度 30°—50°的能量输送最大,而从低纬向高纬输送的所有能量都必须经过这里。

为了与这种能量输送相适应，就要求在中纬度地区大气的运动达到最大。因此，在中纬度地区平均说来风速最大，风暴最多，一般说来也是地球上天气系统最活跃的地区。由地气系统能量平衡方程可知，由低纬向高纬总能量输送主要由海洋输送和大气输送来完成的。根据南北方向上的风速矢量 $\mathbf{V}$，空气的温度 T，可以按下面推演的公式计算显热在南北方向上的水平输送。

取与南北向风速 $\mathbf{V}$ 相垂直的一小块面积 $ABCD$（图 3.22）。高为 δz，纬向边长为 δx，设空气在单位时间内由 $ABCD$ 流到 $A'B'C'D'$，则单位时间通过 $ABCD$ 截面积的空气质量为：$\rho V\delta x\delta z$。根据静力学方程 $\frac{\partial P}{\partial z}=-\rho g$，则在纬向为单位长度（$\delta x=1$），铅直方向气压差为 $\mathrm{d}P$ 的面内，单位时间输送的显热为 $-\frac{C_P}{g}\mathbf{V}T\mathrm{d}P$。

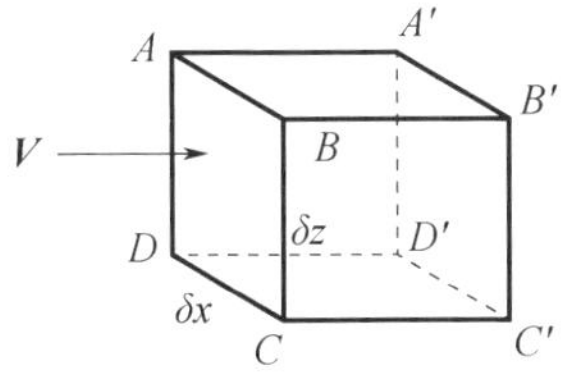

图 3.22　单位时间通过截面 $ABCD$ 的空气质量示意图

从地面到大气顶显热在纬向为单位长度的南北方向输送的计算公式为 $\int_{P_0}^{0}-\frac{C_P}{g}\mathbf{V}T\mathrm{d}P$，实际计算时，常用差分代替微分，即

$$H_{SN}=\frac{C_P}{g}\sum_{i=1}^{n}V_iT_i\Delta P_i \tag{3.72}$$

式中，V_i（$\mathrm{m\cdot s^{-1}}$）和 T_i（K）为从地面向上第 i 层的空气质点的风速和温度；ΔP_i 为第 i 层下半层和上半层的气压差值；H_{SN} 的单位是 $\mathrm{J\cdot m^{-1}\cdot s^{-1}}$。即每秒在 1 m 纬圈范围，南北方向输送的热量。东西方向上的显热输送可用相同的公式计算，只需要将风速改为纬向风速即可。由于风速的方向性，计算结果为正，表明热量由南向北或向西向东输送，反之由北向南或由东向西输送。

图 3.23 为地气系统总能量及其各分量的年平均经向输送，由图可以得出有关经向输送的总概念：以北半球 2°—5°N 为界，各种热量的经向输送在南北方向上基本上是对称分布。向极热量的总输送量在中纬度达最大，在低纬度和高纬度附近很小。大气中因暖气团进入高纬度地区而产生的感热输送是总能量输送中一个最大的分量，两半球的 20°和 50°—60°地区都存在指向极地的极大输送通量。潜热输送方向以回归线为界，在其两侧分别向赤道和极地方向输送，且向极输送在两半球的 40°φ 附

近各有一个极大值,向赤道方向的输送在 10°φ 附近各有一个极大值。海流输送与大气输送基本相同,只是数量上要小些。洋流输送的极大值出现在 20°φ 附近。一般地说,冬季的热量经向输送比夏季更为显著,这是因为冬季经向温度梯度大的缘故。

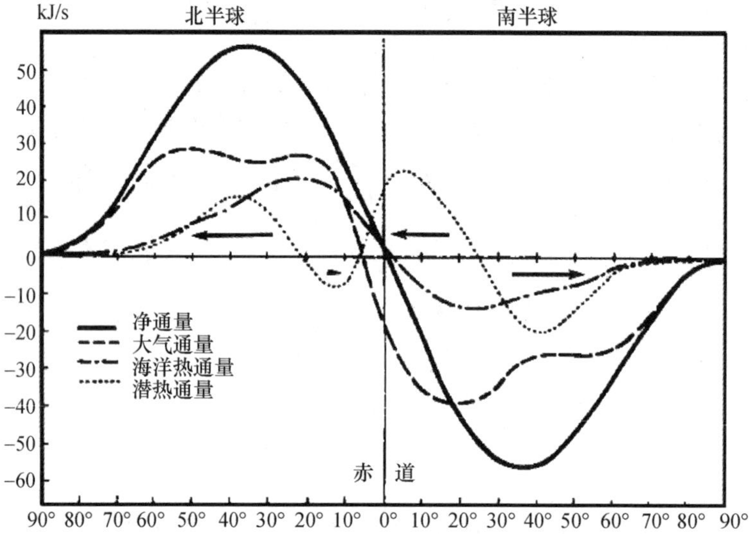

图 3.23 地气系统向极能量输送各分量的年平均纬度分布(Newton,1972)

从各种能量输送的比例来看,北半球低纬海洋输送的能量占总能量的 25%,南半球为 20%;潜热输送的能量,北半球占总输送量的 20%,南半球为 25%;大气输送的能量在两半球各有两个极大值,一个在 15°—25°的副热带纬度,一个在 50°—60°的中纬度地区,它们占总输送量的比例在两半球都超过一半以上,表明在全球辐射收支的经向调整中,大气的极向输送占有重要的位置。

由于南北半球大陆面积分布不均,南半球陆面只占全球总面积的 9.6%,北半球占 19.6%,两半球在经向能量输送方面表现出明显的差别,其主要差别有:

① 通过中纬度和热带地区的潜热输送,南半球比北半球大。

② 通过热带和副热带的海洋输送,北半球比南半球大得多。

③ 由于南半球 Hadley 环流比北半球更为强大,使得通过热带的大气输送在南半球远大于北半球。由于两半球的总能量输送大致相同,上述差别大部分由海洋中较弱的极向输送和南半球热带纬度较强的指向赤道的潜热输送来补偿。

④ 主要由大型涡旋通过中纬度的大气输送,在南半球较弱,南半球能量输送更多地是以潜热输送形式进行的。

⑤ 南半球的净辐射略有盈余,辐射盈余对赤道以北的影响主要表现在海洋上。

跨越赤道向北输送的巨大的潜热通量主要由反向流动的大气输送来补偿。

同样由于南、北半球陆地面积的差别，导致南半球各种输送的主要特征的季节变化都比北半球小。在热带，特别是在赤道附近，潜热输送和大气感热输送的季节变化都特别大，这是由于 Hadley 环流的强度和纬度变动随季节变化较大所引起的，在季风盛行的经度上更是如此。

因为通过赤道的潜热输送大部分为大气感热输送所补偿，故在各个季节里大气总能量输送都不很大。在夏季，赤道上这一通量的量级约为 5×10^{14} W，这个数值可与地气系统的净辐射相比拟。在赤道上，海洋输送的季节变化偏离其年平均值较大，因此，在一个半球有净辐射盈余的季节里，这种盈余基本上贮存在海洋之中，在辐射亏损的季节里又从海洋的贮存中释放出来，海洋在地气系统能量平衡中基本上起着“热库”的作用，虽然大气能量贮存的变化不可忽视。

很明显由环流分解，大气的能量输送，由平均经圈环流，定常涡旋输送和瞬变涡旋输送来完成的，在低纬度地区由于 Hadley 环流将大量潜热、感热向上输送到对流层中上层，然后在中纬度由涡旋输送将热量输送到高纬地区。

3.5.2　全球能量平衡

前面的阐述已经知道，行星地球与宇宙空间处于能量平衡状态。虽然地球气候变化的过程中，可能存在一些时间的不平衡。但人类文明所经历的时间内，还无法检出这之间不平衡的大小。这表明行星地球与宇宙空间的能量平衡是成立的。但是，当行星地球吸收太阳辐射后，要经过一系列复杂的物理、化学、生物过程进行能量的转换和输送，然后再与宇宙空间相平衡。将这样的过程进行简化，并用图来表示，即所谓全球能量平衡模型图。

先后有很多学者提出过这种全球能量平衡模型图。然而通常仅是数值大小比例有差异，模式的框架还是基本一致的。这里给出 Peixoto 的地球气候系统能量平衡示意图(图 3.24)。图中假定到达大气上界的太阳辐射为 100。经大气、云的吸收、反射和地面反射，被地球表面吸收的只有 50。其余的有 30 被大气、云及地面反射回太空，16 被大气中水汽、灰尘、臭氧吸收、云吸收 4%。地面吸收的 50 中又以长波净辐射 20，潜热输送 24，感热输送 6 的形式向上输送。所以，地面基本维持热量平衡。从地面净向上输送的 50 中有 44 被大气吸收，有 6 透过大气，直接射向太空。大气和云从太阳得到的(16+4)加上从地面得到的 44 共计得到 64，被云、水汽、二氧化碳等以长波辐射形式放射到太空。所以大气也处于能量平衡状态。从整个地气系统看，共吸收 70(50+20)的太阳辐射又向太空放出 70(64+6)的长波辐射，也处于能量平衡状态。

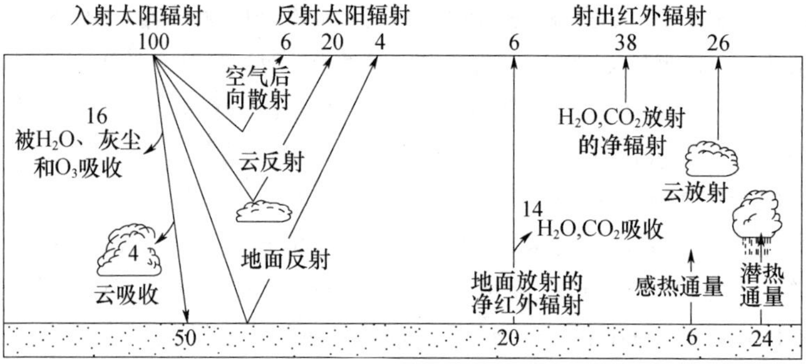

图 3.24 全球能平衡模型图(Peixoto,1991)

显然,无论这个系统中哪一个分量发生了变化,都会破坏局部,乃至整个的能量平衡,引起局部的乃至全球的气候变化。如太阳常数的变化,日、地之间的天文参数的变化等都会影响到达地球的太阳辐射和地球各地区接受太阳辐射的大小。这些通常用来解释地质时期的气候变化。此外,行星反照率的变化也是一个很重要的因素。直接影响气候系统接受的太阳辐射。如地球云量、植被、冰雪面积的变化等均可能影响地球的反照率从而破坏整个气候系统的能量平衡。另外水汽、CO_2 等温室气体的变化、火山活动、海表温度变化等,都会影响气候系统的辐射平衡和热量平衡。因此可以说地球气候系统能量平衡的各个分量都是在不断变化之中,所谓平衡仅是相对的、短暂的。正因为如此,才造成地球气候的形形色色的多种时、空尺度的变化。

※ 思考题

1. 假设地球近似为一半径 R 的球体。一年里,照射气候系统的太阳辐射为多少?冬季和夏季相比,哪个季节气候系统照射的太阳辐射量多?

2. 春分、夏至和冬至哪个纬度的中午时刻太阳高度角最高、日照时间最长、天文辐射日总量最大?它们分别是多少?

3. 北纬 30°处,南面建筑物的高度与北面的间距至少达到多大的比例,才能满足北面一楼住户一天至少有 2 个小时的直接太阳照射时间?北纬 40°的条件又是怎样?

4. 同一纬度的海洋和陆地相比,地表辐射差额方程和地表热量平衡中各项的差异怎样?

5. 假如地球系统的行星反射率相同,将地气系统看作黑体和灰体时的辐射平衡温度有什么差别?

6. 在有月平均和同一月份的日平均经向风速和气温条件下,应该用哪个计算经向月显热输送?

第 4 章

气候系统的水分循环

水是自然界分布最广的物质之一，是气候形成与变化的物质基础。由于水在常温状态下具有气态、液态和固态相互转化的独特物理性质，因而水几乎在气候系统的所有方面都起着支配作用，积极参与地球上自然环境的发展过程。水与热量的不同组合，决定了地球上的气候带和自然带的形成。可以说，水是气候系统的控制器。

水汽是大气中最易变化的要素，不仅提供降水，而且是温室效应的主要贡献者之一，水汽凝结成云雨，也是大气获取能量的主要贡献者。Raval 和 Ramanathan 指出，当大气中水汽增加时，由其他温室气体如 CO_2 浓度的增加所产生的辐射作用将加倍。凝结、降水增暖大气，相反蒸发和云是冷却机制。因此分析水分循环，有利于我们认识天气气候的变化过程。

人类与水息息相关。水是维持生命不可替代的物质，是生命之源，是气候系统的"血液"。水分循环就是气候系统的"血液循环"。水分循环导致水的时空分布是地球上具有丰富多彩生态系统和美妙自然景色的根本原因之一。

4.1 气候系统中的水

4.1.1 气候系统中的水量

存在于气候系统各圈层中的水可分为地面水、地下水、大气水和生物水等四部分。地面水主要指储存于海洋、河流、湖泊、冰川、沼泽等水体中的水。地下水是指赋存于土壤和岩石孔隙、洞穴、溶穴、土壤中的水。大气水主要指悬浮于大气中的水汽、包括以液态和固态形式悬浮于大气中的水。生物水是指含在生物体内的水分。

地球上究竟有多少水？这很难精确估计。以海洋为例，要知道海洋中有多少水，首先就要测量海洋的地形，可是直到 20 世纪 70 年代，世界大洋还只有 5% 的面积标有足够、可靠的等深线，其中大部分测量工作是在 1957—1958 年的国际地球物理年期间完成的。至于分布于地下和冰盖中的水量则更难以精确估算。因此,迄今为止,对地球上 各种圈层到底有多少水,就有不同的估计数值,尽管各估计的数字不尽相同,水在各种水体中的分配比例大体是一致的。

联合国教科文组织(UNESCO)1978 年公布的数字列于表 4.1。可见地球上水总量为 13.86 亿 km^3。其中约 96.54%存在于海洋中,若地球是一个光滑球体,则全球将被深达 2718 m 的海水所淹没。其次是陆地的冰川和永久积雪,约占总水量的 1.74%,如果这些冰雪全部融化,则海面将会升高 70 m 上下,那样世界上许多沿海平原、城市将淹没于海洋中。第三是地下水,约占总水量的 1.71%,这是非常丰富的水源。而湖泊水、河流水的储量可见是十分有限的。上述资料表明,地球上的水绝大部分为海水,由于含盐量较高,目前还不能直接供人类大量使用。而不足 3%的淡水,又有 2/3 以固态的冰、雪分布于极地和高山。与人类生产、生活密切的淡水,如湖泊水、河水和浅层地下淡水,其储量仅有 19 万 km^3,占地球上全部水量的 0.014% 和地球淡水储量的 0.34%,这部分水是与人类生存和发展关系最为密切的,但又常以洪水形式直接流入大海,无法利用,可见提供给人类可利用的淡水资源是十分珍贵的。大气水总量约为 1.29 万 km^3,占地球上总水量的 0.001%,这部分水量虽然所占比例很小,但循环、更新快,是地球上可更新淡水资源的主要来源。

表 4.1　水在地球上各类水体中的分配(UNESCO,1978)

水体种类	总水量		咸水		淡水	
	亿 km^3	%	亿 km^3	%	亿 km^3	%
海洋水	13.38	96.54	13.38	99.04	0	0
地表水	0.242541	1.75	0.000854	0.006	0.241687	69.0
其中:						
冰川与冰盖	0.240641	1.736	0	0	0.240641	68.7
湖泊水	0.0001764	0.013	0.000854	0.006	0.00091	0.26
沼泽水	0.0001147	0.0008	0	0	0.0001147	0.033
河流水	0.0000212	0.0002	0	0	0.00000212	0.006
地下水	0.237	1.71	0.12870	0.953	0.10830	30.92
其中:						
重力水	0.23400	1.688	0.12870	0.953	0.10530	30.06
其他地下水	0.00300	0.022	0	0	0.00300	0.86
土壤水	0.000165	0.001	0	0	0.000165	0.05
大气水	0.000129	0.0009	0	0	0.000129	0.04
生物水	0.0000112	0.0001	0	0	0.0000112	0.003
全球总储量	13.859846	100	13.509554	97.47	0.350292	2.53

4.1.2　气候系统中水的更新速度

地球上的水作为人类重要的水资源以及在气候变化中所起作用的关键是各圈中的水处于不断转换、循环和更新中。虽然地球上总水量有13.86亿km^3，但平均每年只有57.7万km^3的水参与水分循环，按此速度，地球上全部水量参与循环一次，或者说全部水量更新一次，大约需要2400年。地球上不同水体储水量的更新速度不同，表4.2列出了不同水体储水量的更新速度。可见，除生物水外，地球上更新最快的是大气水，只有8天，其次为河流水，为16天。河流水这种较快的更新速度对人类获取淡水资源具有特殊重要的意义，也是水资源成为地球上能自行恢复或再生的一种水资源的原因。

表 4.2　地球上各种水体中水的更新时间

水体类别	更新时间	水体类别	更新时间
极地冰川、雪盖	约10000年	土壤水	1年
世界大洋	2500年	河流水	16日
高山冰川	1600年	大气水	8日
深部地下水	1400年	生物水	几个小时
湖泊水	17年	全球	2400年
沼泽水	5年		

4.2　水分循环

4.2.1　水分循环现象

气候系统是一个由岩石圈、水圈、大气圈、冰冻圈和生物圈构成的巨大系统。水在这个系统中起着重要的作用。水使气候系统各圈层之间的相互关系变得十分密切，水分循环则是这种密切关系的具体表现。

自然界的水在太阳能、重力以及大气运动的驱动下，不断地从水面（江、河、湖、海等）、陆面（土壤、岩石等）和植物的茎叶面，通过蒸发或散发，以水汽的形式进入大气圈，并随大气环流进行水汽输送。在适当的条件下，大气圈中的水汽凝结成水滴，小水滴合并为大水滴，当凝结的水滴大到能克服空气阻力时，就在地球引力作用下，以降水的形式降落到地球表面。到达地球表面的降水，一部分在分子力、毛管力和重力的作用下，通过地面渗入地下；一部分则形成地面径流主要在重力作用下流入江、河、湖泊，再汇入海洋；还有一部分通过蒸发和散发重新逸散到大气圈。渗入地下的那部分水,或者成为土壤水,再经由蒸发和散发逸散到大气圈,或者以地下水形式排入江、河、湖泊,再汇入海洋。水的这种永无休止的循环运动过程称为水分循环。水分由海洋输送到大陆,又回到海洋的循环称为大循环或外循环(图 4.1)。由海洋面上蒸发的水汽,再以降水形式直接落到海洋面上,或从陆地蒸发的水汽再以降水形式落到陆面上,这种循环为小循环(亦称内循环)。

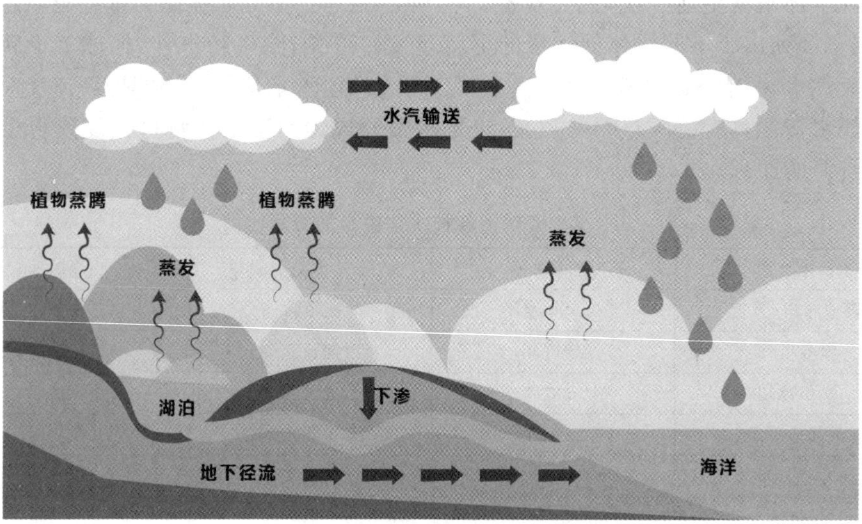

图 4.1　海陆水分循环示意图(陈克定 等,2018)

气候系统中水分循环现象的发生,原因之一是水在常温下能实现液态、气态和固态的相互转化而不发生化学变化,这是水分循环发生的内因;其次是太阳辐射和地心引力为水分循环的发生提供了强大的热力和动力条件,这是水分循环发生的外因。两个原因缺一就不可能形成气候系统的水分循环。太阳向宇宙空间辐射大量热能,在到达地球的总热量中约有 23%消耗于海洋和陆地表面的水分蒸发。平均每年有 577000 km^3 的水通过蒸发进入大气,通过降水又返回海洋和陆地。水分循环的空间范围向上可达地面以上平均约 11 km 的对流层顶,下至地面以下平均约 1 km 深处。

由于太阳能在地球上分布不均匀,而且时间上也有变化,因此主要由太阳能驱动的水分循环导致了地球上降水量和蒸发量的时空分布不均匀,这不仅是地球上有湿润地区和干旱区的区别,而且是有多水季节和少水季节、多水年和少水年区别,甚至是地球上发生洪涝、旱灾害的根本原因。同时也是地球上具有千姿百态自然景观的重要条件之一。水分循环是自然界众多物质循环中最重要的物质循环。水是良好的溶剂,水流可以携带物质,因此,自然界有许多物质,如泥沙、有机质和无机质均会以水作为载体,参与各种循环。

4.2.2　水分循环尺度

将水分循环分为全球水分循环、区域水分循环和水-土(壤)-植(物)系统水分循环三种不同的尺度。全球水分循环即为海陆间循环,是空间尺度最大的水分循环(图 4.1),也是最完整的水分循环,由于海陆分布不均匀与大气环流的作用,构成了地球上水的若干个大循环,这些循环随季节有所变动,它涉及气候系统各圈层的相互作用,与全球气候变化的关系密切。

区域水分循环即为海洋或陆地内的水分循环,是全球水分循环的组成部分。由于人类生活在陆地上,这一尺度的水分循环重点是陆地水分循环,并以流域为区域尺度,强调降水径流形成过程(图 4.2)。降落到陆地上的雨水,首先满足截流、填洼和下渗要求,剩余部分成为地面径流,汇入河网,再流入流域出口断面。截流最终耗于蒸发和散发,填洼的一部分将继续下渗,而另一部分也耗于蒸发。下渗到土壤中的水分,在满足土壤持水量需要后将形成土壤中水径流或地下水径流,从地面以下汇集到流域出口断面。被土壤保持的那部分水分最终消耗于蒸发和散发。区域水分循环的空间尺度跨度也很大,为 1～10000 km^2,相对于全球水分循环而言,它是一种开放式的循环系统。

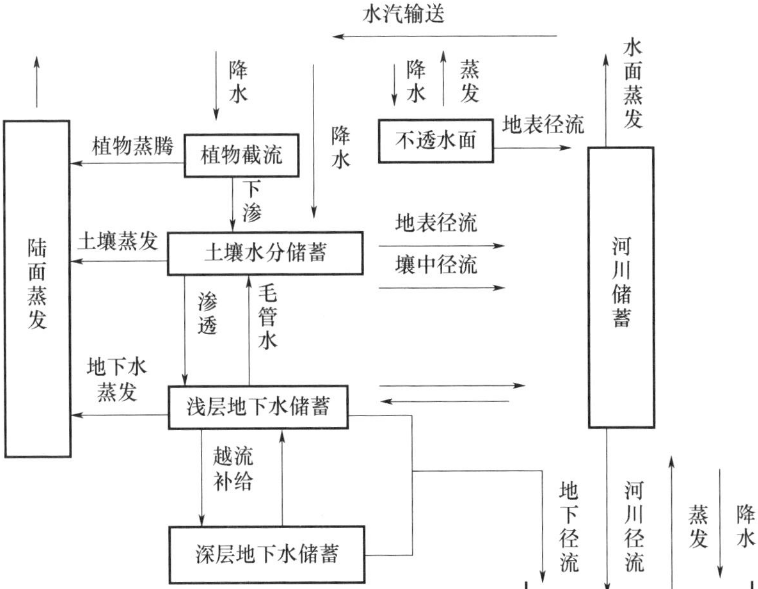

图 4.2　气候系统内不同尺度水分循环示意图

水-土-植系统是一个由土壤、植物和水分构成的相互作用的系统，是区域水分循环的一部分，可以小到一个微分土块(图 4.2)。水-土-植系统水分循环是气候系统空间尺度最小的水分循环。降水进入这个系统后将在太阳能、地球引力和土壤、植物根系产生的力场作用下发生截留、填洼、下渗、蒸发、散发和径流等现象，并且维持植物的生命过程。水-土-植系统水分循环也是一个开放式的循环系统。

水分循环不仅具有不同的空间尺度，同时具有不同的时间尺度。一般来说空间尺度大的循环，时间尺度也长，如海陆间的一次水分循环过程可长达几个月的时间尺度。区域小循环的时间尺度可短到几小时。水分循环是由空间尺度几米到几千千米、时间尺度几小时到几个月的相互交叉融合的复杂过程。

全球水分循环是大尺度气候变化研究的核心之一。区域水分循环是区域气候变化研究的重点。水-土-植系统水分循环是区域水分循环的重要基础，而且是陆面过程研究需要关注的重点之一。

4.2.3 水分循环的意义

水分循环深刻地影响着气候系统各子系统的演变，影响自然界中一系列的物理过程、化学过程和生物学过程，影响人类社会的发展和生产活动。自然环境的变化和人类活动又反过来影响水分循环。

水分循环使地球上各水体组合成一个连续的、统一的水圈，并把气候系统五大圈层(大气圈、岩石圈、生物圈、冰冻圈和水圈)联立组成既互相联系、又互相制约的有机整体。

水分循环使地球上的物质和能量得到输送。它把地表上获得的太阳辐射能重新分布，使地区之间得到调节；水量和热量的不同组合，又使地表形成不同的自然带，组成丰富多彩的自然景观。如大气降水落到地面后，除了部分蒸发和下渗外，地表形成径流，径流的冲刷和侵蚀作用，创造了各种地貌形态，水流把冲刷出来的大量泥沙输送到低洼的地区，经长期堆积作用形成平原；部分低洼地由于地面水的蓄积形成湖泊、沼泽。所有这些形态的塑造，水循环都建立了卓越的功勋。

水分循环使海洋与陆地之间的联系十分紧密。海洋向陆地输送水分，影响陆地上一系列的气象、气候变化过程，而陆地向海洋输送泥沙、有机质和营养盐，也影响海洋的物理、化学和生物变化。

水分循环使地球上的水周而复始地补充、消耗和变化，供人们利用，是可再生的资源。水分循环的强弱、循环路径等都会影响区域内水资源可开发利用的程度，对生态环境和经济发展均有重大影响。

4.2.4 影响水分循环的因素

由图 4.1 可见，水分循环过程中，蒸发、降水、水汽输送、径流等是影响水分循环重要的物理过程，决定着全球的水量平衡，也决定着一个地区的水资源总量。所有影响这些物理过程的因素都可以影响水分循环。归纳起来有三类：

① 气象因素：如风向、风速、温度、湿度等；

② 下垫面因素：即自然地理条件，如地形、地质、地貌、土壤、植被等；

③ 人类改造自然的活动：包括水利措施、农林措施和环境工程措施等。

在这三类因素中，气象因素是主要的，因为蒸发、水汽输送和降水这三个环节，基本上决定于地球表面上辐射平衡和大气环流状况。而径流虽与下垫面条件有关，但基本规律还是决定于气象因素。

人类改造自然的活动，改变了下垫面的情况，通过对蒸发、径流的影响而间接影响水分循环。水利措施可分为两类：一个是调节径流的水利工程如水库、渠道、河网等；另一个是坡面治理措施如水平沟、鱼鳞坑、土地平整等。农林措施如坡地改梯田、旱地改水田、深耕、密植、封山育林等。修水库以拦蓄洪水，使水面面积增加，水库淹没区原来的陆面蒸发变为水面蒸发，同时又将地下水位抬高。此外，坡面治理措施和农林措施，也多有利于下渗，不利于径流。在径流减小、蒸发加快后，降水在一定程度上也有所增加，从而促使内陆水分循环的加强。

4.3 地表面蒸发

蒸发是水分从物体表面即蒸发面，向大气逸散的现象。在地球水分循环系统中，地表面（包括陆面和水面）由于太阳辐射的加热作用，地表水受热而蒸发，是水分循环的最基本的一环，可以认为是水分循环过程的起点，是地表水分平衡、热量平衡的重要组成部分。

单位时间从蒸发面单位面积上逸散到大气中的水分子数与从大气中返回到蒸发面的水分子数的差值（当为正值时）称为蒸发率（或地面水汽输送通量），用于表示蒸发面蒸发快慢的特征量，常用单位为 mm/h，mm/d，mm/m 和 mm/a 等，蒸发率是蒸发现象的定量描述。

要理解蒸发率大小产生的原因，首先了解蒸发的物理过程。现以水面为例来比较深入地考察蒸发这一物理现象。如图 4.3 所示，水体中的水总是处在不停的运动之中。当水面上一些分子获得的能量大于水分子之间的内聚力时，就会突破水面而跃入空气之中，这就是蒸发现象。另一方面，也会有一些水汽分子因相互碰撞从空气中返回水面，这就是凝结现象。因此，蒸发和凝结是同时发生，具有相反物理过程

的两种现象。蒸发必须消耗蒸发面的能量,单位水量蒸发到空气中所需的能量称为蒸发潜热,按下式计算:

$$L=2500.8-2.36t_0 \quad (-25\ ℃\leqslant t_0\leqslant 40\ ℃) \tag{4.1}$$

式中,L 为蒸发潜热(J/g);t_0 为蒸发面温度(℃)。

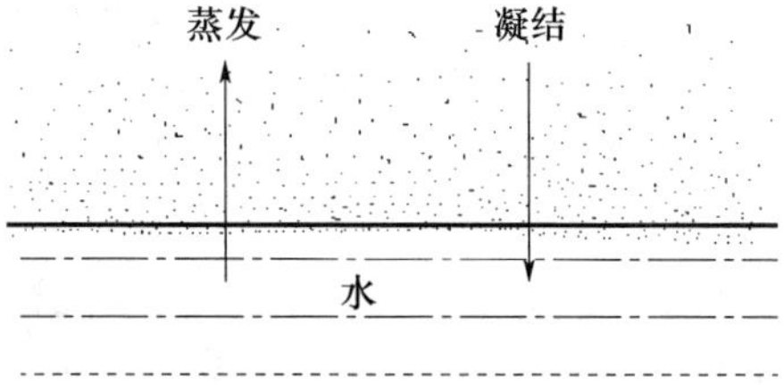

图 4.3　蒸发与凝结现象

广义的蒸发应包括陆面、水面的蒸发和植物的蒸腾,以及冰雪面的冰雪汽化。植被地段的地面蒸发和植物蒸腾又统称为蒸散。事实上蒸腾与陆面、水面的蒸发有很大差异,是比陆面、水面蒸发更为复杂的过程,本小节主要讨论地表蒸发的有关概念和计算。关于植物的蒸腾与蒸散参阅有关文献。

由上述蒸发的物理过程可知,蒸发率的大小取决于三个因素:一是蒸发面上储存的水分多少,这是蒸发的供水因素;二是蒸发面上水分子获得的能量多少,这是水分子脱离蒸发面向大气逸散的能量供给因素;三是蒸发面上空气水汽输送的速度,这是保证向大气逸散的水分子大于从大气返回蒸发面水分子的动力条件。供水条件与蒸发面的水分含量有关,不同的蒸发面,供水条件是不同的,例如水面作为蒸发面就有足够的水分供给蒸发。裸土表面作为蒸发面只有当土壤含水量达到田间持水量以上时,才能有足够的水分供给蒸发。动力因素主要来自三个方面:一是水汽分子扩散作用,其作用力大小及方向取决于大气中水汽含量的梯度,但在一般情况下水汽的分子扩散作用不大;二是上、下层空气之间的对流作用,这是由于近蒸发面的气温大于其上层气温而形成的。对流作用使近蒸发面的暖湿空气带离蒸发面上空,而使其上空的干冷空气下沉到近蒸发面,从而促进了蒸发作用的进行;三是空气湍流(乱流)扩散作用。刮风时,空气发生乱流,风速愈大,湍流作用愈强。湍流作用使蒸发面上空的空气混合作用加快,将空气中的水汽含量冲淡,从而大大促进了蒸发作用。

在供水充分的条件下,即供水不受限制,单位时间从单位蒸发面面积散逸到大气中的水分子数与从空气返回到蒸发面的水分子数之差值(当为正值时)称为蒸发能力,又称蒸发潜力、蒸发力或可能蒸发。显然,蒸发力只与能量因素和动力因素有关,而且它总是大于或等于同条件下的蒸发率的。水面无疑有充分的水分可供蒸发，若陆地表面充分潮湿，蒸发消耗的水分供给不受影响，这时陆面蒸发力与水面蒸发是极其相似的。可能蒸发(或蒸发力)在气象上或水文上常用 E_0 表示。是蒸发计算中应用最广的一个参数，是计算实际蒸发的基础，其计算的准确性，直接影响实际蒸发的计算结果。很多蒸发的研究工作正是在可能蒸发的基础上进行的。可能蒸发的提出，对蒸发、蒸散的研究工作起了很大的推动作用。

4.3.1　蒸发的计算

(1)涡动相关法

流体不规则运动称为湍流运动，也称为涡动。由于地表加热不均、地表对气流的摩擦拖曳以及地面物体的阻挡等，湍流运动是边界层大气运动的主要特征。蒸发实际上指的是地表垂直方向上的水汽输送通量，其大小取决于垂直方向湍流水汽通量输送的快慢。假设，近地层某一高度的垂直速度为 w，比湿为 q，则单位时间、单位面积，垂直方向上的水汽输送通量为 $\rho\overline{wq}$，w 和 q 可以分解为平均量与脉动之和，即 $w=\overline{w}+w'$，$q=\overline{q}+q'$，垂直速度的平均 $\overline{w}$ 近似为零，则 $\rho\overline{wq}=\rho\overline{w}\overline{q}+\rho\overline{w'q'}\approx\rho\overline{w'q'}$。

涡动相关法计算地表水汽通量的公式为

$$E=\rho\overline{w'q'} \tag{4.2}$$

式中，ρ 为空气密度；w' 为垂直速度的脉动量；q' 为比湿脉动量。测量出风速和比湿(湿度)的脉动变化，根据式(4.1)可直接计算蒸发的水汽湍流通量。

脉动垂直速度和湿度目前可以直接观测。大型气象野外考察实验中利用湍流超声脉动仪进行观测。我国近 20 年来多次气象野外考察试验都进行了这一观测，取得了很多宝贵资料，如 1998 和 1999 年实施的'淮河流域能量与水分循环试验'、2001—2002 年实施的'长江中下游梅雨锋暴雨野外科学试验'以及多次的青藏高原野外考察试验。基于脉动仪观测获得的地表湍流通量值常常作为其他计算方法对比的一个标准。

(2)整体空气动力学方法

类似感热的计算，地表蒸发也可表示为

$$E=\rho C_E u(q_0-q) \tag{4.3}$$

式中，C_E 为水汽输送量的曳力系数，u 为风速，q_0 为地面温度下的饱和比湿，q 为空气实际比湿。

(3)湍流相似法

由于超声脉动仪器很昂贵，成本很高，目前只有少数气象观象台有这一设备。野外观测试验最早也是最通用的针对地表湍流通量研究的观测是梯度观测。利用梯度观测计算地表湍流通量是基于近地层湍流相似理论，该理论认为在近地层，大气受地球表面的动力和热力的强烈影响，气象要素随高度激烈变化，运动尺度小，柯氏力可略去不计。由于湍流脉动而引起的各种属性在铅直方向的交换输送，在各种物理过程中，起主导作用。由于近地层很薄，可以近似地认为该层中动量、热量和水汽的铅直湍流输送通量几乎是不随高度变化，由于同样原因，近地层中风向也几乎不随高度改变。故近地层的定量化名称为常值通量层，该层中各种属性在铅直方向的湍流通量为不随高度改变的常值。根据近地层湍流相似理论，地表蒸发的计算公式为

$$E=\rho U_* q_* \tag{4.4}$$

式中，U_* 和 q_* 分别为常值通量层摩擦速度和摩擦湿度，它们在近地层的常值通量层近似不变。

(4)通量梯度法

根据扩散理论，蒸发可用下式计算：

$$E=-\rho K\frac{\mathrm{d}q}{\mathrm{d}z} \tag{4.5}$$

式中，ρ 为湿空气密度；q 为比湿；K 为水汽湍流扩散系数；z 从蒸发面垂直向上的距离；E 即为蒸发量。当有水分从蒸发面逸散进入大气时，E 为正，因为此时垂直方向的比湿梯度 $\mathrm{d}q/\mathrm{d}z$ 是小于零的。式(4.9)中，湍流交换系数 K 是最为复杂的一个物理量，它与大气稳定度、风速的大小、下垫面性质等因素有关，因此它具有日变化、年变化以及随空间变化的特点。

利用空气湍流动力学中一系列假设和关系式，垂直方向上具有两个高度的湿度观测，得到如下的计算公式：

$$E=\rho\kappa\frac{(\overline{u}_2-\overline{u}_1)(\overline{q}_1-\overline{q}_2)}{\left(\ln\frac{z_2}{z_1}\right)^2} \tag{4.6}$$

式中，κ 称为卡门常数，通常取 $\kappa=0.40$。式(4.10)表明，蒸发量与风速的大小以及垂直方向上湿度梯度成正比，与道尔顿定律形式相一致。

大多数蒸发计算公式，都是从上述基本理论出发，并和实验资料拟合相结合得到的，即由气候学计算求得。对此，国内外学者进行了大量的探索，其中研究工作做得最多的是可能蒸发的计算方法，提出了一系列的可能蒸发的计算模式和方法。因为可能蒸发不需要考虑蒸发面的供水条件，相对简单。自然界各种蒸发面的实际蒸发可以可能蒸发为基础，再根据水分含量做进一步修正。可能蒸发是一个十分重要的物理量，它表明一地的蒸发潜力，也是一个热量及大气湿度参数的定量指标。

(5)气候学计算方法

基于超声脉动仪的涡度相关法和基于梯度观测的湍流相似法是目前野外气象

考察常用的计算地表蒸发通量的两种方法，也是目前对地表蒸发通量估计最为准确的方法。但是这两种计算方法都不便利用目前气象台站常规的气象观测，不能进行大范围，时间尺度较长的气候学分析。常规气象台站对蒸发量的观测主要有两种途径，其中主要是小面积（直径 20 cm）蒸发皿的蒸发，但它不能代表自然水面的蒸发和陆面蒸发，更不能代表土壤蒸发和植物的蒸腾，常常偏大达 10% 至 6 倍。对于水面观测，已有一些尚称满意的仪器，如蒸发面 20 m^2 或100 m^2 的蒸发池的蒸发量，接近自然水面的蒸发，苏联 ΓΓⅡ-3000 蒸发皿（蒸发面积 3000 cm^2）和美国 A 级蒸发盘也可测得较准确的结果，后者经世界气象组织和国际水文科学协会定为国际地球物理年的标准蒸发仪器。中国使用较广泛的仪器中，E601 型蒸发器测量的蒸发量约为大型蒸发池的 97%，二者的关系比较稳定。但未能在所有的气象台站上进行观测。

由于蒸发量计算的准确资料很少，蒸发量的大小仍主要依赖于间接计算求得，基于热量平衡、空气动力学等原理导出的确定蒸发量的方法因为有较强的物理基础，常被用于蒸发量的估计。下面将介绍计算蒸发量的几种主要气候学计算方法。

① 热量平衡法

不考虑地表面的储热变化，则地表面的热量平衡方程式为

$$R = H + LE + Q_s \tag{4.7}$$

式中，R 为地表面的辐射差额；H 为地表面与上层大气之间的感热交换；LE 为蒸发耗热；Q_s 为地表面与下层土壤的热量交换。由于地表面与下层土壤间的热量交换以分子扩散作用为主，通常与(4.7)其他项相比为一小量，在年平均条件下，常忽略不计。引进鲍文比 $\beta = H/LE$，地面蒸发量的计算式为

$$E = R/L(1+\beta) \tag{4.8}$$

式(4.8)是基于热量平衡原理的蒸发量计算公式。只要知道蒸发面的辐射差额和鲍文比，就可得到蒸发量。辐射差额可通过直接观测或气候学计算得到。式(4.8)的关键是鲍文比 β，β 的大小反映了地面与上层大气显热和潜热交换大小的比值，该值越大，表明地表面辐射差额主要以显热方式向大气输送热量，蒸发量相应地较小；反之地表辐射差额主要用于地面的蒸发。

② 彭曼(L. H. Penmam)公式

1948 年，彭曼把能量平衡、质量输送两个方法结合起来，提出了估计可能蒸发的综合法。彭曼认为开阔水面的蒸发是直接蒸发，因而他的主要注意力是在计算水面蒸发上，且认为连续蒸发必须具备蒸发耗热所需的能量和水汽输送必须具备的动力。并由此两方面的分析得出计算可能蒸发的公式。

由热量平衡法得到水面蒸发量的计算公式为

$$E_0 = R/L(1+\beta) \tag{4.9}$$

波文比β基于扩散法按下式计算：

$$\beta=\frac{C_P K_H \frac{\partial T}{\partial Z}}{L K_W \frac{\partial q}{\partial Z}} \tag{4.10}$$

式中,C_P 为空气的比定压热容($C_P=1.005\ \mathrm{J/(g \cdot K)}$);$K_H$ 为显热湍流交换系数,$\partial T/\partial Z$为垂直温度梯度;K_W 为水汽湍流交换系数;$\partial q/\partial Z$ 为垂直比湿梯度。假设 $K_H=K_W$,令 $R_0=R/L$,将比湿与水汽压的关系 $q=0.622\,\frac{e}{p}$代入式(4.10),得波文比

$$\beta=\gamma\,\frac{T_0-T_a}{e_0-e_a} \tag{4.11}$$

水面蒸发量为

$$E_0=\frac{R_0}{1+\beta}=\frac{R_0}{1+\gamma\,\frac{T_0-T_a}{e_0-e_a}} \tag{4.12}$$

式中,$\gamma=\frac{C_P}{L}\frac{p}{0.622}$ 为干湿表常数;T_0 和 T_a 分别为水面温度和气温;e_0 和 e_a 分别为水面温度下的饱和水气压和大气的实际水气压。

根据气温与其相应饱和水汽压的曲线,可知任一气温下饱和水汽压曲线之坡度 Δ,即

$$\Delta=\frac{e_s-e_a}{T_s-T_a}=\frac{\mathrm{d}e_a}{\mathrm{d}T_a} \tag{4.13}$$

$$T_0-T_a=(e_0-e_s)/\Delta \tag{4.14}$$

式中,e_s 为气温 T_a 下的饱和水汽压。将式(4.17)代入式(4.15),得

$$E_0=\frac{R_0}{1+\frac{\gamma}{\Delta}\frac{e_0-e_s}{e_0-e_a}} \tag{4.15}$$

达尔顿定律常用形式有:

$$E_0=f(u)(e_0-e_a) \tag{4.16}$$

$$E_a=f'(u)(e_s-e_a) \tag{4.17}$$

式中,E_0 为由水面温度求得的水面蒸发;E_a 称为空气干燥力;$f(u)$,$f'(u)$ 均为风速函数;e_s-e_a 为空气饱和差。如果假设 $f(u)=f'(u)$(合理的),则有

$$\frac{E_a}{E_0}=\frac{e_s-e_a}{e_0-e_a} \tag{4.18}$$

考虑到

$$e_0-e_s=(e_0-e_a)-(e_s-e_a) \tag{4.19}$$

将式(4.18)和(4.19)代入式(4.16),经化简整理后,得

$$E_0=\frac{\Delta}{\Delta+\gamma}R_0+\frac{\gamma}{\Delta+\gamma}E_a \tag{4.20}$$

式(4.20)就是估计水面蒸发的彭曼公式。计算的结果是在给定的条件下大面积湿表面的最大可能蒸发。不难看出，彭曼公式由两部分加权平均而得，其中第一部分为水体吸收净辐射热量引起的蒸发，即有效的辐射能量贡献的权重为$\frac{\Delta}{\Delta+\gamma}$；第二项为风速和饱和差引起的蒸发，即空气干燥力的贡献权重为$\frac{\gamma}{\Delta+\gamma}$。这两个因素的相对重要性可由无量纲比$\frac{\Delta}{\gamma}$给出，它随空气温度的增加而很快地增加，温度为 10 ℃时其值为 1.3，温度为 20 ℃其值为 2.3，而当温度为 30 ℃时其值为 3.1。空气干燥力 E_a决定了冬季低温条件下的蒸发，而第一项决定了夏季或热带高温条件下的蒸发。

上述分析可知，式(4.20)计算可能蒸发时，所需要的气象资料，如气温、湿度、风速、日照百分率都是常规观测资料，比较容易得到，不需要做任何特殊观测，这是彭曼公式便于广泛使用的一个优越条件。需要指出的是，彭曼公式虽然有较好的理论基础和计算精度，但 各地在应用时，仍需要对式中 R_0和 E_a根据当地气象条件进行经验拟合，因此得彭曼公式仍然是一个半经验半理论的气候学计算公式。

对于不同地表，因其土壤性质和植被的差异，最大可能蒸散而有不同。彭曼曾通过大量的观测分析，给出不同地表的影响系数。现在人们更多的直接用彭曼-蒙蒂斯(Penman-Monteith)公式来考虑地表植被的影响。

$$ET_0=\frac{\Delta(R_n-G)+\rho C_p(e_s-e_a)/r_a}{L(\Delta+\gamma(1+r_s/r_a))} \tag{4.21}$$

式中，Δ 为饱和水汽压曲线斜率；R_n 为净辐射；G 为土壤热通量密度；ρ 为空气密度；C_p 为空气比定压热容；e_s 为饱和水汽压；e_a 为实际水汽压；L 为水的汽化潜热；γ 为干湿表常数；r_a 为空气动力学阻力；r_s 为冠层阻力。

对于彭曼公式，最早我国气象学家朱岗崑等就将其介绍到中国，并用该公式计算了中国各地的蒸发量。此后，中国对彭曼公式的研究、试验做了大量的工作。其主要工作，总结起来说，主要是对彭曼公式中的 R_0和 E_a计算的修正、拟合，以及对不同性质地表蒸发转换的研究。

如果计算时间短于一年的蒸发量时，地表热平衡方程中 Q_s不应删去，而应与 R 一起换算成蒸发当量，然后应用式(4.20)。若考虑 Q_s很小，当然也可直接用式(4.20)计算季、月的可能蒸发量。此外，式(4.20)中，γ 是测站气温和海拔高度的函数，因此在海拔较高的地方，还应该进行高度订正。

由于空气平流问题，裴步祥等(1989)通过试验指出，在月平均最低气温 5 ℃以上和最高最低温差在 12 ℃以上的干旱地区,由于空气平流的现象,一般是低估了可能蒸发量,为此,对式(4.20)中的空气动力项中给出风速系数值。月平均最高最低气温差值越大,风速系数值也越大,从而加大了空气动力项的权重,以此来弥补空气平流对可能蒸发的影响。

4.3.2 地表蒸发的分布

(1)全球分布

图 4.4 给出全球年蒸发量的分布。可见,蒸发量的最大值出现在副热带地区的海洋,最大达 1800 mm 以上,这是由于副热带地区除了有强的太阳辐射外,而且处于气候垂直运动下沉区,空气干燥,近地层的信风带等都促进了蒸发过程。赤道地区尽管太阳辐射强,但赤道有一个冷水区、赤道无风带中风速较小及空气的水汽压接近饱和值的缘故,因此与副热带地区相比,赤道地区的蒸发量相对要小一些。从副热带到高纬度地区,蒸发量随纬度增加而减小,这是由太阳辐射量随纬度显著减小而引起的。陆地蒸发量远小于海洋,最大在 1000 mm 左右,最小在大陆的副热带地区和极地地区,不足 100 mm,这是因为副热带陆地空气干燥,水源供给不足,极地地区缺少蒸发耗热造成的。蒸发量与降水量的差值随纬度变化表明,北半球赤道地区和南北半球的高纬地区地表的蒸发小于降水,相反,副热带地区的蒸发大于降水。

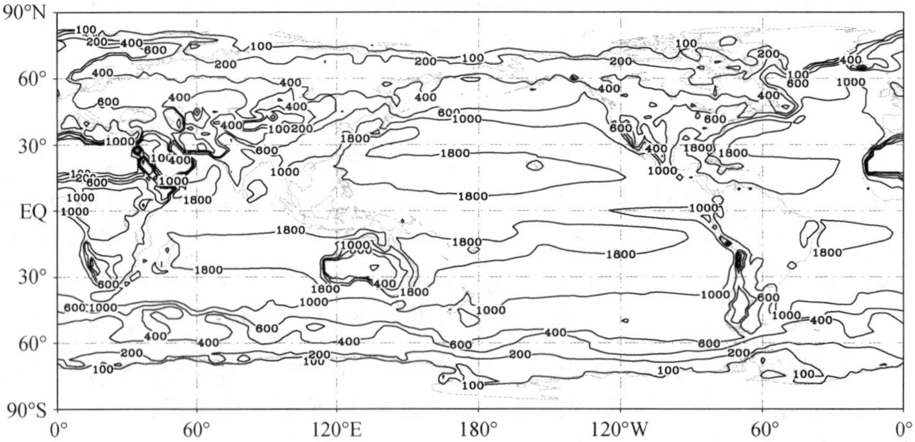

图 4.4 全球平均年蒸发量(mm)分布(1981—2010 年 ERA-interim 再分析资料)

(2)中国地表蒸发的分布

图 4.5 是中国年蒸发量的空间分布,可见,中国蒸发量的分布取决于各地的降水量和热力状况,全年蒸发量等值线分布从东南向西北减小。长江流域以南地势低平,气候湿润,全年蒸发量在 600 mm 以上,东南沿海和两湖盆地地区蒸发量可以超

过 800 mm。西部地区地形复杂，深居内陆，气候干燥，蒸发量很小，西藏高原内部和新疆塔里木盆地地区，全年蒸发量不足 50 mm。一年内中国蒸发量以冬季最小，夏季最大。冬季黄河以北地区由于气候寒冷，水分供应不足，蒸发量极微，黄河流域与长江流域之间月蒸发量 10～20 mm，最大月蒸发量都出现在两湖盆地和东南沿海地区，每月蒸发量达 30 mm 左右。4 月后，夏季风开始活跃，蒸发量逐月增加。至夏季，中国华南和长江中下游地区的月蒸发量都达 100 mm 以上，华北和东北的松辽平原月蒸发量也在 100 mm 左右，川黔地区约为 80 mm，西北的天山以北在 7—8 月也可达到 10 mm。

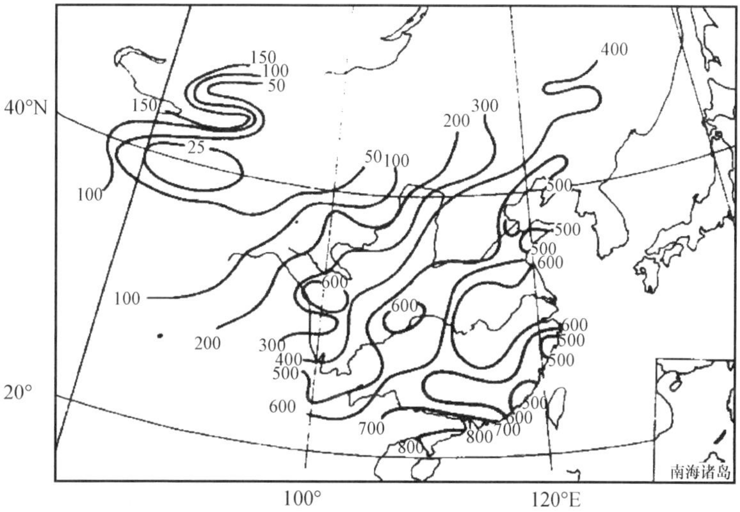

图 4.5　中国地表年蒸发量(mm)的空间分布(高国栋，1988)

4.4　大气中的水分

4.4.1　大气中的含水量

大气圈是气候系统水分交换最大的舞台。大气中水分含量的多少，会影响水分交换的速度和水分平衡。掌握大气中水分含量的计算，了解大气水分的空间分布特征和季节演变特点具有重要的意义。大气中的水分，又称空中水，主要来自于陆地和海洋的水分蒸发。大多数情况下以气体形态存在于大气中，在一定条件下，会凝结而形成雨、雪、雹等降落地面，也常以水滴、冰晶的形态存在于云中。大气中的水较地面水少许多，若大气中平均总的含水量全部凝结成水，均匀分布在地球上，其水深仅约 25 cm。

大气中水分含量通常是指从地面到大气顶单位面积大气柱中的水分含量,包括大气中的水汽和云中的液态水及冰晶等,但目前后者的测定和计算方法均不够完善,暂不讨论。大气中水汽含量可利用大气湿度随高度的分布曲线随高度积分而求得,即

$$W_a = \int_0^{z_\infty} a(z)\mathrm{d}z \tag{4.22}$$

式中,$a(z)$为任一高度 z 处的空气绝对湿度;z_∞ 为大气柱顶高度。因为大气柱顶高度 z_∞ 确定很困难,可利用静力学方程 $\mathrm{d}P=-\rho g\mathrm{d}z$ 以及空气绝对湿度和空气比湿的关系,可将式(4.22)转换到比湿 $q(p)$随气压的积分,即

$$W_a = -\frac{1}{g}\int_{p_0}^{p_\infty} q(p)\mathrm{d}p \tag{4.23}$$

式中,$q(p)$为等压面 p 处的比湿;p_0 为地面气压;p_∞ 为大气柱顶的气压;g 为重力加速度。实际计算时,由于湿度的观测资料是不连续函数,一般只给出一些等压面上(如 1000 hPa、925 hPa、850 hPa 等)的湿度观测,因此需要将式(4.24)转换为差分,即

$$W_a = \sum \frac{q(p_i)\Delta p_i}{g} = \sum \frac{\frac{1}{2}(q(p_i)+q(p_{i+1}))}{g}(p_i - p_{i+1})$$

式中,p_i,p_{i+1}分别为相邻两等压面的下层和上层的气压。

图 4.6 是大气中水汽含量的垂直分布,该图清楚地表明,大气中的水汽主要集中于 500 hPa 以下,500 hPa 以上的水汽含量较少,这是由于大气中的水汽来自于地表面的蒸发,近地层靠近水汽的源地,水汽自然最多,蒸发和散发进入到大气低层的水汽,通过对流、湍流等运动向大气的上层输送,从而使水汽随高度增加而减少。700 hPa 以下水汽含量的季节变化十分显著,表现出,夏季大气中水汽含量多,且垂直递减很明显,而冬季大气中水汽含量少,且垂直变化也不显著。

图 4.7 为全球 1 月和 7 月大气中水汽含量(用大气可降水量表示)的分布,由图可见在 1 月,赤道地区可达 40 mm 以上,然后向两极逐渐减少,但仍可看出在北半球同纬度海洋上大气中水汽含量大于陆地上大气中水汽含量,而干旱的沙漠地区小于 10 mm,最小值 1～2 mm 出现在北半球高纬度和内陆地区。7 月,大气中水汽含量大值区偏向北半球,最大值出现在亚洲南部达 50 mm 以上,最小值在南极,以及北非、澳大利亚的沙漠地区,不足 10 mm。同时,从图 4.7 还可看到,在所有的纬度上,大气中水汽含量都是夏季比冬季多,最大的变化出现在副热带。且季节变化,大陆上比海洋上大,尤其在广阔的北半球大陆上更是如此。区域性的季节变化大多在 10～20 mm,但在亚洲东岸附近和季风区域,季节变化更大达到 20～30 mm。

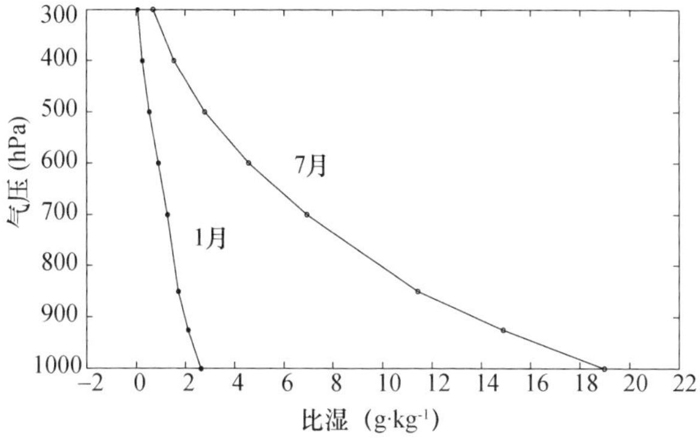

图 4.6　(30°—40°N,110°—120°E)平均大气比湿(g/kg)的垂直变化
(1981—2010 年 ERA-interim 再分析资料)

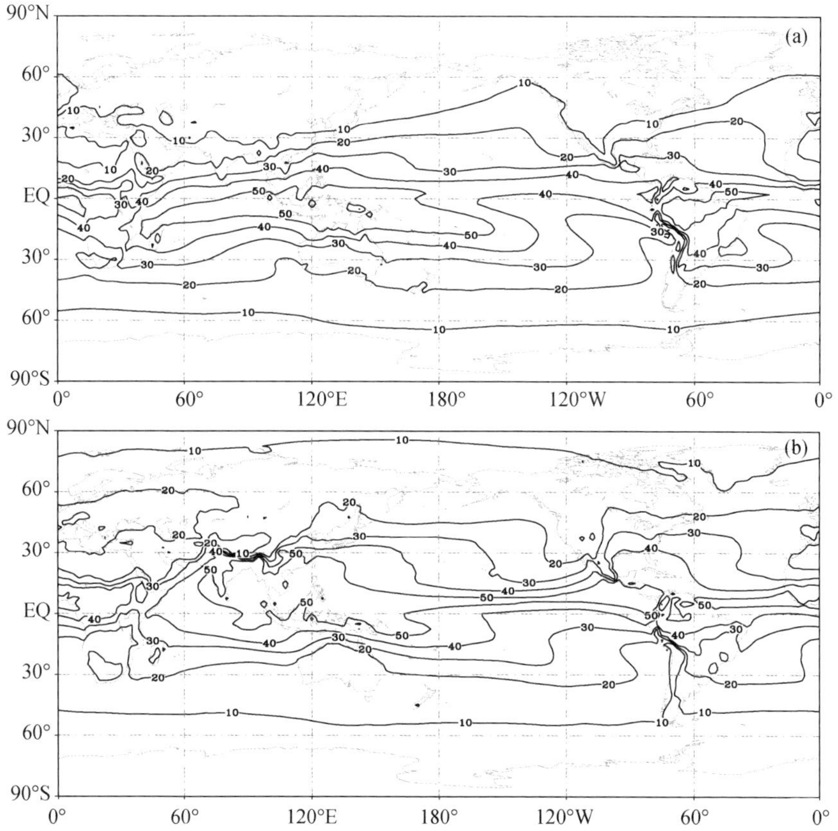

图 4.7　全球 1 月(a)和 7 月(b)平均大气水分含量(mm)的空间分布(可降水量表示)
(1981—2010 年 ERA-interim 再分析资料)

北半球大气中的水汽含量比南半球大气中水汽含量多(表 4.3),这主要由北半球夏季的数值比较高。北半球(这里降水也较多)的水分平衡在很大程度上是由南半球热带流入北半球的水分来维持的。由于两半球的大陆分布的差异,季节变化在北半球为南半球的 3 倍。

表 4.3 大气中的平均水汽含量(可降水量表示)(根据 Suteliff,1986)(单位:mm)

	北半球	南半球	全球
1 月	19	25	22
7 月	34	20	27

大气中的水汽含量不仅与局地蒸发快慢有关,而且还与大气中水汽输送量关系密切。就全球平均来说,有净水汽由海洋向陆地输送,而输送到陆地的水汽并非均匀分配到陆地的各个区域,在海洋向陆地输送的旅途上,越靠近海洋,获得的水汽就越多,相反远离海洋的内陆获得海洋的水汽就很少。中国年水汽含量的空间分布(图 4.8)充分体现了与海洋距离远近的关系。中国,东南近海,西北深居内陆,因此大气中全年平均水汽含量的分布从南向北、从东到西是减少的。在华南地区,全年平均水汽含量为 40～50 mm,长江流域为 20～30 mm 左右,黄河流域为 20 mm 上下,到东北仅 15 mm。在西南地区,全年水汽含量为 20～30 mm,西藏高原东南边缘的雅鲁藏布江流域为 10～20 mm,此外除新疆天山北麓受到从大西洋和北冰洋来的气流调剂全年含水量可达 10 mm 外,整个西部地区大气中水汽含量都很少。

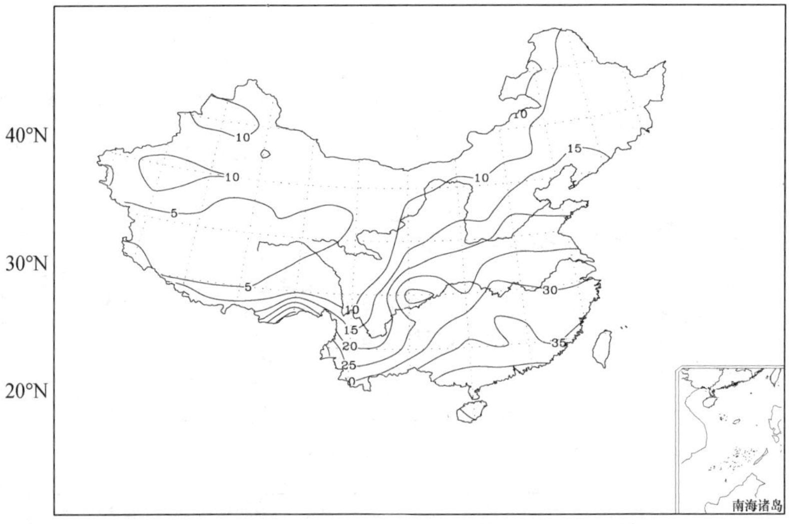

图 4.8 中国大气年平均水汽含量(mm)分布(1981—2010 年 ERA-interim 再分析资料)

4.4.2　大气中的水汽输送

由前所述赤道附近和高纬地区的地表蒸发量小于降水量，而副热带地区的地表蒸发量大于降水量。但根据多年观测的大气水分或地表水分记录，却未见赤道地区大气水分逐年减少，也未见副热带地区大气湿度逐年增加，这必然存在着大气中的水分由副热带向赤道和高纬传输，这种传输是由大气环流来实现的。根据南北方向上的风速矢量 $\mathbf{V}$，空气的比湿 q，可以按下面推演的公式计算水汽在南北方向上的水平输送。

取与南北向风速 $\mathbf{V}$ 相垂直的一小块面积 $ABCD$（图 4.9），高为 δz，底边长为 δx，设空气在单位时间内由 $ABCD$ 流到 $A'B'C'D'$，则单位时间通过 $ABCD$ 截面积的空气质量为：$\rho \mathbf{V} \delta x \delta z$。根据静力学方程 $\frac{\partial P}{\partial z} = -\rho g$，则在水平方向为单位长度（$\delta x = 1$），铅直方向气压差为 $\mathrm{d}P$ 的面内，单位时间输送的水汽为：$-\frac{1}{g}\mathbf{V} q \mathrm{d}P$。

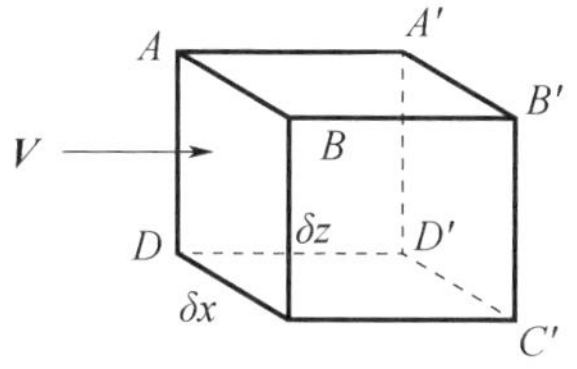

图 4.9　单位时间通过截面 $ABCD$ 的空气质量示意图

从地面到大气顶水汽（E）在南北方向上的水平输送公式可写成

$$E = \frac{1}{g}\int_0^{P_0} \mathbf{V} q \, \mathrm{d}P \tag{4.24}$$

实际计算时，常用差分代替微分

$$E = \frac{1}{g}\sum_{i=1}^{n} V_i q_i \Delta P_i \tag{4.25}$$

式中，V_i（m/s）和 q_i（g/kg）为从地面向上第 i 层的风速和比湿；ΔP_i 为第 i 层下半层和上半层的气压差值；E 的单位是 g/ms，即每秒在 1 m 纬圈范围，南北方向输送的水汽量。东西方向上的水汽输送可用相同的计算公式计算，只需要将风速改为纬向风速即可。由于风速的方向性，计算结果为正，表明水汽向北或向东输送，反之向南或向西输送。

中国夏季东亚季风区水汽输送场如图 4.10 所示。到达中国的水汽输送分为以下四个通道（如图中粗箭头所示）：一个沿南亚季风的北支流经孟加拉湾到达中国西南边界，另一个由 105°E 附近越赤道气流与南亚季风的南支在南海南部汇合，流经南海北部到达中国南边界。

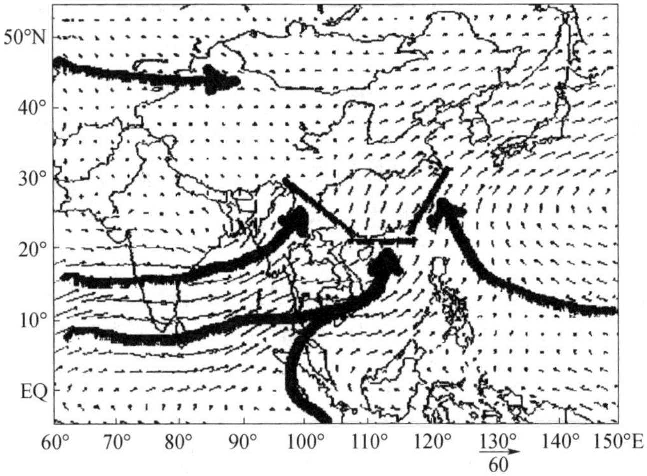

图 4.10 中国东亚季风区 1958—1998 年夏季
平均水汽输送(100 g/(cm·s))(田红,2002)

这两个通道与南亚季风的南、北分支是一致的。第三个水汽通道是沿西太平洋副高西南侧的东南季风到达中国东南边界的水汽输送。这三支水汽流进入中国后,在大陆东部往东北方向输送,然后出境。不难看出这支东北水汽输送中有一部分是来自中纬度西风的贡献。因此,第四个水汽通道应该是从中国西北边境进入的向东输送。由此可见,四条水汽通道基本体现了南亚季风、南海季风、副热带季风和中纬度西风带对中国夏季气候的影响。

4.5 降水

大气中的液态或固态水,在重力作用下,克服空气阻力,从空中降落到地面的现象称为降水,它是水分循环的重要环节,也是陆地上水资源的唯一来源,它包括雨、雪、雹、霰等所有水分。降水是支配自然景观、影响农业生产以及人类活动最重要的气候要素之一,也是自然界的一项重要的气候资源。降水分布一方面取决于大气中水汽的来源,即海陆分布;另一方面也决定于大气运动,大气的水平运动可以将水汽输送到远离海洋的内陆地区,大气中的垂直运动是产生降水的必要条件。所以地球上降水分布与流场的辐合、辐散紧密相关。因此,气流的辐合、辐散是支配降水带状分布的首要因子。海陆分布和地形起伏则是降水非地带分布的重要原因。

全球的角度来看，地表蒸发和散发是大气中水汽的主要来源。20 世纪 40 年代初，某些著作认为，大陆地区的蒸散发是该地区降水的重要水汽来源，因此，许多规划方案提出，为了增加局部降水，通过开挖具有高蒸发率的池塘、地穴、种植具有高蒸发率的树木，以增加蒸发散发水分，从而达到增加降水的目的。但是，近几十年以来，通过增加高空观测站网，许多关于大气中水汽循环的研究认为，陆地降水的水汽主要来源于海洋，来自于海洋的水汽平均占陆地降水的 89%左右。海洋降水的水汽主要也来源于海洋表面的蒸发，约占海洋降水的 85%。因此，海洋是大气中水汽的主要源地。

从图 4.11 的全球降水分布看来，全球降水量的水平分布是极其复杂的。表明降水分布的局地性很强。在上述各纬度带内降水量是不均匀的。如赤道地区有降水极多的赤道西太平洋，也有降水极少的赤道东太平洋；在 20°—30°纬度的少雨带中有降水很多的东亚沿海，也有降水极少的中亚、北非、北美等地。世界上降水最多的是东南亚和西非的一部分、南美的亚马孙河流域等赤道地区，年降水量超过3000 mm。在一些局部地区，如日本本州的一部分、中国台湾、印度的北部、夏威夷、西印度群岛、南美的哥伦比亚、厄瓜多尔、新西兰、马达加斯加的一部分等地，年降水量都超过 2000 mm。世界上降水最少的地区除了两极附近外，还有中、低纬度地区的干旱、沙漠区、从北非到中亚、澳大利亚的中西部、南、北美的西海岸降水量都极少，一般在 100～250 mm。在沙漠的腹地甚至不到50 mm。如中国新疆的塔里木沙漠年降水量亦不足 50 mm。

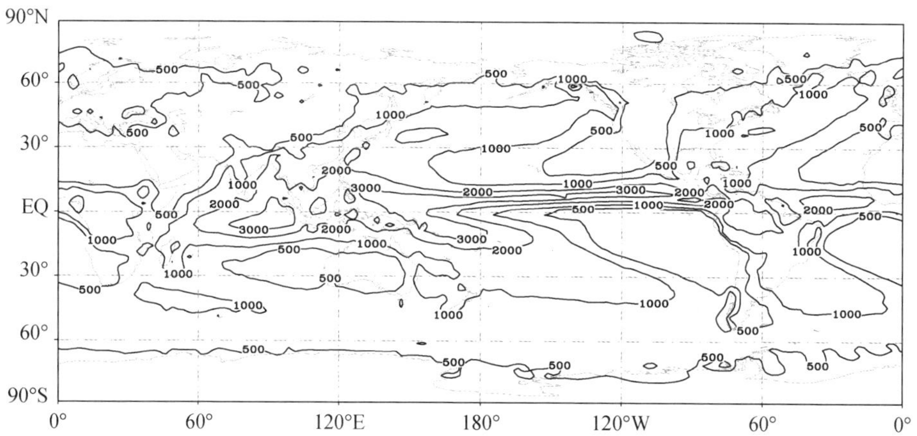

图 4.11　全球年降水量(mm)分布(CMAP 资料 1981—2010 年平均)

中国全年降水量最大的地区是在江南平原和东南沿海地区，年降水量在 1500～2000 mm 左右(图 4.12)；全年降水量最小的地区是在西北沙漠，年降水量只有

20 mm左右,全国干、湿相差可达100倍。年降水量的等值线基本上是从东南向西北逐渐减少的,东部大体平行于纬圈,长江流域在1000 mm以上,黄河流域在800 mm左右,华北地区约为500~600 mm,东北的大兴安岭以东地为500~1000 mm,以西仅300~500 mm。中国西部降水量的地形影响非常明显,西藏高原东南的雅鲁藏布江流域有700 mm左右,高原内部只有100 mm,新疆的天山北坡,由于内部气流影响,年雨量较多,可达150~400 mm,但在沙漠盆地地区,气候十分干燥。

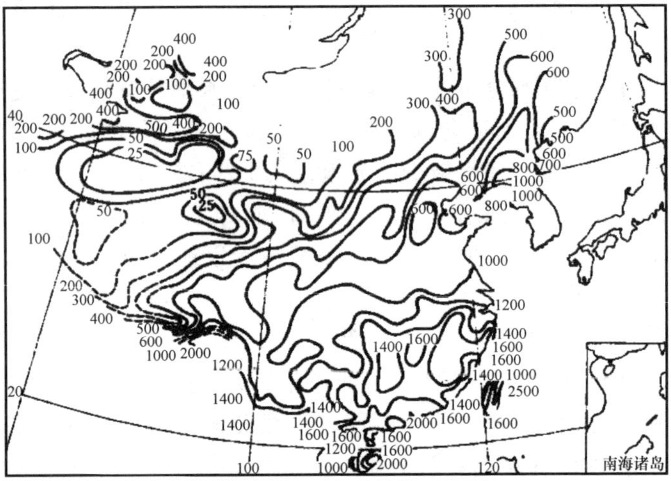

图4.12 中国年降水量(mm)的空间分布(高国栋,1988)

4.6 径流

径流包括地表径流和地下径流,也是水分循环中不可缺少的一环,海洋蒸发输送的大量水汽,在陆地上空以降水形式降落地表,通过径流又回归海洋。补充了海洋水分,又维持了陆地和海洋的水分平衡。

4.6.1 径流的形成

由降雨到水流汇集至出口断面的整个物理过程,称为径流形成过程。径流形成是一个极为错综复杂的过程,为了对径流的形成有一个初步的认识,可将径流形成过程分为以下几个阶段。

(1)降雨过程

径流是降雨所造成的,降雨是造成径流的必要条件,降雨过程是径流形成过程的一个组成部分,也可以看作是径流形成过程的初始阶段。

对于一已知流域，各次降雨在时程上的变化和地区上的分布是不完全相同的。一场雨的强度常随时间不断地变化，就降雨的地区分布而言，可以笼罩全流域，也可以只降落在流域的部分面积上。降雨强度在流域上的分布也是不一致的，降雨强度大值中心的位置在一场雨中可能是沿着一个方向移动着，各次降雨强度的大值中心位置也是不完全相同的。降雨过程的特性，直接影响径流的形成过程，故降雨特性和径流形成过程之间的联系十分密切。

(2)流域的蓄渗过程

降雨到达地面时，地面上的植物和建筑物要截留一部分降雨。这部分暂时存留在植物或建筑物等表面的雨量称为截留水量。雨停之后，截留的附着水大部分被蒸发掉。

雨到达地面后，雨水从地面渗入土壤，称之为下渗。下渗发生在降雨期及雨停后一段时间内，只要流域表面有水，就有下渗过程。降雨强度小于下渗强度时，雨水就完全渗入土中；降雨强度大于下渗强度时，坡面上就有积水和流水，这种积水和流水称之为超渗雨。

流域表面有各种形态的洼地和水塘，在降雨过程中，它们能容蓄一部分水量。洼地及水塘的容蓄水量来源于直接降落在它们表面的超渗雨以及由附近坡地流出来的水量。当洼地及水塘蓄满后，水就会溢出。洼地和水塘蓄水可以维持一段较长的时期，降雨停止后，蓄水大部分蒸发消耗了，另一部分则渗入土中。

植物截留、下渗及洼地蓄水等过程，总称为流域的蓄渗过程。这一过程中，除直接降落在河面上的雨形成径流外，其余的不直接产生径流，而是耗于植物截留、下渗和填洼，最终也是消耗于蒸发和下渗。这部分不产生径流的降雨，对径流的形成来说是一个损失量。所以，这个过程又可称为损失过程。对于不同流域或同一流域的不同时期的降雨损失量及损失过程是不完全相同的。

(3)坡面漫流过程

当流域上的降雨满足了损失过程后，就会出现超渗雨，此时，坡面上开始出现沿坡地流动的水流，通常称之为坡面漫流。坡面漫流并不遵循固定的水流路线，而是沿着经常变动的泄水路线流入附近的河网，坡面漫流的发展过程称之为坡面汇流。

坡面上的水流由许多细小的沟流所组成，当降雨强度较大时，坡面水流可能扩展至全部降雨面积，形成片流。坡面是产流的场所，也是径流输送的场所，尽管坡面上的汇流历时较短，汇流长度不大。但在中国，坡地占流域总面积的比重很大，因此，坡面漫流在径流形成过程中，对净雨(降水经扣除损失后称之为净雨或有效降雨。净雨量又可称为产流量)在时程上起到了再分配的作用。

(4)河网汇流阶段

坡面上的净雨，经漫流注入河网，在河网内沿河槽作纵向运动的过程称为河网汇流。河网汇流过程就是洪水波的形成和运动过程，而河流断面上的水位及流量的变化过程正是洪水流通过该断面的直接反映。

在涨水过程中，坡地漫流的雨水，不断注入河网，一部分存储于河槽，另一部分水流沿河槽下泄，使水位升高流量逐渐加大。对同一时刻而言，出口断面以上坡地汇入河网的总量必然大于出口断面的流量，因河网内要容蓄一部分水量。在落水过程中，则与此相反。这种现象称为河槽调蓄作用。

当降雨及坡地漫流停止后，河网汇流过程仍在进行，这个时期由于没有坡地水流的补给，河网蓄水开始消退，其历时的长短，决定于河网蓄水量大小及运动情况。另外，包气带水及潜水在降水期间所获得的水量，也缓慢地通过地下补给河网。

(5)地下径流过程

当地面径流终止和河槽蓄水量流泄后，河流的水量来源，全部依赖地下水补给。称为地下径流过程。雨水经下渗到地下，一部分停蓄在土壤表层内，逐渐通过地面蒸发或被植物蒸腾消耗，还有一部分下渗的水量，到达土壤的饱和层抬高地下水位，缓慢地注入河流，即为地下径流，又称基流。基流一般是很稳定的。下渗的雨水，还未到达地下水面时，在一定条件下，往往在地面以下、潜水面以上的土层内(即包气带)产生流向河槽的表层流，它可能很快或较缓慢地注入河网。

一次降雨过程在流域出口断面形成的流量过程线，是流域蓄渗、坡面漫流以及河网汇流的综合结果。降雨径流的形成过程，从以上分析来看，可以分为两大过程，即满足于损失的产流过程和水流汇集到出口断面的汇流过程。

4.6.2 径流的特征量

径流有多个特征量，主要有：

(1)径流总量(W)

在一定时间内通过河川横断面的水量称为径流总量，即

$$W=\overline{Q}T \tag{4.26}$$

式中，$\overline{Q}$ 为时段 T 内单位时间的平均流量。

(2)径流系数(a)

任意时段内流域平均的径流深度(f)与流域平均的降水量(r)之比

$$a=f/r \tag{4.27}$$

径流系数常用百分数表示，降水量大部分形成径流，则 a 值大，降水量大部分消耗于蒸发和下渗，则 a 值小。

(3)径流变率

径流变率亦称模比系数。任何时段的平均径流量(Q_i)，与同期的多年平均径流量(Q_0)之比，即

$$K_i = \frac{Q_i}{Q_0} \tag{4.28}$$

径流变率可以表示径流量的年际变化幅度，若 K_i 大于 1.0，说明该年径流量多于正常年，为丰水年；如 K_i 小于 1.0，情况相反，为枯水年。

4.6.3　径流的时间变化

(1)年内变化

是指径流在一年内各月水量的分配情况，通常用循时序流量过程线表示。由于年内气候条件的季节性变化，一年中河流补给状况、水位、流量等相应发生明显的周期性变化。根据一年内河流水槽的变化特征，可以分为若干个水情特征期，如汛期、平水期、枯水期或冰冻期。

河流处于高水位的时期称为汛期。中国绝大多数河流的高水位是夏季集中降雨造成的，故称为夏汛。夏汛期内河流径流量大，洪峰起伏变化急剧，是全年最重要的水情阶段。华北、东北还有春季积雪融化形成的河流高水位，叫作春汛，一般春汛水量小于夏汛水量。

枯水期是河流处于低水位的一段时期。中国枯水期一般出现在冬季。流量和水位变化很小。北方此时间河流封冻，称为冰冻期。平水期，是河流处于中常状况的时期，是汛期和枯水期之间过渡阶段，一般出现在秋季，持续时间不长。

(2)年际变化

是指径流量随着气候变化而有年与年之间的差异，有的年份多，有的年份少，这主要是由于降水量的年际变化引起的。甚至会有极大径流量值出现的偶发性事件。径流的年际变化，通常以径流的离差系数来表示径流的变化程度。中国中等河流的离差系数长江以南一般在 0.30 以下，长江下游及黄河中游各河流和东北山区河流为 0.40，淮河为 0.60，海河为 0.7。这种由南向北逐渐增大的趋势，是与中国降水量变率分布趋势基本一致。研究和确定径流的年际变化是十分重要的。如洪水流量、洪水总量、洪水过程(包括洪水历时)，是江河上兴建大型水利工程和防洪调度的重要依据。同样，对枯水期的流量大小。径流变化及枯水期长短等是保证工矿企业和城市供水、农业用水及解决旱年供水设计的依据。

4.6.4　中国的径流分布

图 4.13 给出了中国全年径流量的分布。中国东南沿海地区，如浙江全年径流量达 800～1200 mm；长江流域为 400～800 mm；西南横断山区及雅鲁藏布江流域在 300～400 mm 以上；黄河流域为 100～200 mm；华北、内蒙古和东北大兴安岭以西地区的径流量为 50 mm 以下；最少在新疆沙漠地区，全年径流量近于零。

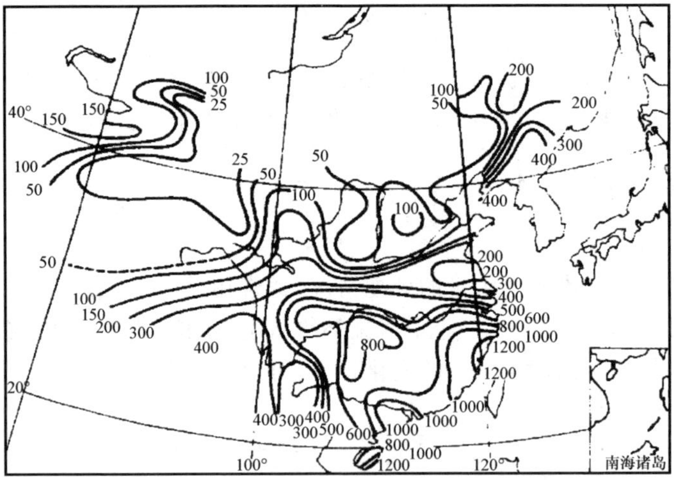

图 4.13　中国年径流量(mm)的空间分布(高国栋,1988)

4.7　气候系统的水分平衡

气候系统是一个系统,一个区域或流域,以及水-土-植结构,都是一个系统。在这些系统中发生的水分循环,年复一年,永不休止,这是自然界服从物质不灭定律的必然结果,而水分平衡则遵循质量守恒,体现了水分循环量的多少,或者说,水分平衡是水分循环得以存在的支撑。下面分地表、大气和地气系统介绍水分收支情况。

4.7.1　地表水分平衡

(1)水分平衡方程

气候系统中的水不断地循环着、变化着,对整个气候系统来说,它是一个封闭系统,其总量保持不变。对气候系统各个子系统或各个区域,它又是一个开放系统,既有水分的输入,又有水分的输出。对某一区域,在给定的时段内,地表水分的输入与输出之差,等于该区域在这一时段内的水分变化量,长期平均收支达到平衡,称为地表水分平衡。其方程(地表水量平衡方程)可表示为

$$I - D = W_2 - W_1 = \Delta W \tag{4.29}$$

式中,I 为在某一定时段内输入该区域的各种水量之和;D 为在该时段内从该区域输出的各种水量之和;W_1、W_2 分别为该区城在这一时段的开始和结束时的总储水量,ΔW 为该时段内储水量的变化量。

式(4.29)是水平衡方程的一般形式，是质量守恒定律用于水循环的一种数学模型。对不同的区域，不同问题，应具体分析水量的输入和输出项的各个组成部分，形成相应的水量平衡方程。

若以地球的大陆作为研究对象，其水量平衡方程为

$$\Delta W_c = r_c - E_c - f \tag{4.30}$$

若以海洋为研究对象，则其水量平衡方程为

$$\Delta W_s = r_s - E_s + f \tag{4.31}$$

式中，E_c、E_s分别为陆地和海洋上的蒸发量；r_c、r_s分别为陆地和海洋上的降水量；f为大陆的地表径流；ΔW_c、ΔW_s分别为陆地和海洋在研究的时段内储水量的变化量。

对于海洋和陆地，从多年平均来看，并没有发现明显的增减趋势。因此，ΔW_c、ΔW_s可近似看作为零。于是，在多年平均情况下，大陆的水分平衡方程为

$$E_{cy} = r_{cy} - f_y \tag{4.32}$$

海洋的水分平衡方程为

$$E_{sy} = r_{sy} + f_y \tag{4.33}$$

式中，E_{cy}、E_{sy}分别为陆地和海洋上的多年平均蒸发量；r_{cy}、r_{sy}分别为陆地和海洋上的多年平均降水量；f_y为陆地流入海洋的多年平均径流量(表 4.4)。

将式(4.32)和(4.33)相加，则可得到全球的水分平衡方程

$$E_{cy} + E_{sy} = r_{cy} + r_{sy} \tag{4.34}$$

$$E = r$$

可见全球的总蒸发量 E 等于总降水量 r。

表 4.4 和 4.5 为全球年水量平衡特征，可见海陆降水量之和等于海陆蒸发量之和，海洋蒸发量大于其降水量，陆地蒸发量小于其降水量。此外，如果我们还发现来自海洋蒸发的陆地降水量占陆地降水量的 89%，来自自海洋蒸发的海洋降水量占海洋降水量的 85%，表明，海洋是大气降水的主要水分来源。

表 4.4　地球上水分平衡(mm/a)

区域	面积 (10^6 km^2)	降水量 (10^4 km^3)	蒸发量 (10^4 km^3)	径流量 (10^4 km^3)
海洋	361	41.2	44.9	3.7
大陆	149	9.9	6.2	−3.7
全球	510	51.1	51.1	—

表 4.5　全球水量平衡特征

因素	水量(km^3)
海洋降水量	382000
海洋蒸发量	419000
陆地降水量	106000
陆地蒸发量	69000
进入海洋的径流量	37000
来自陆地蒸发的陆地降水量	12000
来自海洋蒸发的陆地降水量	94000
来自陆地蒸发的海洋降水量	57000
来自海洋蒸发的海洋降水量	325000

(2)地表水分收支分布

表 4.6 是地球上水量平衡各要素的数量。由表可知,海洋上多年平均蒸发量大于降水量,两者之差即为海洋输送到陆地上的水汽量;而大陆上则与此相反,蒸发量小于降水量,两者之差即为陆地流入海洋的径流量。而全球的总降水量与总蒸发量恰好相等。

从各大海洋的水分平衡各分量看,太平洋和北冰洋年降水量大于年蒸发量,大西洋、印度洋为年蒸发量大于年降水量(表 4.6)。这说明一个重要的事实,即一年内大西洋和印度洋要从北冰洋和太平洋得到相当多的水量。

表 4.6　地球各大洋的水分平衡(mm/a)

大洋	降水量	蒸发量	大陆边缘地区的径流	与邻近大洋交换的水量
大西洋	780	1040	−200	−60
印度洋	1010	1380	−70	−300
太平洋	1210	1140	−60	130
北冰洋	240	120	−230	350

表 4.7 是纬圈平均地表水分平衡的纬度分布,可见在南、北半球纬度 10°—40°范围内的低纬度热带地区,蒸发量大于降水量,剩余的水汽则主要被输送到中高纬地区,补充那里由于蒸发量小于降水量而需要的水量,其次也有一部分输送给赤道地区。

表 4.7　纬圈平均水分平衡

纬度(φ)	面积(10^3 km^2)		降水量(mm)		蒸发量(mm)		径流量(mm)	
	北	南	北	南	北	南	北	南
80°—90°	3913	3915	46	73	36	12	10	61
70°—80°	11587	11593	200	230	126	54	74	176
60°—70°	18899	18910	507	549	276	229	261	320
50°—60°	25609	25609	843	1003	447	553	396	450
40°—50°	31506	31503	874	1128	640	262	234	266
30°—40°	36409	36409	761	875	971	1181	−210	−306
20°—30°	40202	40217	675	777	1110	1305	−435	−528
10°—20°	42788	42785	1117	1109	1284	1507	−167	−398
0°—10°	44077	44083	1885	1435	1250	1371	635	64
φ	254990	255024	990	975	897	1048	73	−37
0°—90°	全球		973		973			

表 4.8 为中国的水量平衡，可见，外流区的水分循环数值远大于内流区，如外流区的降水量为 896 mm，内流区是 164 mm；而蒸发量分别为 492.6 mm 和130.2 mm；径流量分别为 403.4 mm 和 33.8 mm。内流区的降水量、蒸发量和径流量分别占外流区的 18.3%、26.4%和 8.4%。内流区由于没有参与到海洋与陆地的水分大循环，水量平衡各分量的数值都比较小。内流区的径流系数(20.6%)也小于外流区的45.2%，表明内流区的降水绝大部分用于湿润局地地表、植被和下渗湿润土壤。因为内流区可供降水的水汽少，降水过程较弱，一次过程的降水量一般较小，因此径流所占的比例小于外流区。此外，同是外流区，不同水系流域水量平衡的量也有明显的差异。中国的外流区包括太平洋、印度洋和北冰洋，太平洋外流区的降水量和蒸发量最大，而印度洋外流区的径流量最大；虽然三大洋外流区中北冰洋的水分循环量都是最小的，但其径流系数是最大的，达到了 76.3%，即降水绝大部分形成了径流回归北冰洋，陆地上的水分利用率最低。太平洋外流区的径流系数最小，降水的利用率最高。

表 4.8　中国的水量平衡

水系流域		面积(占总面积%)	降水量		径流量		蒸发量		径流系数(%)
			mm	$\times 10^8$ m^3	mm	$\times 10^8$ m^3	mm	$\times 10^8$ m^3	
外流区	太平洋	56.72	918	49926	391	21347.46	526	28578.54	42.8
	印度洋	6.51	739	4530	518.6	3238.90	220.4	129.11	71.5
	北冰洋	0.53	357	144	215.9	109.85	141.1	34.15	76.3
	小　计	63.76	896	54600	403.4	24696.21	492.6	29903.73	45.2
内流区		36.24	164	5720	33.8	1177.14	130.2	4542.86	20.6
全国合计		100.00	629	60320	269.5	25873.35	359.5	34446.56	42.8

4.7.2　大气的水分平衡

(1)大气的水分平衡方程

所谓大气中的水分平衡,指的是某一被研究地区在给定的一段时间内,大气柱中总收入的水汽量与总支出的水汽量之差,应等于该地区这一时段内大气柱中水汽含量的变化量,可以表示为:

$$W_{ai} - W_{aq} = \Delta q_a \tag{4.35}$$

大气柱中总收入的水汽量 W_{ai}。主要包括:①地面蒸发至大气柱中的水汽量 E;②由外界输送给该地区内整层大气柱中的水汽量 Q_{ai}。

大气柱中总支出的水汽量 W_{ag},主要包括:①该地大气柱内凝结降落给地面的水量 r;②该地区整层大气柱向外输送出去的水汽量 Q_{ag}。

若被研究地区 t_1 时刻时大气柱中的水汽含量为 q_{at1},至 t_2 时刻时大气柱中的水汽含量为 q_{at2},则从 t_1 到 t_2 这段时间内,大气柱内的水分平衡方程为

$$\Delta q_a = Q_{ai} - Q_{ag} + E - r \tag{4.36}$$

可见,大气中的水分平衡问题,涉及大气中的水汽含量,大气中的水汽输送量,及大气和地面的水分交换量。假如大气柱水分含量变化近似为零,则大气柱内降水、蒸发及水汽水平输入和输出满足关系:

$$r - E = Q_{ai} - Q_{ag} \tag{4.37}$$

(2)大气水分平衡分布

图 4.14 是垂直积分的纬向平均大气水汽收支(粗实线)的经向分布,大于零表示大气柱水汽收入(E)大于支出(r),为水汽源区,小于零表示水汽汇区。由图可见,冬、夏季不同纬度上的大气水分平衡有较大差异。北半球在冬季 0°—40°N 大气中水汽收入大于支出为水汽源区,而 40°—90°N 大气中水汽收入小于支出为水汽汇区。

夏季，在 10°N 附近则变为一个收入小于支出的大气水汽汇区，30°—40°N 也成为一个水汽汇区，而 20°—30°N 仍为一个明显水汽源区；而在 50°—90°N 的大气水汽汇的绝对值比冬季小许多。细实线和虚线之和为大气柱水汽的输入与输出之差，即水汽的水平辐合，大于零表示大气柱中有净水汽输入，反之，有净水汽输出，细实线和虚线分别为涡动和平均环流对水汽辐合的贡献。该图还表明水平通量的水平辐合及源汇强度具有相同的量级。

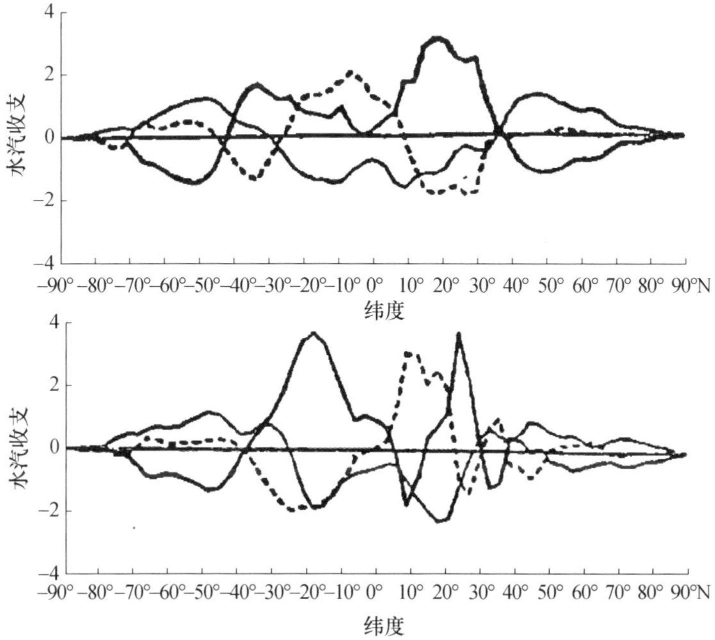

图 4.14　纬圈平均大气水汽收支的分布（上：1 月，下：7 月）（叶笃正，1991）

单位：10^8 kg · s^{-1}，细实线和虚线分别为涡动和平均环流的贡献

式(4.40)表示，当知道纬带大气柱内的降水与蒸发之差，可以得到纬带的水汽输入与输出之差，对北半球来讲，一个纬带的南侧纬度的水汽向北输送为输入，北侧纬度的水汽向北输送为输出。表 4.9 给出了根据 r-E 和纬带的水汽输入与输出差，得到各纬度的水汽向北通量，负值表示向南输送，可见北半球，10°—20°N 所在的副热带地区，蒸发大于降水，盈余的水汽分别向北输送和向赤道地区输送。20°N 以北的大气都有净的水汽向北输送。

表 4.9　根据 r-E 平衡和根据大气通量推算出的水汽平均向北通量(10^{14} kg · a^{-1})

纬度	70°	60°	50°	40°	30°	20°	10°	0°
北半球 r-E 平衡	8	23	105	189	142	−42	−143	165
大气通量	14	55	137	254	194	87	−105	103

4.7.3　地气系统的水分平衡

(1)地气系统的水分平衡方程

对某一区域的地表及大气柱内,在给定的时段内,水分的收入与支出之差,等于该区域在这一时段内的水分变化量,长期平均收支达到平衡,称为地气系统的水分平衡,即等于地表水分平衡加大气中的水分平衡。

地表水分平衡方程(陆地)为

$$\Delta W_c = r_c - E_c - f \tag{4.38}$$

大气中的水分平衡方程为

$$\Delta q_a = Q_{ai} - Q_{ag} + E - r \tag{4.39}$$

因此,地气系统的水分平衡方程为

$$\Delta Wq = Q_{ai} - Q_{ag} - f \tag{4.40}$$

长期平均,地气系统水分收支达到平衡,即 $\Delta Wq = 0$,则 $f = Q_{ai} - Q_{ag}$,表明区域的径流等于区域大气柱水汽的净收入。

(2)地气系统水分平衡的分布

图 4.15 给出年平均降水、蒸发随纬度的变化及水汽经向通量,其主要特点表明降水蒸发差最大发生在赤道偏北半球一侧,蒸发超过降水的副热带到赤道地区和南、北半球的温带地区三个降水充沛的纬带有较大的水分通量,指向极地的通量最大值在 40°附近。进一步分析还可以看到,南、北半球的降水、蒸发及降水一蒸发的水分通量是不完全对称的。副热带高蒸发在南半球大,北半球小。另外,水汽的输送,在赤道附近,南半球的水汽向北半球输送,补充了北半球赤道附近的较大降水而形成的较大的降水蒸发差。

图 4.16 是不同季节纬向平均降水量与蒸发量随纬度的分布,可见南半球蒸发量从热带到 45°S 的季节变化不如北半球明显,北半球副热带地区的季节差异大,12 月—次年 2 月的蒸发量最大,其次是 9—11 月,春季和夏季较小。南半球蒸发量季节变化较小的原因:一是海洋面积较广,二是整年持续不断的信风,三是温带海洋地区冬、夏的气旋活动和冷空气爆发,虽然它们的强度并不大。

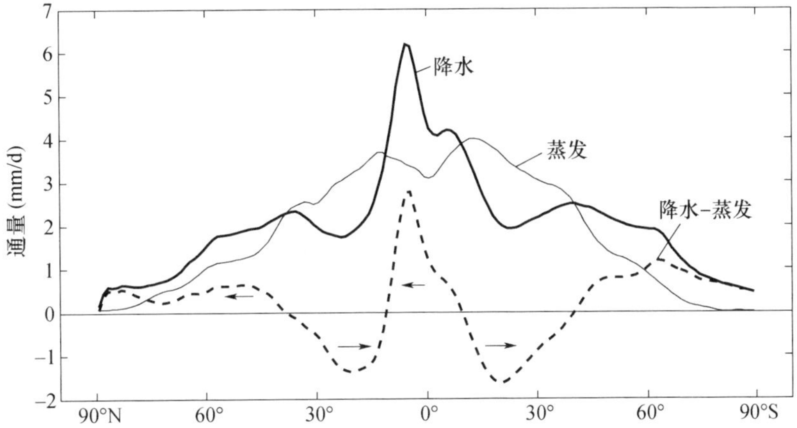

图 4.15　年平均降水和蒸发及其差额和由年平均降水和蒸发差额求得的大气经向通量(1981—2010 ERA-interim 再分析资料)

图 4.16 的降水分布显示,6—8 月,降水最大位于北半球的热带地区,9—11 月降水的峰值比 6—8 月稍小,但位置接近,3—5 月和 12 月—次年 2 月最大降水位于赤道上。北半球的峰值强度少变,这是因为夏季扰动虽较弱,但水汽含量较高,且陆上有相当可观的对流性降水。南半球夏季 12 月—次年 2 月在赤道附近降水廓线呈双峰分布,这是因为在这一季节赤道以北大部分海洋上维持一个最大降水带,而在南美洲、非洲、大洋洲季风近在的经度上,最大降水量明显地移向赤道以南。南半球热带地区的降水季节变化大于北半球,同时,南半球温带地区降水的季节变化也很显著,相反北半球温带地区的季节变化很小。

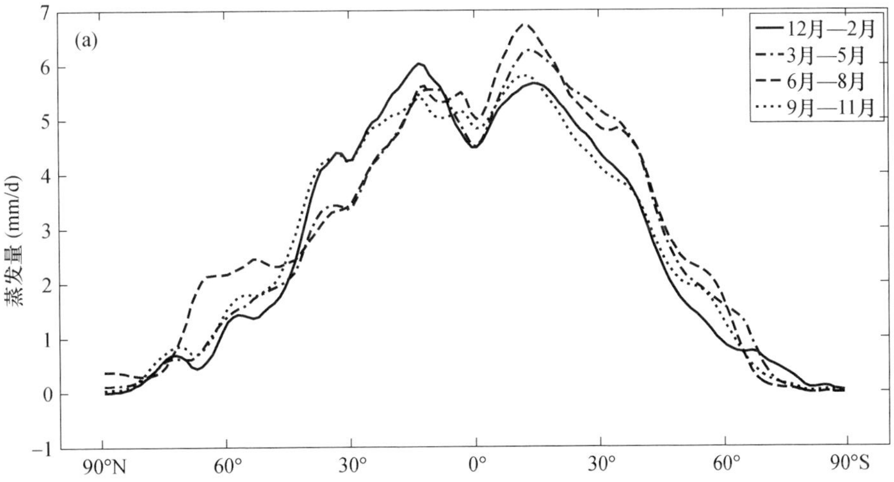

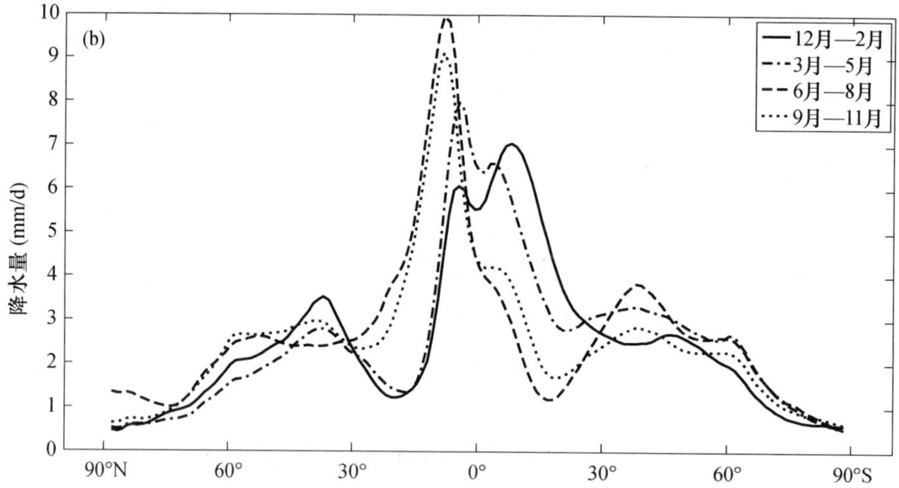

图 4.16　不同季节纬向平均蒸发(a)和降水(b)随纬度的分布
(1981—2010 ERA-interim 再分析资料)

从水汽经向通量的季节变化看(图 4.17),虽然年平均值热带的水汽经向通量的峰值与中纬度的峰值相当。但季节变化热带与中纬度有很大差异。在中纬度冬、夏季水汽经向通量的大小变化不大,且输送方向是向极输送;热带地区,夏季-秋季有大量水汽由赤道及其以南地区向北输送;冬季-春季热带地区水汽由赤道及其以北地区向南输送。可见,热带地区水汽经向通量主要是指向热赤道的,这与前面水汽源汇的分析相一致。

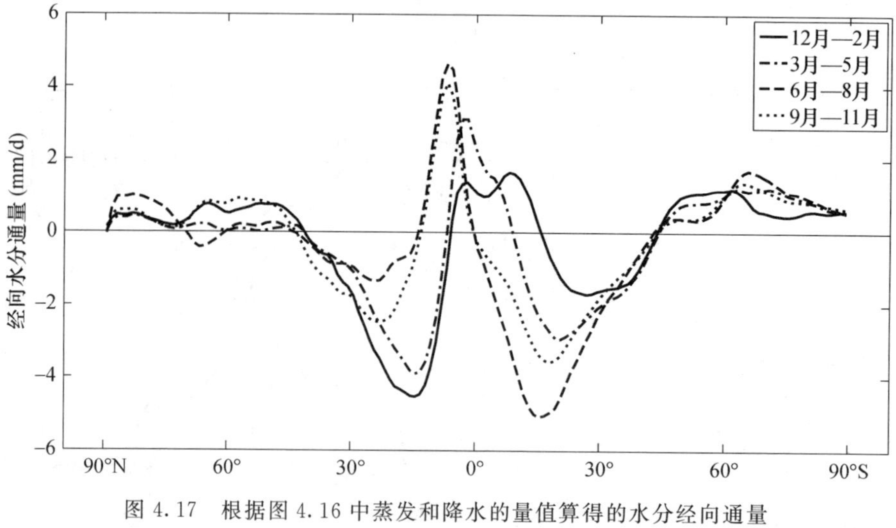

图 4.17　根据图 4.16 中蒸发和降水的量值算得的水分经向通量
(1981—2010 ERA-interim 再分析资料)

图 4.18 描述了 0°—30°和 30°—90°纬度的水分平衡的总特征。从全年看，北半球热带降水与蒸发几乎平衡，南半球却蒸发大于降水，蒸发降水比达 1.21。这种蒸发的剩余恰好补充了 30°—90°S 间降水需要水汽的不足。冬季 0°—30°，南半球(6—8 月)蒸发降水比达 2.04，北半球(12 月—次年 2 月)达 1.46；而夏季，南半球(12—2 月)0°—30°S，蒸发降水比为 0.84，北半球(6—8 月)为 0.70；在 30°—90°N，冬、夏季都是降水大于蒸发。上述结果表明，冬季热带地区是全球的主要水汽源地。

无论在哪个半球上，冬半球低纬热带地区大量的剩余水分多半被输送出去，以补充夏半球热带纬度降水量超过蒸发的需要。在南半球热带地区蒸发超过降水量所产生的过剩水分，通过 30°S 的水汽输送随着季节的转变有一定的增加；而在北半球，这种随季节转变而增加的趋势并不明显。在北半球温带海洋上，有大量的水汽被输送到不稳定的冷气团中去，以满足冬季广大陆面上及海洋上降水对水分的需要。

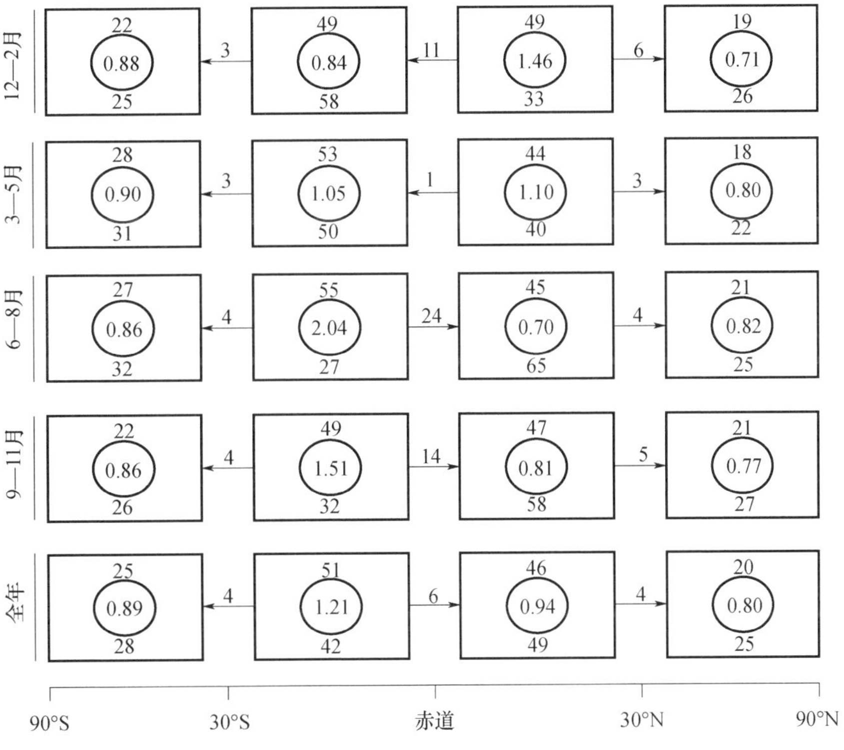

图 4.18　每个半球热带和温带全部降水(圆圈下方数值)和蒸发速率(圆圈上侧数值)的总汇，以及区域内蒸发与降水的比率(圆圈内数值)，单位 10^{11} g/s (1981—2010 年 ERI-interim 再分析资料)

※ 思考题

1. 大气每升高1 ℃,大气柱中的水汽含量会增加多少?
2. 为什么我国夏季降水量(强度)多(强)于冬季?
3. 全球增暖气候系统水分循环及水分平衡会发生怎样的改变?
4. 人类活动有哪些途径影响水分循环过程?

第5章

大气系统的基本状况

由于气候系统的能量传输和水分循环及各子系统的相互作用,各地气候的状态也有千差万别,这里用观测到的大气系统的平均状态作一个总的描述,讨论包括全球的温、压、季风和气候的区域分布的基本状况,关于辐射、热量、降水、蒸发等气候要素的分布已分别在第3~4章阐述。

5.1 平均温度结构

5.1.1 全球温度分布

大气的温度分布对大气的热力学状态和风结构具有重要影响。图5.1是1月、7月多年平均全球海平面附近(1000 hPa)温度分布图,由图可见,无论冬、夏,在南、北两半球热带地区是温度的高值区,极地和欧亚大陆北部则是温度的低值区,水平温度梯度由极地指向赤道。赤道地区经向温度梯度很小。在北半球,冬季等温线分布较夏季密,即温度水平梯度大,中纬度地区的水平温度梯度最大。南半球因陆地面积较小,海洋面积较大,因此等温线沿纬圈分布比北半球明显。无论冬、夏,在海岸附近等温线有沿海陆交界线走向的趋势,且这种走向冬、夏相反。冷、暖洋流对气温分布影响明显。此外,高大山脉能阻滞空气的流动,影响气温的分布。例如,我国的青藏高原、北美的落基山、欧洲的阿尔卑斯山就有较大的温度梯度。这里需要说明的是,海平面温度不是实际地表温度,海平面温度是为了消除海拔高度的影响,突出纬度、海陆分布、大气环流等其他因素影响而计算出来的海平面高度上的温度。

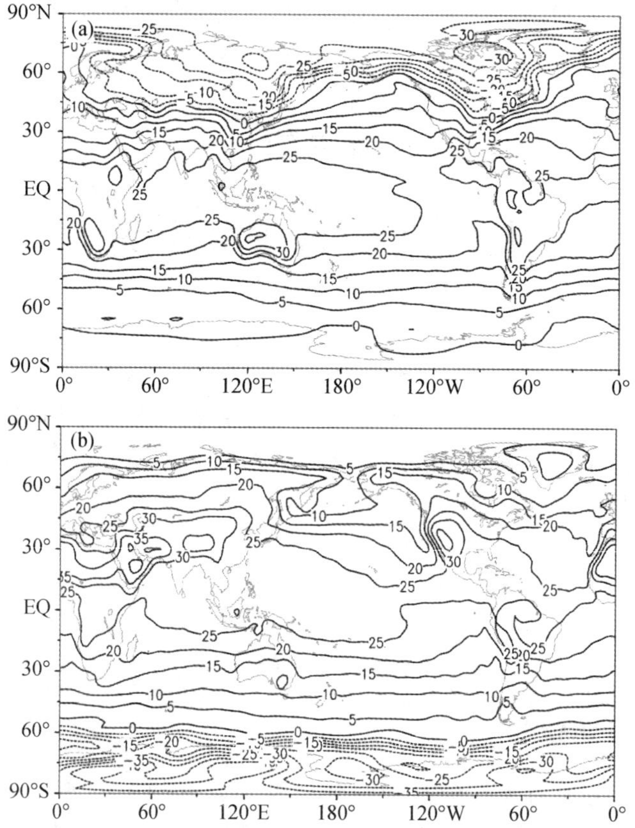

图 5.1 全球 1 月(a)和 7 月(b)平均 1000 hPa 温度(℃)分布图
(根据 NCEP/NCAR 1981—2010 年资料绘制)

5.1.2 气温垂直结构

图 5.2 是沿纬圈多年平均温度的垂直剖面图,它反映了南北两半球年平均和冬夏两个季节沿纬圈的平均温度分布情况。

在对流层中,无论年平均,冬、夏,在南、北两半球的温度都是由热带向极地降低,热带地区水平温度梯度最小,而中纬度地区的水平温度梯度最大,中纬度地区水平温度梯度冬季较夏季强,且梯度大值区从冬到夏向极地稍有移动。在对流层顶以上的平流层中,水平温度梯度方向和对流层相反,由低纬指向极地,冷中心位于赤道地区上空。从图中还可看出,无论冬、夏,低纬地区的对流层顶高度都比中、高纬地区的对流层顶高度高,一般在极地区域,对流层顶高度约为 10 km(250 hPa),在赤道地区,对流层顶高度约为 17 km(100 hPa)。

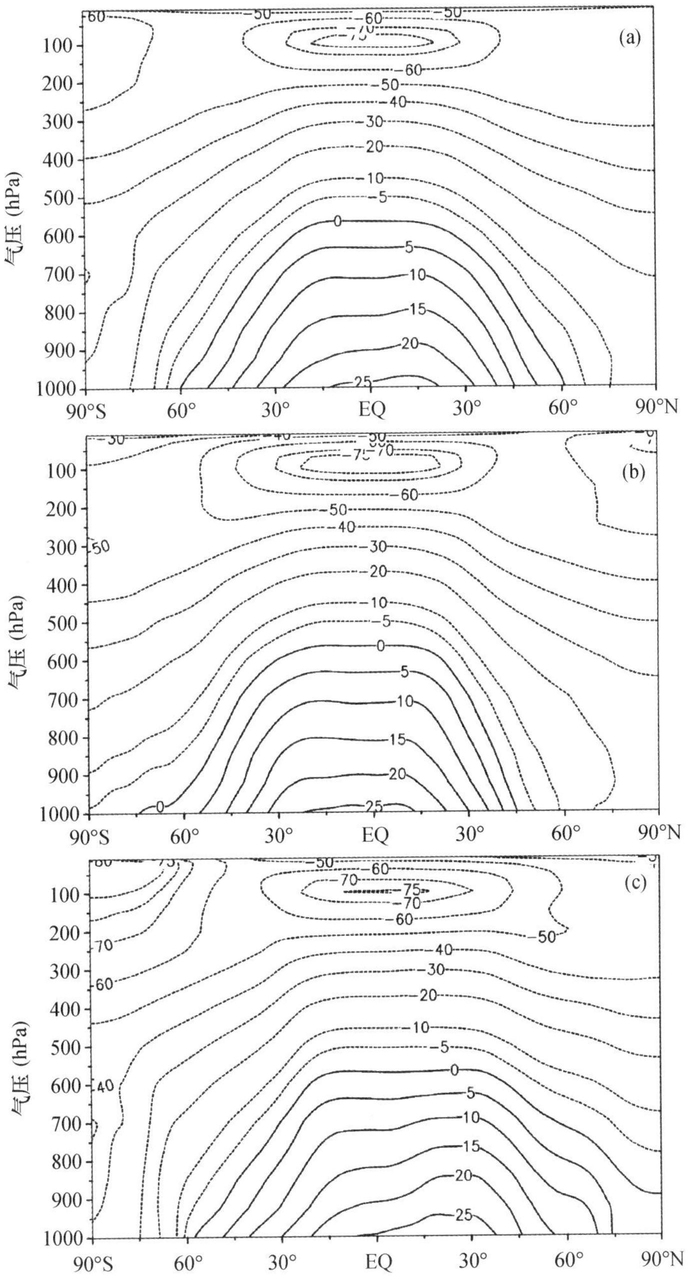

图 5.2　纬向平均温度(℃)的垂直分布

(a)年平均;(b)1 月;(c)7 月

(根据 NCEP/NCAR 1981—2010 年资料绘制)

此外,在对流层中,温度随高度增高而降低,其降低的数值,在不同地区、不同季节、不同高度是不一致的,平均而言,每上升 100 m,气温下降约0.65 ℃,这称为气温直减率,也叫气温铅直梯度。赤道附近,地面与对流层顶间的温度差达 105 ℃。在平流层低层,中纬度地区,气温随高度的增高略有上升,在极区则成为等温分布。热带对流层上层,气温的铅直温度梯度最大,这主要是因为,在赤道辐合带内有深厚积雨云,其周围的下沉气流导致云底温度升高,而积雨云顶部因蒸发和辐射造成温度降低,因此,铅直温度梯度达极大值。在南、北半球50 hPa或其上的高度,冬季都可观测到最低气温,它往往和极地急流相联系。

5.1.3 位温垂直结构

图 5.3 是年平均纬向平均位温的垂直分布图,可见位温的经向梯度分布与气温的经向梯度相似,即,在对流层中位温梯度由极地指向低纬,在平流层中则反之。同样对流层中位温经向梯度大值区位于中纬度地区,且该大值区从冬到夏向极地方向移动。与气温分布图不同的是,等位温面(通常称为等熵面)在对流层中从热带地区向极地呈向上倾斜分布,且位温随高度总是增加,反映了平均大气干绝热过程的稳定性。垂直方向上等位温线密集区域为平流层,下方等值线稀疏区为对流层,两者交界处为对流层顶,同样可见对流层顶在热带地区高于极地地区。

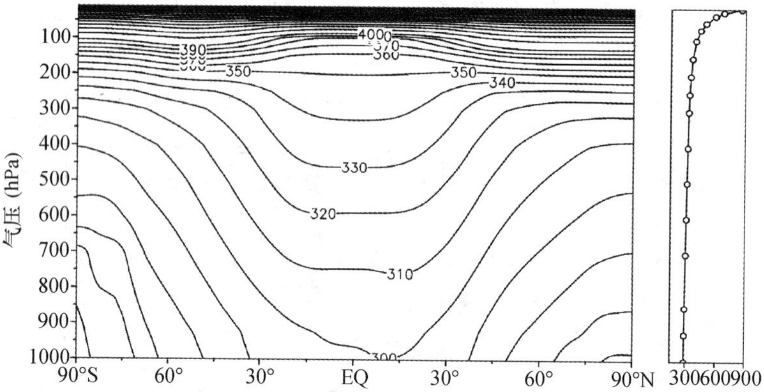

图 5.3 年平均纬向(左)及全球(右)平均位温(K)的垂直分布

(根据 NCEP/NCAR 1981—2010 年资料绘制)

5.2 平均大气环流

5.2.1 大气环流的垂直结构

大气环流呈水平运动是其基本特征,同时大气环流呈纬向运动也是其基本特征。大气运动可分解成沿纬圈的和沿经圈的两种基本状态。

(1)平均纬向环流

观测事实表明,大气环流的基本状态是盛行着以极地为中心而旋转的纬圈方向的气流,即纬向环流在整个大气里是占主导地位。图 5.4 为沿纬圈平均的纬向风速的垂直剖面图,它反映了南、北半球年平均和冬、夏季纬向环流空间分布的特征。

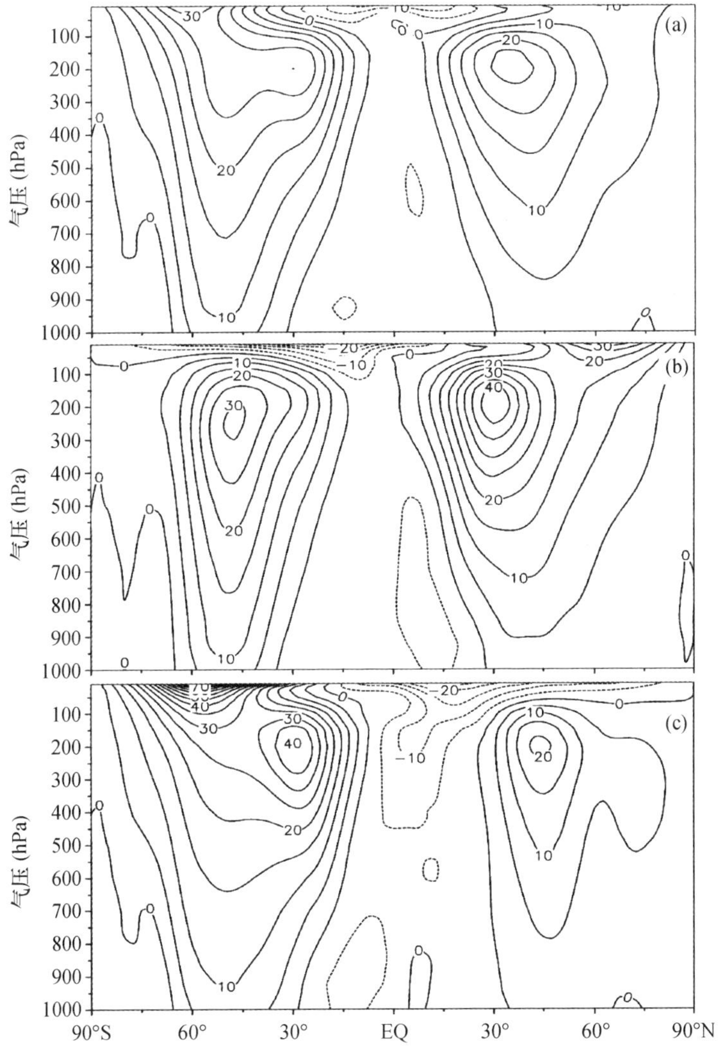

图 5.4　纬向平均纬向风(m/s)的垂直剖面(根据 NCEP/NCAR 1981—2010 年资料绘制)

(a)年平均;(b)1 月;(c)7 月

从图5.4可见,在极地地区近地面层,无论南、北半球都是浅薄的弱东风层,其厚度和强度都是冬季大于夏季。

在中纬度地区,从地面到高空都是西风,西风层占有的范围(纬距)随高度增宽,且风速随高度而增大,在对流层顶附近是一个强西风中心区,风速达极大值。这支强西风气流称为副热带西风急流,其强度与经向温度梯度有关。因冬季经向温度梯度最大,南、北半球急流均在各自的冬季达到最强,中心位于30°附近的200 hPa上,中心风速约为40 m/s;夏季急流强度明显减弱,南半球中心风速约为30 m/s,北半球约为20 m/s,急流位置向高纬移动至45°附近,其中南半球急流中心高度稍有降低,位于200～300 hPa。

在赤道及其附近地区,无论冬、夏季均为很厚的东风区。从冬到夏,东风带向北移动,强度增大。东风与西风界限,即零值等风速线,在对流层中、下层是随高度向赤道方向偏斜,也就是说,东风层占据的纬距宽度随高度而缩小。

夏半球,在西风层以上全部为东风气流控制,从西风向东风的转换高度在50 hPa附近;而冬半球,自对流层顶向上除热带地区外,均为西风气流所控制。

从图5.4还可看出,近地面层存在三个纬向风带,即极地东风带、中纬度西风带和低纬度东风带。与此三个风带相应的地面气压带是四个,即极地高压带、副极地低压带、副热带高压带和赤道低压带,这就是通常所指的“三风四带”平均情况。

(2)平均经圈环流

大气中许多物理量的输送与经圈环流密切相关,通过经圈环流可使大气运动的动力和热力结构有机地联系在一起。实际计算表明,风速的东西方向分量最大,南北方向分量较小,垂直方向分量更小。由风速的南北分量和垂直分量在南北向垂直剖面上组成的环流圈称作经圈环流。

图5.5为南北半球年平均和冬、夏季的平均经向环流,由图可见,在年平均情况下,南、北半球有三个理想化的经向环流圈,即低纬正环流圈,又称哈得来(Hadley)环流圈,是一个直接热力环流圈;中纬度逆环流圈,又称费雷尔(Ferrel)环流圈,是间接热力环流圈;高纬度正环流圈又称极地环流圈。在这三个环流圈中,以低纬哈得来环流圈环流强度最强,极地环流圈环流强度最弱。在哈得来环流圈中,赤道地区为暖、湿的上升气流,副热带地区为冷的下沉气流,构成一个直接热力环流圈。费雷尔环流图中,低纬一侧下沉,较高纬一侧上升,构成一个间接热力环流圈。在直接热力环流圈中,有动能产生,而间接热力环流圈中,有动能的消耗。

比较冬、夏两季情况可见,经圈环流具有明显的季节依赖性。在每一半球,冬季哈得来环流圈环流强度强,所占范围大;夏季哈得来环流减弱,范围缩小。中纬度费雷尔环流圈在冬季较强,夏季较弱,这种差异在北半球尤为显著。另外,由冬到夏,三个环流圈的位置都向高纬度偏移达10个纬度以上,因此可以看到,哈得来环流的强上升支总是出现赤道的夏季一侧。

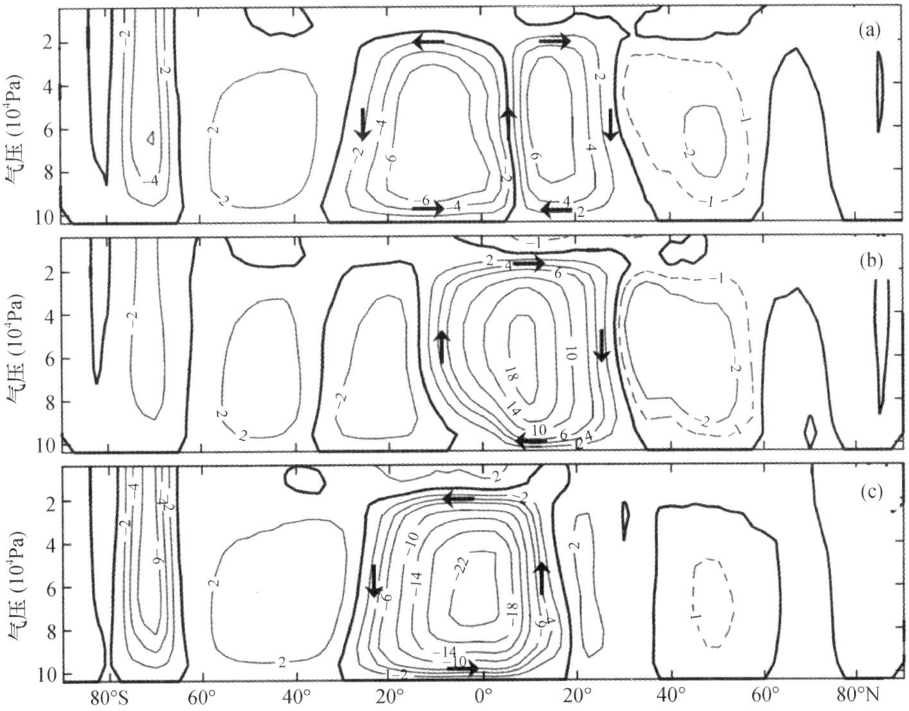

图 5.5　平均经向环流圈(等值线为质量流函数，10^{10} kg/s)

(a)年平均；(b)北半球冬季；(c)北半球夏季

(3)角动量输送

大气环流的形成与维持是由影响大气运动的一些基本因子在长期作用下造成的，其中最主要的因子是太阳辐射、地球自转、地表非均匀性和地面摩擦，这些因子通过大气本身的特性起作用。从第 3 章我们知道，低纬度地区辐射能有盈余，而高纬度地区辐射能亏欠，即两个区域辐射收支均不平衡，必须有一些过程把低纬多余的能量输送到高纬，以补充高纬能量的不足。其中一个主要过程即哈得来环流，它把暖空气向极地输送同时把冷空气向赤道方向输送。由于地球的自转作用，运动的大气受到地转偏向力，迫使气流方向发生偏转，哈得来环流的高空向极运动偏转成西风，而低空向赤道的气流偏转成东风。从而单一的经圈环流无法维持，发展成为三圈环流，使低空一些风带和气压带得以形成和维持。地表的非均匀性包括水平方向的海陆分布以及垂直方向上地形的影响。海陆差异可影响近地面层的气压系统，并对对流层中部西风带平均槽脊的形成也有重要作用；地形可迫使气流绕行、分支或爬坡，其热力作用同样对大气有重要影响。这些内容将在后续章节详细分析。

大气在自转的地球上运动着,与地球表面存在相对运动。由于摩擦和山脉作用,空气与转动地球之间产生了转动力矩(即角动量)。角动量在风带中的产生、损耗以及在风带间的输送、平衡,对大气环流的形成和维持也具有重要作用。角动量为空气质点旋转速度与它到旋转轴距离的乘积。单位质量的空气绕地轴旋转的绝对角动量为

$$M=\Omega(a+z)^2\cos^2\varphi+u(a+z)\cos\varphi$$

式中,u 为空气的纬向速度;a 为地球半径;z 为质点距地表的垂直距离;φ 为纬度。第一项表示空气和地球一起以 Ω 角速度旋转时所具有的角动量,又称为 Ω 角动量。第二项为大气以速度 u 相对于地球运动的角动量,又称为 u 角动量。

转动力矩与空气质点离开地轴的垂直距离成正比,极地附近因为空气质点离地轴垂直距离很小,故极地附近的转动力矩接近零,所以极地东风转动力矩的作用可以忽略。低纬东风带约占整个地球表面的一半面积,在这里,地球通过摩擦作用,给大气一个向东的转动力矩,即,东风带的大气获得地球给予的西风角动量。相反,在中、高纬度的西风带里,地球通过摩擦作用给大气一个向西的转动力矩,大气本身也就损耗了西风角动量。这样,东风带因不断获得西风角动量,近地层东风要减弱;西风带因不断损耗西风角动量,近地层西风也要减弱。然后长期观测事实表明,东、西风带的平均风速没有明显的变化,地球自转角速度也没有发生变化。这表明大气的角动量是守恒的,东、西风带从地球获得或损耗的西风角动量是相等的。同时也表明大气中必有一种从东风带向西风带输送西风角动量的过程存在。

角动量的输送包括水平和垂直输送。水平输送主要通过平均纬向环流叠加的大型涡旋(槽线呈东北—西南向)和平均径向风速来完成 u 角动量的输送。垂直输送主要靠平均经圈环流来实现。Ω 角动量随纬度有变化,纬度越低,Ω 角动量越大。在低纬经圈环流中,赤道上升气流向上携带的 Ω 角动量大于纬度 30°附近下沉气流向下携带的 Ω 角动量,因而有净余的 Ω 角动量向上输送。赤道上空获得的 Ω 角动量向北运行时,在绝对角动量守恒定律的支配下,转化为 u 角动量以补充大型涡旋向北输送 u 角动量的需要。同理,中纬逆环流圈中靠极一侧上升气流向上携带较小 Ω 角动量,而靠低纬一侧下沉气流携带较大 Ω 角动量,结果有净余 Ω 角动量向下输送,然后在低空于向北运动中转化为 u 角动量,补充地面西风带的损耗。通过角动量输送过程保持了东、西风中角动量平衡,使东、西风带能够长期维持稳定状态。由此可见,地面摩擦作用是大气环流中纬向环流与经圈环流形成和维持的重要因素。

5.2.2 全球环流分布

(1)海平面平均气压场和地表风场

图 5.6 是 1 月和 7 月平均海平面气压场和表面风场,由图可看出近地面层气压

和风场的几点事实。

① 无论 1 月或 7 月，赤道附近是低压带。气压按纬圈呈带状分布，南半球比北半球明显，特别是 7 月，南半球副热带高压呈带状分布更为明显。

② 1 月，北半球大陆上有两个强大的高压区，一个在欧亚大陆，以西伯利亚及蒙古一带为中心，称西伯利亚高压或蒙古高压；另一个在北美大陆，但相对较弱，称为北美高压。在较高纬度的海洋上有两个强大的低压区，一个在北大西洋，以冰岛为中心，称为冰岛低压；另一个在北太平洋，以阿留申群岛为中心，称为阿留申低压。南半球副热带高压带分裂为南太平洋副高、南大西洋副高和印度洋高压。在中纬度形成完好的低压带，约沿南纬 60°环绕全球。

③ 7 月，北半球大陆低压加强，两个低压一个在欧亚非大陆上，主要是以印度为中心的庞大低压区；另一个在北美大陆西南部的低压区，称为北美低压，其范围小，强度也较弱。海洋上副热带地区的高压加强，在大西洋上的是亚速尔高压；在太平洋上的是北太平洋副热带高压。南半球高纬度，由于海洋影响，40°以南地区等压线几乎与纬圈平行，明显呈带状分布；在其北侧的副热带地区仍维持三个高压中心，即南太平洋副高、南大西洋副高和印度洋高压。

这些月平均海平面气压图上出现的大范围高、低压系统，通常称作大气活动中心，是高、低压活动最频繁的地区，它们的强度和位置与气流、气团的移动和锋面的性质有着密切的关系，从而对广大地区的天气、气候有着重大的影响。

大气活动中心有的是常年都存在的，仅范围和强度有所变化，故称之为永久性活动中心，而有的则有明显的季节变化，只是在某些季节存在，因此称为半永久性活动中心。永久性活动中心多出现在海上，在一年中表现较稳定。例如，亚速尔高压和北太平洋副热带高压，冬季强度较小，位置偏东南；夏季强度增大，位置稍向西北移动。冰岛低压和阿留申低压，冬季强度大，范围广，位置南移；夏季强度减弱，范围缩小，位置北移，尤其是阿留申低压，夏季强度大大减弱，在平均图上几乎消失。南半球大洋上的三个副热带高压中心，夏季(1 月)强度增强，冬季(7 月)略有减弱，位置变化不大。半永久活动中心多出现于大陆，是大陆上的季节性气压区，冬季出现高压，夏季出现低压。例如，在亚洲大陆上，冬季是蒙古高压(西伯利亚高压)，而夏季变为亚洲低压。在北美大陆上，冬季形成北美高压，夏季变为北美低压。在南半球大陆上，冬季(7 月)形成南非高压、南美高压和澳洲高压，夏季(1 月)形成南非低压、南美低压和澳洲低压。

④ 各活动中心和气压带的位置随季节不但有南北移动，而且整个环流还有明显的增强和减弱现象。例如，冬季高、低纬之间，海陆之间的水平温度梯度大，气压梯度也大(等压线密集)，因此环流也强；夏季情况相反，且北半球副热带高压季节变化较南半球更明显。

⑤ 全球表面风场的分布与大气活动中心有明显的联系,由于地面摩擦的作用,表面风存在从高压偏向低压的分量。1 月在北太平洋有围绕阿留申低压的反时针气流,在东亚大陆则有明显的蒙古高压的顺时针气流。中国东部为偏西、偏北气流,清楚地反映出风由东亚大陆吹向太平洋,在北太平洋副热带东侧副热带区域有顺时针气流,表明副热带高压依然存在;在赤道北侧,太平洋有较大的东北风。南太平洋、印度洋低纬度地区有副热带高压气流,尤以太平洋东侧和印度洋东侧的东南气流最为强盛,赤道南侧的东南信风在 1 月表现较弱;在南极周围的大洋面上,经向气压梯度较大,有较强的西风气流。

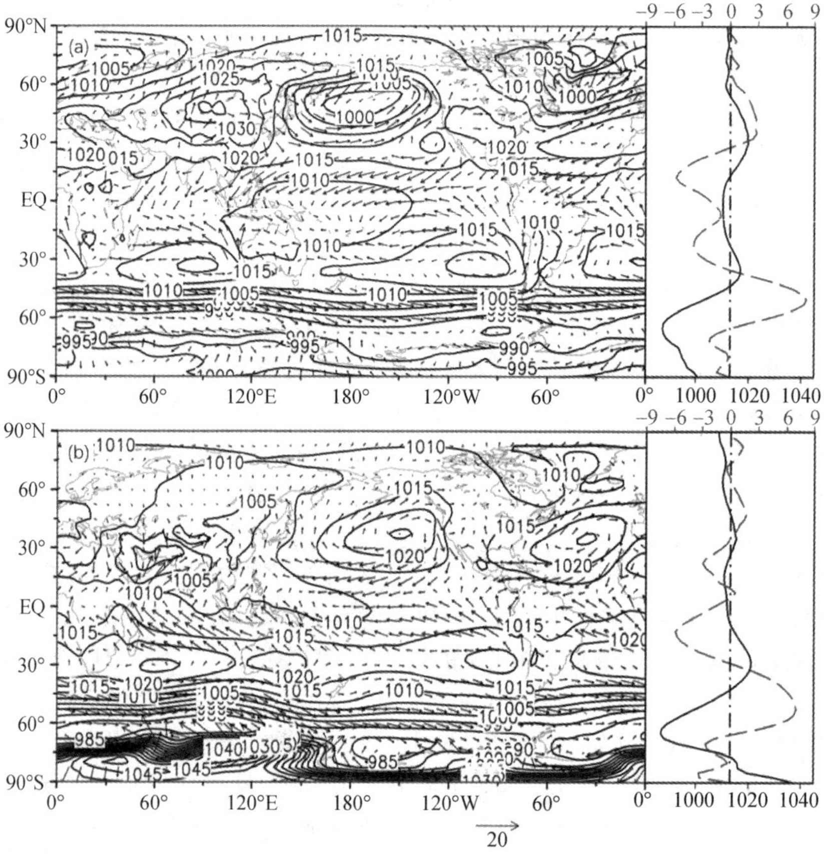

图 5.6　全球 1 月(a)和 7 月(b)平均海平面气压(等值线,hPa)和地表风场(箭头,m/s)(左列)及其纬向平均(右列,其中实线为海平面气压,虚线为地表纬向风)(根据 NCEP/NCAR 1981—2010 年资料绘制)

⑥ 7 月整个北太平洋为副热带高压的顺时针气流,在东亚大陆有明显的偏

南风，表现出风由海洋吹向大陆。有趣的是中国西南地区到印度一带，1 月风向凌乱且风速较小，而 7 月则有强盛的西南风，且整个印度洋赤道以南低纬度地区有强盛的东南气流，在赤道地区转向为强盛的西南气流。在澳大利亚以北的赤道地区，1 月为西风，而 7 月为强劲的东南风。赤道以南的太平洋东侧 7 月仍与 1 月有强大的东南风，但在赤道太平洋中部及以西地区，1 月为偏北、偏西气流，7 月则为较强的偏南、偏东气流。在南极周围的大洋上，仍维持强大的西风，南极地区 1 月风速较小，7 月则有全球最强大的偏南风。北冰洋风速差异不大，风向稍有差异。

(2)对流层中层(500 hPa)平均环流

因为 500 hPa 等压面平均高度在 5.5 km 附近，所以通常用它来代表对流层中层的情况。此外，又因在高空地转风原则更为适用，故等高线可以近似地看作流线，而平均高度场可近似地认为平均流场。图 5.7 为 1 月和 7 月北半球500 hPa等压面平均高度。从图可以看出以下几点特征。

① 在极地上空全年都为极地低压(又称极涡)所占据。其中心不在北极，1 月有两个中心，较强的一个位于格陵兰西部极区，较弱的一个位于西伯利亚的北冰洋沿岸；7 月只有一个中心，位于极点附近；极涡强度 1 月比 7 月强。

② 在低纬度地区上空全年都有高压(副热带高压)存在，且水平位势梯度微弱。副热带高压 l 月强度小，位于 20°N 以南；7 月强度增大，且位置偏北，在低纬度的太平洋、大西洋和北非大陆都有明显的高压中心。此外，在南亚的印度半岛上空则有低压存在。

③ 在中、高纬度地区上空全年都盛行着以极地为中心的纬向西风气流，并且有行星尺度槽脊波动，从冬到夏西风带强度和位置都有明显的季节变化，环绕极涡的等高线 l 月比 7 月密集得多，这表示 1 月比 7 月西风风速强。在西风带上的平均槽、脊，1 月有三个明显的平均槽，它们分别位于亚洲东岸，北美东岸以及欧洲东部，即东亚大槽、北美大槽和欧洲浅槽，第一个槽是最强的一个。在这三个低槽之间并列有三个高压脊，分别位于阿拉斯加、西欧沿岸及乌拉尔山东侧，而脊的强度比槽弱得多。在较低纬度，平均槽脊的数目、位置、强度和中高纬度不完全一致，在加利福尼亚、地中海和孟加拉湾附近有三个较明显的平均槽，它们分别与中、高纬度的三个平均脊呈“反位相”相对应。7 月西风带显著北移，而且等高线变疏，中高纬度出现了四个平均槽，槽、脊位置分布与冬季不同，欧亚大陆上尤为明显，东亚大槽移到堪察加半岛附近，乌拉尔山东部为槽，东亚沿岸和乌拉尔山附近为脊，在偏低纬度的低槽增加至 6～7 个。

④ 由平均高度场可以计算出平均地转风的风速场。从分析结果可知，1 月 500 hPa上平均地转西风最大中心环绕北半球，其中心线上风速分布不均匀，有三个

强西风中心:在日本东南,风速为 40 m/s 以上;另一中心在北美东岸;还有一较弱的中心位于北非阿拉伯地区。7 月强西风显著减弱北移,且在东西方向上有变化。此外,强西风带常有分支现象,以亚洲地区最为显著。

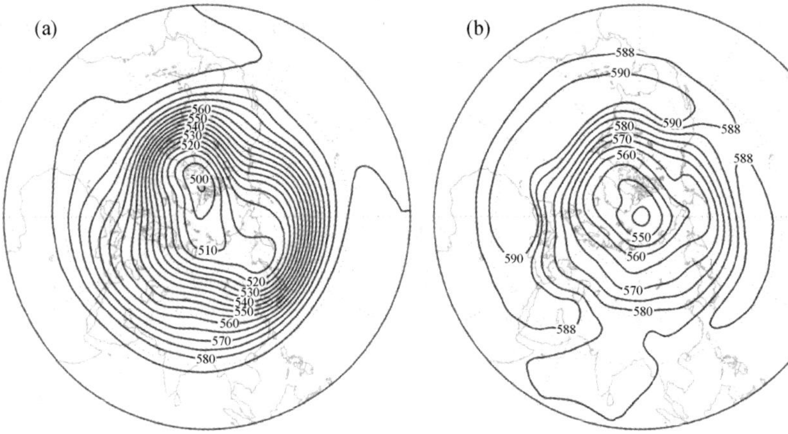

图 5.7 北半球 1 月(a)和 7 月(b)500 hPa 位势高度(dagpm)图
(根据 NCEP/NCAR 1981—2010 年资料绘制)

(3)对流层上层(200 hPa)平均环流

由于 200 hPa 等压面平均高度为 11～12 km,所以可用它表示对流层顶以及对流层上层和平流层底层的情况。图 5.8 表示 1 月和 7 月北半球 200 hPa 等压面平均高度。从图可看出以下几点特征。

① 在极地上空全年都为极地低压(又称极涡)控制。1 月主要极涡中心位于新地岛以东的西伯利亚北部沿岸,7 月只有一个中心,接近北极附近。极涡强度 1 月比 7 月强。

② 在低纬度地区上空全年有高压(副热带高压)存在。副热带高压 1 月在东半球呈带状分布,在西南太平洋上和非洲各有一个中心,脊线约在 11°N 附近。7 月高压显著加强北进,脊线约在 28°N 附近,亚洲地区更偏北些,可达 30°N。东半球(包括非洲大西洋沿岸一部分)高压格外强大,形成一个以青藏高原为中心的大型高压带,通常称为青藏高压或南亚高压。西半球高压比较弱,中心位于北美西部,高压带北侧为西风急流,南侧盛行东风。

③ 在中、高纬度地区上空全年盛行以极地为中心的纬向西风气流,其上叠加大的扰动。1 月仍然可以看到三个大槽,7 月为四个,槽、脊位置与 500 hPa 上基本一致。

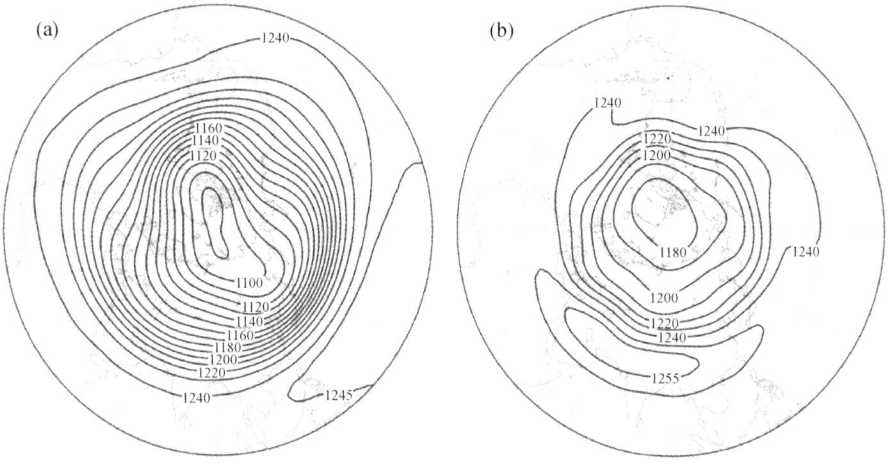

图 5.8　北半球 1 月(a)和 7 月(b)200 hPa 位势高度图(单位:dagpm)
(根据 NCEP/NCAR 1981—2010 年资料绘制)

5.2.3　大气振荡与遥相关

大气振荡的概念始于沃克(Walker)在 20 世纪 20—30 年代的研究。通过对气压型的广泛调研,沃克发现一些地区的海平面气压变化存在“跷跷板”现象,定义了南方涛动(SO)、北大西洋涛动(NAO)和北太平洋涛动(NPO)等三大涛动。这种大气环流变化在空间上的远距离联系,又称为遥相关型。遥相关型通常可用一个指数序列来描述它在振幅和位相上的演变,而指数可以用关键站点或格点的值来定义。之后的研究中,又发现大气中存在不同空间和时间尺度的振荡。下面介绍几个常见的振荡型。

(1)热带大气季节内振荡(MJO)

热带大气季节内振荡(MJO,Madden-Julian oscillation)是大气次季节时间尺度(30～60 天)变化最显著的信号。Madden 和 Julian 在分析南太平洋坎顿岛的观测资料时发现纬向风和地面气压场中存在周期为 40～50 天的低频振荡。进一步的研究发现这种振荡在全球热带大气中普遍存在,后来人们称之为 MJO。

MJO 的特点是热带地区降水的异常加强或抑制,以及异常降水区域的向东传播。降水异常首先出现在印度洋上空,随后东传到太平洋西部和中部暖性洋面上方时,降水异常特征依然很明显,进入中东太平洋后降水异常信号就基本减弱消失了,但风场异常可继续向东传播到热带大西洋和非洲。

MJO 具有纬向 1 波的行星尺度结构,其垂直结构表现为对流层低层与高层反相的斜压结构,振荡周期在30～60天,周期中的8个位相都有典型特征,可看出振荡从印度洋经过太平洋传播到西半球的整个过程(图5.9),每个位相平均间隔5天左右。MJO具有明显的季节特征,一年中MJO最活跃的时期在北半球冬季(11月—次年4月),主要沿纬向缓慢向东传播;在北半球夏季,也存在向北传播的情况。

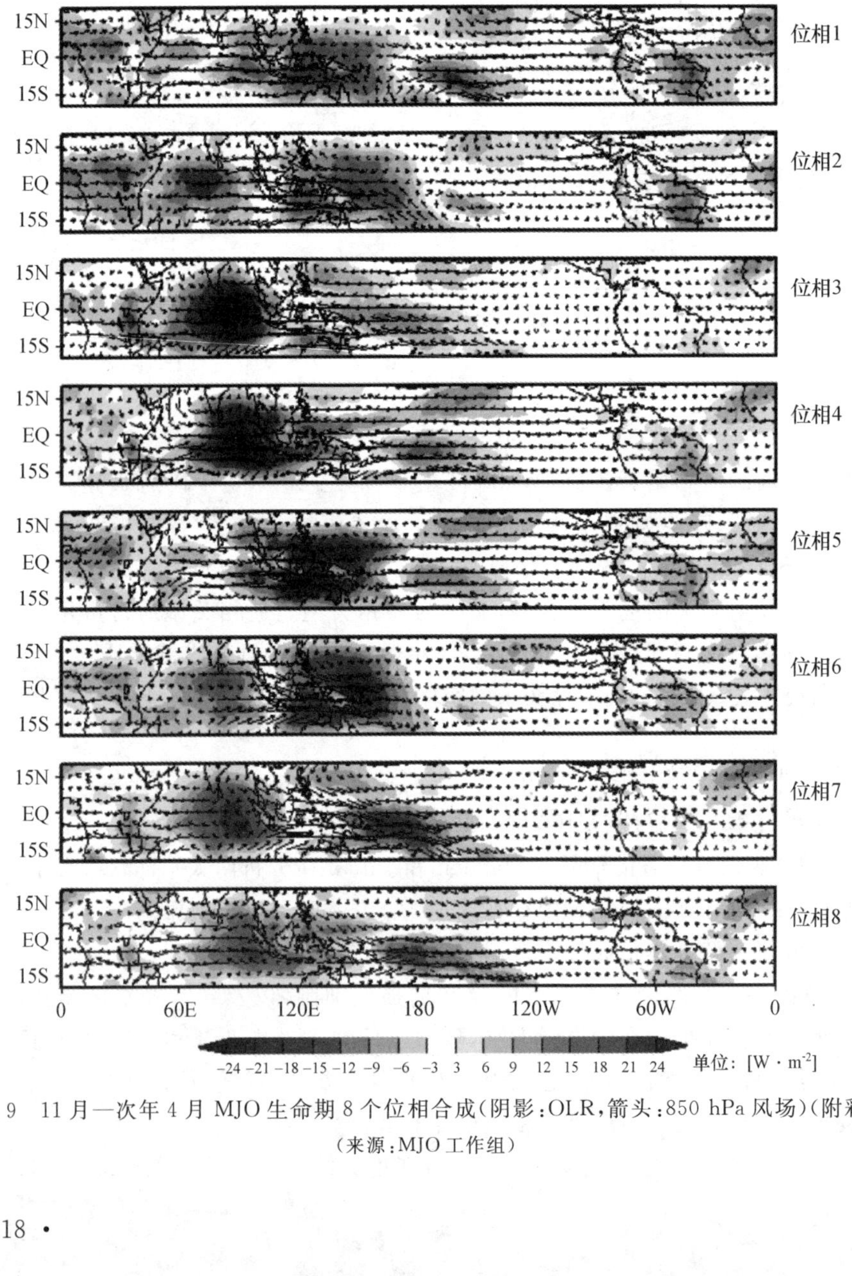

图5.9　11月—次年4月MJO生命期8个位相合成(阴影:OLR,箭头:850 hPa风场)(附彩图)
(来源:MJO工作组)

研究发现，MJO活动对大气异常有广泛的影响，它可调节季风系统，影响季风爆发、结束的时间与强度；影响澳大利亚北部辐合区和太平洋北部辐合区的强度和范围；影响El Nino的发展速度和位相；并可调节印度洋、太平洋、墨西哥湾和大西洋热带气旋活动，热带气旋易生成在MJO的对流活跃位相中。

(2)准两年振荡(QBO)

准两年振荡(QBO，quasi-biennial oscillation)是存在于热带平流层纬向风的准周期性振荡，其基本特征是赤道上空交替出现西风和东风，平均周期约为27个月。东西风向的转换信号首先在平流层低层的顶部发展，并以每月1 km左右的速度向下传播，直至在热带对流层顶消散。西风向下传播的速度快于东风，且比东风更有规律，而东风的振幅大约是西风的两倍，东西风最大振幅出现在20 hPa附近。在垂直QBO活动区域的顶部，东风占主导地位，而在底部，西风占据更长时间(图5.10)。

QBO可产生次级环流从而引起平流层臭氧的混合，对季风降水以及北半球冬季平流层环流也有一定影响。QBO的东风位相往往对应着较多的平流层爆发性增温、大西洋急流偏弱以及北欧和美国东部冬季寒冷；而QBO的西风位相则通常对应着美国东部冬季温和、大西洋急流较强、北欧冬季温和多雨。此外，有研究表明QBO会影响大西洋飓风频率。

(3)北大西洋涛动(NAO)

北大西洋涛动(NAO，Northern Atlantic oscillation)反映的是冰岛低压与亚速尔高压之间气压的反位相变化关系(图5.11a)。当冰岛低压加深，亚速尔高压也增强时，这种情况称为强涛动；当冰岛低压减弱，亚速尔高压也弱时，称为弱涛动。强涛动时两个气压系统之间的梯度加大，西风增强，北美东部冷，而北欧气候变得暖湿。涛动弱时的气候情况相反。

NAO在北半球冬季最为显著，其指数的定义是标准化的月海平面气压，为葡萄牙的Lisbon与在冰岛的Stykkisholmur之间的差值，也可采用北大西洋区海平面气压EOF第一模态时间系数作为NAO指数。从图5.11b可见，NAO的变化存在明显的年代际振荡特征，NAO指数在20世纪60年代处于低值期，1990年前后进入高值期。

(4)北太平洋涛动(NPO)与南方涛动(SO)

北太平洋涛动(NPO，Northern Pacific oscillation)反映了北太平洋中、高纬海平面气压变化的反相关系，两个极值中心大致与夏威夷高压和阿留申低压相对应。与NAO相似，低压中心气压与高压中心气压变化相反，这样就形成了强涛动和弱涛动两种基本状态，分别对应对流层中层强西风和弱西风。

南方涛动(SO，Southern oscillation)是沃克定义的三大涛动之一，我们将在第6章详细介绍。

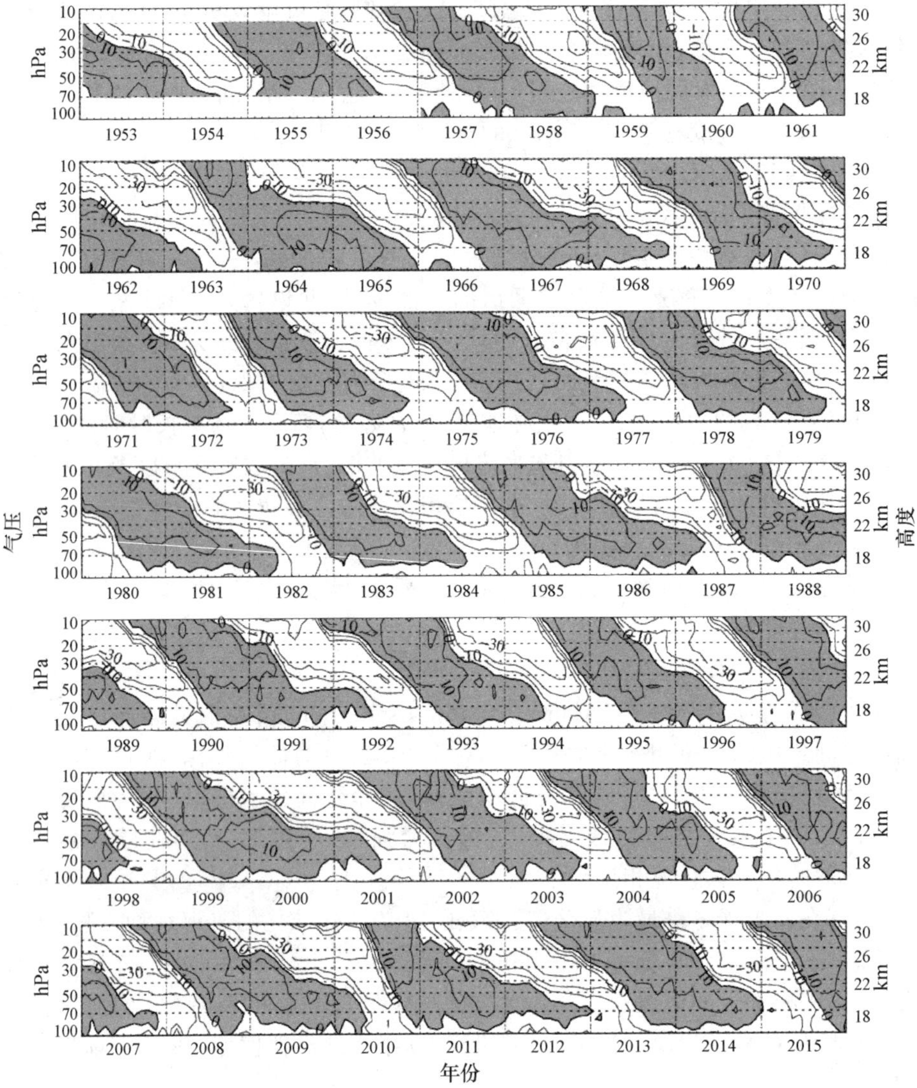

图 5.10　赤道附近测站月平均平流层纬向风的时间-高度剖面(单位:m/s)

(来源:http://www.geo.fu-berlin.de/en/met/ag/strat/produkte/qbo/)

(5)太平洋年代际振荡(PDO)

太平洋年代际振荡(PDO,Pacific decadal oscillation)是根据 20°N 以北太平洋海温距平 EOF 第一模态及其时间系数定义的一个气候振荡型。PDO 可分为“暖位相”和“冷位相”两种位相,“暖位相”空间上表现为赤道中东太平洋和北美西部沿海海温偏高时,西北太平洋-东亚沿海海温偏低,“冷位相”则反之(图 5.12)。

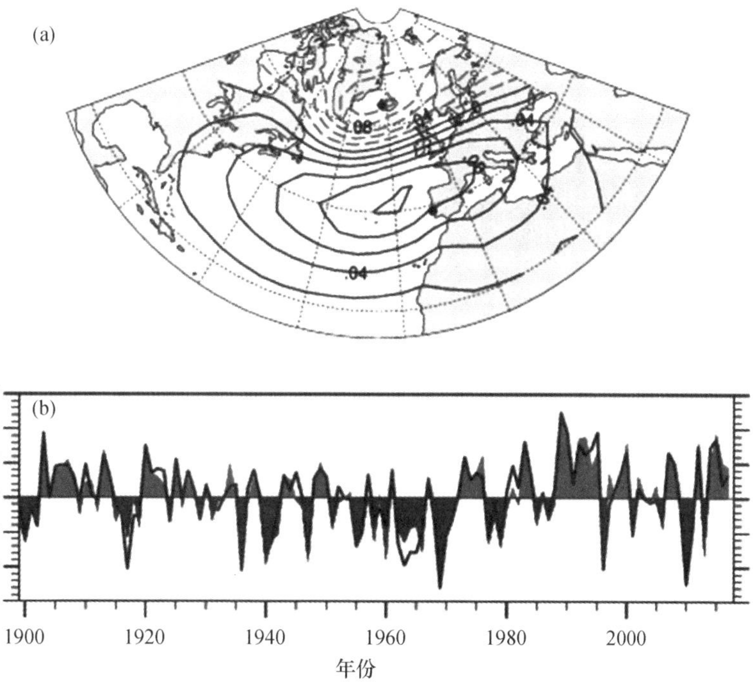

图 5.11　基于海平面气压 EOF 分析的 NAO 空间模态(a)及其标准化系数(b,其中粗折线为基于站点的 NAO 指数)(Climate Data Guide; A. Phillips)

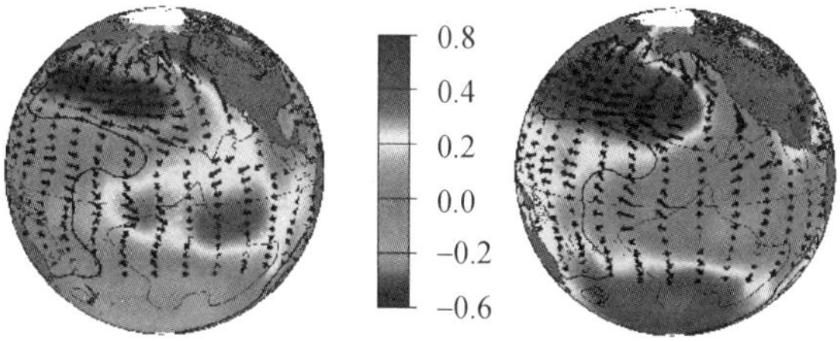

图 5.12　PDO 暖位相(a)和冷位相(b)时的海温距平(℃)分布(附彩图)
(http://research.jisao.washington.edu/pdo/)

PDO 指数时间序列显示(图 5.13),在过去的百年中,PDO 存在几次明显的冷暖位相转变,其中,1925 年至 20 世纪 40 年代后期、20 世纪 70 年代后期至 90 年代后期以及 2014 年之后为暖位相,20 世纪 50 年代至 70 年代中期、2000 年代后期至 2014 年以冷位相为主。可以看出,其周期变化在 20 年左右,具有典型的年代际特征。

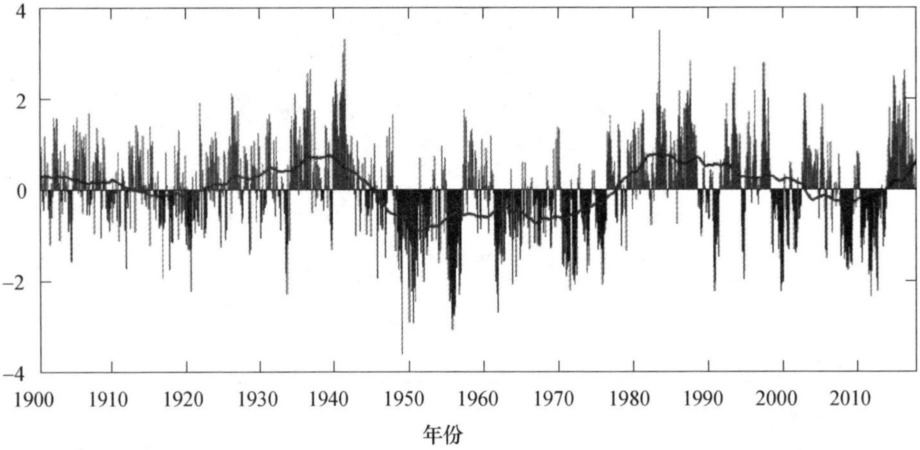

图 5.13　PDO 逐月指数时间序列变化(折线为 11 年滑动平均)

(6)太平洋北美型(PNA)

太平洋北美型(PNA,Pacific/North American)是北半球大气环流异常的著名模态之一,它描述了跨越赤道太平洋、北美西北部、到达北美东南部的一条波列结构。当 PNA 型处于正模态时,低纬中北太平洋高度为正距平,阿留申低压附近为负距平,北美西北部为正距平,美国东南部地区为负距平(图 5.14)。最大的正、负相关中心沿大圆路径分布。PNA 指数定义为 4 个参考点标准化的 500 hPa 位势高度距平差(Wallace and Gutzler,1981),即

$$PNA = 0.25\times[Z(20^\circ N,160^\circ W)-Z(45^\circ N,165^\circ W)+Z(55^\circ N,115^\circ W)-Z(30^\circ N,85^\circ W)]$$

式中,Z 为标准化 500 hPa 位势高度。现认为 PNA 的形成是响应于热带加热场的大气 Rossby 波的传播。

(7)南半球环状模(SAM)和北半球环状模(NAM)

南、北极极地附近与极地外地区的气压或高度场之间存在相反的振荡现象,称为南极环状模(SAM,Southern annular mode)和北极环状模(NAM,Northern annular mode),也有分别称为南极涛动(AAO,Antarctic oscillation)和北极涛动(AO,Arctic oscillation)。SAM 指数通常用 45°S 和 65°S 之间的月海平面气压差,或用 20°S 以南的月平均 850 hPa 位势高度场的 EOF 展开第一模态的时间系数来表示。NAM 指数和模态是由冬季北半球 20°N 以北月平均海平面气压异常的 EOF 展开来表现。NAM 与 NAO 有密切的关系。

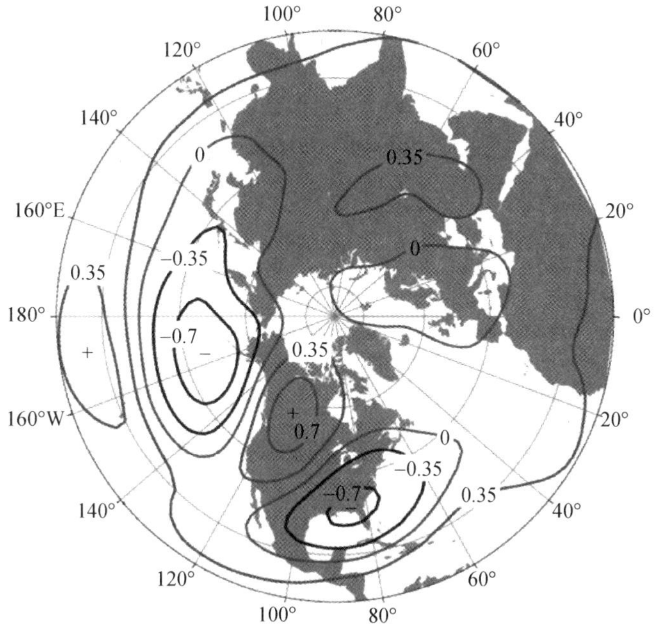

图 5.14　北半球冬季 PNA 遥相关型
(http://research.jisao.washington.edu/data_sets/pna/)

5.3　季风

季风一词源自阿拉伯语“mausim”，是季节的意思，现在英语称“monsoon”。季风是一个古老的气候学问题。早期人们用季风来表示印度洋，特别是阿拉伯海沿海地区地面风向的季节反转，即一年中半年吹西南风，另半年吹东北风。水手们利用这种盛行风向随季节转换的自然现象，航海往来于印度半岛和东非之间。正因如此，早先但凡提到季风大多指的是著名的印度季风。十七世纪之后，人们便开始了对季风及其形成机理的长期的研究。随着近代科学技术的发展，气象探测资料日益丰富，人们对季风的研究更为深入，认为季风是大气环流的重要组成部分，是全球性环流现象，季风分布范围甚广，全球几乎约有四分之一的地区直接受到它的影响，它不仅出现在印度半岛和东非之间，还覆盖了亚洲、非洲、澳洲，乃至美洲的一些地区。因此，每年季风的强弱、出现时间的迟早和异常与否都直接关系到各季风区内旱涝、冷暖的变化，此外，分析和了解季风形成原因及其变化规律，对全球气候变化及其预报是十分有益的。

5.3.1 季风的概念

关于季风的定义并不唯一。传统意义上认为,季风是一个地区冬、夏之间盛行风有显著季节性变化的现象,而冬、夏之间稳定的盛行风向相差120°～180°。它具有以下特点:首先,盛行风向随着季节的变化有很大的差别,甚至相反,冬季盛行东北气流(华北—东北为西北气流),夏季盛行西南气流,中国东部—日本还盛行东南气流;其次,两种季风各有不同的源地,因而气团的性质有着根本的不同,冬季寒冷干燥,夏季炎热湿润。第三,造成的天气现象也有本质的季节性差异。冬季干燥少雨,夏季湿润多雨,尤其是多暴雨。在热带地区更有旱季和雨季的明显对比。

IPCC(2013)第五次评估报告中为季风给出了如下定义:季风是在热带和副热带地区,地面风及其相关降水出现的一种季节性反转,它是由于大陆尺度的陆地和邻近海洋之间的加热差异所引起;季风降水主要发生在夏季陆上。应该说这一季风的定义更具实用性,且涵盖了季风形成的原因。

5.3.2 全球季风的分布

季风区的分布可以使用不同的物理指标进行识别,比如风场、气团、水汽、降水等要素的季节反转,但不同的标准所确定的季风区存在一定的差异。图5.15给出根据NCEP/NCAR再分析资料850 hPa平均风场(1968—1996年)计算得到的全球对流层低层季风区的地理分布。从图中可见,所有经典的季风区如亚澳季风区、西非季风区等都被一一勾画出来,并且美洲季风系统也清晰可见。显然,从图5.15可知全球对流层低层季风系统按所处纬度可以分为三类:热带季风系统、副热带季风系统和在温寒带季风区。

热带季风系统的主体由一个相当宽广的区域组成,该区域在东西方向上从西非一直向东延伸到印度尼西亚和所罗门群岛,向南伸展到马达加斯加和北澳大利亚,向北则可扩展到青藏高原南部边缘所在纬度。在这个巨大的区域中包括的经典热带季风有南亚季风、印度尼西亚季风、南海季风、澳洲季风、西北太平洋季风、西非季风和索马里西印度洋季风等。此外,热带季风系统还包括如南美季风区、中美季风区。

副热带季风系统与热带季风系统相比,在面积上小得多,在形状上呈狭长的带状分布,这与副热带高压的季节性移动有密切关系。副热带季风系统的主要成员有东亚季风、北美季风、北非季风、沿着伊朗高原和青藏高原北部边缘的中亚地区内陆季风及高原季风、南澳大利亚季风、南非季风以及沿着南北纬30°附近的海洋上狭长地带。值得注意的是在副热带季风中东亚季风是最为典型的,范围最为宽广,它与30°N附近的北太平洋上空的副热带季风相连,从东亚地区一直延伸到北美西海岸,从而构成一个连接两个大陆的环流系统。

在温寒带中的季风区是三类季风系统中范围最小的，且主要出现在北半球，它涵盖了如在远东地区的远东季风、阿拉斯加北部地区和北极部分地区等。

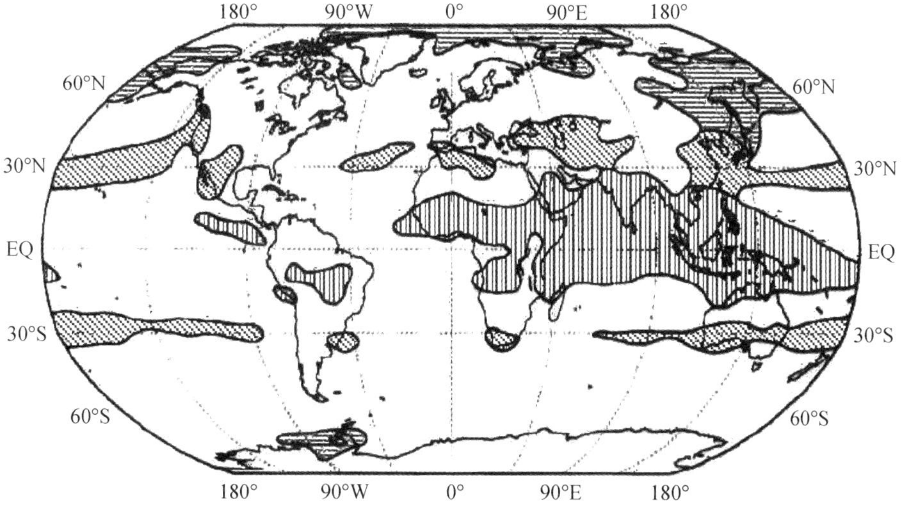

图 5.15　全球对流层低层季风区的地理分布(根据 Li 和 Zeng 2003 年的图改绘)
(图中竖线、斜线及横线区域分别表示热带季风区、副热带季风区和温寒带季风区)

上述区域性季风都受到太阳辐射年循环的驱动，并且受到全球尺度环流的作用，各区域性季风之间存在内在的联系。因此，有学者提出“全球季风”的概念，从全球视角研究季风变率的总体特征以及季风的基本动力学。

季风除了存在风向的季节反转外，也存在显著的干湿转换。Wang 和 Ding(2008)使用降水定义全球季风降水区域，即，局地夏季与冬季降水率差值超过2 mm/d，且夏季降水量占当地年降水总量 55%以上的区域，这里夏季指的是北半球的 5—9 月或南半球的 11 月—次年 3 月。由此标准定义的全球季风区如图 5.16 所示，可见，全球季风区包含了亚洲、澳大利亚、北非、南非、北美和南美等所有主要的区域性季风区。其中亚洲季风又包含南亚、东亚、西北太平洋三个季风区。东亚季风区位于青藏高原以东，是独特的副热带季风；南亚季风和西北太平洋季风则为热带季风。对比图 5.15 与 5.16 可见，两个方法定义的季风范围有明显的差异，由风场确定的季风范围比降水确定的范围大。赤道附近因常年湿润，降水季节差异小，不是季风区；而寒温带地区，由于降水强度较弱，不满足干湿转换的定义。

全球季风区内夏季与冬季降水量差异(即降水年较差)的区域平均，可用于表征全球季风的强度。

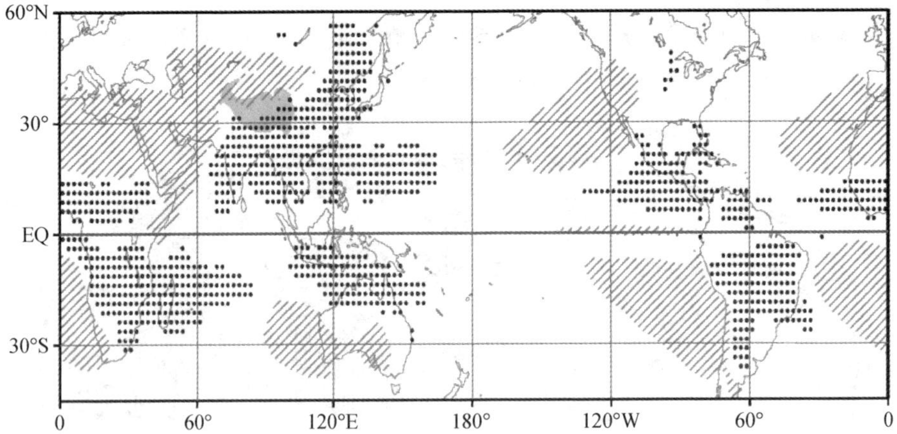

图 5.16　全球季风降水范围(圆点表示,斜线区域为夏季降水率<1 mm·d^{-1}的干旱区)
(Wang et al,2012)

5.3.3　亚洲季风的形成因素

季风环流的形成有其特定的地理背景和热力学条件,通常认为,形成季风的因素有 3 个,即海陆热力差异、行星大气环流和高大地形,是三种因素错综复杂影响下的综合现象。而这些因素是因地因时而具有不同的重要性,因此研究任一地区季风形成时,必须抓住这些因素,权衡其轻重关系,尤其要注意全球性的综合分析。

(1)海陆分布作用

由于海陆间的热力差异以及这种差异的季节变化,产生了季风。在夏季,大陆上气温比海洋高,气压比海洋低,气压梯度力由海洋指向大陆,所以气流从海洋流向大陆(图 5.17a),形成夏季风;冬季则相反,气压梯度力由大陆指向海洋,因此气流是由大陆流向海洋,形成冬季风(图 5.17b)。

季风与海陆风形成原理基本相同,但在范围和周期上两者有明显差别。海陆风是由海陆之间气压日变化不同而引起沿海地区的风向转变现象,而季风是有海陆之间气压的季节变化而起的风向转变,规模很大,且一年为周期的现象。由于这类季风所达到的高度夏季不超过 5 km,冬季只有 1～5 km,所以海陆季风又称为低空季风或地面季风。

(2)行星风带季节位移的作用

在表面均匀的地球上,行星风带基本上是纬向的,例如对流层中低层的赤道西风带、热带东风带、中纬度西风带、近地面层的极地东风带等。冬、夏之间,这些行星风带有显著的经向位移,强度有很大的变化。在两支行星风带交替的区域,行星环流发生季节性的转移,盛行风向往往近于相反。人们把这种现象称为行星季风,并以低纬度地区(30°N—30°S)最为显著。在东半球的低纬度地区,即从东非经南亚到东亚以至西太平洋,海陆热机和行星环流季节变化的共同作用,形成了最为显著的季风气候区。

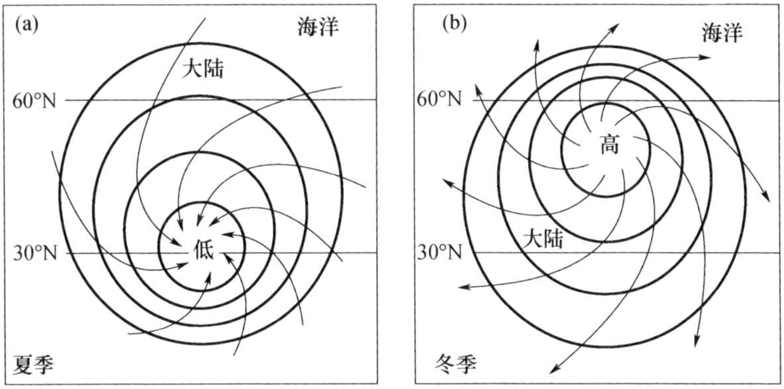

图5.17　因海陆热力差异而引起的冬季风(a)和夏季风(b)图示

(3)青藏高原的作用

青藏高原海拔高、面积大耸立在29°—40°N,南北约跨纬度10°,东西约跨经度35°,有相当大面积的高度在5000 m以上,人称世界屋脊。由于高原本身的特殊地形,对应于周围地区具有明显的热力作用。冬季风盛行期间,东亚大陆位于冷高压脊或冷高压的控制下,为下沉气流区,由于高原对其四周自由大气而言是一个冷源,因此高原与其周围大气之间的气流输送方向是从高原向外输送,这样就加强了高原临近地区的下沉气流,从而加强了地面高压系统,使冬季季风环流增强。在夏季风盛行期间,夏季高原是个热源.低层形成强大的热低压,盛行气旋性环流。它与中国东部—西太平洋的副热带高压相配合,不仅使其东侧的西南季风增厚,而且使夏季的西南季风更加深入到华北以至东北地区。东亚大陆为热低压控制,大部地区为上升气流。夏季高原巨大的热源有助于高层南亚高压和高层东风急流的形成和维持,这与印度西南季风的爆发有着直接的联系。青藏高原的存在,周围低层空气输入高原,高原上升运动大于周围地区,改变了正常的行星西风带的位置和强度,增强了海陆热机与行星环流热机的作用,使得南亚—东亚地区成为世界上最著名的季风气候区。

除热力作用外,高原的动力作用也是十分显著的。由于青藏高原东侧的山脉近于南北向排列,便有利于中国东部平原上冬、夏季风(冷、暖平流)的南北交换。东亚地区的季风不但比同纬度其他各地强,而且到达的纬度也特别南或北,各地气象要素的年较差特别大,这说明了高原地理因子的重要作用。

青藏高原起了阻挡季风平流的作用。在青藏高原南侧,印度和缅甸一带,由于高原阻挡了冬季风的直接袭击,因而使这些地区即使在隆冬都比其东西侧同纬度地区温度高和气压低,且气压和气温的年较差都小;在高原的北侧,中国甘肃、新疆一带,高原阻挡了夏季风的侵入,形成了这一带(即使在盛夏)少云雨的燥热天气与气候。另外,高原对高空西风带槽脊有制约作用,也间接地增大了中国东部冬夏季风的稳定度。

青藏高原对冬、夏季风的分支作用。夏季,西南季风由孟加拉湾向北推进时,分为两支。一支沿喜马拉雅山作气旋性弯曲转变为东风,维持了印度半岛北部低压;另一支则顺着山脉的走向呈反气旋性弯曲,流向中国西南地区。这现象自地面至6000 m高空都很清楚。冬季,在高原北部也可有冬季风分支现象,但不如夏季高原南部的明显。由于青藏高原大地形对冬夏季风的分支作用,因此都会机械地扩大冬、夏季风在东西方向上的影响范围。

5.3.4 亚洲季风气候特征

亚洲季风关系到全球60%人口的生存,因此,季风问题历来被气象学家所重视。在季风系统中,最为著名的是东亚夏季风和南亚(印度)夏季风。但是二者的成因和特点却不尽相同。东亚季风以海陆分布的因素为主,其行星风的交替现象很不明显;南亚季风则以行星风带的季变为主因,且与海陆分布的影响相一致。因此,较之东亚季风,南亚夏季风要深厚稳定得多。

(1)南亚季风

南亚是典型的热带季风气候区。国际科学界对于季风的兴趣,始于南亚季风。南亚季风,又称印度季风,即盛行于阿拉伯海及印度半岛一带的季风。南亚季风是经典季风概念的典型。该地区夏季盛行来自印度洋和阿拉伯海的西南季风;冬季盛行来自亚洲大陆的东北季风。人们关心更多的是夏季的西南季风。西南季风主要来自南印度洋上的东南信风,包括东非沿海的低空气流,穿越赤道后,受地球自转偏向力的影响,转为西南方向的风。由于西南季风携带大量水汽,对印度半岛和东南亚一带的降水有重要贡献,因此通常说西南季风,就意味着季风雨。

西南季风在印度的建立过程非常明显,被称为季风爆发。在西南季风到达之前,印度是高温酷暑天气,天气晴朗干燥,为一年中气温最高的时期。但到了5月末或6月初,印度半岛南部天气突然转变,云量猛增,气温下降,大雨倾盆,有时还伴有海啸。这种突然的天气变化,标志着西南季风达到印度,并且在几天之内可向半岛北部推进几百甚至上千公里,这就是著名的季风爆发。季风爆发是在大气环流季节性转变的背景下发生的突变现象。但其他地区季风的开始,不像西南季风那样显著。因此，印度半岛所处的特殊地理位置和自然条件，特别是高耸于半岛北部的喜马拉雅山以及印度低压的发展，在热力作用和动力作用方面，均直接影响到西南季风的爆发。

印度季风的爆发，通常是以印度为中心的低层季风低压的建立和加强、低层强烈的西—西南气流到达印度半岛、印度中北部进入雨季为标志。学术界对西南季风爆发的具体日期，是根据印度各地逐日降水量的变化来确定的。西南季风一般于每年的5月底或6月初在印度南部的克拉拉邦爆发，并迅速向北推进，到7月中旬，遍及整个印度半岛。9月初，西南季风开始自半岛西北向东南撤退.所以6—9月是印度夏季风的盛行季节，也是印度的雨季，大部分地区年降雨量的75%集中在西南季风季节。11月—次年4月是印度东北季风盛行期，冬季风在印度自北向南逐渐开始，降水明显减少，气温下降。因此，印度的季风气候非常显著，那里的人们通常按照季风活动的特点，将一年划分为四个季节，即东北季风季(12月—次年2月)、热季(3—5月)、西南季风季(6—9月)和西南季风撤退季(10—11月)。

西南季风对印度降水具有重要影响。在西南季风盛行期，在印度中部和西部，有时一次充沛的季风雨可持续数周。当主要雨区从印度中部向北移至喜马拉雅山麓一带时，半岛中部降雨中断，被称为季风中断。当西南季风长期中断时，印度半岛就会发生严重的干旱现象，例如1972年的印度大旱，就是因为季风雨开始晚、中断时间又长造成的。各年西南季风中断的时间长短不同，平均1次中断约6天，短者2～3天，长者可达2周以上。一般西南季风每年可有1～2次中断，多者1年可中断4次，但也有些年没有发生中断现象。

对于印度夏季风，国外科学家的研究表明，印度季风包含一个庞大的环流系统，包括印度夏季风及相连的季风槽、南亚高压、高空自北半球向南半球的越赤道气流、南半球低空马斯克林高压、索马里低空越赤道气流和热带高空东风急流等，这些气流之间的变化是相互关联的，其中任一成员的变化，都会影响到其他成员的变化。根据研究，启动印度季风系统的成员是印度季风槽及相关的季风雨，一旦它们发生变化，便会影响高空东风急流及高空越赤道气流，之后影响到南半球印度洋西部的下沉和低空马斯克林冷性反气旋的增强，随后索马里低空急流加强、印度西南季风加强。因此，印度季风的变化是印度季风环流系统变化的一部分，该环流系统中任何一员的变化，均可影响其他成员，不一定以马斯克林冷高压爆发或印度季风中对流云系的变化为唯一启动机制。

(2)东亚季风

顾名思义，东亚季风即盛行于东亚地区的季风，中国、朝鲜和日本都属于东亚季风区。东亚季风主要可分为东亚夏季风和东亚冬季风。东亚季风的建立与大气环流变化密切相关。在亚洲，夏季大陆为一巨大的热低压所控制，低压中心在印度半岛西北部,位于低压南部和东南部的南亚和东南亚盛行西南风。在低压东部的广大东亚地区,夏季风方向有东南、南和西南向。中国东部地区以东南向为主,其来临过程比较缓慢,常在几次加强或减弱的过程后,才成为明显的盛行风,不像印度的西南季风那样以爆发的形式开始。

影响中国的夏季风主要来源于热带和副热带海洋,开始影响各地的日期不同,大体上是由南向北推进的,对同一地区而言,年际差异也很大。一般夏季风在3月即可影响到华南沿海,并以渐进和急进两种方式向北推进,7月到达黄河以北,进入夏季风的极盛期,9月开始撤退。根据具体统计,夏季风在华南的建立日期平均为5月第1候,最早在4月第4候,最晚在5月第3候。在华中的建立日期平均为6月第3候,最早5月第6候,最迟6月第6候。在华北的建立日期平均为7月第3候,最早6月第5候,最晚8月第1侯。

夏季风在中国华中盛行的日期,恰好是北半球大气环流从冬季流型向夏季流型转变的日期。这是青藏高原以南的副热带西风急流突然北移,500 hPa高度场西太平洋副热带高压脊明显北跳,100 hPa高度场上南亚高压移上高原,热带高空东风急流建立,印度西南季风爆发,中国江淮流域进入梅雨期。由于夏季风来自热带和副热带海洋,含有丰富的水汽,对中国各地降水具有重要作用。各地雨季的开始日期,大体上也是夏季风在这些地区开始盛行的日期。夏季风活动具有明显的年际变化,夏季风活动特别强或特别弱,都会给各地造成不同程度的旱涝灾害。

南亚夏季风和东亚夏季风共同形成世界上最强的亚洲季风系统,因此,在很长的时间里,国际科学界认为它们同属一个季风系统。20世纪70年代末以来,随着中国季风和热带气象学研究的蓬勃开展,中国科学家的大量研究表明,这两个季风系统有许多不同的特征,东亚季风包括热带和副热带季风,而印度季风则纯属热带季风;东亚夏季风的平均结构在许多方面与印度夏季风不同。根据中国科学家陶诗言等的研究,东亚夏季风系统的主要成员,如图5.18所示。它包括南海和赤道西太平洋的季风槽(或赤道辐合带)、印度的西南季风气流、沿100°E以东的越赤道气流、西太平洋副高和赤道东风气流、中纬度的扰动、梅雨锋以及澳大利亚的冷性反气旋,并受到热带地区东传低频振荡(MJO)的影响。因此,东亚夏季风是一个与印度季风环流系统相对独立的环流系统,它不仅受到印度西南季风气流的影响,而且还受到副热带高压和中纬度扰动系统的影响。东亚季风系统成员在东亚的分布偏北或偏南,会引起中国江淮流域、朝鲜半岛和日本的干旱或洪涝。

与东亚夏季风不同,东亚冬季风是最为典型的。东亚冬季风来自西伯利亚高压,其风力不但比夏季风强,而且比印度的冬季风也强。其盛行风向是,在中国华北以及日本北部和中部为西北风;中国黄河以南地区和日本南部为东北风。冬季风带来干冷的大陆空气，强盛时会出现寒潮天气。受冬季风影响，东亚地区冬季的平均温度明显低于同纬度的其他地区。在冬季风的控制下，中国大部分地区的天气寒冷少雨。但当冬季风到达长江以南和日本列岛时，由于气团变性常会造成雨雪天气。东亚冬季风的变化和异常，特别是寒潮，是影响我国冷害、雪灾、早霜和晚霜等灾害性气候发生的重要原因。东亚冬季风还能够通过影响热带太平洋的海温，来影响到东亚夏季风的活动。

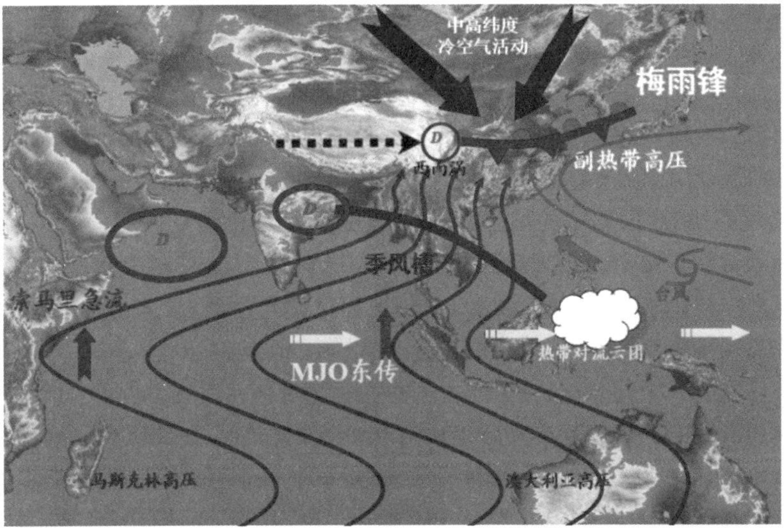

图 5.18　东亚夏季风系统中主要成员概略图(陶诗言 等,2006)(附彩图)

东亚冬季风的建立过程比较迅速，自北而南的推进速度也很快，平均 9 月初开始影响华北，10 月中旬即可在全国建立，12 月冬季风达到极盛期。中国冬季风自 3 月初开始从南向北撤退，大约需要 4 个月才能完全撤出中国。

冬季风同样是大气环流季节变化的结果。冬季，冷高压活动频繁，势力强盛。在地面天气图上，蒙古高压和阿留申低压同时达一年中最强、最稳定的阶段。蒙古高压盘踞亚洲大陆。强冷空气侵入中国时，蒙古高压环流可伸至南海地区。在这种大气环流形势下，我国广大地区盛行偏北风，冬季风达到最强、最稳定的程度。在高空等压面图上，环流呈现出三槽三脊结构，其中东亚大槽发展到最强最稳定。在东亚大陆和日本地区上空，西风急流的中心位置稳定在 30°N 左右的平均位置上，呈现出典型的冬季风环流形势。

5.3.5　中国雨季的起讫与东亚夏季风的进退

前面已阐述了大气环流的温度场、气压场及季风等大气环流的主要成员。这些成员之间是相互联系,相互影响的。如影响中国的极地大陆气团就与亚洲大陆冷高压有相存关系。热带海洋气团就与北太平洋副热带高压有相存关系,这两个气团之间存在一个气候学锋——极锋。极锋的南侧为夏季风由海洋吹向陆地,北侧是冬季风由大陆吹向海洋。极锋显然是两个高压系统之间的一个低压区。因而辐合上升为主,常常产生降水,所以极锋所在区域就是降水区域。极锋位置的季节变化,正是我国东部地区降水带的季节变化,也是我国东部地区冬、夏季风进退的季节变化。

东亚夏季风的进退与中国大部分地区雨季的起讫有着极为密切的联系。夏季风的进退是西风带环流季节变化的结果,与近地面层大气活动中心的强度、位置以及形成和消失有着极为密切的关系。随着每一次季风的进退,气象要素相应地发生比较明显的变化,以雨量的空间变化最为显著。中国科学家高由禧等早在 20 世纪 60 年代初就指出,中国雨带的位移,有 3 次急进和 3 次渐进的过程。从 5 月中起,候平均最大雨带在华南沿海出现、后逐渐北移。到 6 月上旬,移至南岭以北和闽浙交界处。在 6 月中旬,雨带出现第 1 次急进,迅速移过两湖盆地,最大雨带进抵长江沿岸,随后在该地区维持约 20 天。7 月中旬起,雨带第 2 次向北急进,进抵 40°N 附近及其以北地区。在 8 月中旬,雨带达到最北,随后逐渐南移。但在 8 月下旬以前,雨带仍多徘徊在 38°N 以北,8 月下旬以后很快南退,不到半个月,雨带移到华南沿海。以候雨量的大雨带第 1 次到达某地区和第 2 次经过同一地区作为该地区雨季的起讫时间,则我国雨季的起讫在华南是 5 月中开始,9 月中结束,为期 4 个月左右。长江流域在 6 月中开始,8 月底结束,为期两个多月。39°N 以北的华北地区,7 月中开始,8 月下旬结束,为期 1 个多月。

将全国各地雨季的起讫日期与夏季风的起讫日期相对比,如表 5.1 所示,可见雨季的起讫与夏季风开始有显著的关系,其盛行和结束在日期上是非常一致的。季风的进退可分为急进和渐进两种过程,例如 6 月中旬、7 月下旬和 9 月初是季风速进和退的变化时期。雨带的位移也以渐进和急进两种方式交替进行,它的 3 次急速移动和季风的迅速进退是一致的。而江淮流域的梅雨、华南和东北的雨季起讫都与雨带的渐进密切相关。另外,东亚同纬度地区雨季的起讫日期,东边比西边要早一些。

表 5.1 雨季起讫日期和季风进退日期的比较(高由禧 等,1962)

项目	华南起讫日期	华中起讫日期	华北起讫日期
雨季	4 月 30 日—9 月 21 日	6 月 9 日—9 月 5 日	7 月 10 日—8 月 28 日
夏季风盛行起讫日期	4 月 26 日—9 月 27 日	6 月 10 日—9 月 12 日	7 月 10 日—9 月 2 日

5.4 气候的地理分布

地球上的气候有着明显的空间上的区域性分布，这是气候系统受太阳辐射和地球重力作用及各个子系统之间相互作用的结果。影响着地球上自然地理环境的形成与分布，使地球的自然环境变得更加丰富多彩，也就有了纷纭繁杂的自然生态环境和生物多样性。各地的气候特征既有相似之处，又有不同特点，形成了各种各样的气候环境。与这些气候环境相适应，就产生了地球上纷纭复杂的地貌、植被、生物种群。人类一方面适应不同的气候环境，又同时利用不同的气候资源，于是产生了多姿多彩的文化与文明。尽管如此，仍有规律可循，很多专家学者提出气候类型分类的方法，将世界各地不同的气候特征划分为不同的类型(图略)，其中以柯本分类最为著名。

前面我们已经清楚了气候系统中的能量、大气运动及气候要素在空间上的分布都具有一定带状特征，这种带状分布近似于与纬圈一致，因而使气候的差异也具有一定的带状特征，即为气候的地带性。由于受海陆分布、地形、地貌、植被等的影响，气候要素的空间分布也常偏离纬向地带性特性，甚至形成不同空间尺度的闭合区。这种破坏带状特征的现象称为气候的非地带性。正是由于气候的地带性和非地带性，使得地球上气候的空间分布极其复杂。

5.4.1 气候的地带性

太阳辐射在地球上的不均匀分布，使得从低纬度地区到高纬度地区的热量分布也不均匀，且与纬度有明显的一致性。古希腊人就曾注意到这一点，并在23.5°(黄赤交角)的纬度和66.5°的纬度处将地球分为热带、南、北温带，南、北寒带共五个气候带。热带地区太阳一年有两次出现于天顶；温带地区太阳永远不会出现在天顶，但太阳照射的时间长度冬、夏季有显著差异，夏季长、冬季短；寒带地区太阳高度角很低，冬半年有极夜现象。这种完全由于太阳辐射在地球上投射角不同所造成气候差异称天文气候带。

如果在天文气候带的基础上进一步考虑温度的分布和变化，可更详细地划分气候的地带性常称为纬度气候带。

① 赤道带：位于南北纬10°之间，占地球面积17.36%。在此带内全年正午太阳高度角都较大，一年中正午有两次受到太阳直射，在一年内昼夜长短几乎相等。因此全年受到太阳辐射最强，年变化小。温度的年变化也小。

② 热带：位于纬度10°—25°，于南、北半球中各占地球面识的12.45%，夏半年受热最多，大部分地区一年内中午有两次受到太阳直射的机会(＞23.5°的地区除外)，

太阳辐射年变化稍大于赤道带,但较小。

③ 副热带:位于纬度25°—35°,在南、北半球各占地球面积的7.55%,是热带与温带间的过渡地带,也可称为亚热带。这里水平面上,已不可能有太阳直射的机会。

④ 温带:位于纬度35°—55°,在南、北半球各占地球面积的12.28%。全年天文辐射的季节变化很显著,有四季分明的特点。

⑤ 副寒带:位于纬度55°—60°,在南北半球各占面积的2.34%。是温带与寒带的过渡地带,也可称为亚寒带。此带昼夜长短差别大,但无极昼、极夜现象。

⑥ 寒带:位于纬度60°—75°,在南北半球各占地球面积的5.0%,此带一年中昼夜长短差别更大,准极圈以内有极昼、极夜现象,全年天文辐射总量显著减小。

⑦ 极地带:位于纬度75°—90°,在南北半球各占地球面积的1.7%,此带昼夜长短差别最大,在极点半年为昼,半年为夜。即使在昼半年正午太阳高度亦甚小,是天文辐射日变化最小,年变化最大的地区。

考虑到大气环流的特点及风系、降水的不同分布特征。还可分为下列不同的气候带,即:

① 热带辐合带——赤道气候带

② 热带辐合带与信风带交替控制带——热带干湿气候带

③ 信风带——热带气候带

④ 信风带与西风带交替控制带——温带干湿气候带或称副热干湿气候带

⑤ 西风带——温带气候带

⑥ 西风带与极地东风带交替控制——寒温带气候带

⑦ 极地东风带——寒带气候带

低纬度气候带包括赤道气候带、热带气候带、热带干湿气候带。主要受赤道气团和热带气团所控制,全年地表净辐射量大,气温全年高,最冷月平均气温也在15~18 ℃以上。影响气候的主要环流系统有赤道辐合带、信风、赤道西风、热带气旋和副热带高压。

中纬度气候带包括副热带气候带、温带气候带。是热带气团与极地气团相互作用强烈的地带。一年中地表净辐射季节变化大,春、夏、秋、冬四季分明。影响气候的主要有极锋、盛行西风、温带气旋和反气旋、副热带高压和热带气旋。

高纬度气候带包括寒温带、寒带。受极地气团和冰洋气团控制,地表年净辐射量为负值,所以气温低,无真正的夏季。

5.4.2 气候的非地带性

气候的非地带性有两方面因素,一是水平方向上由于地球表面海陆分布不均匀,洋流及陆地表面地形的复杂性,使气候的地带性受到明显的破坏,这尤其表现在海陆交界处和大地形影响的地区。二是大地形在垂直方向上由于温度、降水随海拔高度的变化，使山地的坡地上水热条件有差异，而形成坡地上气候随海拔高度而有变化。事实上在小地形条件下气候特点也是有变化的，从而形成各种地形条件下的局地小气候，就形成各自独特气候资源，也就生长着各种各样的生物，如各地的名、特、优产品。目前各地的气候资源开发利用更应着重注意这种局地小气候对生物适宜性的研究，加以引种形成规模，以利于农村经济的发展。这方面的内容在小气候学、山地气候、局地气候等文献中有详细介绍。

(1)气候的水平非地带性

首先由于海陆分布，靠近海洋的地区通常空气湿度大，降水量也多，逐渐向内陆减少。如中国东部的华北沿海逐渐向西到新疆，都处于温带气候带，但年降水量由 600～800 mm 逐渐向西减少到新疆塔里木盆地只有 50 mm，在天山南坡甚至小于 20 mm，形成由沿海的湿润气候逐渐过渡为干燥气候。欧亚大陆的东、西两岸的温度、降水等差异显著，这一点在第 6 章中有较多的阐述。欧亚大陆有内陆半干燥和干燥气候，在温带内陆南缘和东缘，受山地、高原阻挡的作用使印度洋、太平洋水汽无法深入，加上西风至此已成强弩之末，因而扩大了干燥区的控制范围，形成世界上纬度最高的干燥气候地区。

欧亚大陆东岸的季风气候，这首先由于太平洋、欧亚大陆的物理特性巨大差异，冬、夏季海陆热力作用显著不同破坏了正常的大气环流。夏季，风从海洋吹向陆地，暖热多雨；冬季，风从大陆吹向海洋，凉冷干燥。这种东岸的季风气候代替了正常的东岸气候类型，破坏了东岸的气候地带性。同时，在暖洋流沿岸的陆地是湿润气候，在冷洋流沿岸的陆地则为干旱气候。

其次高大山脉的存在对气流运行的机械动力作用及热力作用，不仅影响局地山区气候，往往对大气环流产生影响，使山脉两侧较大的水平范围内气候状况产生很大差异。如温度、降水、云况、湿度、局地环流以至积雪分布都有明显的表现，在地面景观、植被也都有相应的差异。气候学中将这一由于地形而引起气候的水平差异现象，称为大地形对气候的屏障作用，即山脉是气候的分界线。尤其是那些山脉走向与盛行风向交角很大的高大山脉更为显著。秦岭山脉呈东西走向，位于中国中部，高度在海拔 1500～3000 m，其北坡陡峭，南坡较缓，正是它阻碍了冬季风的南下和夏季风的北上，致使秦岭山脉南北两侧的气候截然不同，成为中国气候上的一条重要的分界线(表 5.2)。秦岭南坡，云量多，湿度大，气温高，最冷月平均气温都在 0 ℃以上，气温年较差小；南侧的汉中、安康降水比在北侧西安、宝鸡多 100～200 mm，而北坡相反。因此以秦岭为界，南坡为典型亚热带气候，可以生长柑橘、棕榈、油桐、漆树等亚热带植物；而秦岭以北侧为暖温带气候，只生长针叶树种如松、柏及落叶阔叶树。

表 5.2　秦岭南北两侧的气候差异

站点	年降水量(mm)	气温(℃)	水汽压(hPa)	最高气温(℃)	最低气温(℃)	气温年较差(℃)	总云量
西安	580.2	13.3	11.5	41.7	−20.6	28.0	6.2
宝鸡	701.0	12.8	12.4	41.7	−16.7	26.5	6.4
安康	899.3	15.7	14.2	41.7	−9.6	24.6	7.2
汉中	889.7	14.3	14.5	38.0	−10.1	23.9	7.4

高大、突起的喜马拉雅山作为一条典型的气候分界线使南、北两侧的气候发生极为显著的差异，南侧是典型的热带季风气候，北侧为高寒荒漠气候。喜马拉雅山作为夏季西南季风的高大屏障，使位于迎风坡的乞拉朋齐成为世界上降水最多的地区之一，平均年降水量达 l1437 mm，最多的一年竟高达 26460.1 mm。在喜马拉雅山北坡与乞拉朋齐几乎处于同一经线上的西藏高原隆子(28°25′N，92°33′E，3860 m)年降水量仅有 279 mm，二地相距三个纬度，降水量相差竟高达 40 多倍。由于喜马拉雅山对冬季风的阻挡作用，使南亚大部分地区冷季比纬度相当的中国东南沿海一带要温暖得多。如加尔各答(22°32′N，88°20′E，6 m)1 月平均温度为 20 ℃，而大体同一纬度的广州(23°08′N，1133°19′E，6.6 m)只有13 ℃，低 7 ℃，拉合尔(31°33′N，74°20′E，21.1 m)1 月平均温度为 12 ℃，位于同一纬度的上海(31°10′N，121°26′E，4.4 m)只有 4 ℃，低 8 ℃。不仅冬季，年平均温度南亚地区比中国东南沿海同纬度地区高出 5～8 ℃。

山脉成为气候的分界不仅亚洲表现突出，其他各地也多如此，如北美洲南北走向的科迪勒拉山脉，阻碍来自太平洋的西风气流成为北美的一条重要的气候分界线。南美洲的安第斯山脉东坡为迎风坡湿润，西坡背风坡干燥少雨多沙漠。非洲的阿特拉斯山脉是西北非洲的重要的气候分界，北面是肥沃的草原，南面则为著名的撒哈拉沙漠。其他诸如斯堪的维亚山脉、阿尔卑斯山脉都是气候的分界线。

一些山脉虽然不高，对寒潮也有阻挡作用，如中国南岭、武夷山以及云贵高原等。

(2)垂直非地带性

山脉不仅在水平方向上可以成为气候的分界线，而且在垂直方向上也同样表现出具有明显差异的垂直气候带的分布(也有人认为应称为垂直气候分层)。这种气候的垂直分层现象还明显地从植被、土壤等自然景观的分布上反映出来。这尤其在赤道和热带地区的一些高大山脉，从山麓到山顶往往可以出现热带、温带和寒带三种不同气候带的植物种类分布。珠穆朗玛峰南坡地处热带，其气候的垂直分层最为完整。由山麓的热带雨林随山坡海拔高度增加，垂直气候分层十分明显。如从位于热带的云南西部高黎贡山的植被分布看来具有不同的坡向，植被的分布并不相同，东坡较西坡为干，出现适应于较干气候的干性松林和落叶林带（图 5.19）。东坡出现北热带、南亚热带、中亚热带、北亚热带、南温带、中温带、北温带 7 个气候带类型。西坡出现中亚热带、北亚热带、南温带、中温带、北温带 5 个气候带类型，山顶为北温带。各个气候带分布高度上限，西坡比东坡中亚热带低 350 m，北亚热带低 200 m。南温带低 50 m。与云南省其他地方相比，高黎贡山各个气候带分布高度上限东坡要高 200～400 m，其原因是东坡地处河谷地带，导致冬春气温显著偏高。另外，东坡受焚风效应影响，也是气温偏高。西坡因处于暖湿气流迎风坡，雨量多，加之海拔稍高，故积温相应较少，未出现北热带和南亚热带。高黎贡山东坡、西坡山地垂直气候带及其植被、作物、熟制等示意图如图 5.19 所示。

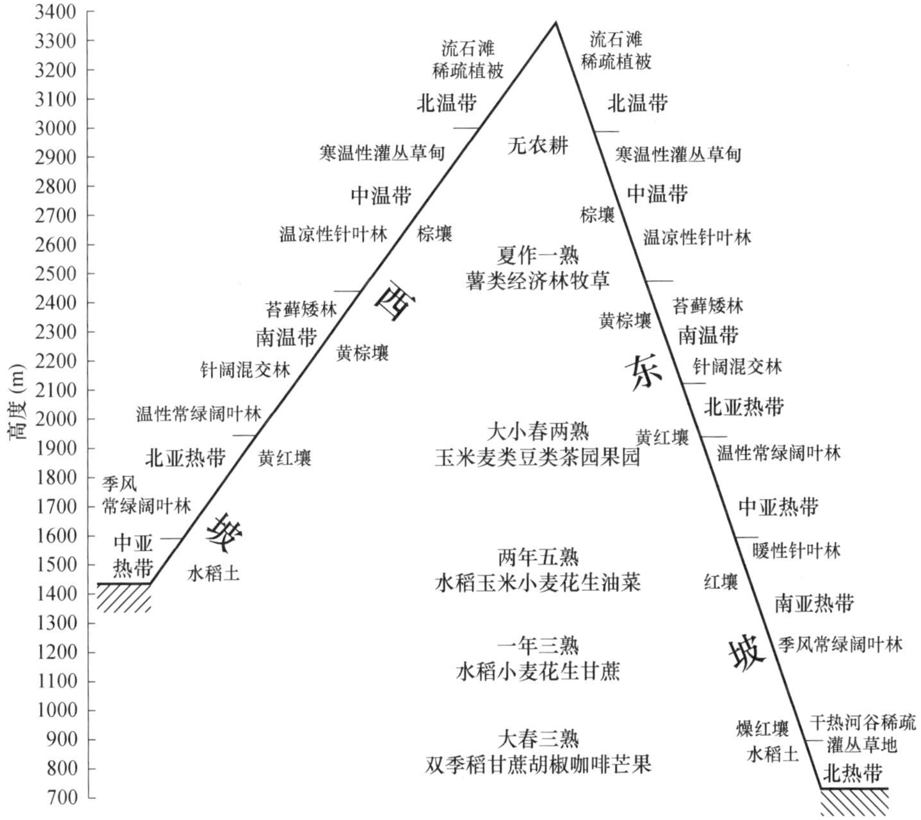

图 5.19　高黎贡山东坡、西坡垂直气候带与植被、作物、熟制示意图（王宇，2006）

长白山和天山所在纬度相近（42°N 左右），但经度不同，不仅在气候与植被的垂直分层不相同，而且还表现在相似的气候带所处的高度不一致。这种差异在我国北方大致为由东向西,随着经度的递减而大陆性气候逐渐增强,因而在不同经度上山地垂直气候分层的基部就表现为不同的气候类型。

这种垂直气候带的分布随山脉的地理位置(纬度、经度、离海距离远近)、山麓的海拔高度等情况而所不同。某一山体的垂直气候分层也反映了该山体所在纬度和经度的水平特征,即气候垂直分层的表现是从属于气候水平地带性特征的,在二者相互关系中,气候的水平地带性特征是基础。如天山南坡自下而上的垂直气候带则是沙漠、草原、森林、高山草原、苔原、冰雪带等的垂直分布。而位于拉丁美洲赤道带的安第斯山脉,从山麓到山顶则分别为热带作物带、暖带咖啡带、温带谷物带、原始森林带、高山草地带和永久积雪带等六个气候带(植物带)。

但需要指出的是,气候的非地带性是发育在气候的地带性基础上的。即由于太阳辐射差异的地带性,使各类气候带的非地带性因温度的南北分布而又统一在地带性中,所以气候的地带性与非地带性既有统一的一面,又有差异的特点。

(3)气候带的自然景观

气候是自然环境之一,并由此而形成相应于不同气候特征的植被、土壤等自然景观。植物受气候的影响最为直接,最为显著。植物的类型分森林、草原与沙漠,是由气候的湿润情况而决定;植物的区系,在森林中分常绿阔叶林、落叶阔叶林与针叶林,在草原中分热带草原与温带草原等,这些则由气候的热量情况而决定。自然植物在温度的基础上分成:需要连续高热充分湿润的热带植物;要求相当热量,能忍受短期寒冷与干旱的副热带植物;要求热量不高,能忍受长期寒冷的温带植物;生长在平均温度低于 0 ℃的极地低矮植物。

植物的分布受热量和湿润条件的共同影响。Whittaker 用年降水量与年平均气温很好地概括了地球上植物群体分布与水热条件之间的关系(图 5.20)。

其次,气候也是土壤形成的基本动力。从母岩经过气候所引起的风化过程时形成土壤,以及由气候所引起的淋余过程使土壤成分发生改变等。都足以表明土壤主要由气候所支配,因此也产生可气候相适应的地带性分布。在降水超过蒸发的湿润气候地区,淋余过程将易溶的物质受到冲刷,使土壤中缺少钙质而富有铁铝成分,所以土壤中多少带有酸性反应。反之,在降水低于蒸发的干旱气候地区,土壤中易溶物质不受冲刷而富于钙质,所以土壤具有碱性反应。

可见,气候的分布决定着植被、土壤的分布,因此也支配着自然景观的分布,决定自然景观的特征。如:

① “雨林”是由许多不同种属的高耸的常绿阔叶树所组成,这些树林上有着大量寄生攀缘植物,以致树冠茂密而不易透光。雨林地区的气候特征是持续的高温多雨。

② 热带丛林是雨量较雨林少一些或有一个干季的热带地区,树林不十分稠密,也不十分高大。它与寄生攀缘植物及长得很密的低矮灌丛组成热带丛林景观。

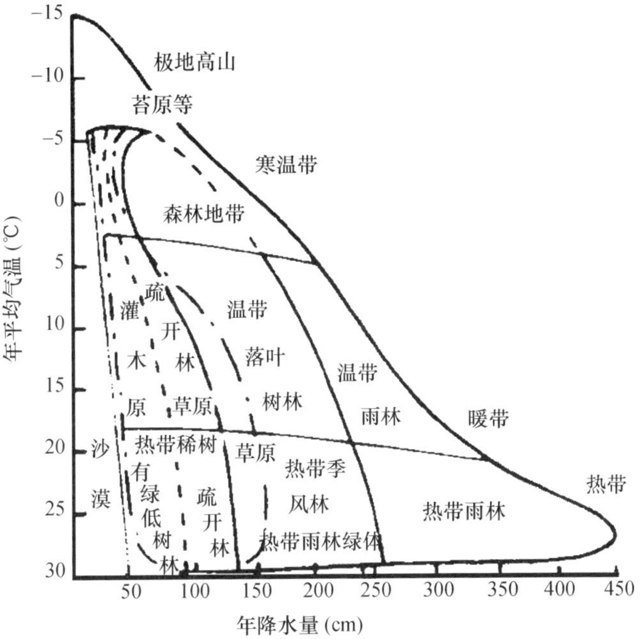

图 5.20　世界生物群体类型与水热条件的关系(Whittaker,1975)

③ 热带草原是热带开旷平坦的高草草原,其间偶有树木与灌木,这景观的气候特征是高热与一个持续较长的干季。

④ 草原是指暖热气候或寒冷气候的半干旱地区,没有树木,只是广泛地生长一层不甚高的浅根草被。

⑤ 沙漠是指降水极其不足的地区,植物很少或仅仅零星地长些耐干的植物。

⑥ 泰加,这是最初用在西伯利亚有着沼泽地的辽阔针叶林带,后来推广到北纬 50°—65°欧洲与北美的相应地区。

⑦ 苔原为极地平坦或稍有起伏的平原,没有树木,仅仅长着少数苔藓一类植物。气候寒冷,但不是终年冰冻。

⑧ 冷原也称冰原,指极地终年积雪部分。

气候带的自然景观,不仅为各种生物提供了生存的生态环境,有着丰富多彩的生物生境,生存着各种生物,满足全人类生存需求;而且是重要的旅游资源。

※ 思考题

1. 大气的平均状态是否随时间变化?为什么需要了解大气的基本状态?

2. 气温和位温的垂直分布及其季节变化有何异同点?
3. 大气的角动量输送有何特征与作用?
4. 哈得来环流、低层副热带高压的季节变化有什么特点?两者是否有联系?
5. 为什么亚洲副热带西风急流的急流核经常出现在东亚沿岸上空?
6. 简述热带大气季节内振荡的主要特征,它可能有哪些应用价值?
7. 海陆分布和地形对季风形成有何作用?
8. 为什么东亚季风有别于南亚季风?
9. 如何描述季风的强弱?各季风指数的定义有何物理依据?
10. 气候的分布为什么既有地带性又有非地带性?

第6章

海气相互作用

海气相互作用是发生在大气与海洋界面上的动量、能量、物质的交换过程。海洋-大气相互作用的研究已成为世界科学团体密切关注的重要科学问题，取得了十分迅速的发展。海气相互作用已被公认为气候研究的一个前沿课题。世界气候研究计划（WCRP）明确指出："几年到几十年的气候变化及其预测问题只有在充分了解全球大气和海洋的耦合动力学的基础上才有可能解决。"把海洋过程和海气相互作用的研究列为实现该计划所确定的年际和十年以上两个时间尺度的气候问题研究的最重要途径。大量的观测事实和理论研究证明，海洋在几乎所有时间尺度的气候变化中起重要作用。

6.1 海洋在气候形成和变化中的重要性

6.1.1 海洋是大气热机运转的主要能量供应源

据计算，海洋面积很大，吸收的太阳辐射量占全球吸收的太阳辐射量的70%以上，且将其中的85%左右贮存在海洋表层。这部分能量再以长波有效辐射（21%）、潜热（23%）和感热（7%）交换的形式输送给大气，成为大气运动的直接能源。海洋热状况的变化和海洋蒸发强度的变化等将直接影响大气中能量和水汽时空变化，影响气候。同时，海洋在经向热输送中有重要贡献。为了维持地球大气系统高、低纬度的能量平衡，必须有低纬度向高纬度的热输送。根据卫星观测的地气系统辐射收支间接推算和由海洋、大气观测资料直接计算的结果，全球平均而言，海洋承担了将近33%的热量经向输送任务，其余的67%为大气所承担。因此，如果没有海洋输送，高、低纬度间就不可能维持能量平衡。

6.1.2 海洋能够对全球水分循环产生重要影响

海洋包容了全球几乎所有的液态水（97%），大气中的水汽含量虽只占总水量的0.001%,陆地上的水含量也不到海洋水含量的1/30,只是由于陆表水循环对人类活动特别是农业生产有着强烈的影响,因而过去人们关于水循环的讨论多集中在和陆表过程相联系的这一相当小的部分。据估计,全球蒸发的86%、全球降水的78%是集中在海洋上的,海洋作为水汽之源,其蒸发和降水状况的微小变化,就足以引起相对较小的陆表水循环的剧烈变化。例如,如果降到大西洋的雨水有不到1%集中到中美洲,则密西西比河的水流量将增加1倍。

6.1.3 海洋对大气运动具有重要的调节作用

海水具有巨大的热惯性.海水比空气和土壤的比热容要大得多,1 g 海水升温1 ℃所需要的热量为3.9 J,此热量可使相同质量的土壤升温1.9 ℃,可使同质量的空气升温3.9 ℃。因此,海洋比陆地特别是比空气具有更大的热惯性,是一巨大的热量存储器。同海洋的热力学和动力学惯性相联系,海洋的运动和变化具有明显的缓慢性和持续性。海洋的这一特性,一方面使其具有较强的"记忆"能力,可以通过海气相互作用,把大气的变化信息贮存于海洋中,然后再对大气运动产生作用;另一方面,海洋的热惯性使得海洋状况的变化具有滞后效应。例如,海洋对太阳辐射季节变化的响应比陆地要滞后1个月左右,表层海温的变化滞后于太阳辐射季节循环6周左右。另外,通过海气相互作用,还可以使高频率的大气变化减频,使其频率变低后再作用于大气,在净效果上,相当于大气中的较高频变化转化成为较低频的变化。

6.1.4 海洋对温室效应具有缓解作用

海洋尤其是海洋环流,不仅减少了低纬大气的增热,使得高纬大气变暖,降水量也发生相应的改变,而且由于海洋环流对热量的向极热输送所引起的大气环流的变化,还使得大气对某些因素变化的敏感性降低。如海洋能吸收大气中CO_2,大气中CO_2含量的增加所引起的温室效应,就因海洋的存在而被减小,使全球气候变暖的速率得以减缓。

海气相互作用是长期天气和气候变化的重要因素,它的基本含义是海洋通过加热影响大气运动,大气运动通过风应力对海流产生影响,使海水产生风吹流和上翻运动,使海温分布发生变化,从而影响到加给大气的热量。而海气相互作用的重要过程都是在海洋和大气的界面上完成的,即各种物理量的转换是在气体与液体这两种流体界面上完成的。其中主要的物理过程包括能量交换、动量交换和物质交换过程。能量交换包括短波与长波的辐射过程,感热交换、蒸发潜热交换过程。动量交换过程,即大气运动给海面以应力向海面输送水平动量的过程。一部分形成风浪的动能,一部分形成海流动能。此外,物质交换过程也是海气界面上的重要过程。蒸发与降水的水分交换以及二氧化碳和氧气在大气与海洋之间的物质交换等。

6.2　海陆物理特性的差异

6.2.1　海陆热力性质的差异

由于海水的热容量比土壤大得多，所以海洋是一个巨大的热库。海水的容积热容量约为空气容积热容量的3100倍，也比土壤的容积热容量大2～3倍。单位容积的海水温度降低1 ℃所释放的热量比同样容积的土壤降低1 ℃所释放的热量大2～3倍。即1 m^3 海水温度降低1 ℃所释放的热量足以使3100 m^3 的空气温度升高1 ℃，而1 m^3 的土壤温度降低1 ℃所释放的热量只能使1500 m^3 的空气升温1 ℃。海洋与陆面热力学特性不同的另一重要方面，是海水有铅直混合作用（主要有海水分子混合、海水涡动混合、海水对流混合）及大规模海流的水平运动，将大量的热量向深层和远处输送。

因此，海洋有更大热贮存能力，在相同的时间间隔内，水体和土壤如果温度增加同一个度数，则水体中所贮存的热能要比土壤中贮存的热能大一倍以上，而在吸收和放出同样的热量时，陆地的增温和冷却速度比海洋快一倍以上。所以海洋表面温度变化的位相落后于大陆，由春到夏海洋升温落后于大陆，由秋到冬海洋降温也比大陆慢。使海洋温度的年、日变化大大小于陆地，具有较大的热惯性。暖季，大陆增温快，成为热源，海洋是冷源；冷季，大陆冷却快，成为冷源，海洋是热源。

6.2.2　海陆表面辐射特性的差异

海陆表面对辐射的影响首先反映在反照率的差异上。水面的反照率比陆面的反照率小，特别是当太阳高度很大时更如此。由实际观测数据，从海洋冰体边缘到赤道地区的海面上，平均反照率从5%到10%～14%，海水表面的平均反照率通常取5%～6%。陆面上无雪被时的平均反照率为10%～30%，比水面大得多。卫星测定的反照率表明，从赤道到两极，反照率是增加的，在同一纬度上海洋反照率小于大陆，海洋吸收辐射比陆地上大10%～20%。这是很可观的差异。海面反照率还受海水性质、海面状况的影响。在极地海冰的反照率较大，由脏水海面的小于40%变化到新雪覆盖海面的反照率90%，Maykut提出冰盖的平均反照率为60%。

海水是一个有一定透明度的流体。这对于海洋吸收、贮存能量有重要意义，太阳辐射可透射到深达约100 m的海水，而陆面的透射率极小，不到1 mm。

由上述海陆表面反照率不同，吸收辐射的不同，使海陆表面的净辐射收入也不同，且海洋大于陆面。这在前面的全球辐射平衡图中可清楚地看到海陆交界处地表净辐射是不连续的，在各纬度上均表现为海洋大于陆地（表6.1）。在南、北半球的40°N纬度以内的低纬度地区,海洋平均净辐射远远大于陆地。全球年平均,海洋净辐射为3810 MJ/m^2,陆面为2093 MJ/m^2,海洋比大陆大1717 MJ/m^2,这是很大的能量差异。

表6.1　海陆表面太阳总辐射和净辐射的比较(MJ/(m^2·a))(布德科,1956)

纬度	陆地		海洋	
	Q	R	Q	R
70—60°N	3517	921	3140	963
60—50°N	4187	1340	3768	1800
50—40°N	5317	1884	4731	2680
40—30°N	6490	2428	5945	3768
30—20°N	7327	2680	7034	4647
20—10°N	7578	3098	7411	5066
10—0°N	6615	3308	7411	5191
0—10°S	6280	3308	7578	5317
10—20°S	6908	3140	7411	5108
20—30°S	8080	2972	6908	4564
30—40°S	6741	2596	6029	3852
40—50°S	5108	1842	4857	3104
50—60°S	3601	1465	3643	1926
全球	5778	2093	6029	3810

6.2.3　海陆向大气热量输送的差异

海陆的感热输送取决于海陆表面与大气之间的温度差值,同时也与风扰动有关。由于海陆性质的差异,陆地土壤热容量小,海洋热容量大,且能将热量进行水平和垂直输送。因此,陆面增温快,海洋增温慢。于是陆面有较大的地气温差,有较多的感热输送。在南、北半球的低于50°的中、低纬度的地区,平均感热输送陆地大于海洋,尤其在副热带地区表现得更为明显。

由于海陆表面性质的不同,蒸发耗热有很大差异。海洋有充分的水供给,海洋蒸发是海水散热的主要途径,大约消耗海面吸收太阳辐射的50%以上。而陆地上蒸发量的大小,不仅取决于空气的温度、湿度、风速,还取决于土壤的水分供给。陆地土壤水分的分布极不均匀,使陆地蒸发耗热的分布也很复杂。干燥地区,尽管有大量的太阳辐射,却蒸发耗热极少。南、北半球各纬度上,海洋蒸发耗热均大于陆地,这在南、北纬度 10°—40°的范围内最为显著(表 3.5)。就全球而言,海洋平均蒸发耗热比陆地大 3 倍以上。

地球下垫面向大气输送的热量中海洋的热输送量是主要的。在 0°—20°N 区域输入大气的热量比 60°—70°N 区域输送的多 8.0—8.4 倍,正是这个热力差造成了纬向的大气环流。由表 3.5 可知北半球在纬度小于 60°N 的广大区域,海洋向大气的热输送是主要的,尤其在赤道地区海洋的热贡献达 85%,就平均而言,北半球海洋向大气的输送占 75%。南半球海洋面积更大,其对大气的热贡献必然更为显著。海洋向大气输送以洋面的潜热输送为主。在低纬度潜热交换是感热交换的 10 倍以上。北半球的热带和亚热带(0°—40°N)来自海洋的总热量几乎完全依赖于潜热输送。而且海洋向大气的潜热交换空间变化相当大,潜热交换量最大的发生在北半球的墨西哥湾流和黑潮地区。海面潜热交换量的年总值也总是由秋、冬季的潜热交换所决定。

此外,南、北半球各纬度海陆分布很不均匀。地球总面积为 51000 万 km^2,其中海洋面积为 36105 万 km^2,占 70.8%。北半球海洋面积占北半球面积的 60.7%,南半球海洋占 80.9%(图 6.1)。总体看来,由于海陆物理性质的差异引起的温度对比在北半球显得更为突出。

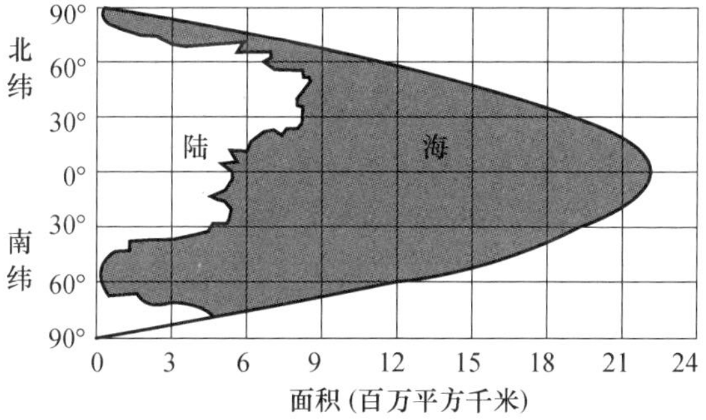

图 6.1　海陆面积随纬度的分布(Tchernia,1980)

6.2.4　海陆表面摩擦阻力的差异

陆地上有着复杂的地形起伏,粗糙度大,对大气运动的阻力较大,对风的削弱显著;海面则比较平滑,粗糙度小,阻力小,海面上平均风速比陆地大。由台风陆登后风速减弱可以看出海陆地表摩擦的差异。据朱瑞兆等分析,中国台风登陆后进入陆地 50 km 时,风速减小到 72%,100 km 处,减到 55%(表 6.2),足见风速削弱之快。

表 6.2 台风登陆后风速削弱的百分比

离海岸距离(km)	0	10	15	25	50	100	150
台风登陆后风速比(%)	100	97	86	86	72	55	47

6.3 海陆分布对气候的影响

6.3.1 海陆分布对气温的影响

海洋和陆地物理性质的不同,在辐射和热量平衡过程中,海洋增温或冷却比大陆慢。海洋既能储存大量的热能,又能将储存的热量释放出来,因此海洋是一个巨大的热量存储器,又是一个温度调节器,与同纬度的大陆相比,它具有冬暖夏凉的特性。因此,在同一纬度夏季,海洋相对大陆来讲是个“冷源”,大陆是“热源”,而冬季情况相反。由于下垫面海气热量交换过程与陆气热量交替过程不大相同。海洋向大气输送潜热平均约相当于感热的 8 倍,而大陆上潜热输送和感热输送大体上相当。这些差异,必然将导致海陆温度的显著对比。

由表 6.3 所示,海陆气温的差异是十分明显的。从海平面到对流层上层均有表现,1 月亚非大陆上气温都比太平洋上气温低,而 7 月情况相反。海陆气温差异的大小,又因纬度和季节而有不同。冬季中高纬度海陆温差大,而夏季则以中低纬度海陆温差大,大约在 45°N 为转折点。

表 6.3 在 30°N 不同高度上海陆气温及其差值(℃)

等压面(hPa)	月	①亚非大陆	②太平洋	①—②
海平面	1	9.2	12.5	−3.3
	7	31.2	24.7	6.3
850	1	5.5	6.5	−1.0
	7	24.0	16.4	7.6
700	1	−1.3	−0.3	−1.0
	7	13.9	8.6	5.3
500	1	−16.5	−14.5	−2.0
	7	−4.3	−6.8	2.5
300	1	−41.8	−38.3	−3.3
	7	−28.1	−33.0	4.9
200	1	—	−51.5	—
	7	−46.5	−53.4	7.1

6.3.2　海陆分布对环流的影响

(1)海陆分布对西风扰动的影响

海陆分布所造成的不均匀加热和温度梯度主要是沿纬圈方向的，这种沿纬圈的温度梯度叠加到沿经圈的温度梯度上使得纬向的温度场发生经向扰动。海陆分布对气温的影响不只局限于地面层，通过空气的乱流混合可以影响到整个对流层，并反映到对流层的气压场上来。冬季大陆是冷源，使其上面的空气变冷，海洋是热源，使其上面的空气变暖，当空气由海洋移向大陆时，在陆面上不断冷却降温，常在大陆东岸形成温度场中的冷舌和高度场中的高空低压槽。冬季亚洲和北美大陆东岸的半永久性低压槽(亦称锚槽)，就是在大陆的冷却作用下形成的。当空气离开大陆在海洋上运行时，不断受热增湿，常在大洋东部形成暖舌和相应的高空高压脊(图 6.2)。夏季情况与冬季相反，大陆东岸容易出现高空脊，大洋东部容易出现高空槽。可见海陆分布引起的不均匀加热可以在一些特定的地理区域上产生西风带的扰动。

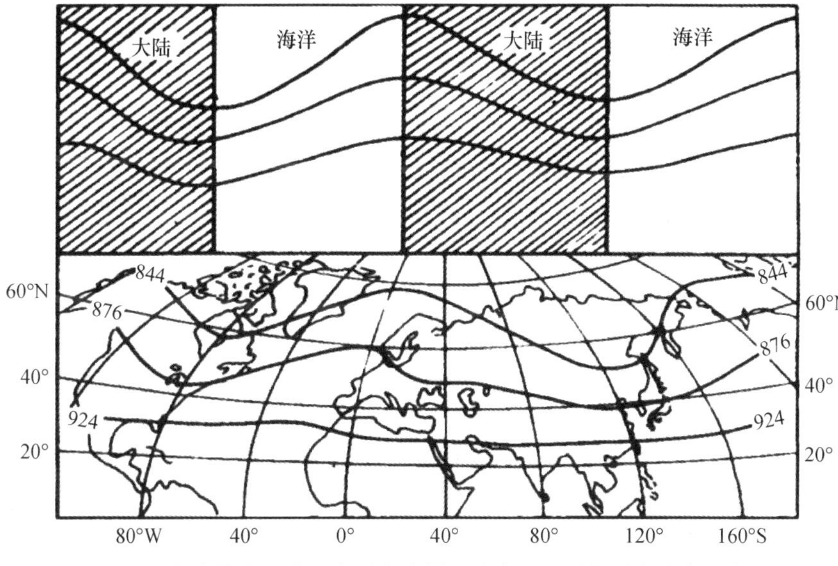

图 6.2　海陆热力影响下冬季定常槽百分率和 ΔT_{1000}^{300} 厚度分布示意图

(2)海陆分布对季风的影响

冬季海洋上的温度高于陆地，使大陆上空气冷却形成冷高压，海洋上形成暖低压。夏季相反，大陆上形成热低压，海洋上形成高压中心。亦即冬季北半球分别为冰岛低压、阿留申低压、北美高压和蒙古高压，夏季太平洋副热带高压、大西洋亚速尔高压、北美大陆低压、亚洲的印度热低压。这种海陆面上的气压系统的季节性变化,正是季风形成的直接原因。夏季大陆上气压比海洋低,气压梯度力为由海洋指向大陆,因而气流由海洋吹向大陆,空气潮湿、温和;冬季则相反,大陆上的气压比海洋上高,气压梯度力为自大陆指向海洋,气流是由大陆吹向海洋,空气寒冷、干燥,这在第 5 章已有详细阐述。

6.3.3 海陆分布对降水的影响

海陆分布对降水的影响比较复杂,要形成降水,不仅需要有大量的水汽条件,还需要有动力因素。通常夏季大陆上空气流较不稳定,尤其夏季午后,容易形成对流雨,而冬季大陆上空层结较稳定,降水较少,所以大陆上多夏雨。海洋上,冬季夜间水温相对较高,洋面上空气温直减率大,层结不稳定,有利于对流雨形成;夏季海洋上情况相反,水温相对较低,空气层结稳定度较大,不易形成降水,所以海洋上以冬雨、夜雨较多。

另外,海洋上的降水绝大多数是气旋雨。在副热带洋面,多下沉气流,空气层结稳定,雨量很少,年降水量多在 300 mm 以下。在冷洋流地带雨量甚至在100 mm以下,是海洋上干旱区。而在纬度 40°—60°的海洋上年降水量却在1000 mm以上,这是由于锋面和温带气旋产生的降水。海面平滑,气旋中的反时针环流不易遭到破坏,水汽又甚充分,冬季海洋锋面气旋发达,所以海上气旋降水在冬季尤其丰沛;在热带地区热带气旋盛行的地区,也是海洋的多雨区。

在温带大陆西岸,气旋活动频繁,尤其是冬季,南北气温差异大,锋面气旋最强,气流来自海洋,所以气旋降水特别多,愈向大陆内部,海洋气团变性愈加明显,空气愈来愈干燥,降水量也随之逐渐减少,到了大陆中心形成干旱沙漠气候。北半球大陆面积大,特别是亚欧大陆东西延伸范围很广,内陆地区受不到海洋气团影响,所以,出现大片干旱、半干旱气候区。南半球由于大陆面积较小,内陆干旱区域相应也比北半球小。

在中高纬度,大陆西岸盛行西风,且有暖洋流经过,在海洋气团的长期影响下,一年四季降水分布均匀,雨量丰沛;而大陆东岸则在西风影响离岸风作用下,有冷洋流经过,降水少;在低纬度,则表现为东岸降水多,季节变化明显,大陆西岸则降水较少,常出现干旱区。

6.4 海洋环流对气候的影响

海洋环流是指海水及海水中各种物理量、化学量循环于世界大洋的一种自然现象,简称海流。海流按其成因分为两种:一是受海面风应力作用产生的海流,称为风生海流,就是通常所说的洋流;二是由于海面受热不均、蒸发降水影响所引起的温度和盐度的变化，导致密度分布不均所形成的热力经向环流，称为热盐环流，也称温盐环流。来自海表的风应力、热通量和淡水通量强迫是大洋环流形成的根本原因。

风生流和热盐流的作用区域不同，风生流的影响范围多限于大洋的上层，即在温跃层以上，而热盐流则主要集中在大洋的深层。全球大洋有 10% 的水体受风生流的影响，而 90% 的水体受热盐流的影响。热盐流是由热通量和淡水通量强迫的海流，而风生流则视为由热盐流产生的背景层结的一种扰动，二者共同作用，构成一个闭合的大洋环流体系（图 6.3）。

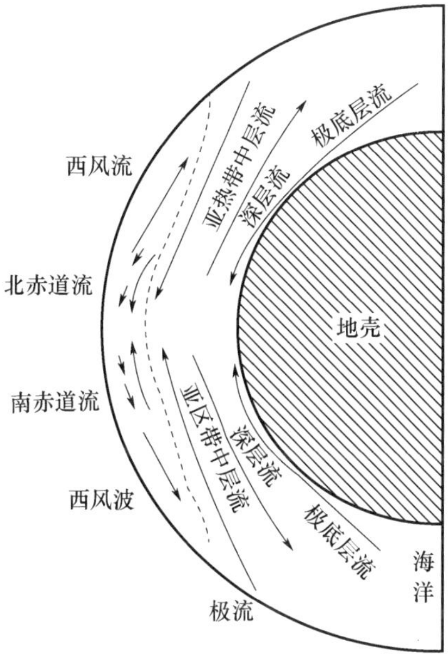

图 6.3　海洋垂直断面循环示意图

6.4.1　风生流

风生海流指广阔的海洋空间中的海水运动经过长时期平均得到并具有较大流速、较稳定流向的海水运动现象，也称为洋流。在水平方向，海流宽度可达 1000 km 以上，流速最高可达 100 cm/s 以上。垂直方向上，通常在中、低纬度海域深层向表层输送海水，流速为 1 mm/d，在高纬度和极地海域，则为大量海水沉向深层，沉降速度很小。可见，风生海流的水平运动比垂直运动强烈得多。

风生海流的主要成因是风应力，大洋上永久性大气活动中心是制约海流的主要因子。受海陆分布影响，由风引起的海流不能沿纬圈流动，主要为绕气压中心运动的大洋环流。在北半球海水围绕高压中心做顺时针方向的流动，形成反气旋性海流,则南半球反之。

北半球反气旋西侧风生海流自低纬度热带地区流向中、高纬度海域,把低纬度的热量输送到高纬度海域,这种因其温度比其流经的海域温度偏高的海流称为暖海流(或暖洋流)。相反在反气旋东侧,由高纬度海域向低纬度海域流动,把较冷的海水输送到低纬度海域。这种因其温度比其流经的海域温度偏低的海流称为冷海流(或冷洋流)。

世界大洋中的海流总是首尾相接,川流不息、循环不止的。各个海流又是互相衔接结成一个完整的海流循环系统(图 6.4)。

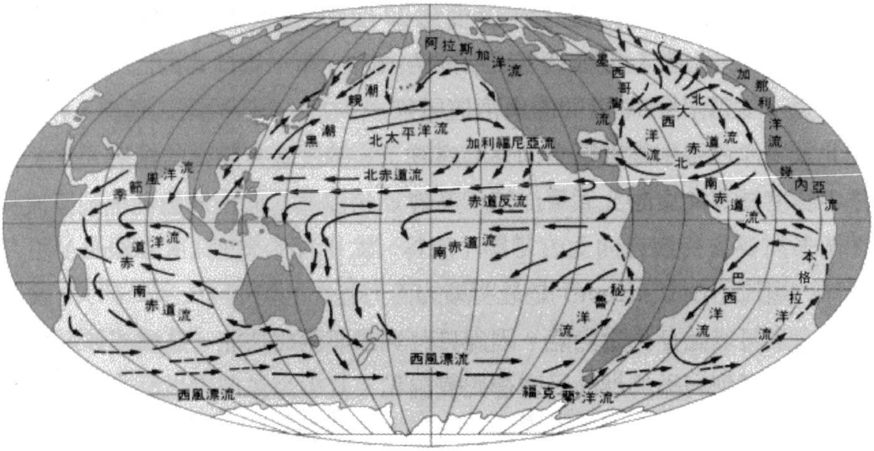

图 6.4　世界海洋循环系统(Stowe K,1995)

(取自 https://image.so.com/i? src=rel&q=)

(1)太平洋海流

太平洋赤道附近存在着自东向西的信风海流,在北半球为北赤道海流,位于10°—22°N,流速为 15～75 cm/s,冬季较大,夏季较小。南赤道流大致沿赤道流动,两者之间为自西向东的赤道逆流,沿着 5°—10°N 流动。北赤道流,在靠菲律宾群岛附近分成三支,一支流向西南,一支转向南方而后向东形成赤道逆流,另一支是北赤道流的主流,向北挺进,流经台湾、琉球群岛,称为黑潮,是一支暖流,在 35°N 附近远离日本海岸东去,形成北太平洋海流,其流速 15～30 cm/s,临近北美西海岸时又分为南北两支,向北的一支称为阿拉斯加暖流,形成北太平洋高纬地带的逆时针海流。向南的一支沿北美西海岸南下,称为加利福尼亚寒流,在 20°N 附近与北赤道流相接形成北太平洋低纬地带的顺时针方向的海流。

南太平洋的南赤道流横贯太平洋中部,其流速为 15～75 cm/s,夏季较大,冬季较小。在太平洋西部分为南北两支,北支向北转向东加入赤道逆流。南支在澳大利亚沿岸形成东澳暖流，并在 45°—50°S 融入横穿三大洋的西风流，流速为 15～30 cm/s。在临近南美西海岸海流，一部分向北形成秘鲁寒流，构成南太平洋低纬地带逆时针方向的大洋环流。

(2)大西洋海流

大西洋纵贯南北半球，其海流系统与太平洋海流系统相似，又有差异。大西洋像是北冰洋与南极大陆之间的“S”形通道，大西洋北部向北冰洋敞开，暖流可以伸入到北冰洋，而北冰洋寒冷的海水又可以南下，这是与太平洋高纬度海流系统的最大不同之处。

北大西洋亚速尔高压的南缘，在东北信风的吹动下形成北赤道海流沿 15°—20°N 流动，流速为 25～50 cm/s。至拉丁美洲东海岸向北沿北美大陆北上，形成著名的墨西哥暖流(也称湾流)。在 40°N 附近由于西风而向东流去，并渐渐呈扇形展开，主要部分流向东北形成北大西洋暖流，浩浩荡荡地越过挪威海，伸入到北冰洋。北冰洋则有寒流进入北大西洋形成格陵兰寒流和拉布拉多寒流，构成北大西洋高纬度海流系统。

南赤道流在南美东海岸附近分成两支，向西北一支进入加勒比海形成墨西哥湾流，向西南一支为巴西暖流，40°S 加入到奔腾的西风海流，42°—48°S 抵达非洲南端，一部分向东流入印度洋，一部分沿非洲西海岸北上成为本格拉寒流。

(3)印度洋海流

北印度洋受大陆影响极大，为地球上季风最发达的地区，在北印度洋形成独特的季风海流。印度洋南部，风向全年稳定，低纬度盛行东南信风，中纬度盛行西风，形成巨大而稳定的反时针海洋环流。10°—20°S，赤道海流自东向西，在马达加斯加附近分成南北两支，向北的一支形成赤道逆流，向南形成厄加勒斯暖流，在 38°—40°S 汇入三大洋的西风海流。

6.4.2 热盐环流

热盐流属于冷水系环流，其形成与大洋水团的形成与分布有关。在两极海域，随着纬度的增高，上层海水急剧冷却，密度增大而剧烈下沉，成为大洋中层、深层和底层水的主要源地。在底层水团中，最为著名的是南极底层水(AABW)，充斥全球大洋底部。AABW 主要在冬季形成于威德尔海和罗斯海。强冷却导致海水结冰，盐析作用令海表盐度骤增而沿南极大陆架下沉，期间与来自南极绕极环流的水团混合形成 AABW，后沿深海向北扩展。相对之下，北极底层水较弱且散布范围小，受白令海峡阻隔，它难以进入太平洋，与大西洋的沟通也因受海槛阻隔而较弱。

深层水团是世界大洋中厚度最大的水团，其体积约占全球海水的 30%，其中最为著名的是北大西洋深层水(NADW)。研究表明，从格陵兰和挪威海溢出的低温、低盐的深层水,对 NADW 的形成具有重要作用。由冰岛—法罗群岛间溢出的海水,形成北大西洋东部的深层水;由格陵兰—冰岛溢出的海水,形成北大西洋西部的深层水。前者几经周折蜿蜒西行,在丹麦海峡南面与北大西洋西部深层水混合,转而向南,经拉布拉多海沿大洋西边界南流。至于印度洋和太平洋的深层水团,根据其溶解氧含量的递减规律,证实它们是源自 NADW 的"老龄水",随绕极流进入印度洋和太平洋。

可见,高纬海水下沉只发生在少数密度相对较大的位置,例如北大西洋北部以及南极大陆架。根据热盐特征,目前观测到的大洋底层水团主要有南极底层水和北大西洋深层水。在大西洋,除 40°N 以北地区以外,在所有纬度上,北大西洋深层水都位于南极底层水之上。如图 6.5 所示,所谓"大洋热盐环流"的概念,实际上是将热盐流与风生流作为一个整体考虑的结果。实际情况远比这一概念图像复杂得多。

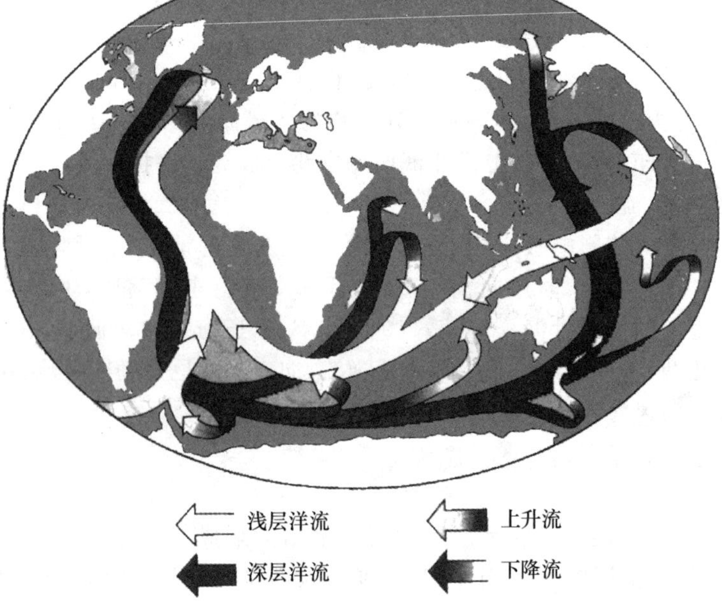

图 6.5 大洋热盐环流示意图(Broecker,1991)

6.4.3 海洋环流对气候的影响

(1)海洋环流的热量输送

第 3 章中图 3.19 是穿过海面的年平均热量的估计,尽管由于资料的不足,不同研究者给出结果亦不相一致,但有一点是一致的。即在赤道附近热通量终年都是进入海洋的(图中正值),在较高纬度,海洋在夏季获得热量,冬季却失去更多热量,以致全年平均净失去热量,为了保持平衡,海流则承担输送热量到较高纬度的任务。而这一任务主要是由热带和温带的海洋环流来承担。

图 3.23 中点虚线是海洋环流的热输送量与大气热输送量的比较。表明在各个纬度带,海洋和大气输送的相对贡献不同,这一点是主要的。在 0°—30°N 的低纬度地区海洋输送超过了大气的输送,最大值出现在 20°N,那里海洋输送占总输送的 74%。但在 30°N 以北,大气输送超过了海洋输送,在 50°N 大气输送出现最大值。

因此,地球地气系统经向能量平衡中,海洋承担着重要角色:首先,主要依靠中低纬度的海洋环流把低纬度的剩余热量向较高纬度输送。在中纬度(50°N 左右),即在最强的西部边界流,如湾流和黑潮这两支巨大的暖洋流的主轴附近,通过海气之间强烈的热输送,特别是冬季冷空气爆发侵入暖洋流上空时,海洋把巨大的热量输送给大气,再由那里的大气通过经圈环流和涡旋运动继续向更高纬度输送。这种海洋—大气"接力式"的经向热量输送是维持高、低纬度能量平衡的主要机制。海洋中经向热量输送的强度和位置变化无疑是全球尺度气候变化的主要因子之一。

(2)海洋环流的水分输送

中纬有净蒸发、热带和高纬有净降水这一总体形势,意味着大洋中海盆间存在水输送,海洋输送水到蒸发区,同时从降水区带走水,从而避免局地海平面变化。周天军等(1999)全球海气间的水交换研究进一步印证了该结论。大西洋、太平洋等单个海盆得到或失去的水量相互间的差异很大,北太平洋特别是热带太平洋有过量降水、大西洋主要是蒸发,太平洋、大西洋间的这种差异,一般认为是由穿过中美洲向西的水汽输送造成的,而从非洲到大西洋却缺乏相似的水汽输送。由于大西洋相对较窄,所以受大陆空气影响大,同时热带西太平洋也能得到来自印度洋的水汽,结果北太平洋比其他大洋特别是北大西洋要淡得多。

而 Wijffels 根据白令海峡水输送的直接测量结果,假设穿过赤道太平洋的水通量为零,计算了每一纬度上的海洋水输送,发现太平洋得到的大部分水量是通过白令海峡输出的。当前全球大洋中,从太平洋到大西洋有淡水循环,它是全球淡水收支中的一个关键分量。与大气中的水汽输送相比,海洋中的淡水通量大致补充了大气中的相应通量,经向河流输送要小 1～2 个量级,即海洋通过输送淡水闭合了地球系统的水循环。

(3)海洋环流对温度的影响

冷、暖洋流对气温的影响是十分显著的。首先,洋流在低纬与高纬间的热量输送中的主要作用调节了纬度间的温差。其次,由于大洋东、西岸冷暖洋流水温的差异,在盛行气流的作用下,使同纬度大陆东、西岸气温发生显著差异,破坏了气温分布的纬度地带性。

① 调节了南北温差

前面已经阐述海洋环流在地气系统的热量向极输送中所起的重要作用。尤以墨西哥湾流和北大西洋暖流最为突出,黑潮暖流的影响亦不小。由于海水具有较大的热容量,在调节南北气温上确实有很大作用。尤其是在冬季更为明显。由表6.4可以看出,海洋上1月南北温差(0°—60°33′N)要比大陆小得多,大西洋上沿0°经线的南北温差最小,太平洋上沿170°W经线的南北温差其次,这显然是北大西洋暖流的作用较北太平洋暖流作用强的缘故。在沿海地带等温线往往与海岸线平行,也是受洋流调温的影响所致。

表6.4 大陆和大洋上赤道至北极圈气温差(℃)的比较

经度 (地区)	0° (大西洋)	130°E (欧亚大陆)	170°W (太平洋)	90°W (北美大陆)
1月	22°	74°	47°	58°
7月	16°	8°	25°	25°
平均	19°	41°	36°	41°

② 东、西岸的气温差异

受冷、暖洋流影响,在同纬度的大洋东、西两岸水温很不相同。在低纬度地区,大陆东岸有暖洋流,大陆西岸为冷洋流。北美东岸的北大西洋暖流水温正距平在5℃以上,亚洲东岸的黑潮暖流水温正距平在3～5℃,而南半球大洋的暖流水温正距平仅为1～3℃。相反,南半球大洋的冷水水温负距平达－5℃以上。

洋流对沿岸气温的影响主要是通过气流来实现的。低纬地区大陆东岸是迎风海岸,气流来自暖流表面,所以气温较高,只有在季风区域,冬季风来自大陆,受不到海洋气流的调节,所以冬季气温较低。大陆西岸在离岸风的作用下,濒临冷水海岸,又有海陆风的影响,所以气温较低,特别是在夏季比大陆东岸凉。该表中低纬度地区的年平均气温都是在东岸比西岸高,这表明洋流对气温的影响是十分明显的。然而,我国上海位于欧亚大陆东岸,冬季风来自大陆,所以最低月气温很低,比太平洋对岸同纬度的圣迭戈低8.7℃,因此年平均气温也低,这是季风气候的特色。

在中、高纬度地区,大陆东岸有冷洋流,大陆西岸有暖洋流,情况正好与低纬度地区相反。北大西洋和北太平洋冷暖洋流的水温距平绝对值均在5℃以上,特别是北大西洋暖流势力最强。又由于北大西洋洋盆的有利形状,在盛行西风、西南风的作用下,使西北欧冬季的气温特别温和,一部分能直入巴伦支海。尽管暖流此时已成强弩之末,巴伦支海南部仍不封冷,俄罗斯的摩尔曼斯克位于北纬69°仍是不冻港。1月等温图上,0℃等温线沿挪威海岸北上直入北极圈以内,而欧亚大陆东岸,1

月 0 ℃等温线却在 35°N 附近，东西岸相差竟达 30 个纬度。西北欧温和而湿润，使得森林向北方远远伸展，常绿的针叶林最北界可达 70°N 左右，这是世界上森林分布的最北界。中、高纬度北大西洋西岸比东岸冷，暖洋流的影响在冬季最突出。最冷月气温，大陆西岸比东岸分别暖 14.3、17.0 和11.6 ℃，最热月气温仅分别相差 7.5、3.7 和 2.3 ℃。

北太平洋的中、高纬度东西岸也有类似的气温差别，不过因为北太平洋阿拉斯加暖流势力不及北大西洋暖流强，再加上高纬度北太平洋形势与北大西洋不同，暖洋流不能长驱北上，所以北美西北海岸冬季气温远较同纬度的西北欧为低。亚洲东岸因冬季风强，所以冬季气温又较北美东岸为冷，夏季温度则较高。

(4)海洋环流对降水的影响

洋流对降水和雾的影响也是十分显著的。暖流沿岸多降水，冷洋流沿岸多雾，高、低纬均有此现象。

当气团与暖洋流接触时，因有热量和水汽向上输送，这种空气就变性为暖湿的海洋性气团，具有较大感热能和潜热能。在低纬度地区，暖洋流表面易发展为热带气旋。它们大都出现在大陆东岸和暖洋流表面上。有热带气旋经过的地带会带来大量的降水，在暖洋流的迎风海岸如有锋面形成或有地形阻碍时，均能产生丰沛的降水。如北美、东亚、南美、南非和澳大利亚等低纬度东岸都是多雨带，尤其在夏季这些地带降水更丰沛。相反，气团与冷洋流接触时，下层变冷，具有逆温现象，所以层结稳定，水汽不易向上输送。下层相对湿度有时虽然很大，只能成雾，不能成雨。在非洲、南美洲热带大陆西岸有多雾沙漠，就是这个缘故。低纬度大陆西岸降水很少，不足 300 mm，而大陆东岸年降水量在 1000 mm 以上。在中、高纬度的大陆西岸有暖洋流经过，且盛行西风，在海洋气团的长期影响下，气候湿润。又由于温带气旋盛行，因此降水丰沛，一年中降水季节分配也较均匀，具有典型的海洋气候。在中高纬大陆东岸有冷洋流经过，且在离岸风的作用下，降水较少。

冷洋流表面多平流冷却雾，这些平流冷却雾主要以两种形式出现。一种是海陆风雾，在冷洋流沿岸的春夏季节，陆上暖空气在白天流到冷洋流洋面，下层冷却达到饱和，形成海陆风雾，能随着海风入陆 2～3 km，有时达 10 km 以上。另一种雾是海雾，它出现在冷、暖流交汇地带，当有风自暖洋流表面吹向冷洋流表面时，因气温远较水温为高，逆温现象显著，在逆温层下，水汽凝结，形成浓密的海雾。低纬度大陆西岸的冷洋流表面及其沿岸地带，如南美秘鲁沿岸、非洲西南部本格拉冷洋流沿海、北美加利福尼亚沿岸均是多雾地带，秘鲁的利马、非洲西南部的斯瓦科普蒙德一年中有 150 天左右的雾日。在中、高纬度冷、暖洋流交汇地带，如北美的纽芬兰、日本的北海道等地雾日也特别多，尤其当夏季 7—8 月每月雾日竟高达 22～23 天。这种海雾又浓又厚，难于消散。

6.5 热带海洋对气候的影响

热带海洋是全球大气运动的主要能源区,辐射通量净收入在30°N—30°S的热带,海洋面积占70%以上。年平均大气中的潜热释放也集中于热带。研究表明,热带地区的海气相互作用最强烈,对气候的年际变化贡献最显著,所以低纬度海气相互作用的研究尤为科学家们所关注。大量的观测和研究表明,热带地区的海气相互作用主要表现在赤道太平洋海域的南方涛动、沃克环流和厄尔尼诺事件上,以及热带印度洋、大西洋海温异常对气候的影响。

6.5.1 热带太平洋ENSO现象

厄尔尼诺(El Nino)最早由赤道南美沿海的居民发现的。受秘鲁寒流和高压气旋运动的影响,秘鲁、厄瓜多尔西海岸地区常年几乎从不下雨、年平均气温保持在14~18 ℃、日较差大,气候条件差,沿海地区比较贫瘠看起来像沙漠。但是当地居民发现有些年份在圣诞节前后,秘鲁厄瓜多尔沿岸出现了一股强度适中温暖的向南洋流,伴随带来很多雨水,这给贫瘠海岸带来了舒缓。一名游客曾记录了当时的情景:沙漠变成了花园,在短短几周,整个国家被茂盛的牧草覆盖,牛羊增长了一倍。这种沿岸海水增暖的现象受到了当地人们的欢迎,用厄尔尼诺(El Nino)来命名它,在西班牙语是男孩、圣婴的意思。1957年之前,由于缺少仪器观测,人们一直认为El Nino是个区域性的现象,只限于秘鲁和厄瓜多尔沿岸。1957年又发生了一次较强的El Nino事件,这一年正好是国际地球物理年(IGY),很多国家参加了这次国际合作观测研究。这次年会期间所得数据显示暖水向西扩张了数千英里,说明之前完全低估了厄尔尼诺的影响范围,它不仅与南美西岸的暖水有关,实际上它还可以穿越广阔的太平洋直到国际日期变更线附近都是暖的。这一现象引起了挪威气象学家Jacob. Bjerknes注意,他认为这么大范围的海温变化一定会对大气产生深远影响,厄尔尼诺和南方涛动之间肯定存在某种联系。20世纪60年代中后期,Bjerknes的系列论文提出海洋厄尔尼诺现象与大气南方涛动之间不是孤立存在的,是热带太平洋大尺度海气相互作用这一现象的两个方面。该假说奠定了现代海气相互作用研究的物理基础。

(1)南方涛动

南方涛动(Southern oscillation)是剑桥大学Gilbert Walker在20世纪20年代发现的一个东南太平洋和与印度洋及印尼地区之间的气压"跷跷板"式振荡现象,是热带环流年际变化最突出、最重要的一个现象。这一现象揭示了某些区域的气候变化并不是孤立的,它可能跟其他地区存在某种联系。如图6.6所示,热带太平洋海平面气压与热带印度洋海平面气压的呈反相相关联系的一种大尺度的气压上升下降的振荡现象，即东南太平洋气压偏高时印度洋及印尼地区气压偏低，反之亦然。其最大正相关中心位于澳大利亚北部至印度尼西亚的低压区，最大负相关中心位于东南太平洋高压区，在东北太平洋亦有一较大的负相关区。

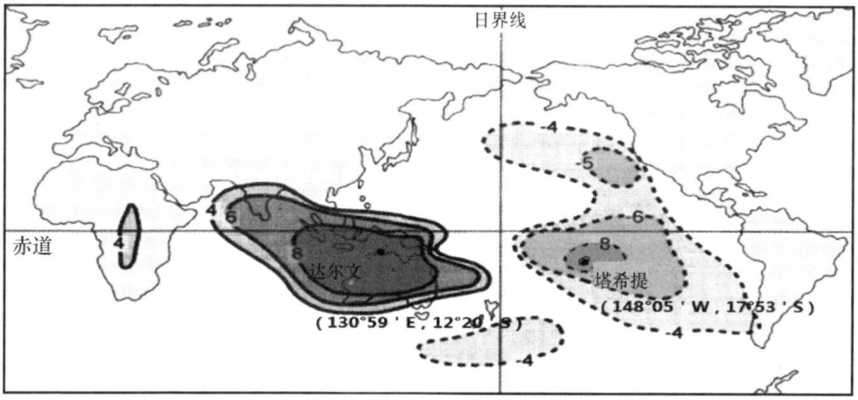

图 6.6　南方涛动，海平面气压“跷跷板”振荡现象

为了说明这种气压升降振荡大小，20 世纪初开始不少科学家定义了南方涛动指数(SOI)。虽然有些差异，但共同的特点是只考虑两个大洋上的海平面气压差。特伦伯斯(1976)建议用塔希提岛海平面气压减达尔文港海平面气压代表 SOI。后来麦克瑞德与尼科尔斯建议对塔希提岛和达尔文港海平面气压差标准化来改进特伦伯斯的计算方法。美国气候预测中心(CPC)又进一步对此作了改进，即先分别对塔希提岛和达尔文港的月平均海平面气压标准化，求差之后再标准化，并在 1986 年 3 月的 CPC 气候诊断公报中公布了 1935 年以来的 SOI 序列。1989 年 9 月 CPC 又建议作标准化时改为全年同时标准化，而不是分月标准化。并且再次公布了 1935 年以来的 SOI 值，这个定义一直沿用至今。这就是现在人们常用的 SOI 序列(图 6.7)。

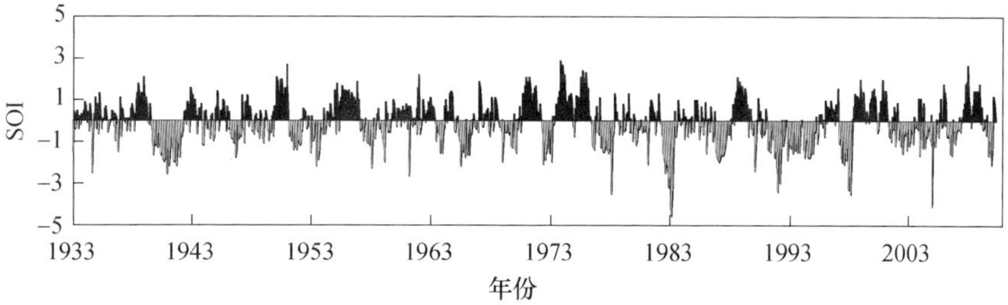

图 6.7　南方涛动指数(SOI)的年际变化时间序列

(缪启龙根据 CPC1933—2008 资料绘制)

许多研究都表明南方涛动是一个十分重要的系统，是世界大气环流的重要组成部分。当毕耶克尼斯提出沃克环流后，对南方涛动的研究有了突破性的进展。

南方涛动不仅存在于地面气压场中，Herel 和 Wallace 检验了南方涛动摆动的垂直结构，发现 200 hPa 上纬向平均南方涛动的摆动比 1000 hPa 上的大得多。它跟 1000～200 hPa 间的厚度层变化相关，亦与热带对流层平均温度有关。这一温度在厄尔尼诺期间要高 1°K，这种增暖的可能热源是厄尔尼诺期间从海洋向大气的潜热通量的增大。

(2)厄尔尼诺(El Nino)

由多年平均海温观测图 6.8 所示，气候态上热带太平洋西部海温偏高，最大值达 29 ℃，而热带东太平洋海温相对偏低，平均温度在 24 ℃左右。把西太平洋海水偏暖地区叫暖池，而东太'冷水'沿赤道西伸，叫东太冷舌。赤道太平洋这种西高东低海温分布特征，其成因一方面是跟沿南美大陆西岸北上的秘鲁寒流有关；另一方面受赤道东南信风影响，南美大陆沿岸底层冷水上翻，结果导致秘鲁海域尽管在低纬但海温仍在 20 ℃以下；再者，赤道太平洋由东向西吹的信风使赤道附近的暖水在太平洋西侧堆积。

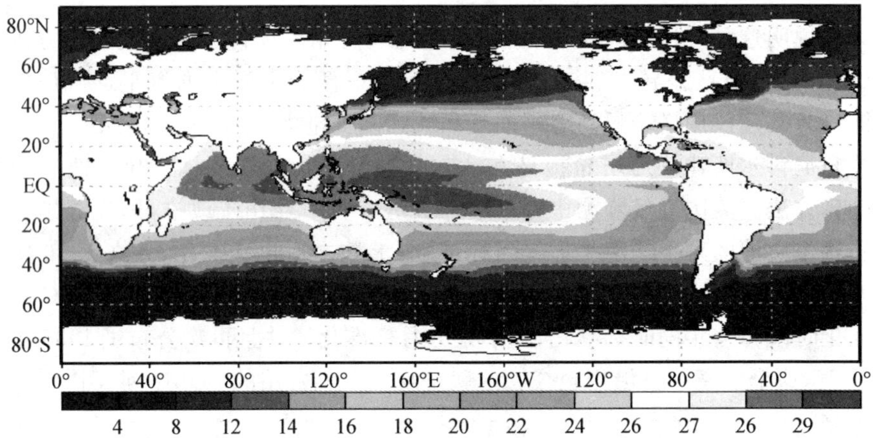

图 6.8　1982—1995 年平均海温(℃)分布(附彩图)

图 6.8 是多年平均的海温状况，实际上我们每年观测到的海温并不是一成不变的，是时时刻刻都在发生变化的。例如，在有些年份(1998 年)，观测到西太平洋暖水向东扩张，东太冷舌缩小，几乎看不见了。减去气候平均状态，很容易看到这年冬季海温异常变化的情况。从秘鲁沿岸沿赤道到中东太平洋海温异常增暖，最大增暖的地方能达 3～4 ℃。这种大范围增暖现象就是我们说的 El Nino现象(图 6.9 左)。相对于海温增暖，某些年份西太平洋暖池向西收缩，东太冷舌向西推进，导致赤道中东

太平洋海温异常降低，我们把这种现象叫 La Nina（图 6.9 右），它是 El Nino 的反位相状态。

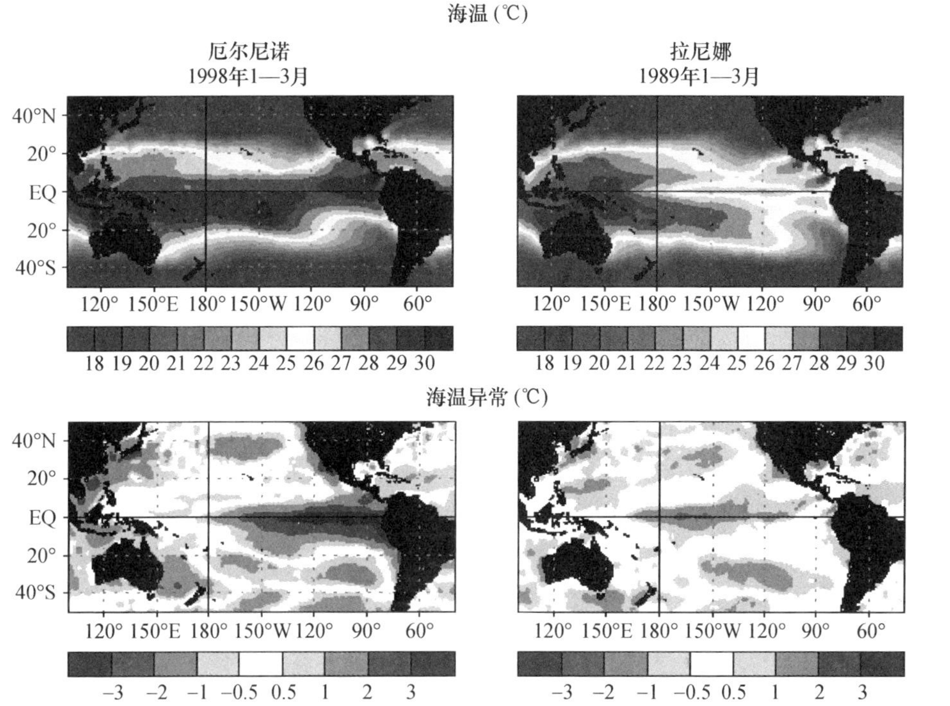

图 6.9 1998 年（左）和 1989 年（右）热带太平洋观测海温（上）及其偏离气候态的海温异常（下）（附彩图）

每隔几年，赤道中、东太平洋大规模海水持续增暖的现象，称之为厄尔尼诺事件。赤道中东太平洋是一个非常广阔的区域，究竟多大范围海水增温，以及增温达到什么程度才算一次厄尔尼诺事件。美国气候预测中心（CPC）规定赤道太平洋四个区域（图 6.10）：Nino 1＋2 代表南美沿岸，Nino 3 区代表赤道东太平洋，Nino 4 区代表中太平洋。安吉尔（ANGELL，1981）又定义了较为广泛的范围（0°—10°S，180°—90°W）为 El Nino C 区，其与 Nino 3 区或 Nino 3.4 区十分相近。关于增温大小，虽有不同的标准，但大体上是月 SST 距平连续半年超过 0.5 ℃，最高正距平在 1.0 ℃以上即可认为是一次厄尔尼诺事件。表 6.5 表明，近 100 多年来发生过多次厄尔尼诺事件和拉尼娜事件。

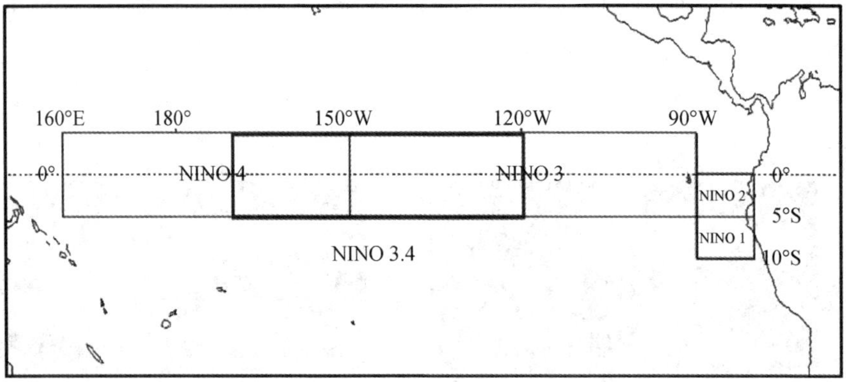

图 6.10 赤道太平洋海温监测区分布图

表 6.5 1868—2017 年的 ENSO 事件(王绍武、龚道溢,1999,增加至 2017 年)*

暖事件							冷事件						
序号	开始		结束		持续	强度	序号	开始		结束		持续	强度
	年	季	年	季	季数			年	季	年	季	季数	
1	1868	1	1868	4	4	2	1	1869	2	1869	4	3	2
2	1876	4	1878	1	6	1	2	1871	4	1873	1	6	1
3	1880	4	1881	3	4	3	3	1873	4	1875	2	7	2
4	1884	3	1884	4	2	3	4	1875	4	1876	2	3	2
5	1888	1	1889	1	5	1	5	1878	3	1880	2	8	3
6	1891	1	1891	2	2	3	6	1882	2	1882	4	3	3
7	1896	2	1897	1	4	1	7	1886	1	1887	2	6	2
8	1899	2	1900	3	6	2	8	1889	2	1890	4	7	2
9	1902	2	1902	4	3	2	9	1892	1	1894	1	9	1
10	1904	2	1905	4	7	1	10	1894	3	1895	1	3	3
11	1911	2	1912	1	4	2	11	1897	4	1898	4	5	2
12	1913	3	1915	1	7	2	12	1903	2	1904	1	4	2
13	1918	2	1920	1	8	2	13	1906	2	1906	4	3	2
14	1923	2	1923	3	2	3	14	1908	1	1908	4	4	3
15	1925	2	1926	2	5	2	15	1909	2	1910	4	7	1
16	1930	2	1930	4	3	2	16	1915	4	1917	4	9	1

续表

暖事件							冷事件						
序号	开始		结束		持续	强度	序号	开始		结束		持续	强度
	年	季	年	季	季数			年	季	年	季	季数	
17	1932	1	1932	2	2	3	17	1920	4	1921	4	5	3
18	1939	3	1941	4	10	1	18	1922	2	1923	1	4	3
19	1951	1	1951	4	4	2	19	1924	2	1925	1	4	2
20	1952	4	1952	3	4	3	20	1928	3	1928	4	2	2
21	1957	1	1958	1	5	2	21	1933	2	1933	4	3	3
22	1963	2	1963	4	3	3	22	1937	4	1939	1	6	2
23	1965	1	1966	1	5	2	23	1942	3	1943	1	3	2
24	1968	3	1969	1	6	3	24	1947	2	1947	3	2	3
25	1972	1	1972	4	4	1	25	1949	3	1950	4	6	1
26	1976	2	1976	4	3	3	26	1954	2	1956	3	10	2
27	1982	2	1983	4	5	1	27	1962	3	1962	4	2	3
28	1986	3	1987	2	6	1	28	1964	1	1964	3	3	2
29	1991	1	1992	4	6	2	29	1970	2	1971	4	7	2
30	1993	1	1993	3	3	2	30	1973	2	1974	3	6	1
31	1994	2	1994	4	3	2	31	1975	1	1975	4	4	1
32	1997	1	1998	1	5	1	32	1988	2	1989	1	4	1
33	2002	2	2002	4	3	2	33	1995	1	1995	4	4	3
34	2004	2	2005	1	4	3	34	1998	2	1999	1	4	1
35	2006	3	2006	4	2	3	35	1999	2	2000	1	4	1
36	2009	2	2010	1	4	2	36	2000	2	2000	4	3	3
37	2014	1	2014	4	3	3	37	2005	2	2005	4	2	3
38	2015	1	2016	1	5	1	38	2007	1	2008	1	5	1
							39	2008	2	2008	4	3	3
							40	2010	2	2011	1	4	1
							41	2011	2	2011	4	3	3
							42	2016	2	2016	4	3	3
							43	2017	2	2018	1	4	2

* 1、2、3、4 分别代表春、夏、秋、冬；强度等级 1 为最强，之后依次为等级 2、等级 3

厄尔尼诺事件发展过程可以分为四个阶段:前兆阶段、异常发展阶段、成熟阶段和衰减阶段。

前兆阶段,如图 6.11 所示,1950—1977 年厄尔尼诺的平均的海温距平分布图。在 3—5 月,南美西部已经增温达 1.0 ℃,此时,正是该地区海温季节性增温时期,增温范围主要在沿海附近。此时,沃克环流上升支东移至 140°—180°E,达尔文港气压开始上升,而 180°以西的信风由异常强盛转弱,伴随南美沿岸增温现象降水异常增多,但范围不大。而此时印度尼西亚降水却开始减少,哈得莱环流加强,赤道辐合带(ITCZ)南移至赤道,甚至赤道以南(这种南移与信风减弱、海面温度异常增高及赤道东部温跃层加深有关)。由历次厄尔尼诺事件可见,冬季海温达到季节变化最大值、东南信风强度处于季节变化的最大值以及热带辐合带的季节性迁移到最低纬度,实际上在年初就已开始。因此,初期的厄尔尼诺现象是厄尔尼诺事件的一部分。

异常发展阶段,上述的异常状况进一步发展,赤道东太平洋海温异常以每秒 50～100 mm 的速度向西扩展,1.0 ℃的增温已扩展到 180°W,最大的平均增温达 1.4 ℃以上,到 10 月大部分热带太平洋都处于异常高温区。此时,赤道太平洋的中、东部海面温度正距平达 0.8 以上(图 6.11)。同时,信风减弱,赤道辐合带进一步南移。

成熟阶段,由当年 11 月到次年 1 月,热带太平洋海温异常进一步加强(图 6.11),增温最大平均达 1.6 ℃以上,整个热带太平洋海温异常增暖,暖海区较之前一阶段更加扩大。此时信风异常微弱,热带辐合带较常年更加南移,哈得莱环流加强,中部太平洋降水异常增多。此时,正是厄尔尼诺成熟、鼎盛时期,在赤道太平洋海洋将大量的热量输送到大气中去。

衰减阶段,180°W 以东的各种异常现象逐渐减弱,且减弱的方式与发展阶段极为相似,海温负距平和强信风首先在东南热带太平洋出现,然后向西传播。在厄尔尼诺开始一年后,整个太平洋恢复正常状态为止(图 6.11)。而在日界线以西,恢复常态的历程与其以东不尽相同,160°W 附近的莱恩岛上的降水减少,风由东向风变为西向风,温跃层深度加深。这些现象均发生在次年 5—7 月,对不同的厄尔尼诺现象总在同一个月内恢复正常状态,这是很有意思的。

由上述分析可知,厄尔尼诺年,赤道东太平洋海温的正距平均由当年 2—3 月开始到次年 3 月止,即大约维持一年多,最大正距平出现在 11—12 月,正距平强度平均为 1 ℃左右,而在个别年份,个别地区,月平均海温距平要大得多,可达 4～6 ℃。1982 年 12 月—1983 年 1 月在南美沿岸曾出现高达 9 ℃的正距平,可见海温异常变化的激烈程度。其空间范围南、北约 15 个纬度(10°S—5°N),发展最盛时,东西可控制 90 个经度以上(90°W—180°)。海水温度正距平可达的深度 1000 m 处仍有反映。我们知道,海水的热容量比空气高达 1200 倍,100 m 深的海水温度变化 0.19 ℃,所释放的热量即足以使其上空的空气柱增温 6 ℃。显然当距平达到几度时，单从热力影响看，这个影响就很大，更何况 1000 米处海温仍有变化，足见这个过程所具有的热力潜力是十分惊人的。

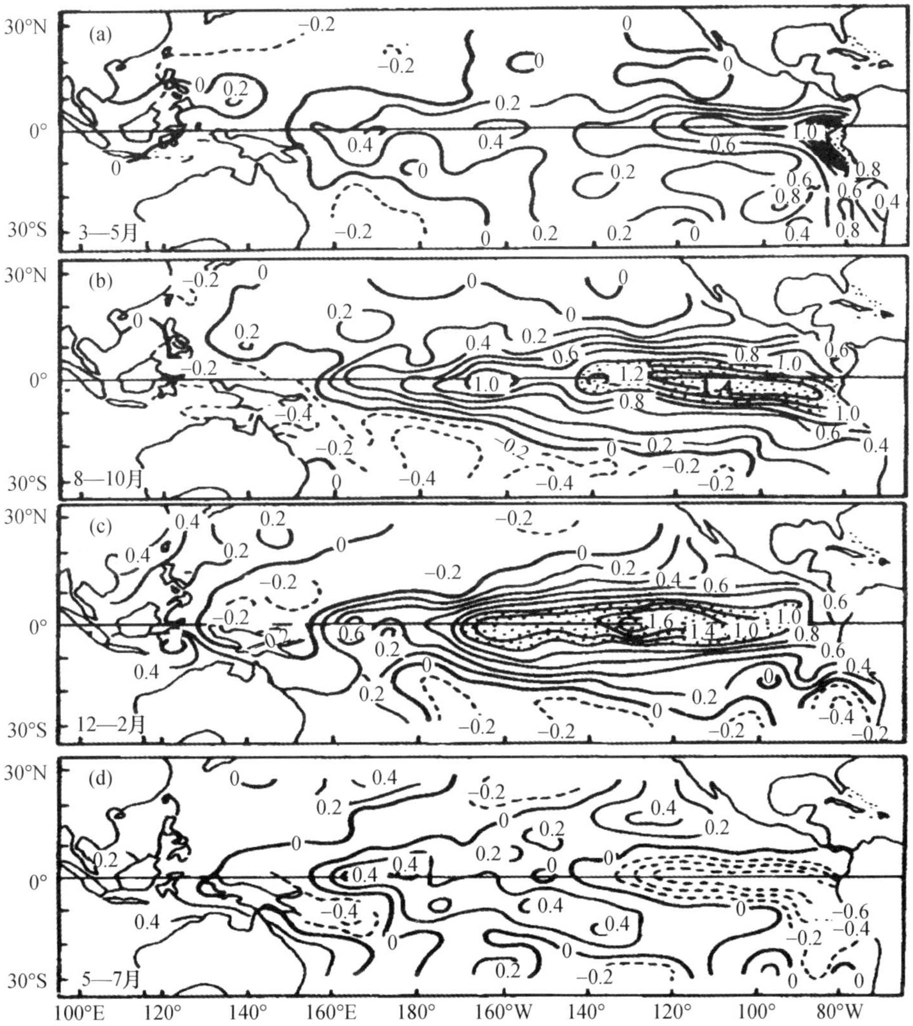

图 6.11　根据 1950—1973 年 ENSO 期间的平均资料得出

一典型 ENSO 现象期间的海面温度距平(℃)

(章基嘉，1982 年，转引自气候学，缪启龙，1995)

上述厄尔尼诺发生、发展过程，是平均分析得到的，但每次厄尔尼诺现象又有其各自的不同特点。如 1982—1983 年的厄尔尼诺现象就与上述过程有较大差异，从而形成了1982—1983年厄尔尼诺现象的特殊性。有些厄尔尼诺发生在春季,有的开始于秋季;有的自东向西传播,有的自西向东传播;有的海温异常主要出现在赤道东太平洋,而有的位置偏赤道中太平洋。根据厄尔尼诺事件发生的时间和海温异常出现的位置上不同,一些学者对它们进行分类研究。例如,王绍武提出两类厄尔尼诺的概念,凡开始于春、夏季,正海温距平先出现在赤道东太平洋,然后向西传播的为第1类厄尔尼诺;凡开始于秋、冬季,正海温距平先出现在赤道中太平洋,然后向东传播的为第2类厄尔尼诺。近年来,El Nino分布型研究成为人们关注的一个热点。主要原因自2000年以来发生的El Nino事件基本不同于传统的El Nino事件,最大海温正距平出现的区域不在传统定义的Nino3区,而是向西移动到日界线附近,由此带来的气候影响与传统的El Nino事件的影响有着明显的差异。根据海温异常分布的空间特征,将这种赤道中太平洋增暖的El Nino称为日界线厄尔尼诺(Lakin et al,2005a,b)或厄尔尼诺Modoki(Ashok et al,2007)或暖池厄尔尼诺(Kug et al,2009)或中部型厄尔尼诺(Kao et al,2009),而将赤道东太平洋增暖的El Nino事件称为东部型厄尔尼诺。

(3)沃克(Walker)环流

多年资料表明,赤道东太平洋冷水区对应赤道干旱带,而赤道西太平洋暖水区则对应气候降水的极值区。这个干旱带降水量的年际变化很大,特别与赤道东太平洋海温关系密切。水温低时,干旱带西伸,降水量偏少;水温高时,干旱带收缩,雨量丰沛。对于这一现象,Bjerknes提出赤道太平洋冬冷西暖必然存在一个很大的海表温度梯度,这种海洋东西向的热力差异造成了大气中沿赤道的直接热力环流:赤道东太平洋冷水区相对冷而干燥的空气沿着赤道表面向西流向西太平洋暖水区,在那里空气被加热,获得大量水汽并参与大尺度的热上升运动,形成对流云并产生对流性降水,这种上升气流在高层辐散,一部分气流向东在并东太平洋作下沉运动,在赤道太平洋形成一垂直环流圈。对应这一环流圈,存在一个纬向表面气压梯度,东部气压高而西部气压低。Bjerknes认为这种环流结构与南方涛动有很大关系,为纪念提出南方涛动的沃克,故称赤道太平洋的纬向垂直环流为“沃克环流”(图6.12)。当赤道东太平洋为冷水年时,上层垂直下沉运动加强,西侧暖池区气流异常上升,沃克环流向西伸展,中太平洋降水减少,干旱带随之西伸。当赤道东太平洋为暖水年时,东部垂直下沉运动减弱,干旱带收缩。可见,赤道东太冷水年时,南方涛动强,沃克环流强;暖水年时,南方涛动弱,沃克环流弱。

后来弗隆扩展了毕耶克尼斯的概念,认为除了太平洋的沃克环流外,南美亚马孙暖中心与西非冷水上翻区之间也有一个类似的纬向环流;同时在冷的西印度洋及降水丰沛的东南亚之间的纬向环流则与上述两个纬向环流圈方向相反(图6.13)。

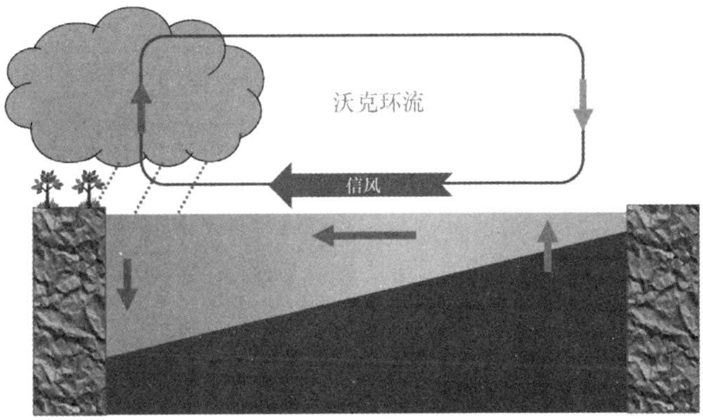

图 6.12　沃克环流示意图

赤道地区气候年际变化激烈,正常年大约只占三分之一,而另外三分之二时间处于极端相反的情况。Bjerknes 认为这是南方涛动变化的过程,是赤道带中永不终止的连续的海气相互作用的交替转换。冷水海域海温上升,沃克环流就减弱,这是南方涛动的一种状态;当南方涛动处于与此相反状态时,即冷水海域海温下降,沃克环流就增强,这表明南方涛动与沃克环流是相互联系的(图 6.13)。

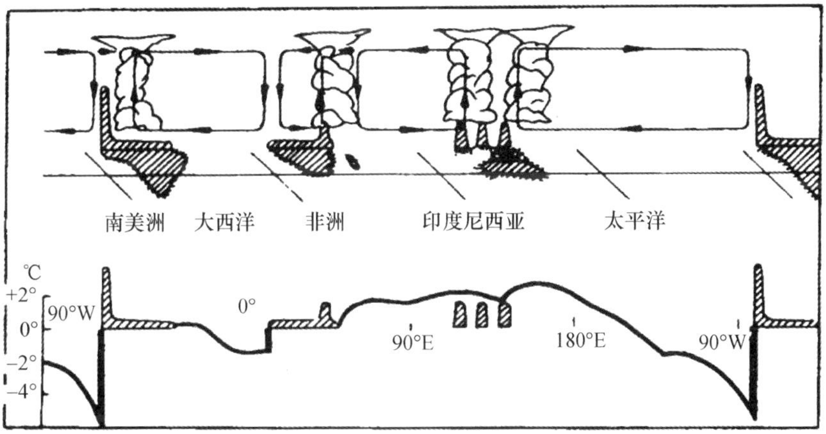

图 6.13　赤道洋面的垂直环流圈(Wyrtki,1982)

(4)Bjerknes 反馈

ENSO 是厄尔尼诺和南方涛动的合称,是同一物理现象两个方面,厄尔尼诺是它的海洋分量,而南方涛动则是它的大气分量。它被广泛用来指代热带太平洋海气相互作用。

对于该现象的物理解释,Bjerknes 反馈理论奠定了厄尔尼诺-南方涛动的动力学基础。从认识热带太平洋正常态出发,Bjerknes指出赤道太平洋东西向温度梯度造成了沿赤道的纬向垂直环流圈——沃克环流,但他也指出当东西向的海表温度梯度驱动表面风沿赤道向西吹时,这种赤道表面东风同时也起着产生和维持西太平洋暖池、东太平洋冷舌的作用。海表东风驱动表层洋流,把东部表层暖水平流到西部,造成东部冷却而西部变暖。此外,在科氏力作用下,使得向西的洋流发生向极偏转,造成赤道中东太平洋海水向赤道两侧辐散。为了补偿表层海水的辐散,下层冷的海水上翻,造成赤道东太平洋表面海水冷却。赤道信风把暖的上层海水推到西部,使西太平洋温跃层加深,而东太温跃层则变浅,整个赤道温跃层呈西深东浅的分部特征。其结果造成海水上翻冷却效应具有明显的经度依赖性,即愈是东部,海水上翻愈容易造成表层海水的冷却。热带太平洋海洋和大气的正常态并不是一个稳定状态,一定的扰动就可能使之向某一个方向偏离,从而产生一种不同于正常态的异常态。异常态有两种:赤道中东太平洋海温偏暖或偏冷,在这种偏离过程中,海洋和大气经历着一种不稳定的正反馈过程。如某种原因赤道出现西风异常,则减弱的信风通过减小水平温度平流、垂直上翻和温跃层向下位移等过程,使得正常情况下的东太冷舌减弱,海水温度升高,从而减小了东西向海温对比,沃克环流减弱,信风进一步减弱。这种进一步减弱的信风则会使东太海水进一步增暖,如此往复,信风减弱和海温增暖构成了一个正反馈、不稳定发展过程。最终赤道中东太平洋海温达到一个极暖的状态,这时东西向气压梯度最小,对应南方涛动负位相。这时,原来位于西太平洋暖池区的对流降水随着暖水区向东扩展也向中太偏移。这种极端暖态正是厄尔尼诺,和它相对应的极端冷态则是拉尼娜,它们是热带海气相互作用正反馈不稳定发展的结果(图6.14)。

Bjerknes建立了大尺度海气相互作用的框架,成功的解释了厄尔尼诺的发生原理。该假说被大量观测、数值模拟和理论研究所证明。它对现代ENSO研究,甚至海洋和大气科学发展起到了重要的推动作用。

(5)延迟振荡理论

热带太平洋海气相互作用产生了不规则的年际振荡,每隔2～9年,赤道中东太平洋就会出现异常增暖或变冷现象,这种冷暖振荡被称为ENSO循环。它的暖位相即为厄尔尼诺,冷位相被称之为拉尼娜。

但无论是Bjerknes假说,还是乌尔基模型(Wyrtki,1975)或不稳定海气相互作用理论(刘家铭,1981;费南德尔,1984;巢纪平,1988;杨修群和黄士松,1993),都不能解释ENSO循环中暖、冷位相之间的转化机制。要对这种循环做出合理解释,须弄清在年际时间尺度上支配热带上层海洋变化的波动动力学特征。对于和厄尔尼诺相关的时间和空间尺度,只有两类波动起作用:赤道开尔文波和罗斯贝长波。由于在赤道上科氏力消失了,开尔文波主要被局限于赤道。而在赤道附近几个纬度以

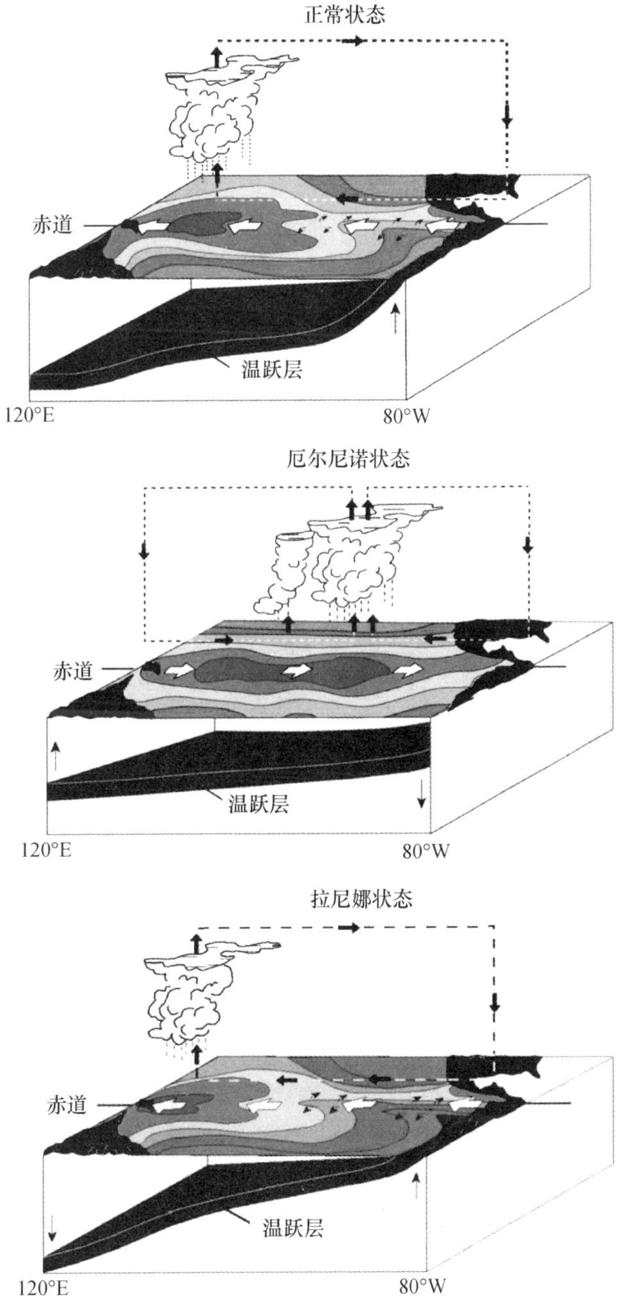

图 6.14　热带太平洋海洋大气环流基本态(上)、厄尔尼诺状态(中)和拉尼娜状态(下)示意图(附彩图)

外,受科氏力和压力梯度力的作用,地转平衡支配着上层海洋动力学,表现为罗斯贝波特征。赤道开尔文波是向东传播的,是一种传播最快的低频海洋波动,能在三个月时间内穿越太平洋,其速度是最快罗斯贝波的三倍。当赤道开尔文波向东传播时,位于赤道两侧的罗斯贝波则是向西传播的。开尔文波碰到海洋东边界后,被反射成无限个罗斯贝波的和,其总体效应是在东边界附近把赤道波向两半球高纬度扩展。但此时在低纬度的最快罗斯贝波则把由开尔文波带到东部的能量和质量中的大部分沿赤道两侧向西带回。波动在海洋西边界的反射则更加有效,所有向西传播的罗斯贝波所携带的质量通量在西边界都被边界流所收集并被带向赤道,在那里这种质量通量又以赤道开尔文波的形式向东回传。

上述热带海洋波动特征对于理解 ENSO 循环至关重要。如图 6.14 所示,由于某种原因赤道中太平洋出现西风异常,在这种风应力强迫下,在其东侧海洋激发了暖而厚的赤道开尔文波。赤道开尔文波迅速向东传播,加深了东部海洋温跃层的厚度。而东部海表温度主要受温跃层深度变化所影响,海表温度变暖;而海温升高,信风则进一步减弱,开尔文波强度也增大,温跃层继续加深,海温则进一步增暖。通过这种正反馈过程,导致厄尔尼诺的发生发展。然而,海气耦合不稳定发展形成的海水增暖信号注定要被一个来自西部的变冷信号所代替。西风异常强迫激发了东传的开尔文波,但同时在其西侧也激发了位于赤道两侧缓慢西传的罗斯贝波。这种使赤道两侧温跃层变浅的罗斯贝波到达西边界后,被反射成令赤道温跃层变浅的"冷"的赤道开尔文波,其东传穿越太平洋到达东部,从而减弱那里的海表温度,但这种变冷信号的到来有一定的延迟滞后。这种延迟效应产生的海表温度振荡,可以解释厄尔尼诺-南方涛动循环中冷暖位相的转换,称之为'延迟振荡'理论(Schoopf and Suarez,1998; Battisti and Hirst,1989)。ENSO 循环的时间尺度就取决于延迟的时间,即罗斯贝波从中太平洋传播到西边界和开尔文波穿越赤道太平洋所需的时间之和。

虽然还有其他补充机制解释热带海气耦合模式的不稳定振荡,例如放电充电振荡(Jin,1998)、西太平洋振荡及平流反射振荡等理论,但延迟振荡理论被广泛认为可以用来解释许多模式中的厄尔尼诺-南方涛动行为。如果延迟振荡理论控制着实际系统中的厄尔尼诺-南方涛动循环,则意味着该循环是受确定性过程所决定的,因而是可预报的。但实际上,观测的 ENSO 循环并不是很有规律的,说明延迟振荡理论不能解释所有的厄尔尼诺事件,它需要进一步的完善和发展。

(6)ENSO 的气候效应

1972/1973 年发生了一次强的厄尔尼诺事件。在这期间,许多地区受到热浪袭击,西非、印度、澳大利亚、中美洲、巴西和印度尼西亚等地区发生了严重的干旱,全球人均粮食产量和储备明显下降。由此,人们开始把极具破坏力的气候异常现象与厄尔尼诺事件联系起来。

据观测研究分析表明，受 ENSO 影响最明显的地区有南美洲的秘鲁、厄瓜多尔以及北美的美国加州、亚洲的印尼、印度和澳大利亚北部。由于厄尔尼诺这种暖湿气层极不稳定、很容易产生对流性云雨，而释放出大量的热量，进一步造成低空大气的不稳定，形成热带海洋的多雨区。由于风场和洋流的影响 ，这种暖湿气流首先影响附近沿岸的天气。

当厄尔尼诺发生时，赤道中东太平洋暖的海温异常对应沃克环流减弱，即赤道东太平洋伴随着异常的上升气流，低层表现为低压异常，而赤道西太平洋地区气流异常下沉，对应低层高压异常。赤道太平洋的东西环流异常，导致赤道辐合带向中东太平洋移动。结果厄尔尼诺发生时，往往印度尼西亚、澳大利亚干旱，印度及巴西(东北部)也干旱，而南美秘鲁、智利、厄瓜客尔及赤道中太平洋的岛屿温暖多雨，而拉尼娜的情况与之基本相反(图 6.15)。

除了热带这种局地响应，热带太平洋 ENSO 也可以引起中纬度大气的遥相关响应。在厄尔尼诺发生时，北半球呈现一个显著的由南向北的偶极子分布，该模态被称为太平洋-北美分布型(PNA)，而南半球呈对称分布的由北向南的太平洋-南美分布型(PSA)。该联系基本可用大气线性 Rossby 射线理论来解释(Hoskins and Karoly,1981)。大量模模拟研究也进一步论证其动力传播过程:赤道暖 SST 异常引起局地大气对流运动，导致赤道附近对流高层气流辐散；而这种由赤道向南北半球大气质量的异常输入引起副热带地区的质量辐合，导致跨赤道两侧高压异常的 Rossby 波对响应；进而与中纬度风暴轴相互作用将异常信号从低纬沿大圆路径向南北半球传播(Trenberth et al,1998)。对应环流异常，中纬度温度场和降水场如图 6.15 所示:北美西北和东北部地区冬季温暖舒适，而南部则又冷又湿；南半球，澳大利亚东南部和巴西中南部气温异常偏高，非洲东南部地区则异常干燥(Ropelewski and Halpert,1987,1989,1996)。厄尔尼诺与全球不同地区降水的联系，进一步如表 6.6 所示。可见关系最好的还是澳大利亚、中太平洋、南美东北部。时间在当年 9 月到次年 3 月之间，即主要在北半球的秋、冬两季。对气温的影响不如降水明显。罗帕列夫斯基对全球 1500 个站进行了分析，发现反映比较强的有 10 个地区以正相关为主，气温最高值出现在当年末到次年初，如东南非、东南亚、印度次大陆、北美西北、加勒比海西南部及东北部。只是在澳大利亚北部及南太平洋高压中部高温出现在前一年中，墨西哥湾则在当年上半年暖。总之，厄尔尼诺时除个别地区外，气温以偏高为主。

厄尔尼诺冬季气候异常

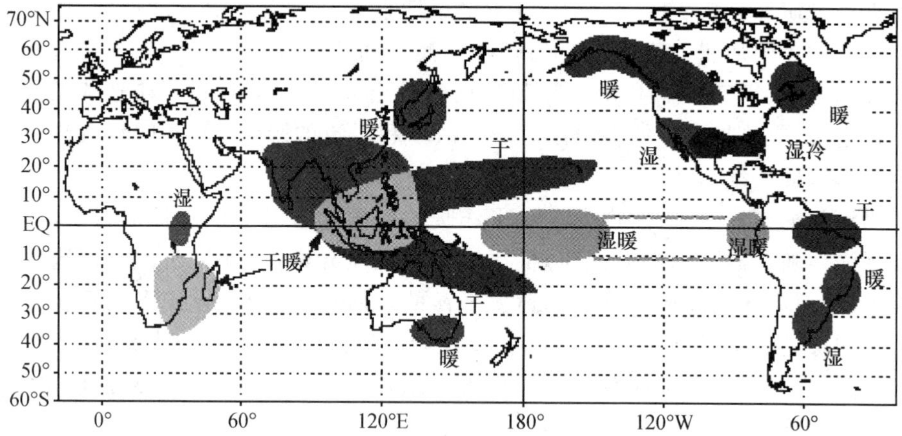

厄尔尼诺次年夏季气候异常

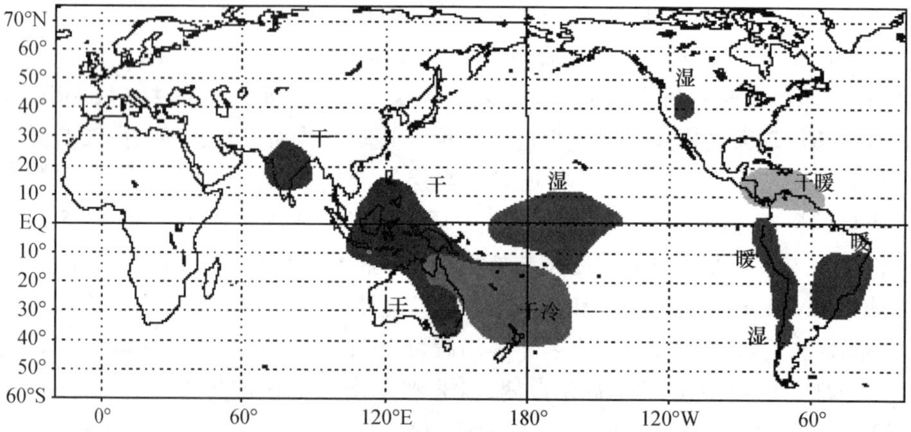

图 6.15 厄尔尼诺发生时，当年冬季及次年夏季全球降水和温度异常示意图(附彩图)
(Rasmusson E M and Carpenter T H，1982)

表 6.6 不同地区降水对厄尔尼诺的响应(王绍武，2003)

地区	多雨季节	一致性	总数	湿	干
太平洋					
中太平洋	5 月(0)—4 月(1)	0.98	8	7	1
南太平洋中部	7 月(0)—6 月(+1)	0.88	8	8	0
印尼/新几内亚	6 月(0)—11 月(0)	0.82	25	5	20

续表

地区	多雨季节	一致性	总数	湿	干
斐济/新卡列多纳	10 月(0)—3 月(+1)	0.95	11	2	9
密克罗尼西亚/西太平洋	10 月(0)—5 月(+1)	0.91	13	1	12
夏威夷	11 月(0)—5 月(+1)	0.88	11	2	9
澳大利亚					
北部	9 月(0)—3 月(+1)	0.95	26	4	22
东部	9 月(0)—2 月(+1)	0.89	26	6	20
南部	5 月(0)—10 月(0)	0.94	24	6	18
中部	3 月(0)—2 月(+1)	0.86	26	7	19
印度次大陆					
印度	6 月(0)—9 月(0)	0.86	26	5	21
米尼科伊岛/斯里兰卡	10 月(0)—12 月(0)	0.92	26	21	5
非洲					
赤道东非	10 月(0)—4 月(+1)	0.93	13	11	2
东南非	11 月(0)—5 月(+1)	0.9	22	5	17
南美					
东北部	7 月(0)—3 月(+1)	0.91	17	1	16
东南部	11 月(0)—2 月(+1)	0.82	19	18	1
中美					
中美/加勒比海	7 月(0)—10 月(+1)	0.77	19	14	
北美					
大平原	4 月(0)—10 月(0)	0.88	11	9	2
墨西哥湾及墨西哥北部	10 月(0)—3 月(+1)	0.93	22	18	4

我国东部气候主要受季风控制,厄尔尼诺事件的影响则是打乱季风规律,引起气候异常,诱发自然灾害。从历史上看,厄尔尼诺年我国容易出现暖冬。在 1997 年以前 13 次厄尔尼诺现象中,除 1997 年外,12 次都是暖冬气候。如 1983 年年初,中国北部地区异常温暖,哈尔滨、沈阳、呼和浩特、乌鲁木齐和济南,1 月下旬气温为 30 年来最高值。以上可知,暖冬不一定有厄尔尼诺现象引起,但厄尔尼诺发生时一般出现暖冬现象。通常认为,厄尔尼诺事件与中国长江流域的洪涝灾害密切相关。当厄尔尼诺始发于春季或夏季时,当年夏季江淮流域容易发生洪涝,而厄尔尼诺

的次年基本上都是正常年、旱年,甚至特旱年;另外,还有些厄尔尼诺形成于秋季,与当年夏季的洪涝没有明显相关,但在次年夏季都发生了洪涝,甚至特大洪涝。这种统计关系并不是唯一肯定的,造成长江流域降水异常的原因很多,厄尔尼诺仅是其中的一个主要因子。厄尔尼诺还与西北太平洋台风生成数密切相关。厄尔尼诺年,西北太平洋海温变冷,抑制台风的发生和发展。而拉尼娜年,西北太平洋海温增暖,容易促进台风的发生和发展。这与多年统计结果是相符的,长期平均西北太平洋-南海台风生成总数约为28个,厄尔尼诺年平均个数偏少,拉尼娜年平均个数偏多。此外,厄尔尼诺可能还与其他一些天气现象有关,例如:风暴潮、高温热浪等。

总的来说,厄尔尼诺与全球气候异常关系密切,对人类社会经济、生产和生活各方面都有深刻影响。但厄尔尼诺对气候灾害的影响又是复杂多变的。对某一区域而言,不同年份的厄尔尼诺事件也会造成正好相反的气候灾害。从统计意义上讲,还有相当的不确定性。

6.5.2 热带印度洋对气候的影响

(1)印度洋偶极子

热带印度洋是热带海洋的一个重要组成部分,由于印度洋特殊的地理位置,热带印度洋的海气相互作用对局地和全球气候变化也都起着特殊的重要作用。

1997年对于印度洋和周边国家来说都是异乎寻常的一年,赤道西印度洋周边国家遭受了严重的洪水灾害,而在东印度洋的沿岸及岛屿同时遭受了罕见的干旱,这些灾难给印度洋周边的国家带来了严重的人员伤亡问题。这一异常的气候变化事件使得热带印度洋的海气相互作用在局地和全球气候变化中的重要作用受到了极大的关注。Saji等(1999)利用过去四十年的观测资料分析出了热带印度洋有着与太平洋厄尔尼诺-南方涛动(El Nino-Southern oscillation,ENSO)类似的显著海气相互作用的年际变化信号,并称之为赤道印度洋的偶极子模态(Indian Ocean dipole,IOD)(图6.16)。

正偶极子模态通常表现为赤道异常的显著东风,赤道东南印度洋海水异常变冷,周边印度尼西亚等国异常干旱,而在赤道西印度洋海水异常变暖,周边的东非地区产生很大的洪水灾害。西暖东冷为正偶极子事件,反之为负偶极子事件。IOD有着显著的季节变化,在夏季开始出现,持续到秋季最明显,冬季开始逐渐减弱。热带印度洋不仅对周边的国家及岛屿的气候变化起到很大的影响作用,而且与东南亚大陆以及全球其他地区的气候变化有着密切的联系。

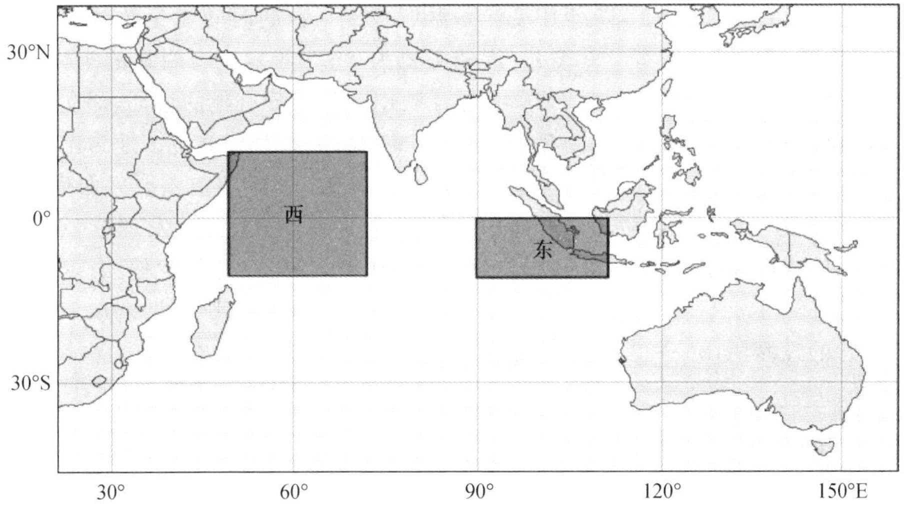

图 6.16　印度洋偶极子关键海温区域(saji et al,1999)

作为目前已知发生在赤道太平洋最强的海温年际气候异常,厄尔尼诺-南方涛动(ENSO)造成全球许多地区的气候异常,受到全世界的普遍关注。相比之下,热带印度洋海温变率远小于太平洋,但其纬向距平的变化同样十分明显,并通过海气相互作用影响周边气候。1994 年夏季,中国、日本等亚洲许多地区气候显著异常,这一年发生在太平洋的弱 El Nino 事件并不能很好地解释这一气候异常现象,在 Behera 等、Vinayachandran 等研究的基础上,Saji 等提出热带印度洋东、西海温距平符号相反的分布(即印度洋偶极子,简称 IOD)可以较好地解释 1994 年气候异常。Guan 等进一步研究认为 IOD 至少通过两种方式影响 1994 年夏季东亚环流,导致东亚气候异常。Kumar 等通过对 140 年历史资料进行分析,发现 ENSO 与印度夏季风的反位相关系自 20 世纪 70 年代中后期已不显著,出现了迅速而且明显的减弱,而 Ashok 等(2003)认为 IOD 可能是引起 ENSO-印度季风降水关系减弱的原因之一。因此,IOD 作为下垫面海洋的一种强迫信号,对短期气候预测有着十分重要的意义。

(2)指数和特征

IOD 概念最先由 Saji 等在 1999 年提出,通过 EOF 分析发现:第一模态表现为整个海盆的海温为同一符号,与 ENSO 有较好的关系;第二模态在热带海区表现出较强的纬向海温距平梯度,具有东西符号相反的特征。根据 EOF 分析得到的第二模态特征,Saji 将印度洋西部(50°—70°E,10°S—10°N)和东部(90°—110°E,10°S—0°)区域平均的海表温度距平之差定义为 IOD 指数(图 6.16)。当处于偶极子正位相时期,印度洋海温异常呈西正东负的分布形式;相反,当处于偶极子负位相时期,印度洋海温异常呈西负东正的分布形式。

图 6.17 给出 1900—1997 年印度洋海温偶极子指数的时间变化及功率谱，十分清楚，海温偶极子指数既有年际变化(周期主要为 4～5 年)，也有明显的年代际变化(周期主要为 25～30 年)。而且图 6.17 还反映出一个十分有趣的特征，即在 1961 年之前印度洋海温偶极子指主要为负值，而在 1961 年之后，其指数更多地为正值，而且较强指数也多为正值。即印度洋赤道地区的 SSTA 在 1962 年前主要以西低东高为主要特征，而在 1962 年之后却以西高东低形势为多见。殷永红等发现近 20 年来偶极子模态的强度存在着年代际的差异:20 世纪 80 年代偏弱，90 年代偏强。晏红明等认为，印度洋 1948 年以来的海温变化主要特征是:50—60 年代为偏冷期，70 年代为冷暖交替的过渡期，80—90 年代为偏暖期。

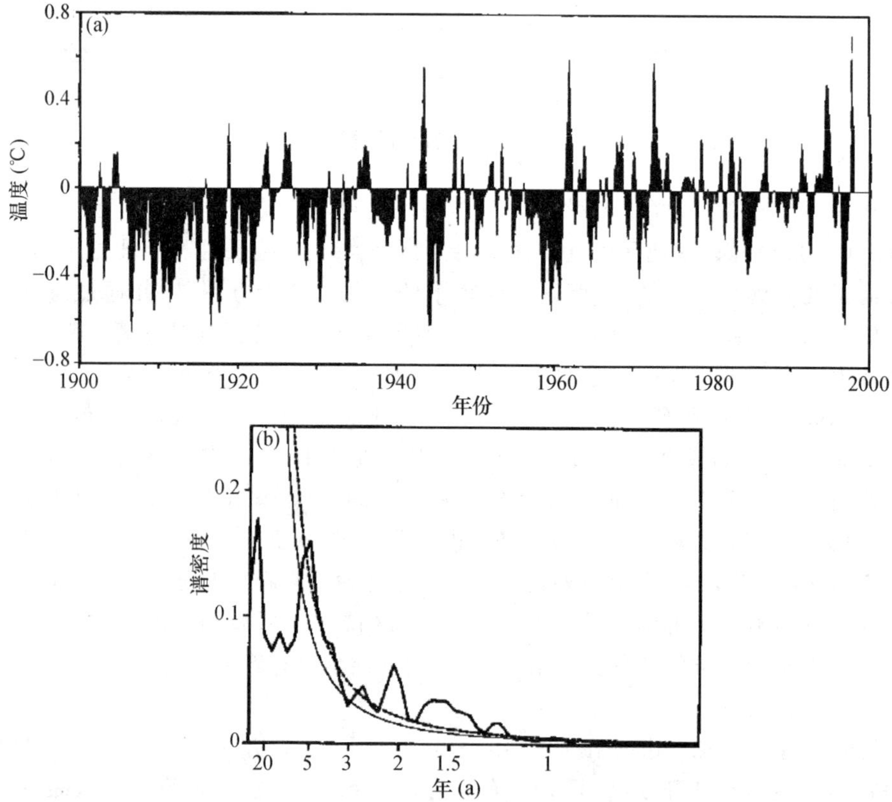

图 6.17 赤道印度洋海温偶极子指数的时间变化(a)及其功率谱(b)细实线和虚线分别表示 95%和 99%信度(李崇银，2003)

(3)IOD 的演变过程

根据 IOD 指数的大小，Saji 等利用 1958—1999 年的海温资料，挑选出 6 个 IOD

正位相年(1961 年、1967 年、1972 年、1982 年、1994 年、1997 年)进行合成。合成结果如图 6.18 所示。在 5—6 月,海温负距平最先出现在龙目岛海峡附近,同时东南赤道印度洋上出现东南风异常。7—8 月,负距平加强且沿着印度尼西亚海岸向赤道方向延伸,而西印度洋开始出现正距平。随后,赤道纬向风加强并且海温异常呈偶极型分布。9—10 月,上述特征迅速达到盛期,紧接着快速衰亡。Anderson 等的研究结果表明这种偶极子分布形态不仅仅存在于海表温度的变化中,次表层海温变化同样也具有这种特征。除此以外,海平面异常、向外长波辐射异常、斜温层上次表层海温这些物理变量都显示出类似的特征。

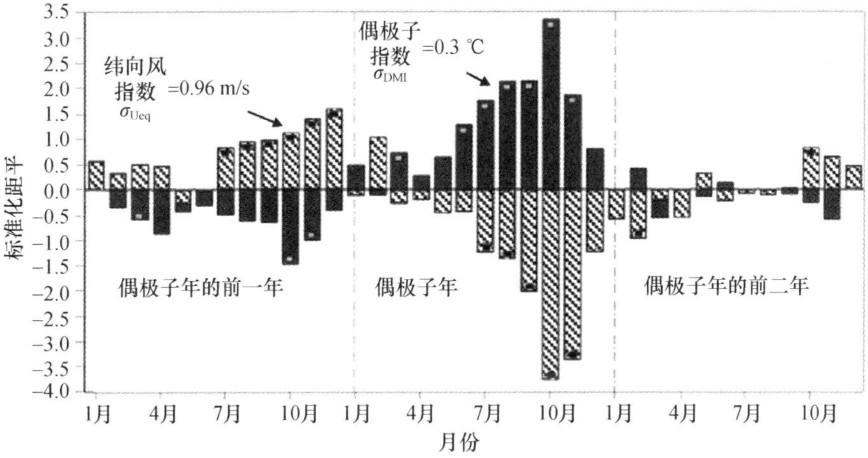

图 6.18　热带印度洋海温偶极子强度 DMI 与赤道纬向风异常 Ueq 的强耦合。偶极子模态和赤道纬向风场异常的强度的季节发展,从前一年至典型偶极子年的第二年。超过 90%信度检验的显著异常以点做标志。(Saji et al,1999)

(4)IOD 与 ENSO 之间的关系

IOD 与 ENSO 的相互关系长期以来一直是研究的焦点问题。

ENSO 主动:Nagura 等发现 El Nino 的建立时间会影响到赤道东印度洋(EEIO)的表面风异常,通过风场异常作用于 EEIO 的海温,从而影响 IOD 中东部极子的形成。

IOD 主动:巢清尘等分析 1960—1999 年的 850 hPa 风场指出,在热带西太平洋西风距平爆发前,赤道东印度洋已经有距平西风持续维持了 2 年左右(西南季风),然后西风距平快速地向东扩展到热带西太平洋,有利于西太平洋西风爆发,这是 El Nino发生不可缺少的条件之一。

ENSO 与 IOD 相互作用:吴国雄等发现赤道印度洋和东太平洋海表温度年际变

化有显著的正相关,指出这种正相关是由于沿赤道印度洋上空纬向季风环流和太平洋上空 Walker 环流之间显著的耦合造成的。认为印度洋上空位相环流的异常可以通过印度洋和太平洋上空大气系统的齿轮耦合去影响中东太平洋的海气相互作用。

ENSO 与 IOD 相互独立:Webster 等认为 IOD 是印度洋海气系统内部自我维持的结果,且 IOD 在热带海洋海温季节、年际尺度的气候变率中可能起到独立的作用。利用小波分析,Saji 等从以下 3 点说明 ENSO 与 IOD 是各自独立、相关性小的事件:IOD 功率在 20 世纪 60 年代、90 年代达到峰值,而 ENSO 的峰值出现在 70—80 年代;ENSO 的宽带谱较为连续,由 70 年代至 80 年代末,而 IOD 功率谱分为 2 段;在年代际时间尺度上,强 ENSO 事件对应着弱 IOD 事件,反之亦然。

※ 思考题

1. 海气相互的基本特征是什么?
2. 海洋在气候形成和变化中的作用?
3. 根据海陆热力性质的差异,分析海陆分布对气温、环流和降水的影响。
4. 试分析海陆风和季风物理成因的异同。
5. 什么叫暖池、南方涛动、厄尔尼诺、ENSO、沃克环流?
6. 根据 Bjerknes 反馈,解释热带太平洋 ENSO 海气相互作用发展过程。
7. 试举例说明 ENSO 的气候效应。
8. 了解热带印度洋海温变化的主要模态。

第7章

陆气相互作用

陆地表面约占地球表面的1/3，是地球气候系统重要的组成部分。一方面，陆地表面作为大气运动的重要下边界，通过动量、热量及水分交换等特定的方式与大气发生复杂的相互作用，对区域乃至全球气候产生重要的影响；另一方面，发生于陆地表面的各种过程受到气候及其变化的制约。陆地表面与大气之间发生的强烈的相互作用，是气候系统的重要过程之一。

地表积雪、冰川和冻土是陆地表面的重要组成部分，因气候系统中将冰冻圈另立一个子系统，关于冰冻圈与气候，将在第八章中详细阐述。

7.1 陆气相互作用的基本概念

本节重点介绍陆面的基本特征、陆气相互作用的基本概念及其重要性的相关知识。

7.1.1 陆面的基本特征

人类赖以生存的环境是由大气圈、水圈、岩石圈、冰冻圈和生物圈组成的地球系统整体，占地球表面积近30%的陆地表面是人类的主要栖息地和经济活动场所，也是地球气候系统的重要组成部分。陆地表面的构成极其复杂，地理上看有山脉、丘陵、高原、平原、高地、峡谷及其水域等复杂地形；从生态上看有大约1/4的森林，1/4的草地，1/4的沙漠，1/8的城市和农用地，其余1/8为其他各种不同的下垫面，其上还可能为大面积的积雪和冻融土所覆盖，除地形基本不变外，下垫面的性质随季节发生变化。图7.1给出了国际地圈生物圈计划(IGBP)关于全球陆面分类的示意图，陆地表面根据构成被划分为16种类型，已对陆地表面的构成进行了极大的简化。此外，陆面的不同下垫面类型的构成比例还随地域、时间而发生很大的变化。

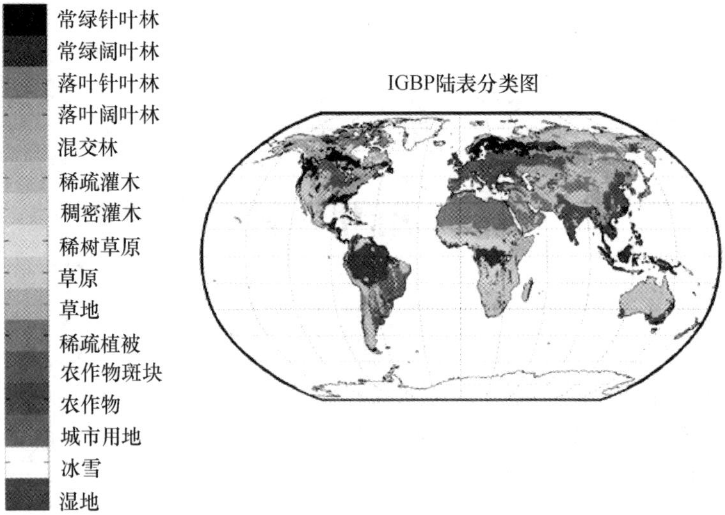

图 7.1　IGBP 全球陆地表面分类图(IGBP)(附彩图)

除了其复杂的构成外,不同陆面过程的特性也存在明显的差异,而这些基本特性及其变化正是陆面过程影响天气、气候的根本所在。就陆地植被而言,本身分类就可达成千上万,不同类型植被的空间组成、几何结构和物理生化性质也很不相同;植被的几何特性(如高度、粗糙度)、结构特性(如冠层的叶面积指数 LAI,冠层内叶片空间和朝向的分布、根的分布)、物理特性(如热力学和水力学特性)、化学特性、光学特性(如反照率、发射率、透射率和吸收率)和生理生化特性(如与光合作用相关的有关参数)等都是与陆面过程密切相关的关键参数。而对于土壤,土壤质地分类也有数十类,土壤的质地、结构特性(如空隙度,颗粒大小)、物理特性(如热力学和水力学特性)、光学特性(如反照率)等属性参数均是陆面过程研究必须考虑的。对于地表水文过程,除了要给定植被和土壤质地的性质和它们的分布,还要给定地形及地貌特性(如高程、坡度和坡向、流域分布、河网水系)。这些特性既随不同下垫面类型和性质、也随时间和空间而变,同时还受空间非均匀性和变异度的影响。

因此,陆面过程和陆气相互作用的研究不仅需要考虑陆面构成的复杂性,同时还要考虑不同下垫面特性参数的多元性,另外,人类活动所造成的陆面状况的改变,使得陆面过程和陆气相互作用研究的难度大大增加。

7.1.2　陆气相互作用

陆气相互作用(也称为陆面过程)是指发生在陆地表面的热力、动力、水文以及生物物理、生物化学等一系列复杂过程,以及这些过程与大气的相互作用过程。其时间尺度可以从微秒到万古，空间尺度可以从分子到全球。它包括了全球系统五大圈(大气圈、岩石圈、生物圈、水圈和冰冻圈)中几乎所有的圈层。从现有的认识水平来看，陆气相互作用主要涉及如下几个方面的基本过程：陆面物理过程；陆面生物化学过程、陆面生态过程。

陆气相互作用主要包含了发生在陆面和陆气界面的能量平衡、水分平衡以及动量交换过程，此类过程的时间尺度通常较短；该类过程主要反映通过地表、植被、土壤、冻土和雪盖等下垫面的水、热运动与大气进行水、热、动量、辐射能的交换，以及植被控制地面与大气之间水汽、能量交换的生物物理过程，具体包括：

热力过程(能量平衡过程)：发生在大气、植被和土壤表面的辐射过程、土壤和植被与大气间的感热、潜热交换；

动量交换过程：地面对风的摩擦，植被对风的阻挡；

水文过程：降水、蒸发，植物的蒸腾、凝结、地表径流、冰雪融化等；

物质交换过程：水汽、CO_2 及其他化学气体和气溶胶的向上输送，大气垂悬物的沉落。

图 7.2 基本上反映了陆气相互作用的主要过程。此外，近年来，对水文过程在能量平衡过程中的重要作用有了更深入的认识，同时水文过程与能量过程相互作用的相关研究也正在加强，因此，水文过程也已成为陆气相互作用研究中重点关注的问题。

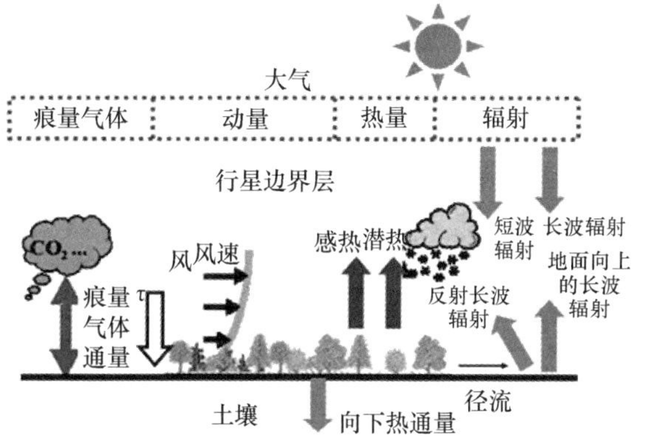

图 7.2　陆气相互作用示意图(孙菽芬，2005)

陆面生物化学过程通常是指与陆地植被或陆地生态系统中的碳同化、气孔传导、蒸腾蒸发、光合作用以及碳、氮等化学元素循环转化有关的过程。在 20 世纪 90 年代初，陆面过程研究就开始关注陆面的生物化学过程，通过陆面物理过程模式与光合生产过程(光合作用)模式的耦合，实现陆面与大气间的物理-生化过程相互作用，能更真实地反映植被-大气之间的各种反馈机制，并能对陆地生态系统-大气之间的碳通量、净初级生产力(NPP)进行估计,这些都为生态系统、生态过程研究提供基础。

陆面生态过程通常指月至年际时间尺度上陆地生态系统的演变及其与气候之间的相互作用过程,包含了植被的生长、演替以及各种扰动(火灾、虫灾、土地利用等)过程对陆地生态系统的影响,同时还考虑植被、土壤之间碳、氮等营养物质的交换。陆地生态过程在更长的时间尺度上反映气候-陆地生态系统之间的相互作用。目前的动态植被模型通过气候强迫及物理生化过程耦合的作用,研究生态系统结构、组成和成分的动态变化,以及生态系统的演替,真正实现了生物圈与大气圈相互作用的动态耦合。

陆地生态系统与大气之间的相互作用在时间和空间上包括不同的层次和尺度。从植物的生化反应,微生物的分解作用,一直到整个生物圈;从瞬间的生化反应到几百万年的地球系统演化。陆面过程研究的主要内容就是围绕陆面与大气在不同时空尺度的相互作用,研究发生在陆地表面的各种物理过程、生化过程、生态过程及其与大气、气候之间的各种反馈机制。

7.1.3 陆气相互作用的重要性

陆气相互作用是影响大气环流和气候及其变化的基本物理、生化过程之一。近20年来,由于国际地圈-生物圈计划(IGBP)、全球能量与水循环实验(GEWEX)及水文循环的生物圈方面(BACH)等计划的重视和推动,陆面过程及模式发展研究取得了一定的进展。人们已经认识到:由构成多样、性质复杂、分布又很不均匀的下垫面所组成的陆地表面是整个气候系统中一个既重要而又复杂的分量;陆面与大气及其他圈层之间进行的各种时空尺度的相互作用,以及动量、能量、多种物质成分(水汽及 CO_2)的交换和辐射传输可对大气环流及气候状况产生极大的影响,在某些局部或某个时段内甚至还起着关键性的作用。这种交换的通量强度既与下垫面本身的物理化学性质及其动态变化的状况有关,也与变化的大气状况及太阳辐射的强度有关;总而言之十分复杂。另一方面,土地利用方式的改变等人类活动已极大地改变了地球上的生态环境,更增加了陆气相互作用这一分支研究的复杂性;近年来,森林锐减、土地荒漠化、持续干旱、全球变暖以及水资源短缺等一系列重大的全球环境问题和气候异常已引起世界各国政府及科学界广泛的重视,研究这些现象的成因以及内在的物理、生化过程,并预测它的发展和可能产生的后果,已成为科学研究的重大前沿课题,也是当代气候学研究(当然也包括陆气相互作用研究)正面临的紧迫问题之一。因此,深入研究陆地上各种下垫面与大气之间相互作用的物理、生化过程,不断改进和发展陆面过程模式,力求使之接近真实情况,能更精确地预报上述各种交换[包括动量、能量、物质(水汽及 CO_2 等)、辐射等交换]以及模拟地表温度、湿度和大气边界层的发展变化等与气候研究密切相关的信息，已成为全球气候变化以及全球变化研究的迫切需要。陆面过程的重要性主要在于以下四个方面。

(1)陆面与大气存在各种时、空尺度的相互作用及动量、能量、物质(水汽及 CO_2 等)和辐射的交换过程：在大气与陆地下垫面的界面上，由于大气环流的驱动及太阳辐射强迫，界面的上下两侧不断地发生着动量、能量和物质的交换过程。界面的上侧为大气边界层，下侧则为包括岩石圈、生物圈和冰冻圈(有时还包括小部分的水圈)的陆地下垫面。因此发生在二者之间的交换过程在很大程度上受陆面状况的影响，陆面状态的变化必将改变上述交换过程，进而对大气和气候产生影响。

(2)陆面为大气运动提供下边界条件：大气的状态变量包括速度、温度、湿度以及大气化学成分等。就大气动力学而言，这些状态变量的变化由它们的动力学控制方程决定。在这些控制方程中，有各种各样与下垫面有关的源(汇)项，如：动量方程(决定风速变化)中的摩擦力项、能量方程(决定大气温度变化)中的感热项和水汽方程(决定大气湿度变化)中的潜热项等。这些源(汇)在大气层的下边界上，要么来自海洋，要么来自陆地，以下边界条件的形式出现。这类源汇项强度的大小对于决定气候系统变化影响是至关重要的，而陆面作为地球大气的下边界，决定了大气动力学控制方程中的源、汇项，同时这些源汇项强度决定了气候系统响应的大小。

(3)气候系统对陆面特性的变化十分敏感：20 世纪 60 年代以来，大量的敏感性试验证实了气候系统对地表反照率、土壤湿度、地表粗糙度和植被气孔阻抗等陆地下垫面特性十分敏感；陆面状况的异常能够对天气、气候产生不同时空尺度的作用，并逐渐被认为是影响天气、气候的重要物理因子。

(4)大气环流、气候及其变化是陆面状态相关过程的重要控制因子。气候条件对植被分布类型和陆地生态系统的变化起决定作用；气候变化对植被的生长状况，以及陆地生态系统的季节、年际变化和长期趋势具有重要影响。大气环流和气候变化对地表水循环、陆面干湿状况和地表热力状况也有十分重要的影响；陆地的积雪、冰川冻土是气候变化的产物，其变化在很大程度上取决于其对气候变化的响应。

7.2　土壤湿度和土壤温度的影响

如前所述，气候系统对陆面状态的异常变化十分敏感。大量的研究表明，地表反照率、地表粗糙度、土壤湿度、土壤温度、植被、积雪等陆面状况的异常，是引起气候异常的重要因子；上述陆面状况的异常通过改变地气之间的各种交换过程，能在不同时间、空间尺度上对天气、气候产生显著影响。这里重点以土壤湿度和土壤温度为例，说明陆气相互作用对于气候乃至气候系统的重要性。

7.2.1 土壤湿度的影响

土壤湿度对陆地上的气候变化作用甚至超过了海温,其异常可以持续数周乃至数月,对长期天气预报和短期气候预测有重要的指示意义。土壤湿度的改变不仅影响地表蒸发和植被蒸腾,对局地和非局地降水都有很重要影响,进而可以改变地表水分平衡,而且土壤湿度还影响土壤温度,改变地表对大气的加热等过程,进而对大气环流和气候产生显著影响(图 7.3)。

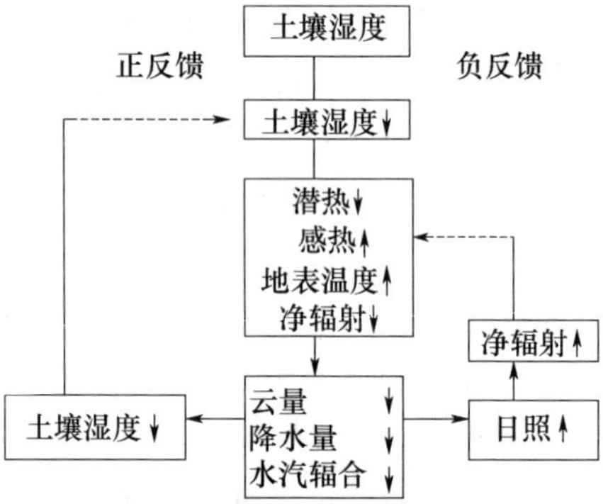

图 7.3 土壤湿度异常可能引起的气候效应(Sellers,1992)

早在 20 世纪 50 年代,Namias(1958,1963)的研究就发现,土壤湿度的季节性异常对大气的季节变化有重要影响。据统计,就全球陆地而言,65%的降水来自于陆地表面的蒸散发,而仅有 35%来自于海洋的水平输送(Chahine,1992)。Walker 和 Rowntree(1977)的敏感性试验指出:干土壤可使未来气温升高,湿土壤可使后期降水持续。Shukla 和 Mintz(1982)的数值模拟试验证明了全球性土壤湿度的变化将引起极为显著的气候效应。他们利用 GLAS(哥戈德空间飞行中心大气科学实验室)的大气环流模式对两个极端情况进行了模拟试验(图 7.4),一个试验假定全球陆地大陆完全湿润,另一个试验假定全球陆地土壤完全变干。上述两种极端情况下,以 6 月 15 日的观测资料作相同的初值进行数值积分;为两种土壤情况下模拟的全球降水率的分布,阴影区表示降水率大于 2 mm/d。可以看到两图有十分明显的差异:在干土壤情况下,除个别地区外,全部大陆上日降水量几乎都小于 2 mm;而在湿土壤情况下,大陆上的日降水量都大于 2 mm。同降水分布相对应,地面温度也存在明显的差异,干土壤情况下地面温度高,而湿土壤的情况地面温度低。因此,他们的研究认为土壤湿度-大气之间的反馈过程在副热带地区的作用甚至与热带地区 SST 的作用相当。Yeh 等的研究认为土壤湿度对气候有记忆功能,当中纬度(30°—60°N)的土壤达到饱和后,可以影响大尺度的降水,不同纬度带的土壤湿度对后期降水和气温影响的时间尺度不同，它们不仅对相应地区的大气状态有极大的影响，甚至可以影响到了全球范围的大气环流和气候。

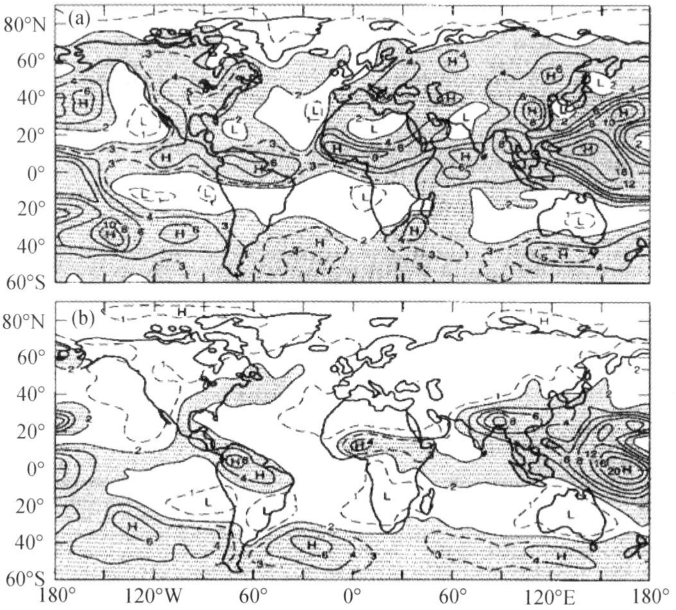

图 7.4　模拟的不同情况下降水率(mm/d)的分布

(a)湿土壤；(b)干土壤；阴影区为降水率大于 2mm/d 的区域(Shukla and Mintz,1982)

中国科学家在土壤湿度的异常及其对中国气候的影响方面也开展了大量的研究。左志燕等(2007,2008)和 Zhang 等(2011)利用 ERA 40 土壤湿度再分析资料，揭示了中国东部春季土壤湿度与夏季降水的联系。研究表明春季长江中下游到华北的土壤湿度偏湿，东北土壤湿度偏干时，中国夏季东北和长江流域降水偏多，华北和南方降水偏少；并提出了土壤湿度异常影响降水的相关物理过程：春季从长江中下游到华北的土壤湿度正异常使得中国大陆东部地表温度降低，减小了海陆温差，造成东亚夏季风减弱，西太平洋副热带高压发展西伸，从而阻挡了东亚夏季风的北上，使得中国夏季雨带偏南，长江流域降水偏多，华北和南方降水偏少。

数值研究方面，李巧萍等(2007)利用一个区域气候模式(RegCM-NCC)对江淮流域地区春季初始土壤湿度异常导致的区域气候效应进行了数值模拟。结果表明，土壤湿度异常变化对区域降水的影响非常显著，土壤湿度的正异常使得异常区域内降水增大，地面空气增湿、蒸发加大，地表气温迅速降低；土壤湿度负异常时，情形相反。这种区域气候响应是通过改变地表辐射平衡及地气系统能通量而实现的；区域土壤湿度异常对短期气候的影响在一个月之内较明显，它的影响可持续几个月，但强度逐渐减弱；区域土壤湿度异常的气候响应不仅仅局限于异常区域内部，而且可以通过次级环流影响到其他区域的降水、温度等变化。Liu 等(2014)的研究得到类似的结论,且认为土壤湿度异常也可影响极端气候变化,即土壤湿度正异常时,干旱事件减少,极端暖事件减少而极端冷事件增多;土壤湿度负异常时,情形相反。

但是,值得一提的是,有关土壤湿度异常影响东亚区域气候的认识也有不同的看法。最近,Kim 和 Hong(2007)利用区域模式研究了东亚区域夏季降水对初始土壤湿度异常的响应。通过六组数值试验(针对 1997 和 1998 年两个夏季,分别用 NCEP-DOE 再分析资料的土壤湿度的控制试验、干土壤湿度和湿土壤湿度作为初始场的 4 组敏感性试验)的对比研究,发现湿土壤初始场试验和干土壤初始场试验之间的降水变化只有 5%的差别(1998 年为 5.5%、1997 年为 5.3%),认为土壤水分异常对模拟的东亚区域夏季降水的影响不是很重要。总之,由于土壤湿度异常影响气候的物理过程的高度复杂性,现有的关于土壤湿度异常及其影响气候的物理机制尚不完全清楚,有待于今后的深入研究。

7.2.2 土壤温度的影响

土壤的热容量远大于空气,土壤的热状况及其变化对大气的陆面下边界起重要的作用。土壤温度是地表热状况的直接反映,土壤温度的异常,尤其是深层土壤温度的异常,具有很强的持续性。土壤温度的变化可以直接影响地气之间的感热通量及辐射通量,从而对气候起到反馈作用。夏季青藏高原为一个巨大热源,叶笃正等(1974)和刘晓东等(1989)分别利用转盘试验和数值模拟研究了青藏高原加热对夏季东亚大气环流的影响。

(1)土壤温度与降水

汤懋苍等(1982)曾就土壤温度与我国降水的关系开展了大量的研究,研究表明不同层次的土壤温度与同一地区或邻近地区后期降水有显著的统计相关性,即前期土壤温度偏高,则后期降水偏多,反之亦然。层次愈深,滞后时间也愈长。分析发现冬季 0.8 m 地温与春季(3—5 月)的降水相关最好,而 1.6 m 处的地温与汛期(4—9 月)降水的相关最为显著。研究比较了 1977 年 12 月—1978 年 2 月 1.6 m 处地温距平与 1978 年 4—9 月降水距平百分比的分布,结果发现高温轴与多雨轴的位置有很好的对应关系;而低地温轴附近的降水则表现为不同程度的偏少。在上述研究的基础上,汤懋苍等(1982)建立了用前期地温做汛期旱涝趋势预报的方法,用深层冬春季地温来制作次年的汛期降水趋势预报,收到了一定的成效。Zhao 等(2018)发现中国东部和南部 6 月的降水与前期 5 月的土壤温度具有一定的联系:当前期华南温度偏高而长江流域温度偏低时,华南降水偏多,长江流域降水偏少。

王万秋(1991)利用 IAP(中国科学院大气物理研究所)GCM 研究了区域性持续土壤温度异常对短期气候的可能影响。数值试验主要针对 7 月的情况,所采用的土壤温度(6 cm 深处)异常的分布如图 7.5a 所示。结果表明,试验中如果该区域的土壤温度异常只在初始时刻存在,那么这种异常的影响只能维持 1 天左右便基本消失了;但如果土壤温度的异常持续 1 个月,则会对大气环流和气候产生明显的影响。图 7.5b 是该区域土壤温度持续异常所产生的第 10～30 天的平均降水率的改变,可以看到,区域性土壤温度的异常增加造成了区域降水量的明显增大,其最大增值为 3 mm/d,而该区域的模式气候值仅为 5～7 mm/d,可见其影响显著;同时,在土壤温度异常区的南面出现了一个降水明显减小的区域,其范围同土壤湿度异常区相当。图 7.5c 是模拟第 10～30 天的平均地面气温的异常,在土壤温度异常区及其南面出现了较大范围的气温升高,其南部地区气温增加最为明显。对模式模拟的其他物理量变化的分析表明,在土壤温度异常区,由于地面向上感热输送增加,使大气下层增温,地面气压下降,对流层低层辐合加强,降水增加;同时,上述辐合在其南部诱发出异常辐散和下沉,导致降水减少和气温升高。

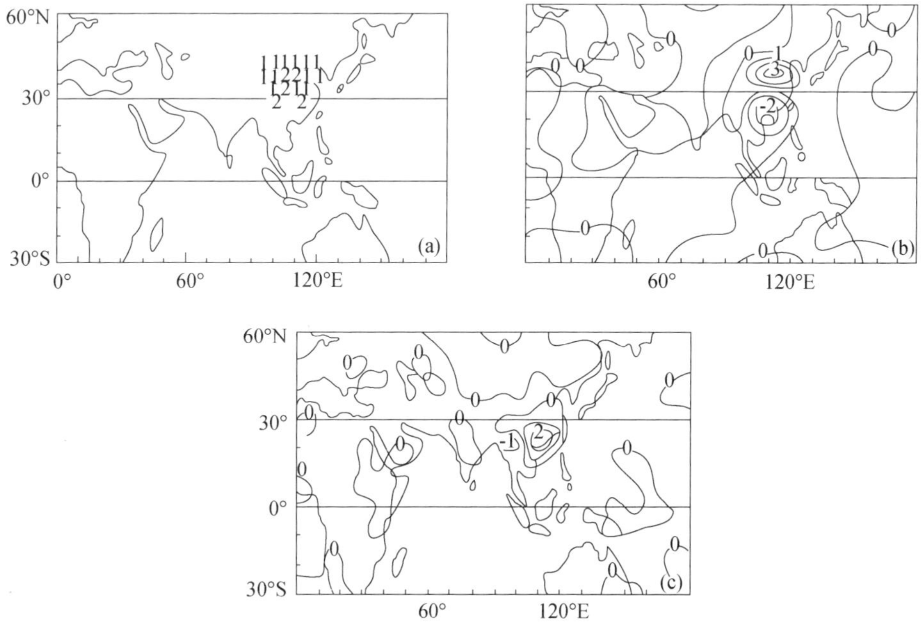

图 7.5　土壤温度异常对短期气候的影响(王万秋,1991,转引自李崇银《气候动力学引论》)

(a)土壤温度异常的分布;(b)模拟第 10～30 天的降水异常;

(c)模拟的第 10～30 天的地面气温异常

(2)土壤温度与环流

王迪等(2018)发现西亚地表热力异常与初夏东北冷涡活动的年代际变化存在密切联系,前期西亚地表热力异常能够对东北初夏冷涡活动产生重要的影响。

1979—2015年，初夏东北冷涡强度表现出明显的年代际变化特征：2000年前，冷涡活动总体偏强，之后总体减弱。春季西亚地表热力状况在2000年前后也发生了明显的年代际转变：2000年前总体偏冷，之后明显偏暖；春季西亚地区的地表热力异常与东北冷涡活动在年代际尺度上存在联系密切。西亚地表异常偏冷，东北冷涡活动偏强；而西亚地表异常偏暖对应了偏弱的冷涡活动。初步分析发现，西亚地表热力因子可能通过影响大气环流分布并通过遥相关型影响我国初夏东北地区冷涡。

Chen等(2017)进一步研究认为，东亚中纬度气旋活动与东亚夏季风之间存在显著的正相关关系，气旋活动强(弱)，东亚夏季风总体增强(减弱)。气旋异常活动可以通过以下途径影响夏季风环流：东亚地区异常强的气旋活动通过天气尺度瞬变波活动产生的涡度通量向极输送，使贝加尔湖地区存在一个正涡度异常并伴随着气旋性环流，由于大气环流的调整作用使得在该地区形成异常的冷性低压，而贝加尔湖地区气旋性环流的东南侧和我国东南沿海地区反气旋环流的西北侧有一致的西南风异常，有助于东亚夏季风的增强。20世纪90年代初之后，东亚中纬度地区的陆面异常增暖，导致气旋活动减弱，最终引起东亚夏季风明显减弱。

最近，张莞昕等(2017)研究指出东亚中纬度地区的表层土壤温度在35年间表现为明显的增暖特征，其中50°N及其以北的贝加尔湖地区的增暖最为显著，陆地增暖表现出明显的非均匀性；而东亚夏季中纬度气旋活动的年代际减弱与东亚中纬度地区的陆面非均匀增暖密切相关。

尽管，有关陆面热力异常对气候影响的研究近年来受到了越来越多的关注，然而相关的机理认识还有待深入。进一步加深这方面的研究对于理解气候异常及其预测具有十分重要的意义。

7.3 植被的影响

植被是控制地球表面环境的主要因素之一；植被是气候的产物，什么样的气候环境就有什么样的植物生态系统，但植被也是地球气候系统中最为重要而可变的组成部分。植被受气候变化的影响，同时又通过生物物理过程和生物地球化学过程对气候产生反馈作用。陆地表面为不同类型的植被所覆盖，植被的生理及形态特性对陆面过程具有十分重要的影响，其影响主要表现为：对降水和辐射的拦截作用，对辐射的吸收，蒸散，改变土壤湿度，改变动量输送(改变地表粗糙度)，生物通量输送等方面。一系列的研究证实，植被覆盖变化通过改变反照率、粗糙度及土壤湿度等地表属性可以在不同的时空尺度上对气候产生作用，是区域及全球气候变化的重要影响因素之一(图7.6)。

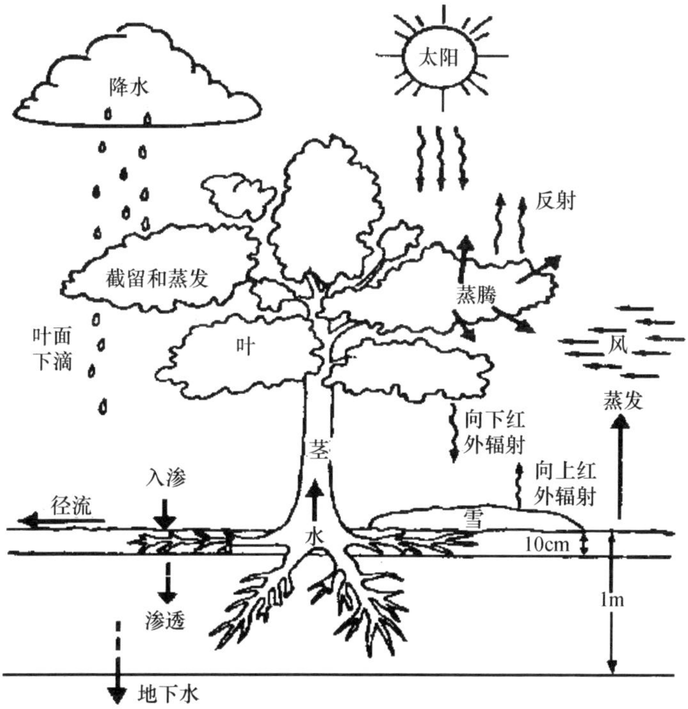

图 7.6　植被影响气候的基本物理过程(Dickinson,1984,转引自李崇银,2001)

20 世纪 80 年代中期以来,国外大量的工作主要集中于两个与全球植被变化有关的核心问题:沙漠化及其气候反馈;热带雨林砍伐及其气候效应。以下简单介绍这方面的研究成果。

(1)森林砍伐的影响

Amazon 地区热带雨林砍伐是最近 20 年来一个备受关注的问题。Henderson-Sellers 等(1984)最早利用 GCM 研究了热带雨林砍伐的气候效应,但当时的 GCM 中并没有包含能够较好反映陆面过程的参数化方案。此后,Dickinson 和 Henderson-Sellers(1988)、Lean 和 Warrilow(1989)、Shukla 等(1990)和 Nobre 等(1991)相继对此问题进行了深入的研究。他们分别采用 NCAR、GISS、COLA 和 UKMO 的 AGCM 模拟了 Amazon 地区热带雨林砍伐的局地气候效应。模拟结果表明,若热带雨林为草原所代替,将引起 Amazon 流域的降水减少 20%,气温升高 1～3 ℃,强调了 Amazon 地区热带雨林砍伐对上述地区的局地气候具有重要的影响。图 7.7 给出了 Shukla 等(1990)的模拟结果,可以看到热带雨林的砍伐能够引起表层和深层土壤温度的明显增暖;而 Amazon 流域的年降水量减小达 800 mm,蒸发有明显减少,但其量值明显小于降水的减少,即热带雨林的砍伐将导致该地区逐渐干旱化。

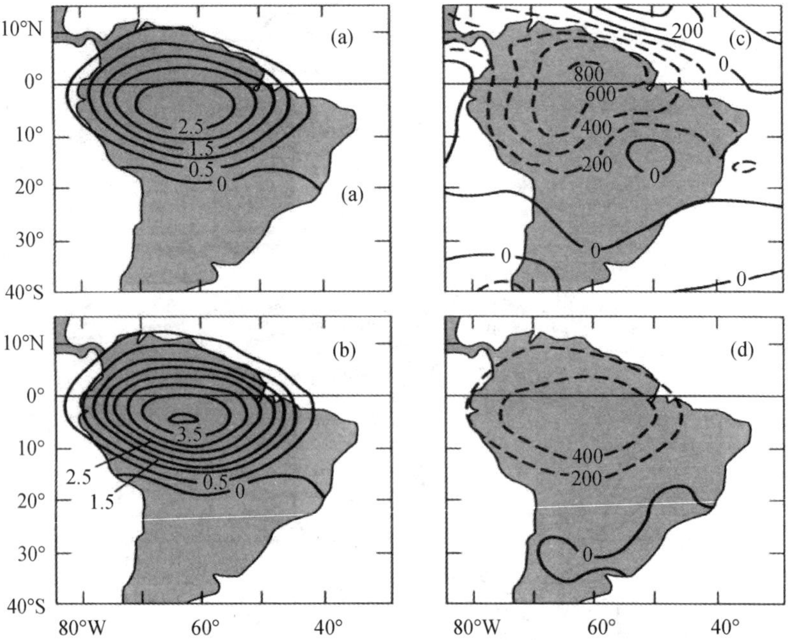

图 7.7　模式模拟的亚马孙地区的热带雨林砍伐引起的气候变化(Shukla et al,1990)
(a)地表温度(℃);(b)深层土壤温度(℃);(c)降水量(mm/a);(d)蒸发量(mm/a)

(2)沙漠化与气候

Charney(1975)探讨了萨赫勒(Sahel)干旱问题,注意到植被的重要性,开创性地提出了生物地球物理反馈机制(biogeophysical feedback meahainsm)。如植被退化将增加地面的反照率,降低粗糙度,减弱植被对水循环的调节作用,从而减少了蒸散发和降水,同时也增加了感热和地面温度。对于生物地球化学过程,土地利用主要引起碳排放和吸收,进而改变大气中温室气体含量,对全球增暖起一定作用。

Xue 等(1993)、Nicholson 等(1998)先后研究了非洲萨赫勒撒哈拉沙漠南部边缘的荒漠草原地区地区沙漠化的形成机制及其对非洲及附近地区气候的影响。Xue 和 Shukla(1993)采用包含简化生物圈模式(SIB)的 COLA 大气环流模式研究了萨赫勒地区的沙漠化问题及其气候反馈。在他们的研究中进行了 2 组试验,其中一组试验采用真实的植被分布(控制试验 C);而另外一组试验则将萨赫勒地区的植被改变为分布有稀疏灌木的裸土(异常试验 D,或沙漠化试验),每组试验包括了 5 个采用不同初值和 SST 分布的试验。在此基础上,将 5 个异常试验,5 个控制试验的结果进行对比,来分析上述地区的沙漠化所引起的气候反馈。图 7.8a 给出了异常试验 D 与控制试验 C 的夏季降水的差值场，不难发现，沙漠化试验中，萨赫勒地区的降水明显减少，但其南部区域的降水则明显增加。进一步分析表明，沙漠化显著改变了萨赫勒及附近地区的大气环流，能够引起该地区低层风场的异常辐散，使得该地区的水汽辐合明显减小（图 7.8b），并引起明显的垂直下沉运动，这些均是造成该地区降水异常减小的原因。此外，沙漠化使得萨赫勒地区的土壤水分明显减小，地表温度明显升高，导致地表能量通量的显著变化。

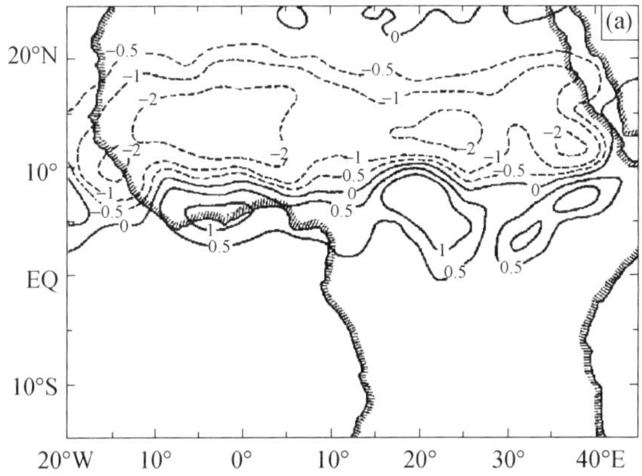

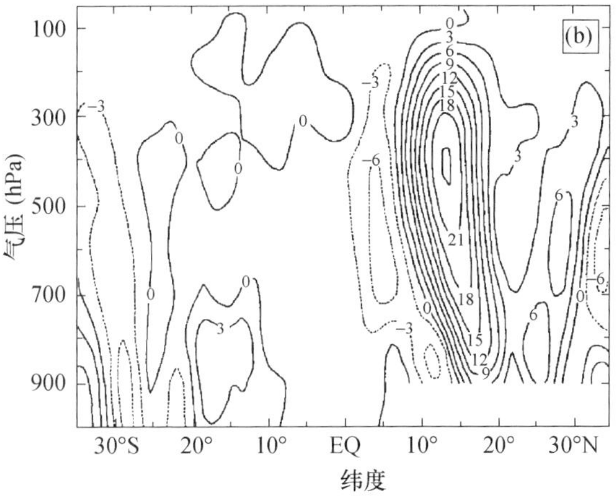

图 7.8　异常试验 D 与控制试验 C 气候要素的差值分布（Xue et al，1993）

(a)降水量(mm/d)；(b)纬向平均的垂直速度(10^{-5} hPa/s)

(3)植被变化与中国气候

最近 20 多年来，我国科学家对东亚或中国区域植被变化对气候的影响进行了大量的数值试验研究，大大加深了人们对植被的气候反馈及其物理机制的理解和认识,极大地推动了植被—气候相互作用的研究。大多数的研究表明,植被变化对中国区域地面气温、降水等具有明显影响,植被类型及覆盖面积影响着我国夏季风的强弱。植被退化导致蒸发减少,改变地表面能量收支,亚洲季风环流减弱,从而导致降水减少;而植被面积的大范围扩大将使东亚夏季风增强,有利于大量暖湿空气从海洋向内陆干旱半干旱区输送,使这些地区降水增多,土壤湿度增大,明显地改善区域生态环境。

丁一汇等(2005)利用高分辨率区域气候模式(RegCM-NCC),通过数值模拟研究了植被变化对中国区域气候的影响。结果表明:大范围植被变化对区域降水、温度的影响非常显著,内蒙古地区土地荒漠化可导致中国北方大部分地区降水减少,尤其是加剧了华北、西北地区的干旱;西北地区绿化有利于黄河流域降水增加,而长江流域和江南地区降水却有不同程度的减少,可在一定程度上减少该区域的洪涝灾害;气温的变化比降水更显著,植被退化使当地气温明显升高,使中、低层大气变得干燥,近地层风速加大;相反植树造林却使当地及周围地区冬偏暖、夏偏凉,大气变得湿润,近地层风速减小,在一定程度上有利于沙尘暴的减少。同时,植被变化对东亚冬、夏季风强度也有一定的影响,并可能影响中国东部地区降水的分布和冬季低温、冷害事件发生的强度。

近年来,卫星观测资料为植被-气候相互作用的研究提供了新的机遇,大量关于植被-气候相互作用的观测研究也开始涌现。毛睿等(2008)利用1982—2002年欧亚大陆春季归一化植被指数(NDVI),分析了欧亚大陆春季植被状况与东亚夏季大气环流的关系,认为贝加尔湖以西区域(55°—65°N,60°—100°E)春季植被状况与东亚夏季大气环流存在显著联系:当春季该区植被指数偏高时,东亚夏季风偏弱,雨带偏南,中国华南降水偏多,华南以北大部分地区降水偏少,同时中国东南以及青藏高原东南部温度偏低,而中国北方以及江淮流域温度偏高。青藏高原高寒草地生长季NDVI表现为从东南到西北逐渐减少的趋势,近30多年来,整个高原草地生长季NDVI呈上升趋势;青藏高原草地与降水、温度的相关关系具有明显的空间差异,高寒草地生长季NDVI均值与降水呈显著正相关,对降水的滞后效应显著;高原东北部温度较高,热量条件较好,降水为高寒草地生长季NDVI变化的主导因子;东中部地区降水充沛,温度则为高寒草地生长的制约因子;南部地区降水和温度都较适宜,均与高寒草地生长季NDVI相关性显著,共同作用于草地的生长;中部和西部地区,气候因子与高寒草地生长季NDVI关系均不显著(陆晴 等,2017)。

Zhou等(2015,2016)利用植被指数定义不同的生态区,研究中低纬度植被与温度之间的联系,发现在全球变暖背景下,植被稀疏的干旱生态区对气温增加具有放大作用。干旱地区夜间温度的增速和气温日较差的减少速率明显快于湿润地区。植被增加幅度大的地区,变暖速率较慢;而在植被增加幅度较小以及植被退化地区,则变暖剧烈。气候变率模态也与植被生长状况联系紧密，Li等(2016)发现，当冬季NAO处于正位相时，异常西风为欧亚大陆中高纬度地区带来大西洋暖湿气流，暖春较常年提前到来且增温显著，因此春季欧亚中高纬地区NDVI出现正异常，NAO时负位相，则反之。

除了植被对气候的影响，由人类引起的地表覆盖状况的变化，不仅会对局地和区域气候产生影响，而还可以通过其与天气气候、生态过程、生物地球物理、生物地球化学过程等相互作用，影响全球气候。人类活动引起的土地利用/覆盖变化(Land Use and Land Cover Change，LUCC)被认为是近百年来引起全球和区域气候环境变化的主要原因之一(Turner et al，1993)。LUCC与气候变化之间的联系非常复杂，其中主要包括陆面与大气之间的能量、动量、水分循环，以及温室气体(如CO_2、CH_4和氮氧化物)的交换。LUCC会通过生物地球物理和生物地球化学过程影响气候。LUCC还会改变地表反照率、表面粗糙度、叶面积指数、土壤湿度等地表属性和下垫面的性质影响地表能量分配和水分循环。

7.4 地形的影响

相对于表面均匀平坦的海洋，陆地表面显得极为崎岖不平，各种不同的地形地貌特征，对天气和气候都有着不同的影响。一般来说，地形对于气候的影响可以分为动力作用和热力作用。动力作用是指地形对于气流的阻挡和抬升，会影响局地乃至全球的天气和气候分布。而热力作用则是指，高原与山脉在特定季节相对周围大气温度更高或更低，对于上方和周围大气有明显的加热或冷却作用，继而影响整个大气环流的特征。多年来的研究表明，地形对于气候的影响程度十分显著，是一个非常重要的影响因子。一山有四季，十里不同天，就是山地地形对于气温和物候影响的真实写照。

(1)关于地形的模拟试验

近代以来，随着天气动力学的发展，人们对于地形与气候的研究更加深入。20世纪50年代，人们认为，地形对于大气环流的影响主要体现在动力作用方面，造成空气的爬坡和绕流是地形影响气候的主要方式。1957年，我国学者叶笃正、罗四维和朱抱真提出，青藏高原在夏季时是热源，冬季时是冷源，青藏高原的热力作用一样不可忽视(关于高原的作用，可参见第五章)。而今，数值模式的发展，则为地形影响气候的研究提供了强有力的工具。在数值模式中，人们可以大规模改变地表的地形地貌，增加山脉或是去除高原，设计敏感性试验，定量的研究地形动力和热力作用对于气候的影响。

地形对气候的影响是人们首先关心的问题。早在20世纪60年代末，Kasahara

(1968)、Kasahara 和 Washington(1969)就对地球上的地形对全球气候的影响进行了数值模拟研究。1974 年,Manabe 和 Terpstra 利用大气环流模式,进行了两个数值试验,其中一个考虑了地球表面的真实地形起伏,而另一个则完全没有地形,大陆全部是平坦的。试验结果表明,在大气环流模式中考虑真实地形,使得模拟结果中的大气环流形势更加接近观测;而不考虑任何地形的试验结果中,大气环流形势更加平滑,缺少实际观测中的大尺度波动(图 7.9)。

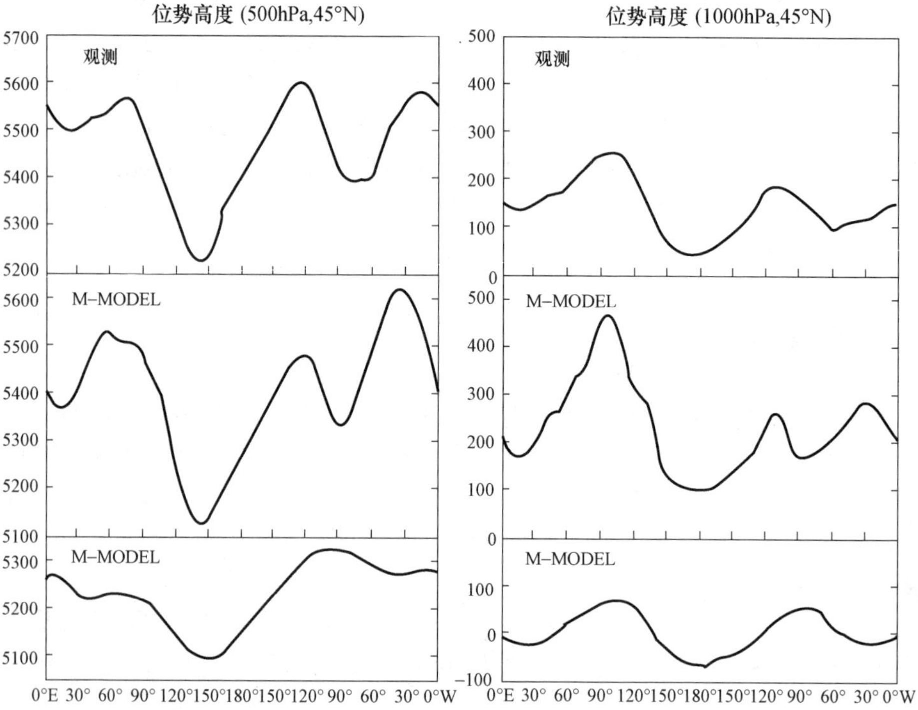

图 7.9 观测和模拟结果中,500 和 1000 hPa 位势高度沿 45°N 的变化,从上到下分别为观测结果,考虑真实地形的数值试验结果和没有地形的数值试验结果 (Manabe and Terpstra,1974)

从环流场结果来看,去除全球的地形,会导致阿拉伯海上空的西南风和索马里低空急流明显减弱,80°E 以西的中纬度地区有干空气侵入,最终导致印度季风爆发推迟,季风强度减弱。80°—120°E 范围的亚洲地形对季风环流的影响并不明显。而去除非洲的地形,能够引起低空急流的增强,印度季风加强,但对季风爆发时间的影响不大(图 7.10)。

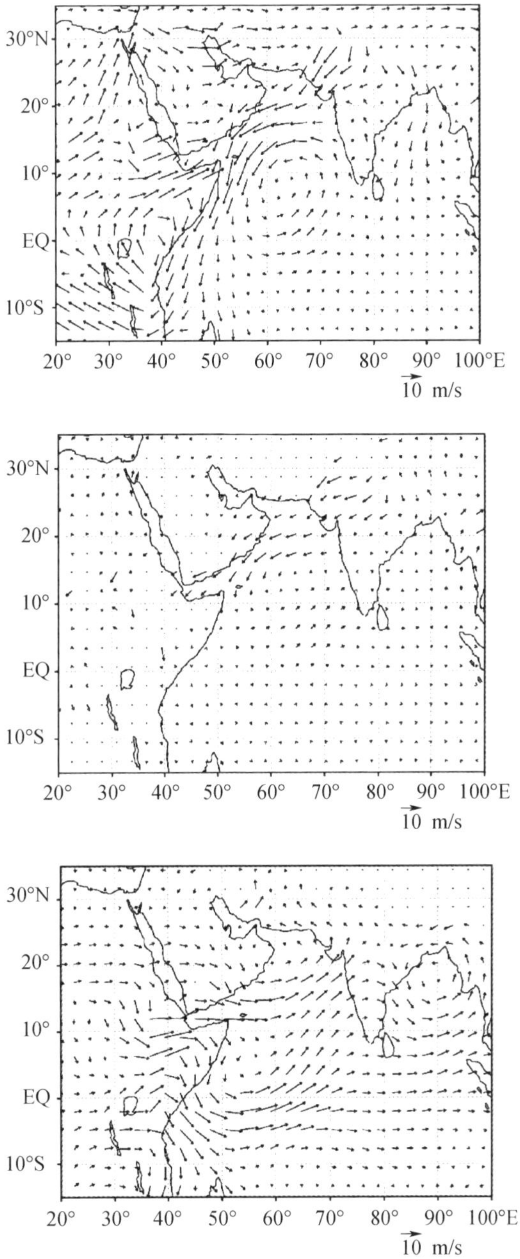

图 7.10　敏感试验与控制试验模拟的 925hPa 风场差值分布，自上起分别为：无全球地形试验差值，无青藏高原地形试验差值和非洲地形试验差值(Chakraborty et al,2002)

(2)大地形的影响

黄荣辉(1985,1986)利用一个准地转数值模型,进行了多个数值试验,研究格陵兰高原、青藏高原和落基山脉对于夏季北半球定常行星波的影响,研究指出,格陵兰高原对于夏季北半球定常行星波的形成影响不大,而青藏高原和落基山脉则对定常行星波的维持起到重要作用,其中青藏高原的热力作用要大于动力作用的影响。吴爱明和倪允琪(1997)利用大气环流模式研究了青藏高原对于副高和亚洲季风的影响。研究表明,在模式中去除青藏高原后,副高的西伸北抬都明显减弱,强度也明显下降(图 7.11),青藏高原大地形的存在,有利于亚洲夏季风向内陆推进,增加我国的夏季降水,还有利于东亚大槽的加强。进一步验证了青藏高原对于亚洲气候影响的理论。

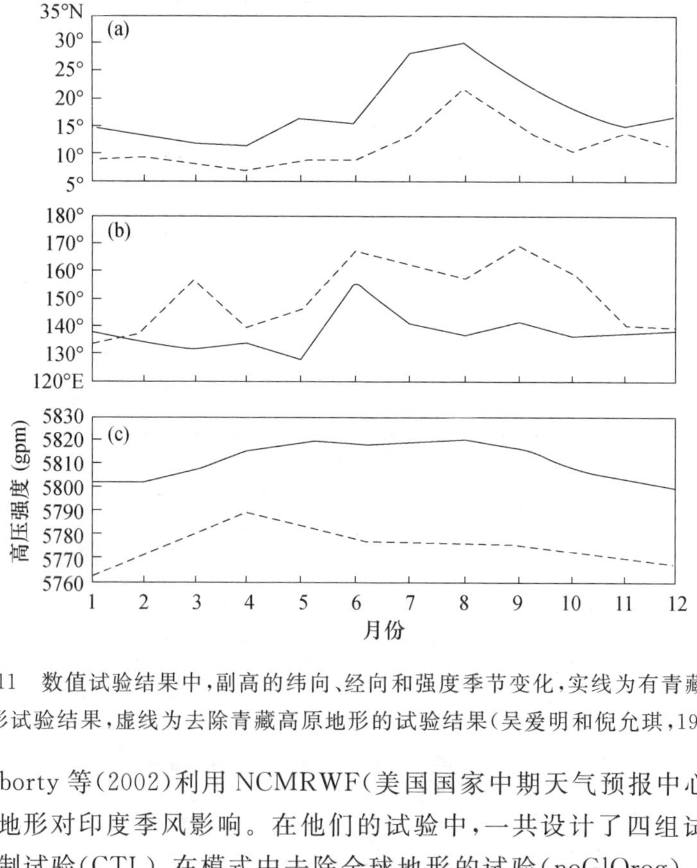

图 7.11　数值试验结果中,副高的纬向、经向和强度季节变化,实线为有青藏高原地形试验结果,虚线为去除青藏高原地形的试验结果(吴爱明和倪允琪,1997)

Chakraborty 等(2002)利用 NCMRWF(美国国家中期天气预报中心)的气候模式模拟了大地形对印度季风影响。在他们的试验中,一共设计了四组试验:采用实际地形的控制试验(CTL),在模式中去除全球地形的试验(noGlOrog),无青藏高原地形的试验(noTiOrog)和无非洲地形的试验(noAfOrog)。模拟结果表明:去除全球地形会使得印度夏季风总体降水减少 25%,印度季风的爆发明显推迟;去除青藏高原试验中，各月的降水均比 noGlOrog 试验结果偏小，而与控制试验比较接近，80°—120°E 范围的亚洲地形对印度夏季风的爆发和强度的影响并不明显；在去除非洲地形试验中，印度次大陆的夏季总降水增加了大约 28%，各月的降水均有明显增加(图 7.12)。

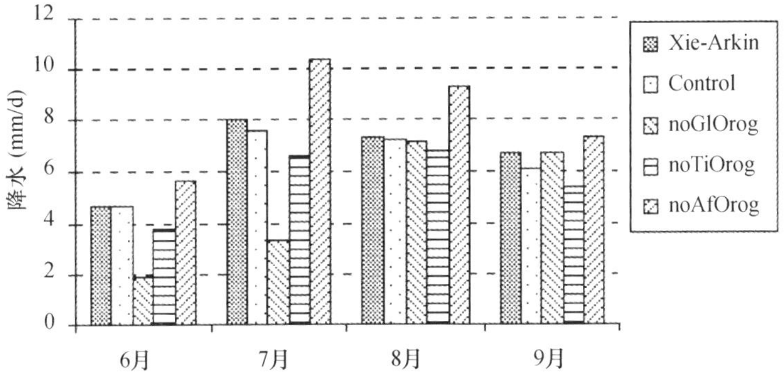

图 7.12　观测(Xie-Arkin)和模拟的印度降水的季节变化(Chakraborty et al,2002)

(3)中小尺度地形的影响

中小尺度地形对于区域天气和气候的影响也十分显著(可参见第五章中关于气候非地带性相关内容)。例如 Bender 等(1984)利用数值模式研究表明，沿岸地区的山脉会影响登陆台风的衰减率，降水强度和落区分布。Wu 等(2002)和 Li 等(2007)分别研究了台湾和福建地区的山脉地形对登陆台风的影响，研究都表明，局地山脉地形会增强登陆台风带来的降雨量，同时也会影响登陆台风的走向和强度。冯强等(2004)利用 MM4 模式研究了大别山区地形对于局地暴雨的影响，研究表明，大别山地形对局地中尺度系统有阻滞作用，在迎风坡有利于局地暴雨中心的形成。陈潜和赵鸣(2006)利用 MM5v3 模式研究了大别山和黄山对于局地降水的影响。在其研究中，将模式内 30°—32°N 的山区(大别山、黄山)地形高度降为原始地形的十分之一或提高为原地形的两倍，与原始地形一起，进行暴雨个例对比试验。结果表明，在模式中降低大别山和黄山的高度，会使模拟结果中的降水减少，而增加两座山的高度，则会使得降水大大增加。中小尺度地形对区域天气的影响和作用，经过时间的累积，最终也会改变当地的气候条件。

综上所述，地形对气候的形成和变化有着重要的作用，在陆面过程与气候相互作用研究中，是一个必须加以考虑的重要影响因子。随着陆面模式与气候模式的不断发展，模式分辨率不断提高，地形在模式中的精细化描述变得十分必要。借助于卫星遥感技术的发展，人们对于地球上的地形分布了解的愈发细致，将遥感技术得到的地形数据应用到陆面模式中，势必可以提升气候模式模拟结果的可信度，为气候变化的研究提供帮助。

7.5 青藏高原陆面过程的影响

青藏高原东西长2000多千米,南北宽1000多千米,总面积200多万平方千米,平均海拔高度约4 km,约占对流层厚度的三分之一。青藏高原范围广,覆盖面积大约是中国国土面积的四分之一,地势高耸,平均海拔超过4000 m,且高原边界海拔高度变化迅速,尤其是在南部边界,它是世界上面积最大、海拔最高、地形最复杂的高原,被称为"世界屋脊",也称为除南极和北极以外的世界"第三极"。青藏高原具有积雪、冰川、冻土、森林、草原、荒漠、湖泊等多种自然景观,且陆地表面特性存在较大空间的差异,如植被和气象特征在高原的西部和东部地区之间存在强烈的对比(叶笃正和高由禧,1979)。高原上空空气质量只有海平面上的60%,由于密度较低,高原上特别是边界层中的各种辐射过程与低海拔地区显著不同(Lioue and Zhou,1987;Smith and Shi,1992),青藏高原对大气环流产生深远的热力和动力影响(Yania and Wu,2006)。因此,青藏高原在全球气候系统中一直占据着重要地位,青藏高原陆面过程研究也一直是气候研究领域的重要分支。

青藏高原的冰雪覆盖也是高原的重要地貌特征,其对气候的影响将在第八章详细阐述。

7.5.1 青藏高原地形的动力作用

(1)青藏高原的机械作用

青藏高原对大气运动的动力作用是指纯粹由于高原大地形机械阻挡和摩擦引起的大气动力过程的变化。李国平(2002)归纳为以下几点。

① 阻挡(屏障)

大的山脉地形对气流的直接阻挡作用是由于山脉两侧对大气的侧压力不同造成的。由于青藏高原东西方向很长并且高度很高,对对流层低空气流南北交换的阻挡作用很大,使青藏高原南北两侧天气、气候具有明显差异。数值模拟表明,青藏高原的屏障作用是冬季蒙古冷高压和夏季印度热低压形成的重要原因。无论在冬半年还是夏半年,青藏高原对从别处移近的天气系统都有明显的阻挡作用。

② 爬流和绕流

气流遇到大的山脉地形后,一部分被强迫抬升越山而过,称为爬流;另一部分在水平方向偏转并绕山而过,称为绕流。当西风气流流经青藏高原时,对流层下层气流分为两支南北西风气流绕过高原,在高原东侧的背风面汇合,从而导致了强大的东亚急流的形成。与此同时,在青藏高原东西两侧的迎风面和背风面各形成一个气流的相对静止区，而在气流绕过高原的背风面形成一个高压脊区，在南面形成一个低压槽。数值试验结果表明，在青藏高原的纯动力作用于中，无论冬夏，绕流作用都比爬流作用重要，但在冬季，爬流作用相对增大。冬季，青藏高原位于西风带里，高原地区的西风气流强；夏季，风场的爬流分量和绕流分量几乎相当，但爬流作用仍比绕流作用对东亚大槽形成的贡献小，夏季西风带北移，爬流分量远小于绕流分量，绕流作用对高原东侧 500 hPa 辐合线的形成有较大的贡献，爬流作用只是对高原南部南支槽的形成贡献大些。

③ 摩擦

当气流流经不平坦的地形时，地面摩擦不仅可以加大风速的垂直切变，而且还会改变水平切变，这又必然会引起气流的偏转。对于青藏高原这样的大地形，地面摩擦作用的影响高度比平原地区要高很多。另外。在青藏高原南北两侧，侧向摩擦作用表现得特别明显，这种侧向摩擦削弱紧靠地形侧面的气流，使水平切变增大和涡度场分布改变。高原北侧多小高压系统和南侧多低压系统即与此有关。

(2)青藏高原大地形的数值试验

早在 20 世纪 50 年代，叶笃正等讨论了青藏高原及其附近地区的大气热量平衡，给出了高原上空温度场的特征，估计了冬夏季高原地面的长波辐射、太阳短波辐射、凝结潜热加热和感热加热等热力因子，指出高原之上的大气在夏季是一个热源地区，在冬季可能是热汇。由于青藏高原直接加热于对流层中层大气，因此这种由于高原地形抬高的加热对大气环流和气候有更重要的影响，也受到国内外科学界的广泛关注。

① 青藏高原对大气环流的影响

在 20 世纪 50 年代，我国气象工作者就已经注意到青藏高原动力作用对大气环流和气候的影响，到 70 年代，这方面的研究增多。青藏高原影响的流体力学模拟试验表明(叶笃正 等，1979)：青藏高原的存在对对流层低层的西风有明显分支作用，分支点在高原西侧，合流点在高原东北，这种作用迅速向上减弱，到对流层中层已很不明显。大气环流模式的数值试验发现，青藏高原地形的存在对于西伯利亚高压的强度和位置、阿留申低压以及东亚西风急流等都有重要影响，而对东亚夏季环流的突然建立及其维持起重要作用。在有青藏高原大地形的情况下，数值模式基本上把亚洲西南季风期间的主要环流形势和雨区模拟了出来，而在没有地形的情况下，7 月的平均西南季风在南亚大陆不能超越 15°N 以北。

当气流被山脉阻挡后，它可以爬越山脉，也可以饶过山脉，这两种作用是不同的。由于青藏高原地形的特殊性以及不同季节北半球中纬度大气环流的差异，可以导致青藏高原地形对气流的影响存在季节差异。在冬季，中纬度西风带的高空长波槽在高原西部受到山脉的影响往往发生断裂，这时高空大槽不仅可以在高原上产生强烈的降雨和降雪,而且在移过高原后也会造成我国大范围的寒潮天气(陶诗言 等,1999)。从青藏高原纯粹爬流与绕流的对比试验中可以看到:在夏季,青藏高原纯粹动力作用主要表现在绕流作用上,并且位于东亚的长波槽的形成、高原上的天气系统以及高原南缘副热带高压的断裂主要与青藏高原所引起的绕流有关;而在冬季,青藏高原产生的爬流与绕流的作用都较大,单纯的爬流或者绕流都不能正确地反映高原的动力作用(叶笃正 等,1979)。

青藏高原的动力作用对我国天气系统也有重要影响。冬半年从西面移来的西风带气压系统常常在高原西侧停留、减弱,或切断成为南北两支西风中的小低压东移,进入我国,对我国的天气和气候产生影响。在夏季,青藏高原对从别处移过来的天气系统也有明显的阻挡作用。例如,当孟加拉湾热带风暴向西北或向北行时,台风低压被阻止在喜马拉雅山南麓;而热带风暴的高空云系则可越过喜马拉雅山人侵到青藏高原,引起高原地区的暴风雪天气。青藏高原地区也是大气低频系统生成的高频中心,也是高原低值系统发生的高中心(徐祥德和陈联寿,2006),这些大气低频系统、高原低涡和高频扰动动能之间存在对应关系。青藏高原大地形的高度、地形坡度可以促进低频振荡的形成,并且影响低频罗斯贝波的稳定性,而青藏高原大地形动力效应和非绝热作用也对其上空大气低频波的振幅和传播有影响,并且青藏高原南北坡度影响到波的群速度及其传播。

② 青藏高原对东亚季风的影响

近年来,青藏高原地形动力作用在亚洲季风发展过程中的作用倍受重视,在气候模式中可以改变高原地形高度或不包括高原来研究这种动力作用。气候模拟研究指出,青藏高原的不断隆升使得亚洲夏季风不断加强,并伴随着亚洲内陆更加干旱。与无青藏高原地形模拟结果比较,青藏高原地形的存在使高原东侧和东南侧的对流层低层出现异常偏南气流,该异常偏南气流在春末夏初大尺度海陆经向热力差异造成的有利背景下,引导南面海洋上的暖湿空气进入青藏高原东南侧,从而产生降水,导致这些地区的夏季风爆发(梁潇云 等,2005)。

③ 青藏高原对季节变化的影响

青藏高原存在还对东亚西太平洋东西向热力差异的季节变化产生影响。从图 7.13a可以看到,当青藏高原地形高度降低后,在我国西部与西太平洋之间纬向对流层温度差异从冬向夏的反转推迟,从原来的 2 月推迟到 3 月,东西向温度梯度反转的这种推迟使我国华南的偏南风爆发偏晚。当青藏高原地形高度降低后,2—7 月华南地区的南风明显减弱(图 7.13b),从而使华南地区持续性南风从原来的 2 月开始爆发推迟到 3 月。

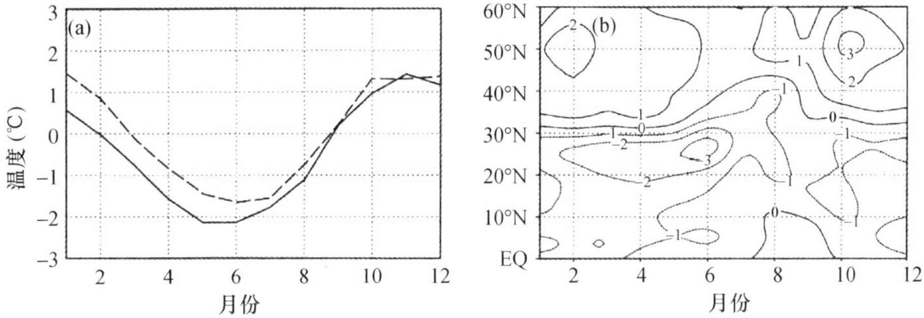

图 7.13　(a)美国的通用气候系统模式(CCSM)模拟的在我国西部(100°—110°E，20°—30°N)与西太平洋(120°—130°E，20°—30°N)纬向对流层(850—200 hPa)温度(℃)差异的气候平均曲线(实线)，及在青藏高原地形高度降低 1/2 情况下模拟的温度差异的气候平均曲线(虚线)；(b)CCSM 模式模拟的 850 hPa 经向风差值(在青藏高原与 1/2 高度之间)沿我国东部(110°—120°E)的时间-纬度剖面

7.5.2　青藏高原热状况对气候的影响

亚洲-青藏高原区域复杂大地形通过其热力和动力作用对高原及邻近地区乃至全球的环流系统和气候产生显著影响(Yanai and Wu，2006；Xu et al，2008，2010)。吴国雄等经过多年的研究，利用 PV-θ 观点，提出了“青藏高原感热气泵”的概念，指出青藏高原侧边界的加热在影响亚洲季风环流中的关键作用。青藏高原热力强迫导致对流程低层与高层环流，以及热带和副热带季风环流的耦合增强(Wu et al，2012)。

(1)高原地面热状况

在地面总加热中，地面有效辐射和地面感热是两个主要项，其中有效辐射最大。平均而言，有效辐射值、感热加热值和蒸发潜热值三者的比值在冬季为 11：1.5：1，夏季为 3：1.9：1，青藏高原全区的地面总加热在春末夏初的 5—6 月最大，平均为 203 W/m^2，而在冬季 12 月—次年 1 月最小，平均为 107 W/m^2，并且西部大于东部，南部大于北部；全年平均而言，青藏高原地面向大气输送 153 W/m^2 的热量。在季节变化过程中，青藏高原地面总加热在哪一个地区最先启动呢？分析表明：在地面感热加热的影响下，青藏高原西南部的地面总加热首先在 2—5 月显著增加，形成高原的主要加热区，在 3 月以后高原北部总加热也明显加强，成为另一个重要加热区；与西部相比，总的看来春季高原东部地区的地面总加热增加缓慢。这说明春季青藏高原西部地面对大气的热力影响可能比东部更显著。

(2)高原大气热状况

① 高原大气热状况的分布

图 7.14 给出了 1961—1990 年平均的 1 月和 7 月青藏高原大气热源(Q)分布(赵平 等,2000)。1 月,整个青藏高原 Q 都小于 0,为冷源,其中,Q 的大值中心在(35°N,93°E)和(34°N,98°E)以及(29°N,101°E)等地区(图 7.14a)。7 月,西南部的热源开始减弱,中心向东退到 85°E 附近,然后一直到 10 月该中心维持在该地区,其中心值逐渐减小(图 7.14b)。与此相反,7 月高原东部地区的大气热源继续增强,其中一些地区的 Q 值在 120 W/m² 以上。从 8 月起,整个高原地区的大气热源都开始减弱,到 10 月,高原绝大部分地区已变为大气冷源。

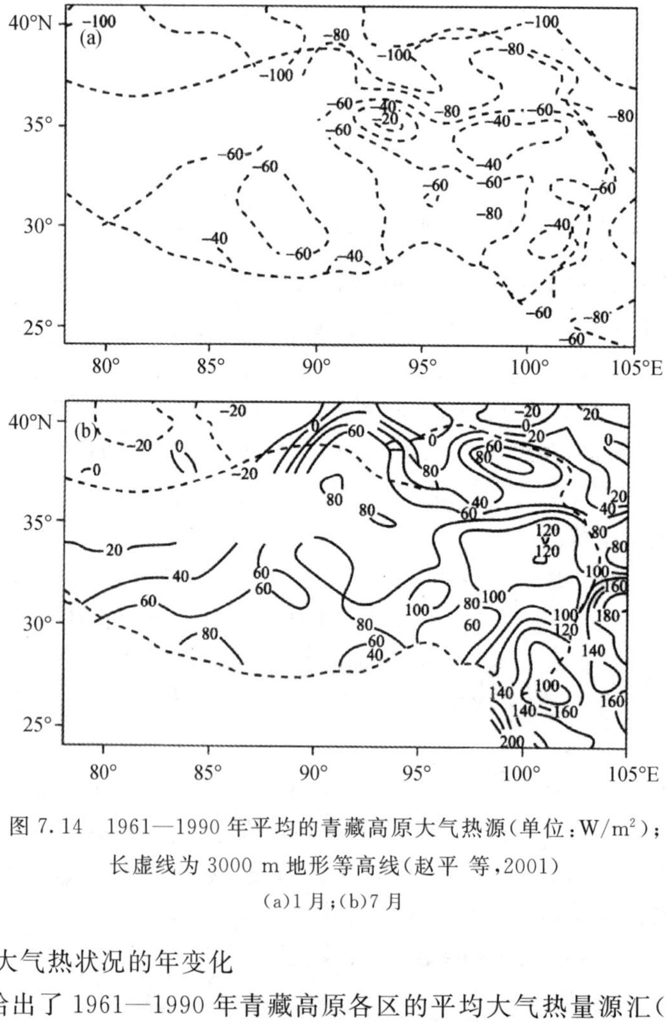

图 7.14 1961—1990 年平均的青藏高原大气热源(单位:W/m²);长虚线为 3000 m 地形等高线(赵平 等,2001)

(a)1 月;(b)7 月

② 高原大气热状况的年变化

表 7.1 给出了 1961—1990 年青藏高原各区的平均大气热量源汇(Q_1)及其各分

量的值，其中东部是指 90°E 以东地形海拔高度在 3000 m 及其以上的地区，西南部是 90°E 以西和 33°N 以南地形海拔高度在 3000 m 及其以上的地区，全区是指东部和西南部之和。青藏高原全区 4—9 月为热源，其他月份为冷源。热源最强在 6 月和 7 月，其值分别为 78 W/m^2 和 75 W/m^2，冷源最强在 12 月，为 −72 W/m^2。2—5 月高原西南部 Q_1 值大于高原东部值，在 6—9 月高原东部大于西部。西南部在 3—9 月为热源，其他月份为冷源，热源最强在 6 月，冷源最强出现在 12 月；高原东部大气热源从 4 月才开始，比西南部晚一个月，也同样持续到 9 月，最强在 7 月(比西南部也要迟一个月)，因此东部冷源时间要比西南部长一个月。在季节转换中，高原西南部 2 月、3 月的 Q_1 值增加最明显，而东部地区 Q_1 值增加最明显是在 4—6 月。

表 7.1　1961—1990 年青藏高原各区(Q_1)及其各分量的月和年平均值(单位：W/m^2)

月份		1	2	3	4	5	6	7	8	9	10	11	12	年平均
西南部	感热	6	31	62	88	100	99	73	61	54	36	15	1	52
	净辐射	−68	−58	−59	−58	−54	−53	−79	−83	−74	−63	−71	−79	−67
	凝结潜热	3	5	6	5	12	29	64	67	31	9	3	3	20
	$\langle Q_1 \rangle$	−59	−22	10	36	57	75	58	45	11	−18	−54	−75	5
东部	感热	9	22	39	55	64	58	50	44	33	24	14	6	32
	净辐射	−73	−67	−68	−63	−56	−56	−60	−68	−78	−77	−77	−80	−69
	凝结潜热	3	5	11	20	39	76	91	77	63	23	5	3	35
	$\langle Q_1 \rangle$	−60	−40	−19	12	47	79	81	53	19	−30	−58	−71	1
全区	感热	9	24	45	63	73	69	56	48	38	27	14	5	39
	净辐射	−72	−64	−66	−62	−55	−55	−65	−72	−77	−74	−75	−80	−69
	凝结潜热	3	5	9	17	32	64	84	75	55	20	4	3	31
	$\langle Q_1 \rangle$	−60	−34	−12	18	50	78	75	51	17	−27	−57	−72	2

各月感热和凝结潜热对大气起加热作用，而大气净辐射使大气冷却。冬季地面感热加热和凝结潜热小，不能够弥补辐射造成的损失，从而导致高原大气成为冷源。春季感热和凝结潜热增大使高原地区从冬季的大气冷源转变为热源。在高原西南部，大气从冷源向热源的转变主要由于地面感热大幅度增加，造成 2—3 月该地区的大气热源明显增加，使得 3 月在喜马拉雅山北坡形成热源中心，此后该中心继续加强，并于 4 月和 6 月两次明显向西移动。在 7—8 月，尽管凝结潜热迅速增加，但大气净辐射值和感热加热值却显著减小，从而使西南部这段时间的热源明显减弱。由于东部感热偏弱、增加缓慢，使得大气热源比西南部晚出现一个月，虽然如此，感热加热仍然是从冬末到春季造成东部(Q_1)值增加的主要因子；夏季期间，由于东部的凝结潜热加热显著增大和感热加热减弱，使得潜热加热成为夏季高原东部大气热源继

增强的主要因子。

③ 高原大气热状况的多年变化

从年平均青藏高原大气热量源汇时间变化中可以看到(赵平 等,2001),20 世纪 60 年代青藏高原大气热量源汇呈现下降趋势,70 年代后期到 80 年代初表现为上升,最明显的年代际变化出现在 1977 年前后,1967—1976 年的 10 年平均值为−3.6 W/m^2,而 1978—1987 年的 10 年平均值为 1.6 W/m^2。其中冬季 Q_1 值在 60 年代和 70 年代初呈现出明显的下降趋势。从 1978 年到 1983 年(Q_1)明显上升,并在 1983 年达到次大值。夏季青藏高原 Q_1 从 1961—1977 年表现出下降趋势,并在 1977 年达到最小值,此后表现出振荡特征;夏季强热源年发生在 1962 年、1974 年、1980 年、1984 年、1987 年和 1993 年,其值都大于 70 W/m^2,而弱热源年发生在 1967 年、1972 年、1975 年、1977 年和 1978 年,它们的值都小于 60 W/m^2。

在青藏高原不同地区,大气热源的变化特征并不完全一致(丁一汇,2004)。自 20 世纪 60 年代后期起,春季在高原东部和西部地区大气热源呈现出明显的下降趋势。然而,夏季东部和西部热源的年代际变化特征明显不同,从 60 年代后期起,青藏高原东部大气热源呈现出明显的下降趋势,最小值出现在 2001 年和 2002 年,而西部地区的热源的明显下降趋势出现在 80 年代末。自 20 世纪 50 年代以来,高原主体部分发生了显著的气候变暖,其增暖幅度明显超过北半球平均状况和同纬度其他地区,因为高原被认为是对全球变化响应最显著的地区之一,甚至有的学者认为青藏高原是全球气候变化的驱动机和放大器(Liu and Chen,2000)。夏季青藏高原的热状况不仅影响南亚季风降水的年际变化,也影响着东亚季风降水的年际变化。青藏高原春季热源对于随后的夏季中国江淮地区、华南地区和华北地区的降水有一定的指示意义。青藏高原的热状况的年代际变化和趋势变化(Duan and Wu,2008)与全球气候变化有关。近几十年青藏高原的热力强迫存在减弱趋势,导致青藏高原近地面气旋环流和副热带西北太平洋反气旋环流减弱,是形成独特的“南湿北干”东亚季风降水异常分布的一个重要原因。

受青藏高原独特下垫面状况影响,当地加热表现出年际和年代际变率(周秀骥 等,2009)。当夏季高原热源偏强时,加强了与其周边的热力对比,亚洲大陆中、低纬度的低压系统加强,东亚和南亚季风区对流偏强,其中长江流域降水偏多。在冬季,当青藏高原大气偏暖时,其上空的气旋性异常环流也对东亚冬季风产生影响。青藏高原加热异常可以通过调整北半球中纬度纬向环流,激发出北半球中纬度的大尺度遥相关(如 APO),并通过这种遥相关进一步对北美和欧洲的降水产生影响。沿着青藏高原-南印度洋经向环流,青藏高原加热产生的异常可以越过赤道影响南半球大气环流,因此该经向环流很可能一是南北半球相互作用的一个重要通道。由此可见,青藏高原热力作用不仅影响着亚洲季风区气候,而且还影响着北半球乃至全球的气候。

(3)青藏高原大气热状况异常变化对中国气候的影响

① 对东亚大气环流和季风的影响

冬季，在海平面气压气候平均图上，亚洲大陆为冷高压，高压中心在青高原北侧的蒙古高原附近，冷高压1025hPa线一直向南延伸到我国南方。对应于地面冷高压，在对流层低层，以东北风为主的东亚冬季风盛行在东亚和西太平洋的中、高纬度和副热带地区。当青藏高原冬季的大气热状况异常时，东亚的冬季风出现显著变化。

图7.15a给出了在青藏高原冬季(12月—次年2月)强和弱冷源年合成的850 hPa风场和位势高度差值，从图中可以看到：当冬季冷源偏弱时，贝加尔湖东侧为一个异常反气旋环流，其中心位于(115°E，55°N)附近，中心南侧的异常东南风盛行在长江以北地区，此外在西亚中、高纬度也盛行强的西南风，与气候平均态比较，这些异常偏南风指示着东亚大陆中、高纬度的冬季风偏弱和东亚的南风偏强。

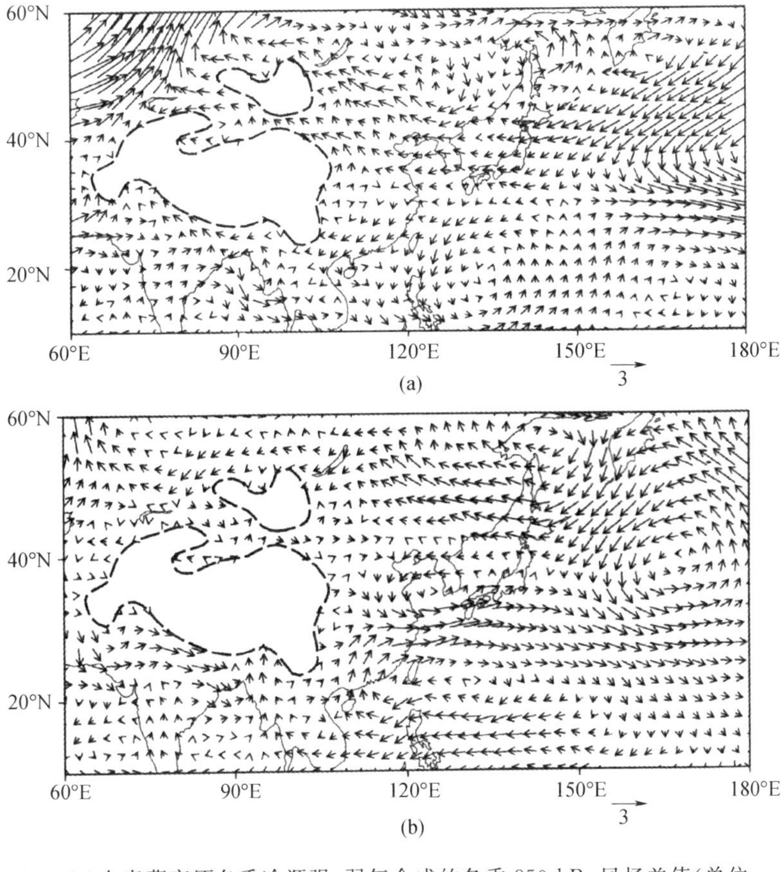

图7.15　(a)在青藏高原冬季冷源强、弱年合成的冬季850 hPa风场差值(单位：m/s)，(b)在青藏高原夏季冷源强、弱年合成的冬季850 hPa风场差值(单位：m/s)

在从冬向夏季的转换过程中,吴国雄(1997)等提出了青藏高原"感热气泵(SHIP)"的概念,认为青藏高原地面感热加热是决定着压制季风爆发地点的一个重要因子,可以导致高原地区由冬到夏大气环流的突变及南亚高压的突然北跳,对亚洲季风爆发和发展产生影响;并且青藏高原上空对流层高层的辐散气流和负涡度源,通过 Rossby 波上下游频散,影响着北半球各地的气候。青藏高原的影响使亚洲夏季风首先在孟加拉湾地区出现,并进一步为南海夏季风爆发提供了有利的背景条件,随着亚洲热带流型的向西移动,印度季风爆发(吴国雄和张永生,1998)。

夏季,东亚中、低纬度海平面气压偏低,表现为夏季的大陆热低压。而在 850 ha 上偏西风盛行在青藏高原南侧的低纬度地区,而偏南风盛行在东亚和西太平洋的中、低纬度地区,指示着亚洲夏季风。当夏季青藏高原大气热源偏强时(图 7.15b),在东亚地区,一个异常反气旋出现在南海西太平洋 20°N 的副热带地区、而一个异常气旋出现在东北亚地区,中心在朝鲜半岛附近。异常西南气流出现在我国南方,南海地区以异常西风为主,说明南海夏季风偏弱,而异常偏北气流出现在长江以北华北南部一带异常的南风和北风加强了长江流域的空气质量辐合。此外,在青藏高原南侧附近偏西风加强,指示着南亚夏季风偏强,青藏高原与同高度自由大气之间的温度差异同海洋和陆地之间的温度差异样,也能够引起特定的气压分布和气流场,这种由于高原存在所引起的气压场或风场,被称为高原季风现象。青藏高原季风的本质是将那些局地的山谷风系统组织为大尺度季风系统,使大气吸收的热量能更有效地转换为动能,当青藏高原隆起的水平尺度大于一定的临界值时,这时高原季风系统应运而生,使热量收支达到新的平衡,从而形成现代高原气候的格局(徐祥德和陈联寿,2006)。

② 对气温的影响

当冬季青藏高原冷源偏弱时,东亚偏弱的冬季风和西亚偏强的西南风使得亚洲大陆中、高纬度以及我国北方地区冬季气温偏高,超过 6 ℃正温度变化中心在亚洲高纬度,与平均气温升高相比,月最低温度的升高更大,而最高温度的升高相对较小。当夏季青藏高原热源偏强时,在青藏高原东侧和东北侧地面气温为显著负异常,其中最大负中心值低于−1.2 ℃,位于(108°E,3°N)附近,指示着这些地区夏季平均气温偏低;与平均气温比较,月最高气温降低最明显,其中最大负值中心为−1.6 ℃,说明当青藏高原夏季热源偏强时,这些地区的月最高气温有明显下降。青藏高原热源异常不仅引起东亚地面气温下降,而且也伴随着东亚中纬度对流层温度下降。当夏季青藏高原大气热源偏强时,在对流层中、上层 400～200 hPa 有一个异常温度的负值中心,其中心值为1.5 ℃位于 40°N 附近,该中心一直向南和向下延伸到地面,地面中心在 30°N 附近。因此,夏季在东亚对流层和地面温度的异常可以与夏季青藏高原大气热源的异常变化紧密联系。

③ 对水汽输送的影响

高原动力和热力效应亦是东亚季风区水汽分布的非均匀特征形成的重要因子,

在亚洲季风区范围内，由于夏季青藏高原热力和动力作用产生的季风经圈环流破坏了该地区的 Hadley 环流，使得亚洲季风区的副热带和中高纬度不断从赤道和热带地区获得水汽，而没有像全球其他地区那样水汽从副热带回流到赤道。对全球平均来讲，经圈环流引起水汽在副热带辐散，向赤道辐合，副热带地区是大气重要的水源区，热带和高纬度地区是水汽的汇区；而对亚洲季风区，青藏高原热力和动力作用产生的季风经圈环流的存在使得热带成为大气重要的水汽源区，副热带和中纬度是汇区. 在长江流域野旱、涝年，中国东北区域、北太平洋（日本海）、青藏高原南部、中南半岛、印度洋、南海等区域水汽输送呈现相反的“源和汇”分布特征，即长江流域旱、涝年中低纬相关区域水汽通量“源和汇”相关结果呈现反位相分布。在长江流域涝年，由高原向东的水汽输送及其通量辐合区均与印度洋向北推进到高原南部并转向的水汽输送有关；而在干旱年，印度洋水汽输送达不到高原地区，向东水汽通量区也不存在高原南部水汽向东“转运”过程（徐祥德 等，2003）。

④ 对夏季降水的影响

青藏高原东南角形成的西南低涡等系统经常是在移出高原后形成我国东部的强暴雨天气。通过计算 1961—1995 年 35 年青藏高原（Q_2）和中国 160 站降水量之间的相关系数发现：夏季中国一些地区降水与夏季的高原大气热源强度之间有比较好的关系，特别是在高原东部，以及长江流域的一些地区，二者有显著的正相关。图 7.16a给出了在夏季青藏高原大气热源强、弱年合成的夏季降水分布。在该图中，超过 100 mm 的显著降水正异常值呈现出东西向的带状分布特征，大致沿着长江流域，从上游的四川地区一直延伸到长江三角洲，其中最大异常值超过 300 mm 这些说明当青藏高原夏季热源偏强时，我国长江流域的降水偏多，这种现象可以通过以下过程来解释：由于夏季高原热源强度与产生于高原上空 500 hPa 的低值系统有密切关系，因此当高原热源偏强时，高原低值系统活动更加频繁，这些低值系统沿着长江流域东移，造成长江流域的降水增加。此外，长江流域的夏季降水也与前期 4 月青藏高原的热状况关系紧密，4 月高原热源与中国江淮流域的降水呈现出明显正相关，以及与华南和华北一些地区的降水有负相关（图 7.16b）。因此，青藏高原春季 4 月的热源状况对于后期中国江淮地区、华南地区和华北地区的夏季降水有指示意义。此外，青藏高原东部热状况的异常变化还对我国西南地区的秋雨产生影响（陈忠明 等，2001）。

7.5.3　青藏高原植被对气候的影响

植被是影响青藏高原陆面过程的一种重要因素，高原植被分布呈现东南地区植被覆盖较好，逐渐向西北地区减少的基本特征。植被下垫面状况不仅影响着陆面太阳辐射的反射率，而且影响着地表的粗糙度和土壤的湿度，并且，不同植被有不同的蒸腾，因此，植被在很大程度上影响着地表的温度、水分平衡和地气系统的热量、动量交换。青藏高原植被状况对区域气候尤其对我国气候有着重要的影响。

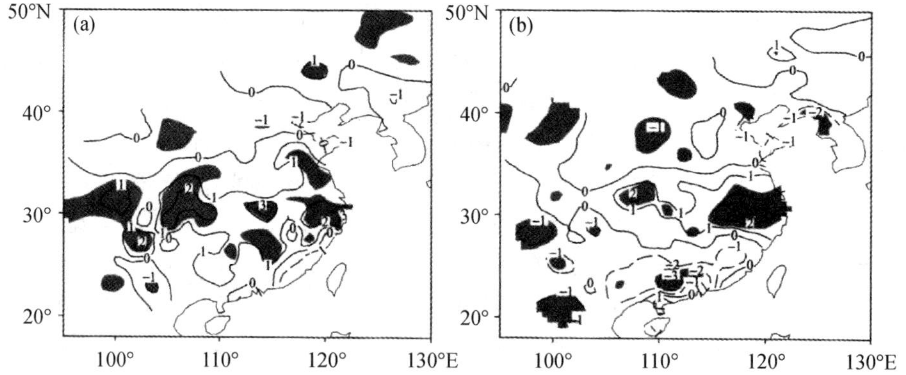

图 7.16　根据青藏高原大气热源强、弱年合成的中国 160 站夏季降水

(单位:100 mm;阴影区通过 95%信度检验)

(a)夏季高原热源合成结果;(b)4 月高原热源合成结果

多年来的研究表明,青藏高原地区植被变化决定着高原对大气的非绝热加热影响,对东亚乃至全球的大气环流和天气气候有重要影响,在研究青藏高原陆面过程的影响时,若不考虑高原植被因素,高原大气湿度和地面潜热输送均减小,削弱了扰动发展和高原上东西方向波的传播,很可能影响高原低涡或西南涡的东移,进而影响夏季江淮地区的降水。高原植被大面积破坏后,西风急流偏西偏北,使得北方冷空气难以到达我国长江流域,不利于降水的发生。另外,高原东部北风增强,孟加拉湾地区经向风减弱,向我国内陆输送的水汽减少,其综合作用使我国大部分地区降水明显减少(王兰宁 等,2002)。范广洲等指出,高原地区变为荒漠时,该区地表气温将略有增加。植被蒸腾耗热量变为零。地表蒸发耗热增加明显,可能会导致土壤湿度下降,荒漠化加剧。荒漠化后,地表热源将增加,说明荒漠化将影响高原夏季热源,从而可能对高原及其周边气候产生影响。

高原植被的存在使其上空空气比周围地区湿度增加,气温下降,并因此利于辐合上升运动,可使对流性降水活动增大。张宪洲等研究了青藏高原植被变化对气候变化以及陆气碳交换的影响及其机理,表明青藏高寒草原生态系统是碳汇,并且高寒草原生态系统土壤 CO_2 排放亦呈现明显的季节变化,夏季增强,冬季明显减弱。

通过相关和合成分析等方法,周定文等(2009)发现我国春季降水与青藏高原冬季 NDVI 有较明显的相关关系:高原冬季 NDVI 大值年时,贵州至两广地区降水减少,两湖平原和鄱阳湖平原降水增加,长江流域以北至东北的广大地区降水将减少,特别是黄河与长江之间平洋地区春季大气环流的分布状态,导致冬季风和夏季风爆发和进退差异,从而引起我国春季降水的变化。

7.5.4 青藏高原土壤湿度对气候的影响

青藏高原土壤湿度具有多时间尺度变化特征和空间非均匀性，但是由于高原地面观测站点稀少，加之土壤湿度本身的时空变率较大，造成长时间序列土壤湿度观测资料十分缺乏，目前所使用的资料多是卫星资料、再分析资料和陆面模式资料，而这些资料在可靠性和适用性方面都存在很大的争议，因此在高原土壤湿度对气候的影响研究，还存在很大的不确定性。利用 GLDAS-NOAH 土壤湿度资料分析青藏高原春季土壤湿度异常和中国东部地区夏季降水之间的关系发现，春季高原不同地区、不同深度的土壤湿度与中国东部夏季降水的相关特征不同。具体而言，高原东北部和西北部表层（0～10 cm）土壤湿度与中国华北、东北地区的夏季降水为正相关，而与华南地区为负相关，高原中部及南部表层土壤湿度与华北地区夏季的降水有较强负相关；高原北部及东部深层（10～200 cm）土壤湿度与华北、东北地区的夏季降水为负相关，而与华南地区夏季降水为正相关；高原中东部深层土壤湿度与长江中下游和华南大部分地区夏季降水呈负相关关系。卓嘎等采用美国气候预测中心逐月土壤湿度资料研究发现，青藏高原春季土壤湿度与长江中下游降水量基本呈负相关关系。但在这些研究中，替代资料是否适用于整个高原，是无法忽略和急需解决的问题。

许多学者通过数值模式设计敏感性试验或使用各种替代资料进行诊断分析来研究青藏高原土壤湿度对气候的影响。研究表明，高原春季土壤湿度是长江中下游地区降水的前期信号之一，春季土壤湿度的异常是影响长江中下游地区降水异常的主要因子之一。春季的青藏高原土壤湿度的大小由融雪和解冻的不同配置决定，同时又是一个可以储存高原干湿变化信号的陆面因子，它可以通过改变地表反照率、热容量和向大气输送感热、潜热等影响气候变化，将其作为前兆信号来预测中国东部夏季降水，具有一定的优越性。Chow 等（2008）利用区域气候模式（RCM）做敏感性试验，通过给定整个高原不同的初始土壤湿度发现高原春季土壤偏湿，夏季长江流域降水增加，南方降水减少。但是数值模式模拟的结果在很大程度上依赖于模式本身的性能，还需增加与观测事实是否符合的对比分析，不同模式的结论可能相反。另外，以往的数值试验都过于理想化，将高原看作一个整体，忽略了土壤湿度在空间分布上的差异引起的不同的气候效应。

7.6 陆面过程对气候变化的响应

如前所述，陆地表面可以对区域乃至全球气候产生重要的影响。与此同时，发生于陆地表面的各种过程还受到气候及其变化的制约。尤其是在全球变暖背景下，气候系统的调整势必会对气候要素产生重要影响,进而影响陆面过程的各个方面,例如植被分布及演替、植被生态系统特征、陆面干湿状况(干旱/半干旱区分布、土壤湿度、蒸散发、径流)、陆面热力状况、积雪、冰川和冻土等。近几十年,随着国际合作的加强以及国际地圈-生物圈计划(IGBP)、全球能量与水循环实验(Global Energy and Water Cycle Experiment,GEWEX)等计划的重视和推动,人们对陆面过程及其对气候变化的响应的认识得到了很大程度的提高。

7.6.1 植被对气候变化的响应

作为陆面过程和陆地生态系统中的重要组成部分,植被对气候分布、变化的响应最为敏感。许多研究表明,无论是在区域尺度还是在全球尺度上,气候是引起植被分布及演替、植被特征变化的关键驱动因子。

(1)植被生态区的响应

针对气候变化对植被的影响,政府间气候变化专门委员会(IPCC)第二工作组技术报告指出,气候变化已经使得生态气候区发生了较大变化,尤其是北极地区,并预估随着温度的升高,未来 100 年后南北极半岛将出现更多的土地,有待植被的侵入;以北半球为例,在 IS92 a 排放情形下温带森林、草地和北方森林将进一步向北推进(图 7.17)。Woodward 和 Lomas(2004)发现南非卡拉哈里沙漠从 1970 年以来降水以 8 mm/a 的速率减少,并采用一个动态植被模式模拟了该地区植被覆盖和生产力的响应,指出降水的减少将会使得木本植被面积、密度减小。

Hayhoe 等(2004)评估了不同碳排放情形下美国加州地区植被生态系统对气候变化的响应,指出到 2100 年该地区各种植被的面积将会发生很大变化,但不同排放情形下存在一定差异;例如,在低排放 B1 情形下,高山和亚高山植被将减少 50%~70%,而高排放情景下,将减少 75%~90%。除此之外,各种气候要素的变化会对植被特征(物候;数叶面积指数(LAI);总初级生产力(GPP);净初级生产力(NPP))产生重要影响,但由于植被类型以及气候背景的差异,植被对气候变化的响应表现出较大的种间和区域性差异。

方精云等(2003)利用 1982—1999 年 NOAA-AVHRR/NDVI 资料分析了中国植被变化情况,发现,18 年来,中国大部分地区 NDVI 呈现出不同的增加趋势,即植被活动增强,年平均总体增加了 7.4%;同时,相对于 20 世纪 80 年代初,90 年代末植被地区面积增加了 3.5%;中国植被活动的增强可能与温度上升和夏季降水量的增加有着密切的关系。各种基于植物生理学的生态模型、陆面模式的发展和进步为深入研究气候变化对植被影响机理提供了必要和可靠的手段。Nemani 等(2003)研究了气候对陆地 NPP 的影响及相关机制,结果显示由于当前的气候变化有利于植被的生长,使得全球平均 NPP 增加了 6%;增加最大的地区出现在热带生态系统,其中,亚马孙热带雨林的贡献最大，约为全球增长率的 42%，这主要是由于该地区云盖减少、太阳辐射增加有关。孙善磊等(2011)采用动态植被模式 Lund-Potsdam-Jena Dynamic Global Vegetation Model 研究了环杭州湾地区 1971—2006 年降水、温度、云量及 CO_2 对 NPP 的影响，发现该地区 NPP 增加的主要原因 CO_2 的增加，其次为云量的减少(图 7.18)。

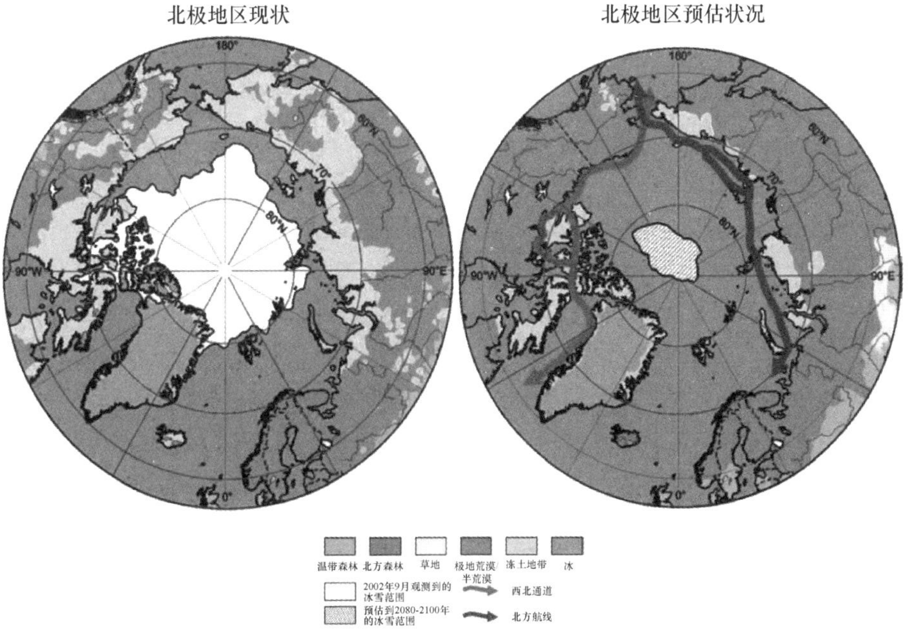

图 7.17　北极和邻近地区的植被(附彩图)

左图：当前植被，基于植物区系的调查。右图：根据 IS92 a 排放情景对 2090—2100 年进行模拟结果

(2)植物物候的响应

Yu 等(2017)基于温度与 MODIS-NDVI 资料重建了中国三江源地区植被生长季开始时间，发现在 1960—2013 年，植被生长季开始时间提前了 1.42 d/10 a，而 2000—2013 年提前了 6.04 d/10 a。利用青藏高原 1981—2011 年观测的植被物候资料，Zhu 等(2017)分析了该地区植被秋季物候(如结果时间、落叶时间)变化特征，指出秋季植被物候发生了显著变化，但木本与草本植物间存在明显差异。其中，木本植物秋季物候明显提前，且不同种间差异不大；而草本植物明显缩短，且中间差异明显。随着遥感技术的不断进步，获得长时间、大范围乃至全球的植被特征参数(如 LAI、NDVI、NPP)成为可能，现已被广泛应用于植被监测及气候变化对植被影响的研究中(图 7.19)。

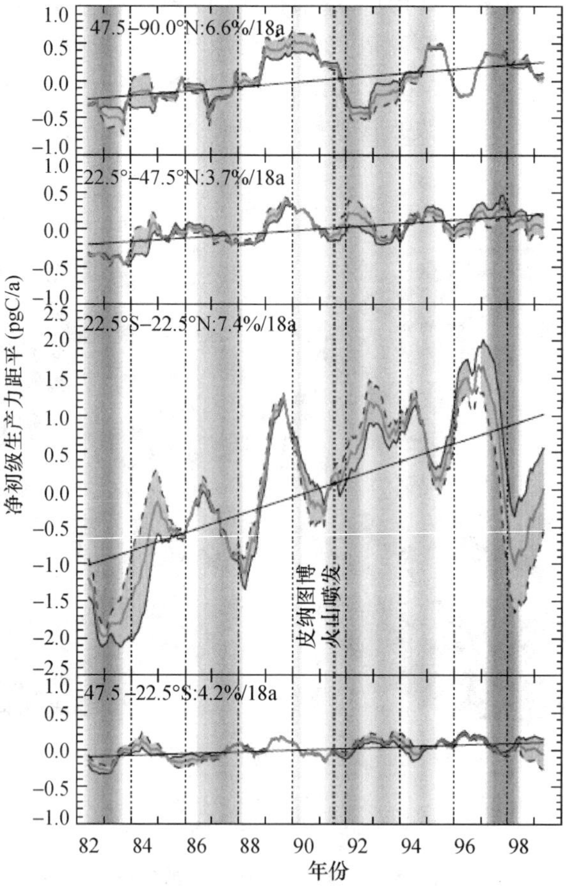

图 7.18　年区域平均 NPP 变化及趋势(蓝色虚线和实线表示采用不同的模式输入场获得 NPP,绿线为二者平均)(附彩图)

7.6.2　陆面干湿状况对气候变化的响应

众多学者针对气候变化对陆面干湿状况影响进行了大量研究。孙善磊等(2014)采用一个分布式水文模型定量评估了气候变化对鄱阳湖流域典型子流域的影响,指出这些子流域蒸散发的减小主要是由于风速的减小造成的,而河川径流的增加主要是由于降水的增加所致。Gedney 等(2006)系统性地分析了气候变化对全球尺度河川径流的影响,指出河川径流在 20 世纪呈现显著上升趋势,其中一个可能原因就是气候要素(降水、温度和太阳辐射)的变化及其相互作用。Chiew 等(1995)研究了气候变化对澳大利亚 28 个流域径流、土壤湿度的影响,发现降水的增加使得

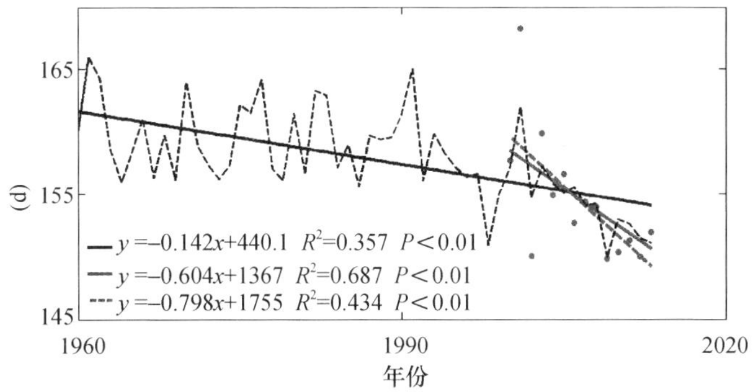

图 7.19　三江源地区 1960—2013 年重建的植被生长期开始时间(SOS)
黑色和红色线分别为 1960—2013 年、2000—2013 年重建的植被生长期开始时间变化趋势；
红色虚线为 MODIS-NDVI 反演的植被生长期开始时间变化趋势

径流和土壤湿度增大，反之，情况相反；然而，其影响程度在干燥和湿润区存在明显差异，即对干燥区径流和土壤湿度影响较大，而对湿润区影响相对较小；相对于降水的影响，温度的升高对径流和土壤湿度的影响较小。

Huang 等(2015)研究指出相对于 1961—1990 年，在 RCP8.5 和 RCP4.5 气候情境下，全球干旱区面积到 21 世纪末将分别增加 23%和 11%。另外，需要注意的是，气候要素的变化还会体现在对植被生理(如光合作用)和结构(如 LAI)的影响，而这些影响将改变植被蒸腾过程，反过来进一步改变陆面水文过程以及干湿状况；但其影响大小表现出明显的区域性差异。

7.6.3　陆面热力状况对气候变化的响应

由陆面能量平衡可知，影响陆面能量平衡项(如地表接收的短波辐射、潜热和感热分配)的气候要素变化都将会对陆面能量平衡造成影响，从而影响其热力状况。一般而言，陆面热力状况与土壤湿度和土壤温度密切相关，其分别反映了土壤存储能量的能力(与比热容有关)以及土壤的能量状态(对大气直接加热的能力)。

Zhang 等(2016)分析了中国过去 50 年 360 站土壤温度时空变化情况，发现就全国而言土壤温度均呈上升趋势，但南、北方上升幅度存在一定差异，分别为 0.66～2.21 ℃和 0.7～4.04 ℃，且这种增暖趋势在深层土壤也有所体现。此外，波文比(感热与潜热之比值)反映了陆面所获得能量对地表加热能力，其对气候变化的响应也可以反映气候变化对陆面热力状况的影响。Tang 等(2014)利用通量塔观测资料研究了 2003—2012 年波文比的变化情况，指出期间年波文比表现出显著的下降趋势，这与同期有效降水和浅层土壤湿度的显著增加有着密切联系。

※ 思考题

1. 什么是陆气相互作用？其重要性表现在哪些方面？
2. 地表土壤温度对气候有什么影响？土壤湿度对气候有什么影响？
3. 地表植被对气候的影响有哪些？
4. 青藏高原大地形对气候的动力作用有哪些表现？
5. 青藏高原热状况时空分布的特点是什么？对气候的影响有哪些？
6. 植被对气候变化的响应主要表现是什么？

第 8 章

冰冻圈与气候

众所周知，在气候系统的各个子系统之间始终处于相互作用的过程中，其中某一子系统的变化必然伴随其他子系统的相应变化。冰冻圈(Cryosphere)是指地球表层(陆地和海洋表面及以下)连续分布并具有一定厚度的负温圈层，组成部分主要包括冰川(含冰盖和冰帽)、河冰、湖冰、积雪、冰架、冰山、海冰，以及多年冻土和季节冰土，大气圈内的雪花、冰晶、冰雹、霰等固态水也是冰冻圈的组成部分。冰冻圈是地球上最大的淡水储存库，目前，全球75%的淡水资源储存于冰冻圈中，陆地表面约10%被冰盖和冰川覆盖，海洋表面7%为海冰覆盖，北半球冬季积雪范围约占陆地的10%。

由于冰冻圈的性质和物理特征，在冰冻圈与气候系统其他圈层的耦合中，冰冻圈起着非常关键的作用。彭公炳对此作了较系统的总结。

由于冰雪的高反照率和相变潜热以及巨大的冰储量，冰冻圈起着大气和海洋的有效热汇的作用，所以全球冰雪分布的变化对行星尺度反照率有着重要的影响，进而影响到全球气候。其次，冰雪的热传导率低，能减少大气、海洋及陆地之间的热量交换。这种作用在海洋上尤为明显，海冰是冷的极地气团和冰面下相对暖的海洋之间的绝缘层。第三，融冰化雪还能够吸收大量热量。如南极夏季是全球接受太阳辐射最多的大陆，但依然非常冷，其主要原因在于南极大陆98%的区域常年为冰雪覆盖着。第四，海水结冰时盐分的析出能够增加海洋上层的盐度，而冰的融化则使表层海水盐度减小，影响海洋的层结稳定，从而影响海洋环流结构，尤其是热盐环流。

8.1 地球上冰冻圈的分布与变化

8.1.1 地球上冰雪覆盖的分布

对地球气候有影响的冰雪覆盖主要由三部分组成：海冰、大陆冰盖和大陆雪盖。海洋上的冰统称为海冰。根据海冰的来源，分为咸水冰和淡水冰，后者是由江河和大陆冰川入海形成。根据运动状态,海冰又可分为固定冰和浮冰,浮冰随风、浪、海流而漂流。冰山是浮冰的一种,是在冰的移动过程中经常发生冰场压缩而形成的,其厚度显著超过海冰平均厚度,可达几百米,高大冰山往往不是海洋自生的,而是来自大陆上的冰川沿冰带滑入海中折断而成冰山。浮冰的漂流速度约为风速的 1/50,在北半球其方向偏在风向右方 28°~33°,而在南半球则偏在风向左方。

图 8.1 是东西半球冰雪覆盖的分布。可见,大陆冰雪覆盖主要在南极洲和北极圈附近的格陵兰岛,终年积雪。其次分布在亚洲大陆,北美大陆及低纬度的高大山体——青藏高原和天山等。该图还显示,亚洲大陆的季节性冰雪向低纬度延伸的纬度较低达 45°N,而北美则在 50°N 左右。据资料统计,因为南极是地球上最冷的地区,极端最低气温达−88 ℃,所以南极大陆 97%的面积终年被冰雪覆盖,其冰量占世界冰总量的 95%以上,平均冰厚 1700 m,最厚达 4000 m 以上,全部融化将使全球海平面上升 65 m。南极多火山,有世界上最大的荒漠,其边缘地区多巨大的沙洲冰川,其以每年 500~1500 m 的速度向海洋推进。图 8.1 还表明,浮冰、冰山等在南极特别明显,向低纬度约延伸至 40°S 以北,远比北极海冰延伸范围广。南极附近的冰山也比北极附近大得多。在南极边缘地区,冰山缓慢地不断地碎裂、崩溃并融化,从而使海水及其上空的空气显著变冷,并不断影响其周围地区的天气气候,海洋流冰带宽度变化也对天气气候产生影响。北极海冰稳定的冰盖占据北冰洋海面 1/3 以上。北

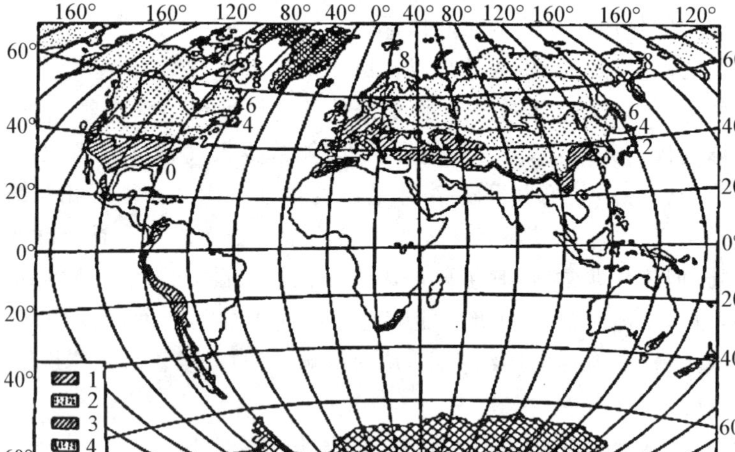

图 8.1 地球上的冰雪分布(取自巴拉诺夫,1974,转引自彭公炳 等,1992)

(“1”代表大陆冰盖;“2”代表多年冻结的山石和地下冰体,山地冰川和极地诸岛的薄层冰盖,季节性和多年的地表与地下冰冻,淡水体的冰,季节性大陆雪和冰(其中包括土壤和山石中的季节性地下冰);“3”代表季节性冻结的土壤和山石,季节性大陆雪和冰,短期和季节性淡水体的冰;“4”在某些年中短期和季节性冻结的土壤和山石,间断性的大陆雪和冰)

极地区冰盖总面积约 1300 万 km^2，其中 1100 万 km^2 为海冰，200 万 km^2 为陆地冰盖。海洋极冰像是巨大的透镜，北极海冰中心的平均厚度达 3～4 m，向边缘其厚度逐渐减小。格陵兰岛上的大陆冰层平均厚度 1500 m，有的达 1900 m，如若格陵兰岛的冰层全部融化可使海平面上升 8 m。

大陆冰川与冰盖，总面积占陆地总面积的 11%。海冰为 26×10^6 km^2，主要在北冰洋，占海洋总面积的 7%；冰山的分布范围为 64×10^6 km^2，占海洋总面积的 19%（表 8.1）。

表 8.1　地球上冰冻圈基本构成的数量特征（彭公炳，1992）

冰冻形式	质量		伸展面积	
	克	%	$\times10^6$ km^2	占表面积百分比（%）
大陆冰川与冰盖	2.4×10^{22}	97.72	16	11（大陆）
地下冰	5×102^{20}	2.04	32	25（大陆）
海冰	4×10^{19}	0.16	26	7（海洋）
雪盖	1×10^{19}	0.04	72	14（地球）
冰山	8×10^{18}	0.03	64	19（海洋）
大气中的冰	2×10^{18}	0.01	—	—
总和	2.456×10^{22}	100		

8.1.2　地球上冰雪覆盖的年变化

（1）全球冰雪覆盖的年变化

地球上冰雪覆盖存在着明显的季节变化，这种季节变化，主要是由太阳辐射的季节变化引起的，冬季面积大，夏季面积小。表 8.2 是南、北半球冰雪覆盖的面积比较。这些数据表明，北半球冬季冰雪面积最大时占北半球面积的 24.2%，最小时仅为 4.3%，两者相差非常显著。南半球冰雪面积最大时占南半球面积的 12.5%，最小时为 6.3%。可见，南半球冰雪覆盖面积的变化小于北半球。进一步分析可知，北半球大陆雪盖很不稳定，海冰较稳定，而南半球则相反，大陆冰盖较稳定，海冰较不稳定。

王绍武、彭公炳曾分析了各个作者关于南北半球冰盖面积的季节变化数据（表 8.3），各作者之间有一些差异，但基本趋势是一致的。由表 8.3 可知，南、北半球海冰面积的年平均值相差不大，北半球海冰面积最大出现在 2 月或 3 月，最小值出现在 8 月，南半球相反，海冰面积最大在 9 月，最小在 2 月，且南半球海冰的年变化幅度较北半球大好几倍，因而前者对天气气候的影响可能更显著。

表 8.2　南北半球冰雪覆盖的面积比较

北半球			南半球		
	大陆	海洋		大陆	海洋
总面积	100	154	总面积	49	206
最小	3.7	7.0	最小	12.5	3.6
最大	46.3	15.4	最大	13.4	18.4
占半球百分比(%)					
最小	1.5	2.8	最小	4.9	1.4
最大	18.2	6.0	最大	5.3	7.2

表 8.3　南北半球及全球海冰与大陆积雪覆盖面积(10^6 km^2)(彭公炳,1992)

项目		1月	2月	3月	4月	5月	6月	7月	8月	9月	10月	11月	12月	年
北半球	海冰[1]	13.9	14.3	14.2	13.7	12.5	11.0	8.7	7.0	7.3	9.7	11.7	13.2	11.4
	海冰[2]	14.1	15.2	15.6	15.1	13.8	12.4	10.7	9.0	7.8	10.1	11.7	13.1	12.4
	海冰[3]	13.8	14.1	14.0	13.5	12.5	10.9	8.7	7.1	7.2	9.4	11.6	13.0	11.3
	海冰[4]	14.3	14.7	14.7	13.8	12.5	10.9	8.8	7.2	7.3	9.8	11.7	13.4	11.6
	大陆积雪[4]	46.2	46.7	39.6	30.9	21.0	10.5	5.4	4.3	5.5	19.8	32.0	41.5	25.3
	冰雪*[4]	60.5	61.4	54.3	44.7	33.5	21.4	14.2	11.5	12.8	29.6	43.7	54.9	36.9
	冰雪*[6]	58.5	60.1	53.7	41.5	32.0	21.5	14.3	11.0	12.4	23.8	39.6	53.5	35.2
南半球	海冰[6]	4.9	3.6	5.1	7.6	11.2	14.7	17.2	18.7	19.0	18.4	15.2	9.6	12.1
	海冰[2]	6.8	4.3	2.6	6.3	9.2	10.9	14.0	15.9	19.0	17.7	15.2	11.2	11.1
	海冰[4]	6.6	4.5	5.3	8.4	11.5	14.5	17.2	19.0	19.6	19.4	16.2	10.8	12.8
	冰雪*[5]	19.6	17.3	18.6	21.6	24.6	27.6	29.6	31.1	33.1	34.0	31.9	25.6	26.3
全球	海冰[6]	18.8	17.9	19.3	21.3	23.7	25.7	25.9	25.7	26.3	28.1	26.9	22.8	23.5
	海冰[2]	20.9	19.5	18.2	21.4	23.0	23.3	24.7	24.9	26.8	27.8	26.9	24.3	23.5
	冰雪*	78.1	77.4	72.3	63.1	56.6	49.1	44.0	42.3	46.4	57.8	71.5	79.1	61.5

*冰雪指海冰与大陆积雪总和。1、2、3、4、5、6 作者分别为王小兰等(1989)、萨哈诺夫等(1978)、Walsh 等(1979)、Robock(1980)、Kukla(1978)、彭公炳等(1987)

图 8.2 给出了北半球、欧亚大陆和北美大陆月平均积雪面积的年变化曲线,可以看出积雪存在显著的季节变化,北半球、欧亚大陆、和北美陆地积雪面积的季节变化具有大体一致的特征。平均而言,1 月积雪面积最大,8 月积雪面积最小。以北半球陆地为例,1 月的平均积雪面积大约为 4500 万 km^2,而 8 月的平均积雪面积仅为 300 万 km^2。

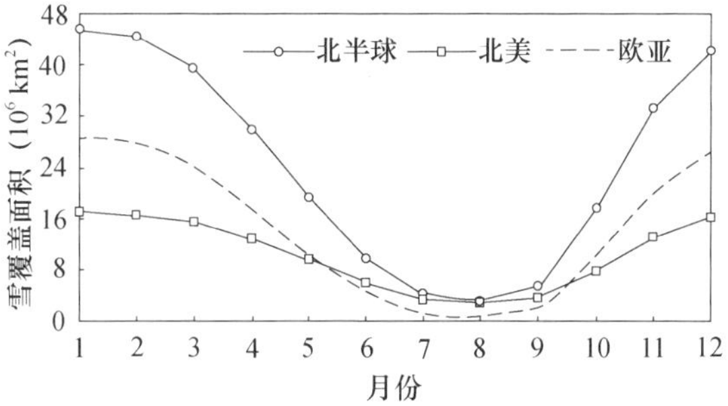

图 8.2　1973—2009 年北半球、欧亚大陆、北美大陆多年平均积雪覆盖面积的季节变化特征（数据来自 NOAA 卫星雪盖资料）

(2)全球海冰的变化

根据英国气象局绘制 1966—1976 年卫星资料多年平均各月北半球海冰分布图(略)可知，2 月海冰伸展范围最广，北冰洋布满海冰，几乎整个鄂霍次克海都充满海冰，堪察加半岛两岸都有海冰，只有极南端无冰。白令海峡的中部、北部，哈得逊湾均为海冰。北美五大湖大部分都有冰盖，巴芬湾和戴维斯海峡北部甚至从拉布拉多半岛东岸直至纽芬兰岛东岸大片海洋都是海冰，格陵兰岛东岸的海冰比较宽广，一直延伸到该岛的最南端。而 8 月结冰面积最小。海冰基本上局限在北冰洋及其毗邻的海域，哈得逊湾完全无冰，格陵兰岛东部海面只有北端有冰。

海冰的年变化在图 8.3 中看得很清楚，这些变化具有以下特点：南、北半球海冰面积变化相反；南半球的年变化振幅比北半球大 1 倍多；对世界海洋而言，海冰面积 10 月最大，3 月最小。

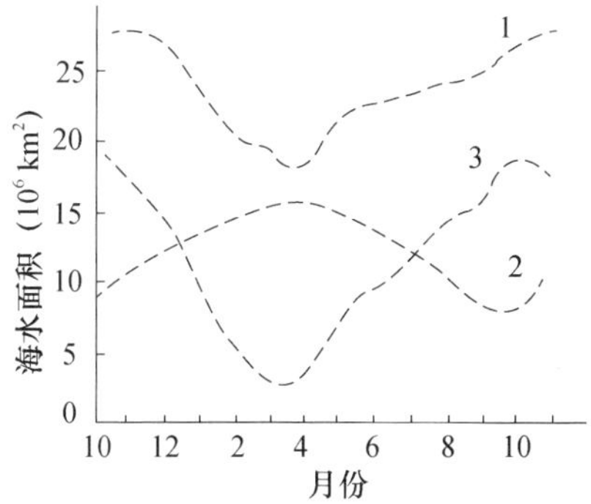

图 8.3　世界海洋(1)、北半球(2)及南半球(3)海冰面积的季节变化(彭公炳，1987)

8.1.3　地球上冰冻圈的多年变化

(1)冰川面积变化

政府间气候变化专门委员会(IPCC)第四次评估报告指出大多数区域的雪盖已

经减少,尤其在春季。图 8.4 给出了北半球 3—4 月的雪盖面积,1972 年之前数据来自台站推算的雪盖指数,而 1972 年之后数据来自卫星资料。粗线表示十年变化,5%～95%的资料范围设为细线。可见 1966—2005 年这一时期除 11 月和 12 月以外北半球的雪盖每个月都在减少,尤其 20 世纪 80 年代后期,其年均值以 5%的速度逐步下降。在南半球,为数不多的长期记录或代用资料大多数表明在过去的 40 多年里情况是减少或者是没有变化。

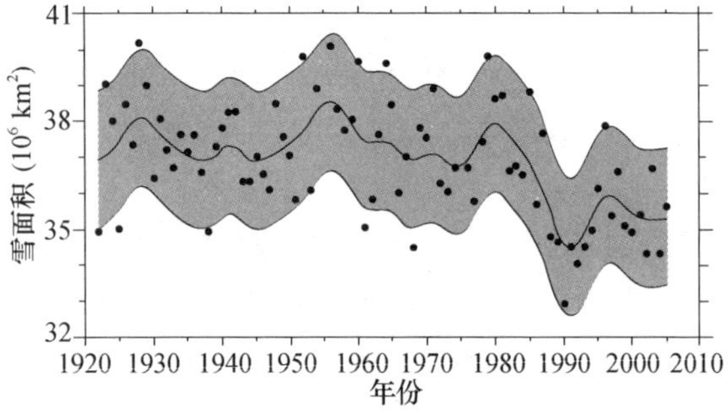

图 8.4　北半球 3—4 月的雪盖地区(IPCC AR4,2007)

根据山地雪水当量和雪深年度时间序列记录显示,全世界几个地区的积雪已经减少。山地积雪可对温度的细小变化具有敏感性,特别是在温带气候区,因为在这样的地区,从雨到雪的转变一般与结冰层的高度有着密切联系。山地雪水当量自 1950 以来已经减少,为北美洲西部台站监测值的 75%。阿尔卑斯山脉和澳大利亚东南部的山地积雪厚度也已减少。积雪厚度的直接观测资料有限,无法确定安第斯山脉的变化,但是温度观测值表明南美洲山区雪线高度可能已经上升。

在过去 150 年,平均起来,北半球河冰和湖冰的总体趋势表明封冻期推迟,平均速度为每世纪延迟 5.8±1.9 天,同时解冻日期提前,速度为每世纪提前 6.5±1.4 天。然而,所观测到的空间变率也很大,部分地区呈现相反迹象的趋势。

图 8.5 给出了 1970—2017 年北半球、欧亚大陆和北美大陆冬季积雪面积的年际变化曲线。总体上,三者表现出大致类似的变化特征,尤其是一些积雪异常的典型年份较为一致。例如 1973、1978、1985 年冬季积雪面积均表现为异常偏多,而 1975、1980、1990 年冬季积雪面积则异常偏少。尽管北半球和欧亚大陆冬季积雪面积表现出较为一致的年际变化特征,但与北美大陆仍然存在一定的差异。另外,积雪的异常变化也体现出明显的年代际差异。80 年代中期以前,积雪异常变化的幅度较 80 年代中期后总体偏强;但三者的长期变化趋势则不尽相同(图 8.5 中虚线)。

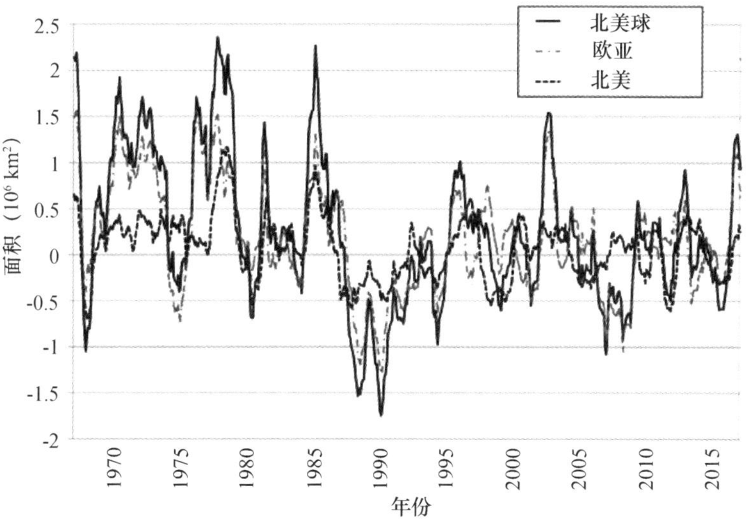

图 8.5 1967—2017 年北半球、欧亚大陆、北美大陆的积雪面积变化特征
(数据来自 Rutgers University Global Snow Laboratory)

具有很高信度的是，测量到的冰川长度、面积、体积和冰量变化的时间序列表明，全球冰川持续退缩(图 8.6)。过去 10 年间，全球冰川冰量损失最大的是位于阿拉斯加、加拿大北极地区、格陵兰冰盖的边缘、安第斯山脉南部和亚洲山脉的冰川。超过 80％的总冰量损失来自这些地区。1971—2009 年，全世界冰川的总冰量损失(不包括冰盖外围的冰川)很可能是每年损失 226[91～361] Gt(海平面当量，每年 0.62[0.25～0.99] mm)，在 1993—2009 年间很可能是每年损失 275[140～410] Gt (每年 0.76[0.39～1.13] mm)，在 2005—2009 年间很可能每年损失 301[166～436] Gt(每年 0.83[0.46～1.20] mm)。

格陵兰冰盖的冰量在过去 20 年中已有损失。卫星和机载遥感以及实地资料都表明，该冰盖某些部分已出现冰量损失，且较大冰量损失率已蔓延至更广泛的区域。1992—2001 年每年 34[－6～74] Gt(海平面当量，每年 0.09[－0.02～0.20] mm)增至 2002—2011 年每年 215[157～274] Gt。格陵兰发生冰量损失的原因是冰面融化和径流增加，以及溢出冰川流量的增加。

南极冰盖在过去 20 年冰量一直在损失。这些冰量损失主要发生在南极半岛北部和南极西部的阿蒙森海区，而具有高信度的是冰量损失是由于溢出冰川加速而导致的。南极冰量损失平均率可能从 1992—2001 年的每年 30[－37～97] Gt(海平面当量，每年 0.08[－0.10～0.27] mm)增至 2002—2011 年的每年增加 147[72～221] Gt(每年 0.40[0.20～0.61] mm)。

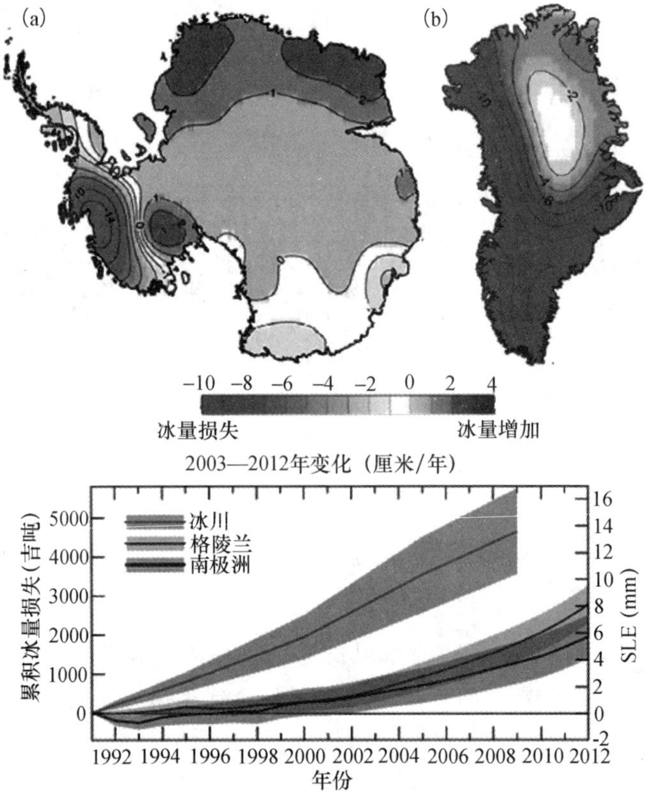

图 8.6 通过重力恢复和气候试验(GRACE)时间-变量重力确定的冰量损失分布图(附彩图):(a)南极和(b)格陵兰,2003—2012 年间每年水量以 cm 为单位表示。(下)以物质(Gt)和海平面当量(mm)评估冰川和冰盖总冰量损失。冰川的损失不包括冰盖边缘的冰川。(引自 IPCC AR5,2013)

IPCC 报告(2007)还指出近期观测资料证明部分区域的冰流变化迅速,促进了海平面的上升,还表明冰动动力学可能是冰架、沿海冰川和冰盖在未来响应气候变化过程中的一个关键因素。格陵兰岛、南极半岛和南极洲西部部分近沿海地区冰架变薄或丧失是与附近冰川和冰溪加速流动有关,这表明冰架(包括几千米或几十千米长度的短冰架)在稳定或抑制冰动方面所发挥的作用可能更大。海洋温度和大气温度似乎都促进了所观测到的变化。南极半岛地区夏季重大变暖很可能在随后于 2002 年发生的拉森-B 冰架快速解体方面起到作用,即增加了夏季融冰,并流进了裂缝,将之胀开。

(2)海冰面积变化

北极海冰范围(海冰密集度≥15%的区域)通常在 3 月和 9 月分别达到其最大值

和最小值。1979—2016 年，北极海冰范围呈显著下降趋势，3 月和 9 月海冰范围的线性趋势分别为平均每 10 年减少 0.42×10^6 km² 和 0.87×10^6 km²。2016 年 3 月，北极海冰范围是 14.53×10^6 km²，为有卫星观测记录以来的同期次低值，比 2015 年 3 月略有增加；2016 年 9 月海冰范围为 4.72×10^6 km²，比 2012 年 9 月（有卫星观测记录以来的同期最小值）增加 1.09×10^6 km²，与 2015 年 9 月基本持平（图 8.7）。

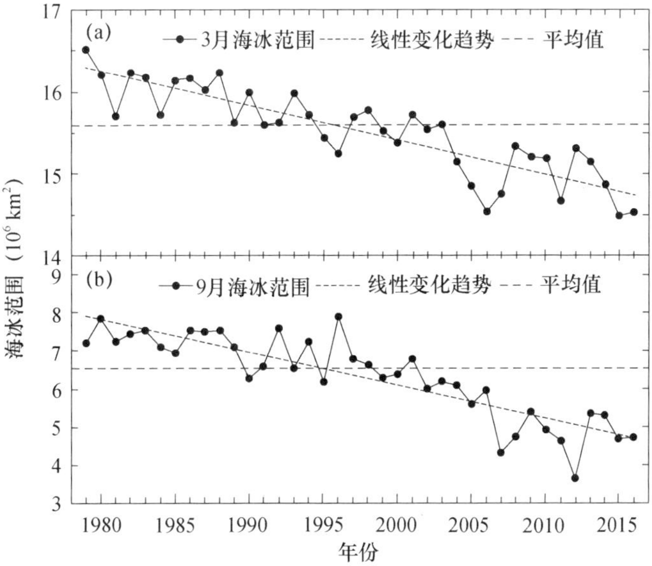

图 8.7　1979—2016 年 3 月(a)和 9 月(b)北极海冰范围变化。
（引自 2016 年《中国气候变化监测公报》）
黑色虚线为 1981—2010 年海冰范围的平均值

8.1.4　中国冰冻圈多年变化

(1)冰川面积变化

冰川的形成与发育取决于地形条件和降水、气温组合。中国成为世界上中低纬度山岳冰川发育较多的国家。从中国现代冰川分布图（图 8.8）来看，中国冰川北抵中、俄、蒙三国交界的友谊峰，南至与印度、尼泊尔和不丹接壤的喜马拉雅山，西邻塔吉克斯坦、吉尔吉斯斯坦的喀喇昆仑山与帕米尔高原，东达我国境内岷山南段的雪宝顶，冰川分布范围极为广阔。经统计，我国冰川条数共 48571 条，面积 51766.08 km²。其中，第二次冰川编目共解译出冰川 42370 条，面积 43012.58 km²，占全国冰川总面积的 83.09%；利用地形图数字化结果填补的冰川共 6201 条，面积 8753.50 km²。图 8.9 为近 40 年中国西部冰川面积变化分布图。不难看出，藏东南地区、喜马拉雅山中东段与冈底斯东段之间地区、印度河中国境内、伊犁河流域、祁连山冷龙岭等,是冰川面积萎缩速率最快的地区;昆仑山中西段以南、唐古拉山中段以西、念青唐古拉山西段-冈底斯山以北和喀喇昆仑山主体北坡及以东地区,是冰川面积变化率最小的地区,特别是青藏高原内流区的冰川萎缩速率很小;其他地区的冰川年变化率介于二者之间。

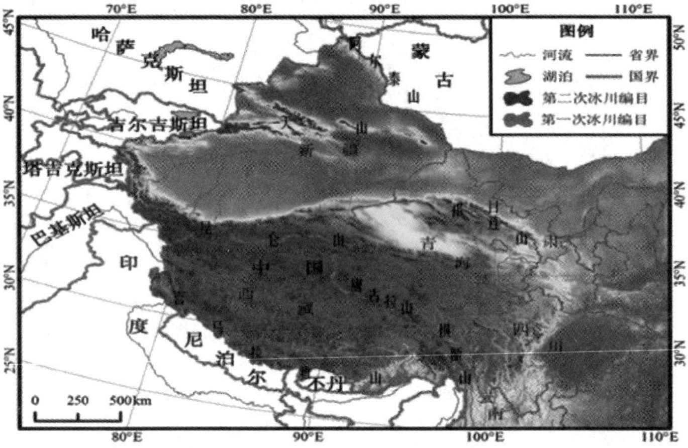

图 8.8　中国现代冰川分布(刘时银 等,2017)(附彩图)

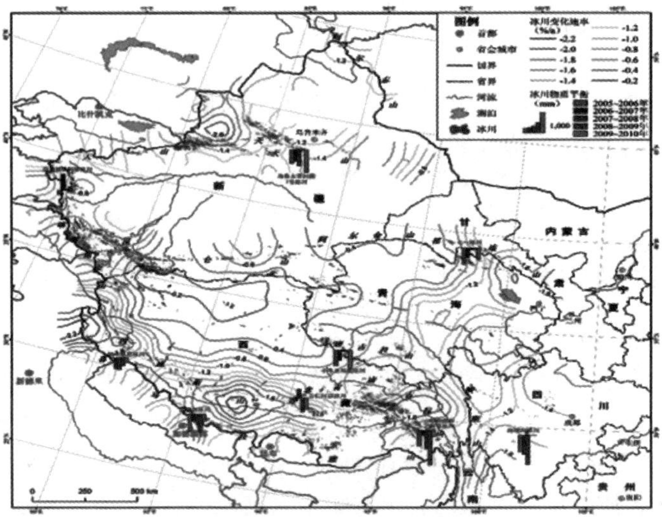

图 8.9　近 40 年中国西部冰川面积变化(刘时银 等,2017)(附彩图)

中国已利用卫星遥感监测资料对冰川面积变化进行了大量研究,并建立了中国的冰川编目。在区域上主要集中在祁连山西段、普若岗日冰原、长江源各拉丹冬、玉龙喀什河源区、马兰冰帽、黄河源阿尼玛卿山区、慕士塔格峰、喀喇昆仑山区、朋曲流域、纳木纳尼峰等地区。通过遥感监测发现，近 50 年来中国西部 82.2％的冰川处于退缩状态，冰川面积减少了 4.5％，但退缩的幅度和比例不同，存在明显的区域差异，将利用遥感监测获得的中国最新各冰川区近数十年冰川面积变化列于表 8.4。

表 8.4　近几十年中国冰川面积变化统计(段建平 等,2009)

位置	时间段	面积变化		资料来源
		km^2	%	
祁连山西段	1956—1990	−124.2	−10.3	刘时银等
乌鲁木齐河源 1 号冰川	1962—2006	−0.22	−14	李忠勤等
喀什河	1962—1989	−4.80	−3.5	刘时银等
纳木那尼峰地区	1979—2003	−7.12	−8.4	叶庆华等
北天山四棵树	1962—1990	−2.67	−2.6	刘潮海等
天山台兰冰川	1977—1997	−0.39	−0.01	康尔泗等
那木错流域	1970—2000	−25.74	−15.4	吴艳红等
阿尼玛卿山	1966—2000	−21.70	−17.0	刘时银等
西昆仑北坡	1970—2001	−4.94	−0.31	上官冬辉等
昆仑山中段布喀塔格	1973—1994	−6.79	−1.6	李震等
念青唐古拉山脉西段	1970—2000	−52.4	−5.7	上官冬辉等
各拉丹冬	1969—2000	−14.91	−1.7	鲁安新等
天山乌鲁木齐河流域	1964—1992	−6.648	−13.8	陈建明等
慕士塔格	1965—2001	−3.74	−1.11	蔡迪花等
朋曲河流域冰川	1970—2000	−131.24	−9	晋锐等

(2)积雪深度和积雪日数变化

中国地区 1960—2004 年季节性平均积雪深度和积雪日数的年际变化区分布基本一致(图 8.10)。主要存在 3 个高值区，分别在新疆北部，东北-内蒙古地区和青藏高原西南-南部地区。新疆北部的阿尔泰山南侧地区是季节性积雪年累积雪深中国境内的最大区，但积雪日数的大值区则位于中国东北的大、小兴安岭北部山区；青藏高原东部阿尼玛卿山和巴颜喀拉山地区是积雪日数在青藏高原上的高值中心，且高原东部比高原南部的积雪日数更长。新疆北部地区、青藏高原的东南部和巴颜喀拉山东段，东北以及内蒙古中东部地区的积雪年际变化较大，是积雪年际变化的主要敏感区。

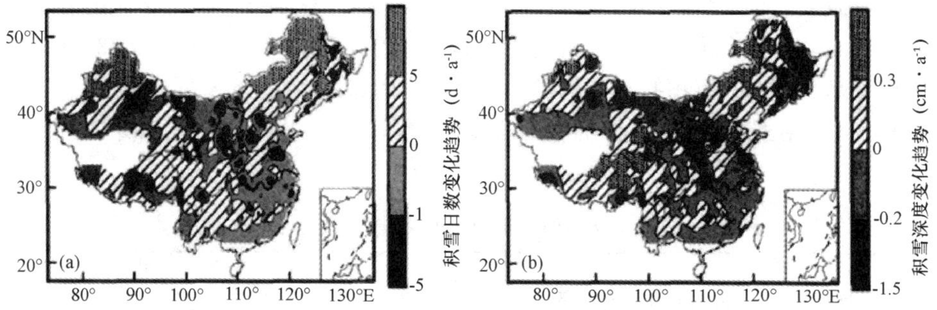

图 8.10　1961—2004 年积雪深度和积雪日数变化趋势(王澄海 等,2009)
(a)积雪深度变化趋势(cm/a);(b)积雪日数变化趋势(d/a)

综合考虑积雪深度和积雪日数的倾向率变化,中国地区的积雪变化可分为 3 种主要类型:积雪深度和积雪日数同增减型,增长区在新疆天山以北,青藏高原中东部地区和内蒙古高原中东部到大兴安岭以西的地区。减少区在内蒙古西部,黄土高原和长江中下游地区;积雪深度增加而积雪日数减少型,主要在东北平原东部的部分地区,长江上游的部分地区;积雪深度减小而积雪日数增加型,主要是青藏高原中部的部分地区。

就研究的时间尺度而言,中国地区积雪深度和积雪日数的年际变化趋势空间场上基本一致,从河西走廊东部-河套地区-长江流域中下游的华东、华中、华南地区均为减少趋势,大兴安岭以西地区、新疆北部地区为增加趋势。就 10 年尺度而言(图 8.11),除 20 世纪 70 年代积雪增加趋势的区域大于积雪减少的区域外,60 年代、80、90 年代积雪深度变化趋势呈现正的面积较大。

青藏高原积雪是北半球积雪的重要组成部分,由于青藏高原地形复杂,起伏较大,积雪的空间分布差异很大;与此同时,在时间分布上也表现出强烈的季节、年际和年代际差异。平均而言,前冬积雪较少,1 月以后逐渐增加,通常 2 月达到极大值,3 月以后迅速减少,至 6 月基本消失。一般来说,积雪日数能够在一定程度上反映积雪的基本特征。从积雪日数来看,10 月—次年 4 月的积雪日数占全年积雪日数的比重很高,大部分地区都占全年的 80%以上。就大部分地区而言,10—12 月平均积雪日数为每月 6 d 左右,后冬较多,约为 8 d。从 12 月—次年 1 月,有明显的突变,积雪日数明显增加。此外,高原积雪的年际变化十分显著:少雪年不足 50 cm,而多雪年却能达到 250 cm。积雪深度也是用于反映积雪异常变化的常用指标,图 8.12 给出了根据高原 56 个站计算得到的 1957—1993 年高原冬、春平均雪深的年际和年代际曲线,不难发现高原冬、春雪深具有明显的年际变化特征;而且还表现出明显的年代际差异:70 年代中期以前积雪偏少,而之后积雪则总体上偏多。

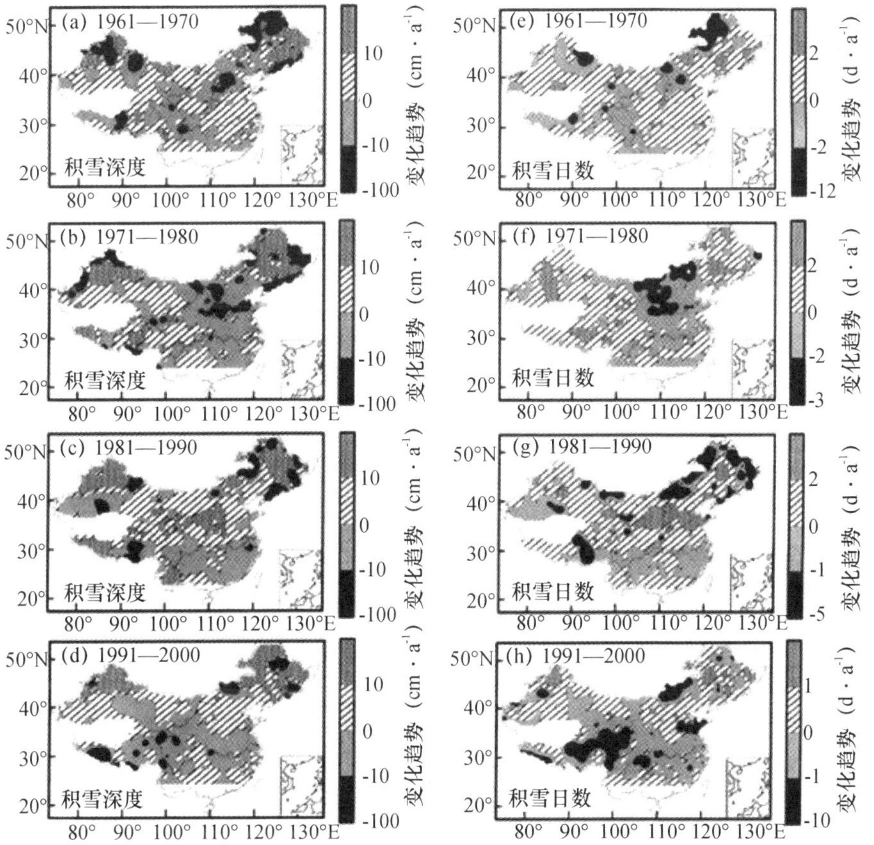

图 8.11　积雪深度(cm/a)(a～d)和积雪日数(d/a)(e～h)年代际变化趋势分布(王澄海 等,2009)

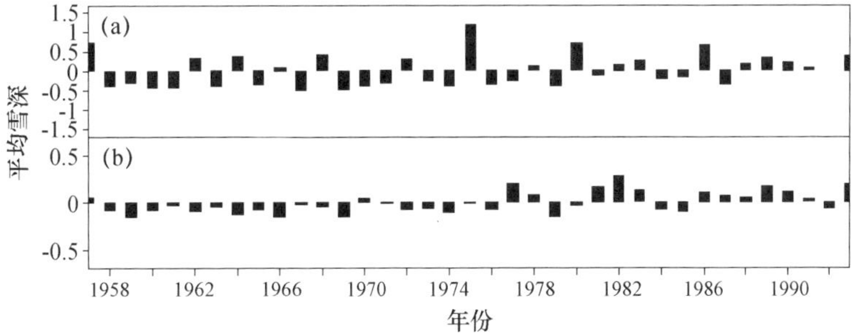

图 8.12　青藏高原冬季(a)和春季(b)平均雪深(水当量)的年际、年代际变化(单位:cm)(刘华强 等,2003)

(3)冻土层的变化

活动层是多年冻土与大气间的“缓冲层”,是多年冻土与大气之间水热交换的过渡层。活动层厚度是下垫面水热综合作用的结果,其为多年冻土区气候环境变化最直观的监测指标之一。青藏公路沿线(昆仑山垭口至两道河段)多年冻土区 10 个活动层观测场监测结果显示(图 8.13),1981—2016 年,活动层厚度呈明显增加趋势,平均每 10 年增厚 18.9 cm。相同时段内,观测区平均气温呈显著升高趋势,升温速率达 0.59 ℃/10 a。受区域增温的影响,活动层近年表现出增厚加快的特点,多年冻土退化明显。2016 年,观测区平均气温较 1981—2010 年平均值偏高 1.5 ℃,为 20 世纪 50 年代末有连续气象观测记录以来的最高值;观测区平均的活动层厚度达到 240 cm,较 2015 年增加 3 cm,亦创下直接观测的新纪录。

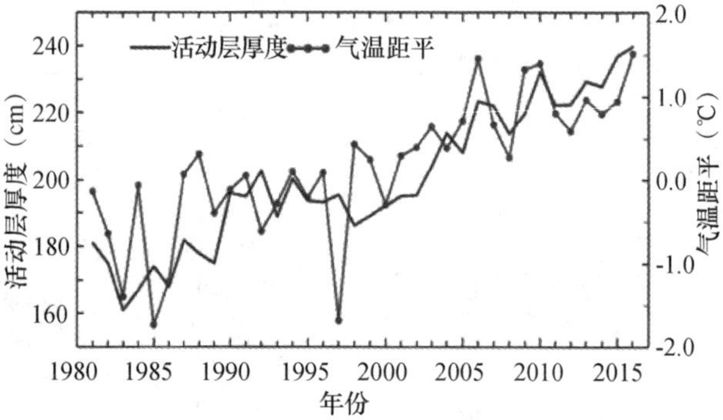

图 8.13　1981—2016 年青藏公路沿线多年冻土区活动层厚度和气温距平(相对于 1981—2010 年平均值)(引自 2016 年中国气候变化监测公报)

8.2　冰雪覆盖对气候的影响

冰雪覆盖形成之后,冰雪面就成为地面的冷源。以南北极冰盖为例,若两极冰雪量增加,则加强两极的冷源,加大高低纬度之间的温度差和气压梯度,于是气压场和大气环流随之变化,并最终导致气象要素和气候特点的变化,反之亦然。由于冰雪覆盖各个部分对大气的作用过程不同,季节性雪盖和海冰的作用相对比较重要。已有的许多研究表明,大尺度季节性雪盖和海冰对大气环流和气候有显著影响。

8.2.1　雪盖对气候的影响

(1)欧亚大陆雪盖对大气环流的影响

最近的观测分析和数值模拟表明:

① 欧亚大陆中高纬地区冬季积雪面积异常与同期大气环流的异常具有密切的联系：积雪面积偏大(小)，冬季 500 hPa 高度场表现为正(负)欧亚遥相关型，简称 EU 遥相关型，西伯利亚反气旋加强(减弱)，东亚大槽加深(变浅)，东亚冬季风活动偏强(弱)，中国冬季气温明显偏低(高)。

② 积雪异常的空间分布在冬季积雪对大气环流的影响中起到了重要的作用。积雪面积正异常时，积雪深度表现出欧洲西部正(＋)、西亚及欧亚中高纬负(－)及青藏高原附近地区正(＋)的异常分布；积雪的异常分布，可能通过积雪冷却效应对大气环流产生影响：积雪深度正异常区域，反照率增加，使得地面净太阳短波辐射减少，地面温度降低，引起地面对大气长波辐射的加热减小，导致其上大气的冷却；而大气向下的长波辐射加剧地面冷却，形成地面大气辐射冷却的正反馈机制；积雪深度负异常区域情况相反。上述过程使得多雪区域表面温度降低及其上大气的冷却，少雪区域表面温度升高及其上大气的增暖，并引起 500 hPa 高度场的调整，出现大气正 EU 遥相关型，引起强的东亚冬季风活动(图 8.14)；积雪分布反位相时，大气出现负 EU 遥相关型，有利于弱冬季风的发生。除了对冬季的环流和气候产生影响之外，欧亚积雪的异常同样能对东亚夏季大气环流产生影响。

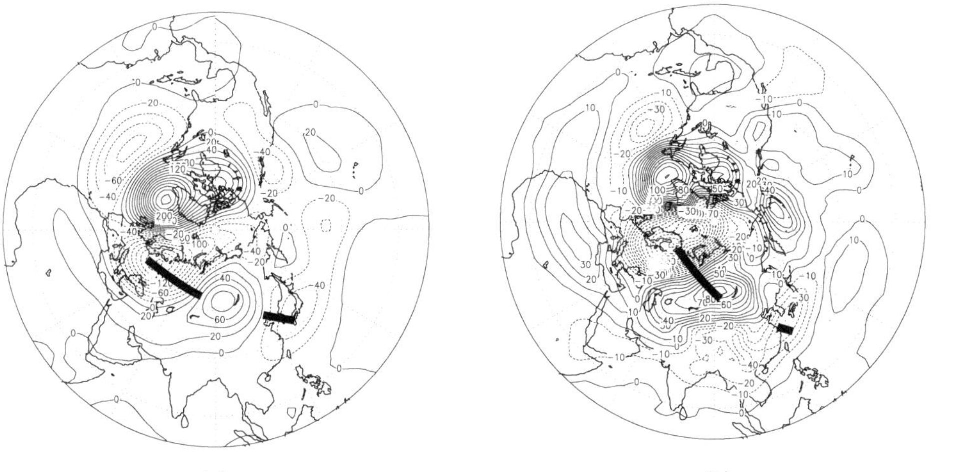

(a)　　　　　　　　　　(b)

图 8.14　欧亚冬季积雪面积正、负异常试验的冬季 500 hPa 高度(a)、500～1000 hPa 厚度(b)的差值场，等值线间隔分别为 20 gpm、10 gpm(陈海山 等，2003)

Barnett(1988，1989)采用欧洲中心(ECMWF)的 T21 大气环流谱模式，研究了降雪加倍所产生的气候效应，重点讨论了全球气候系统对欧亚雪盖异常变化的敏感性。研究中，采用改变模式降雪率的方法来反映积雪的异常，设计了降雪加倍和降雪减半的异常试验,分别代表重雪和轻雪地情况。结果表明,降雪加倍试验,春季欧亚雪盖偏多,6 月整个欧亚大陆的海平面气压均有明显的正异常,尤其是在欧亚大陆北部和青藏高原附近地区,这种积雪异常导致的海平面气压异常,表明了初夏大陆热低压的强度偏弱(图 8.15),最终导致东南亚季风减弱;轻雪情况,则出现强季风。他们的研究还指出雪盖效应能够最终改变其他气候场,并对全球和区域性气候有显著影响。

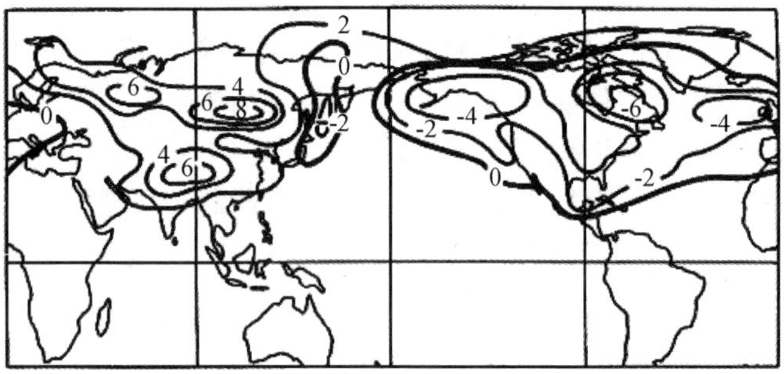

图 8.15　模式模拟的 6 月平均海平面气压的差值分布
(降雪加倍试验减控制试验)(Barnett et al,1989)

有研究发现欧亚大陆冬季雪盖面积异常可以激发北半球夏季积雪强迫型遥相关,它具有显著的准 4 年周期。在准 4 年时间尺度上,建立了积雪强迫型遥相关和东亚太平洋型遥相关的可能联系,并提出了北半球积雪异常在大气准 4 年循环中的可能作用过程。另外的研究则表明我国华南、华北降水与欧亚冬季雪盖存在强的同位相关系;而我国西部、华中、东北降水则与其呈反相关关系。

(2)欧亚大陆雪盖对季风的影响

雪盖对印度夏季风有着明显影响。欧亚春季雪盖面积的大小及融雪的快慢,与印度夏季风活动联系密切。春季欧亚 3—5 月雪盖面积偏大,融雪速度偏慢,将增加下垫面的反射率。高反射率能够间接地引起弱的夏季风活动,对应季风进程偏长。高的大陆地表反射率能够降低气温、增加表面气压,使季风环流减弱。春季欧亚 3—5 月雪盖面积偏小,融雪速度偏快,能够减小地表反射率,增加气温,使得感热增加,夏季风强且季风进程短。印度大部分地区年降雨量的 80%发生在夏季风季节,因此印度夏季风的进程,直接影响到降雨量。冬、春季欧亚雪盖影响下垫面反射率,进而影响对流层上中层的气温,从而对季风环流产生影响。使得夏季风的强度和推进过程产生差异,最终导致印度夏季风雨量的多寡。冬、春欧亚雪盖面积偏大,春季融雪偏慢,将使得印度夏季风偏弱,夏季风推进偏慢,印度夏季风雨量偏少。

Dey 等研究了欧亚春季雪盖与印度季风进程间的联系,指出欧亚春季雪盖面积大对应印度夏季风进程长,推进慢。雪盖面积大能增加下垫面反射率,降低大气温度，因而使季风环流减弱。高的反射率能够间接地引起弱的夏季风活动。反之春季雪盖面积小，减小反射率，增加大气温度，感热增加，加强了季风环流。Hahn 和 Shukla 研究了 1967—1975 年印度夏季风雨量与 52°N 以南欧亚冬季雪盖面积之间的联系，他们发现欧亚冬季 12 月—次年 3 月，雪盖与印度 6—9 月夏季风雨量存在反相关。Dackson 对此增加 1975—1981 年的雪盖资料进一步研究指出，二者之间存在明显的负相关。

欧亚大陆雪盖不仅对印度季风存在影响，对东亚季风也能产生重要的影响。20 世纪 80 年代以来，我国的学者已经开始关注北半球、欧亚雪盖异常对我国气候的影响。有关欧亚大量积雪对我国气候影响的研究，主要集中在欧亚雪盖异常对冬季气温、夏季低温、夏季降水、季风活动等方面。已有的研究表明，北半球冰雪面积偏大，我国东北容易出现夏季低温；而有关欧亚大陆雪盖面积与华北夏季风关系的研究则指出，欧亚雪盖、青藏高原雪盖及雪线的位置的不同配置，其影响各异，但总体为负相关，强调了雪盖分布的不同配置将会对大气环流产生不同的影响；也有研究讨论了欧亚冬季雪盖对我国区域降水的影响。

观测研究发现，东亚夏季风强度与欧亚大陆雪盖存在负相关。因此，作为高低纬度、海陆间下垫面热力差异的重要因子之一的大陆雪盖分布，加快或延迟了由冬向夏的季节转换过程，从而影响了季风的形成和发展。青藏高原的热力作用对东亚大气环流和中国天气气候有很大的影响，青藏高原冬、春季的雪盖异常，将直接影响到初夏东亚季风。由于季风的进退同中国东部地区雨季的起讫和雨带的移动有着十分密切的关系，季风活动异常往往造成我国一些地区严重的旱涝现象。通常，雨带 6 月在长江流域，7 月中旬以后移到华北。但在多雪年的初夏，由于孟加拉湾低槽维持和西太平洋副热带高压偏南，主要雨带仍徘徊在华南至两湖地区，季节性雨带北移时间迟。可见高原雪盖异常能够影响到中国雨带的北移。另外统计分析也发现，多雪年比少雪年初夏季风要明显偏弱。

(3)欧亚大陆冬季雪盖对气温的影响

雪盖的热力特性决定了其存在还会影响到同一地区的气温分布，雪盖范围大对应着气温低。美国科学家发现，在北达科他州，地面最高和最低气温有雪时比无雪时低 10 ℃左右。另外，研究还发现雪盖不仅影响局地温度，还能够通过大气环流影响到其他地区的温度。例如，美国的佛罗里达州不存在雪盖，如果美国东部冬季积雪多将使得南下的空气得到的下垫面加热减少；相反，美国东部积雪偏少的冬季，能够导致佛罗里达温度偏高。中国科学家的研究发现，冬、春欧亚大陆积雪面积的变化，对我国东北夏季气温有重要影响：冬、春季积雪面积偏大的年份，夏季东北地区气温偏低；冬、春季积雪面积偏小的年份，夏季东北地区气温偏高。北半球雪盖面积变化对日本东北部的夏季气温也存在类似的影响。此外，北半球雪盖还能够影响到整个北半球的温度变化。北半球雪盖面积增加,对应北半球气温下降;冰雪面积缩小时,气温则上升,其变化趋势基本一致。

8.2.2 北极海冰对气候的影响

海冰的存在对中高纬气候有很大的影响,被称作是气候异常的"记忆器"和全球变化的"指示器"。早在20世纪初,国外科学家就发现当冰岛和格陵兰海冰偏多(称为重冰年)时,冰岛及格陵兰一带气压高,而挪威海及挪威北部气压低。相反,在海冰偏少(称为轻冰年)时,气压的分布相反。重冰年的西高东低气压分布型以冬、春季节最为明显,相应的夏、秋季节气旋减少且路径南移。在北极海冰的增长期(8月—次年1月),海冰分布对后期大气状况的影响较为显著,而海冰消融期(2—7月)的海冰分布,对其后大气状况的影响则不显著。北极海冰对大气的影响,还与海冰的空间分布状况有关。

彭公炳等曾详细地讨论了北极海冰对北半球大气环流地影响。采用500 hPa等压面上的下列12个环流特征量:

GQ——北太平洋副高强度指数

GJ——北太平洋副高西伸脊点所在经度

GY——北太平洋副高脊线月平均位置所在纬度

JQ——极涡强度指数

JWN——极涡中心所在纬度

JWE——极涡中心所在经度

YMH——印缅地区(15°—20°N,80°—100°E)位势高度指数

GYH——高原地区(30°—40°N,75°—105°E)位势高度指数

CQ——东亚大槽强度指数(CQ大,强度弱)

CW——东亚大槽位置指数(经度)

I_{MA}——亚洲(45°—65°N,60°—150°E)的经向环流指数

I_{ZA}——亚洲纬向环流指数

计算上述12个环流特征量与北极各区域海冰面积之间的时滞相关,相关系数见表8.5。由表8.5可见,北极海冰对于极涡位置和强度有显著影响,并且能够影响到亚洲地区经纬向环流的强度,最后影响到副热带环流系统。这些环流特征主要与前期10—12月喀拉海、鄂霍次克海海冰面积及3—5月白令海的海冰面积关系密切。海冰与环流特征的相关还存在时段性,表8.5中所列相关系数为相关显著时段中的最大相关关系。由此可见,白令海、喀拉海、鄂霍次克海的海冰面积异常偏大或偏小都可能导致北半球环流系统的强度和位置发生异常变化。

日本松仑研究了1—3月的远东500 hPa纬向环流指数和鄂霍次克海沿岸冰量

的关系，两者相关系数 $r=-0.59$（样本 $n=25$）。表现高指数环流对应流冰量少，低指数环流对应流冰量多，两者为显著的反相关。

表 8.5　海冰与 500 hPa 环流特征的滞后相关系数（彭公炳，1989）

相关时段	次年 2—4 月	同年 7—8 月	同年 2—4 月	同年 10 月—次年 9 月	同年 10 月—次年 9 月	次年 6—8 月	次年 7—9 月
环流特征 / 最大相关系数 / 海冰	JWE	JWE	JQ	I_{MA}	I_{ZA}	CQ	YMH
10—12 月喀拉海海冰面积				−0.579	0.463		−0.402
10—12 月鄂霍次克海海冰面积	−0.372			−0.389	0.396	0.447	
3—5 月白令海海冰面积		−0.352	0.342				

中国虽然与北极相距遥远，但北极海冰的变动，能够改变极地气团的性质，进而通过大气环流和海洋环流影响我国的天气和气候。研究发现，5—8 月的北太平洋副热带高压强度及其位置，均与同年 3—5 月白令海区海冰面积显著相关。3—5 月白令海区海冰面积偏大，加利福尼亚寒流区的海温将偏低，导致北太平洋的东南-西北向海温梯度减少，使得北太平洋上空经向垂直环流减弱、纬向垂直环流偏强，最终导致北太平洋副热带高压偏东偏弱。反之，3—5 月白令海区海冰面积偏小，将导致北太平洋副热带高压偏南偏强。另外，北极海冰还能够通过影响北极地区极涡的位置和强度，通过一系列的环流调整适应过程，最终影响到北太平洋副热带高压的强度和位置。研究证实，北极冬季海冰与夏季副高存在负相关，而夏季副高又与其后冬季海冰面积呈负相关，北极海冰与北太平洋副高间构成正反馈，但在整个过程中夏季副高处于主导地位。此外，统计分析还发现，北极海冰与东亚夏季风存在一定联系，北极海冰面积偏大，对应东亚夏季风偏弱，反之，则情况相反。

在全球变暖背景下，北极海冰以前所未有的速度急剧消融，近 30 年以来，北极海冰面积的减少量相当于美国面积的 40%。武丰民等（2014）研究发现 1979—2011 间北极海冰覆盖率每个月呈减少趋势，其中又以 8—10 月 3 个月负趋势最为显著，通过 95%的显著性检验。秋季减少最多，范围最广，减少范围从楚科奇海、东西伯利亚海，一直向西至拉普杰夫海、喀拉海。夏季次之，范围相对于秋季有所缩小，春、冬季海冰覆盖率较为稳定。近年来，北极海冰的减少使得极地大气环流改变，进而使得欧亚冬季低温天气频发。研究发现，海冰减少使得北极地区增温，进一步引起北半球气压场和风场的一系列改变,从而起到调节欧亚大陆冬季温度的作用。随着北极海冰减少,导致北极地区增暖,从而北极与中纬地区的厚度梯度和温度梯度都大大减弱,冬季中高纬西风带原本盛行的西风也显著减弱,经向活动则明显加强。武炳义等(1999;2011)研究发现巴伦支海及喀拉海,作为海气作用的关键区域,其海冰面积变化将对局地行星边界层的稳定性造成影响;秋冬季北极海冰的异常偏少时西伯利亚高压将增强同时减弱欧亚中高纬地区的西风,减小北极与欧亚中高纬大气热力梯度,而减弱的西风使得冷空气易于向南侵袭。研究表明北极海冰减少引发的北极影响放大效应导致北半球中高纬对流层低层的经向温度梯度减弱,引起罗斯贝波东传减缓使得北半球中纬度极端天气事件多发。

8.2.3 南极冰雪对气候的影响

南极是全球最冷的地方,是启动大气热机的最大冷源之所在。环绕南极大陆的南大洋,常年为冰雪所覆盖,无论是海冰的范围还是其季节和年际变化都远大于北极海冰。因此,南极海冰对大气环流和气候的影响应较之北极更为显著。早在20世纪初,国外科学家就发现,南半球海冰与气旋的路径有关,其情况与北半球十分相似。当威德尔海海冰北界偏北时,南美的气旋路径亦随之北移。海冰北界南退,气旋路径亦随之南移。

近年来,中国科学家研究了南极海冰与北太平洋副热带高压和中国气候的关系,发现150°W—180°范围南极海冰的北界与西太平洋副热带高压强度指数的变化趋势有一定的一致性。北界偏南,南极海冰面积小,西北太平洋副高偏弱。北界偏北,南极海冰面积大,副高偏强。有研究指出,年末南极海冰面积与下年中国梅雨长度存在反相关。海冰面积小,则出梅晚、梅雨期长;海冰面积大,则出梅早,梅雨期短。例如,1969年梅雨期雨量2800 mm,梅雨期为28天,7月21日出梅。1972年梅雨期雨量仅为960 mm,梅雨期只有10天,6月29日出梅。另有研究指山,南极海冰少时,副高偏弱;梅雨长时,副高多偏南,强度偏弱。南极海冰面积与副高脊线的相关系数可以达到0.68,即海冰面积小时副高偏南,面积大时副高偏北。同时,海冰面积小时,副高偏南,登陆中国的热带气旋少,反之,则热带气旋多。海冰与登陆热带气旋的相关系数可以达到0.93。

南极雪盖同样对大气环流和气候具有明显影响。据研究,在南极积雪量增多的年代,北半球气团的经向交换减弱,较高纬度地区不容易受到较低纬度地区暖空气的影响,因此地处较高纬度的中国东北地区较冷,而地处较低纬度的华南则较暖。南极积雪量减少的时期,情形相反。另有学者根据1900—1970年南极积雪资料,研究了南极积雪量与中国长江流域梅雨的关系,发现南极积雪多,长江流域出梅早;南极积雪量少,长江流域出梅晚。例如,1902—1920年、1940—1956年,南极积雪量少，相应长江流域出梅日期偏晚(7月14日)，其中1940—1956年为近40年来典型的丰梅雨时期。而1921—1938年、1957—1968年，南极积雪量增多，相应长江流域出梅偏早(6月下旬到6月底)。

8.2.4　青藏高原积雪对气候的影响

(1)青藏高原积雪的时空特征

青藏高原地形复杂，积雪的空间分布差异很大。有些地区为永久性积雪，有些地区积雪很少，甚至没有积雪。青藏高原大部分地区的积雪能持续存在1个月以上，为稳定积雪，但不属于永久性或半永久性积雪；中西部的积雪为不稳定积雪，连续积雪日数少于1个月。高原积雪深度的空间分布主要受地形的影响，最大积雪深度的高值中心分别位于喜马拉雅山东部的康格多山、帕米尔高原、大雪山以及巴颜喀拉山—唐古拉山脉。前3个中心最大积雪深度均高于50 cm。主要低值中心位于柴达木盆地和雅鲁藏布江、狮泉河流域，甚至不足10 cm，比同纬度的长江中下游平原还小得多。

青藏高原积雪在时间分布上表现出强烈的年内和年际差异。高原积雪的季节变化主要受降雪和温度的影响。平均而言，前冬积雪较少，1月以后逐渐增加，2月达到极大值，3月以后迅速减少，至6月消失。高原积雪的年际变化相当显著。少雪年不足50 cm，而多雪年却能达到250 cm。一般来说，积雪日数能够较好地反映积雪的分布状况。根据这一指标，10月—次年4月的积雪日数占全年积雪日数的比重很高，大部分地区都占全年的80%以上。就大部分地区而言，10—12月平均积雪日数为每月6天左右，后冬较多，约为8天。从12月—次年1月，有明显的突变，积雪日数明显增加。高原积雪日数的平均序列表明，积雪最多的年份比最少的年份，积雪日数多1倍以上。

高原积雪日数有明显的年际变化，20世纪60年代两年周期很明显，在70年代，积雪日数有增加的趋势。从1951—1980年的30年中，出现了两个正距平期(1954/1955年—1957/1958年、1967/1968年—1972/1973年)、两个负距平时期(1958/1959年—1966/1967年，1973/1974—1975/1976年)。1956/1957、1977/1978年冬季积雪量达到最多。

(2)青藏高原积雪对大气环流的影响

早在1884年，Blanford首先指出喜马拉雅山西北部冬季雪盖增长与印度夏季风降水的减少存在明显的联系。自20世纪70年代初以来，就有一系列的研究工作利用复杂程度不等的数值模式研究了积雪异常的气候效应，并指出积雪异常对大气环流和气候变化尤其是对亚洲季风具有重要影响。

赵溱根据1971—1980年10年间欧亚大陆雪盖面积、雪线位置和青藏高原积雪状况三种雪盖指数与季风强度的六种不同配置情况，研究了大陆雪盖与东亚夏季风间的联系,得出下列结论。

① 雪线偏北、青藏高原少雪时,整个欧亚大陆前冬雪覆盖面积的大小对夏季风的强度有决定性作用。雪盖面积大时,夏季风偏弱(1972、1976);雪盖面积小时,夏季风偏强(1971、l975),是反相关关系。

② 当欧亚大陆前冬雪盖面积偏大,雪线偏高时,青藏高原积雪状况则起主导作用,青藏高原多雪,夏季风偏强(1974、1975),青藏高原少雪,则夏季风偏弱(1973、1977),也呈反相关关系。

③ 1978 年和 1980 年则是一个鲜明的对比。l978 年前冬大陆雪盖面积大,青藏高原多雪,但雪线偏北,这一年夏季风偏强。1978 年前冬少雪,青藏高原也少雪,但雪线偏南,这一年夏季风偏弱。这两种情况,似乎雪线位置左右了夏季风的强弱。

上述分析表明,东亚夏季风强度与欧亚大陆雪盖存在反相关。这进一步证实了这样一种观点:作为高低纬度、海陆间下垫面热力差异的重要因子之一的大陆雪盖分布,加快或延迟了大气环流由冬向夏的季节转换过程,从而影响了季风的形成和发展。

叶笃正、张捷迁的模拟实验指出,高原的热低压和青藏高压的形成主要在于高原的加热作用,并且随着高原加热量的增加,出现高低气压系统和东西风带北移的季节变化。这个模拟实验结果与实际观测的现象是一致的。因此,根据多雪年和少雪年 500 hPa、100 hPa 层环流系统季节变化情况的差异,可以推断,冬春季的异常雪盖对高原的热源有重要影响,抑制了初夏高原的加热作用,使其上的环流系统强度减弱,季节变化相应推迟。多雪年份,青藏高压南侧东风急流的位置随高压本身偏南时偏南。此时西太平洋副高亦偏南西伸,并使中国华南地区西南风加强。但多雪年南半球越赤道的西南气流,包括印度西南季风偏弱。少雪年情况与上述相反。

青藏高原的热力作用对东亚大气环流和中国天气气候有很大影响。因此高原雪盖异常能够影响下垫面热状况并进而影响大气环流。陈烈庭等分析指出,高原冬春季多雪期,高原上的气温和对流层中、上层等压面的高度都一致偏低,结果使高原南侧的南北温差和高度的经向梯度增大,副热带西风急流加强。高原北侧相反,西风急流减弱,且冬春季高原积雪异常多的年份,初夏高原近地层的热低压和高空的暖高压强度都减弱,而少雪年则都加强。

图 8.16 给出了去除雪盖敏感性试验的模拟结果。研究发现去掉早春(3—4 月)时的雪盖,能够引起一系列的气象和水文的变化:地表温度和地面气温均明显升高(图 8.16a、b),去掉雪盖的地区 6—8 月土壤湿度明显减小(图 8.16c)。冬季或早春过早的融雪可能造成高纬夏季的干旱;此外去除雪盖还会造成经向温度梯度和高纬纬向平均风速的减小等。

从环流系统的季节变化后,多雪年 500 hPa 孟加拉湾低槽西撤到印度西北部的时间和中国大陆东部副高北移的时间较常年偏迟,而少雪年这些则偏早。

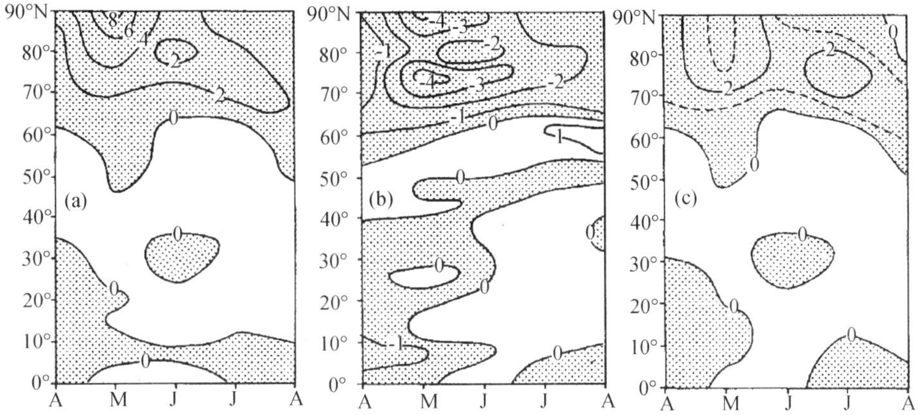

图 8.16　模式模拟的(a)地表温度;(b)地面气温;(c)土壤湿度的差值（去除雪盖试验减控制控制试验）的纬度时间分布图(Yeh et al,1984)

(3)冬季青藏高原积雪对季风环流的影响

青藏高原冬、春季积雪对东亚大气环流具有显著影响。中国学者的研究发现，冬、春季积雪异常多的年份，初夏高原近地层的热低压和高原的暖高压强度都偏弱，而少雪年则都偏强。从各环流系统的季节变化来看，多雪年 500 hPa 孟加拉湾低槽西撤到印度西北部的时间，伊朗高原地区和中国大陆东部副高北移的时间，都比常年偏迟，100 hPa 的青藏高压从西太平洋移上高原的时间也比常年偏迟；而少雪年这些变化均偏早。

同样，高原积雪还能够影响到南亚季风的特征。在多雪年，青藏高原南侧的东风急流的位置随着高压本身的偏南而偏南。此时西太平洋副热带高压亦偏南西伸，使得我国华南地区西南风加强。但在多雪年，南半球跨赤道的西南气流，包括印度西南季风都偏弱。少雪年的情况则相反。

研究还发现，当冬季青藏高原多雪时，冬季亚洲到太平洋地区的 500 hPa 高度场为北低南高的距平型，纬向环流占优势，东亚冬季风偏弱，西太平洋副高偏强；当冬季青藏高原少雪时，亚洲到太平洋地区 500 hPa 高度场为北高南低的距平型，经向环流占优势，东亚冬季风偏强，西太平洋副高偏弱。对于夏季东亚季风环流，研究发现，当冬季青藏高原多雪时，夏季东亚地区 500 hPa 高度场从高纬到低纬为“＋－＋”的距平型，经向环流发展，西太平洋副高偏强但位置偏南；反之，当冬季青藏高原少雪时，夏季东亚地区从高纬到低纬为“－＋－”的距平型，纬向环流盛行，西太平洋副高偏弱但位置偏北。

关于青藏高原积雪影响东亚季风的机制，已有的研究成果可归纳为：高原冬春多雪,增大了冬春高原地表反射率,降低了冬春高原地表温度,减少了冬春高原地表向大气的感热和潜热输送,减弱了高原冬春的热源作用;积雪融化时,融雪要吸收热量;而积雪融化以后,积雪融水使土壤成为“湿土壤”,这种“湿土壤”和大气发生相互作用,使得高原积雪异常的信息长期保留,从而与大气发生长期的相互作用。初期的反射率增加减少了太阳辐射的吸收,融雪时的融化吸热,以及后期的湿土壤与大气的长期相互作用,改变了高原热源,是高原积雪影响季风的主要机理。但有关其具体的影响过程,不同研究给出的结论也不尽相同。一些研究指出:高原积雪多(少)→高原春、夏季的感热弱(强)→感热加热引起的上升运动弱(强),高原强(弱)环境风场不利(有利)于高原感热通量向上输送→高原上空对流层的加热弱(强)→高原对流层温度低(高)→高原南侧温度对比弱(强)→造成亚洲夏季风弱(强)→长江流域易涝(旱)。

(4)冬季青藏高原积雪对中国夏季降水的影响

季风环流的变化,必将导致降水的相应变化。研究发现,青藏高原冬季积雪多,则夏季西太平洋副高位置偏南,长江中上游一带降水偏多,夏季中国主要雨带位置偏南,中国北方降水偏少;反之,青藏高原冬季积雪少,则夏季西太平洋副高位置偏北,长江中上游降水偏少,夏季中国主要雨带位置偏北。此外,在分析高原测站与卫星云图资料的基础上,有学者研究了高原雪盖异常与中国南方前汛期降水的关系,发现高原中部冬、春季的积雪与我国华南 5—6 月、特别是 6 月的降水有很好的相关性。青藏高原冬、春季积雪与华南和洞庭湖、鄱阳湖地区的 6 月降水为正相关,与长江中游的降水为负相关。

青藏高原雪盖对中国季风降水的影响,突出地反映在其对雨带移动规律的破坏上。观测资料显示,青藏高原冬季的多雪年,中国东部主要雨带的移动具有明显的阶段性和突变性。其季节性北移的进程,一般比常年明显偏迟。6 月雨带的第 1 次北跳不是从江南移到长江流域,而是从华南只移到江南。7 月雨带的第 2 次北跳,不是从长江流域跳到黄河流域,而是从江南越过长江跳到淮河流域附近。8 月主要雨带仍在黄河以南至长江以北地区,没有达到它的最北的位置,使得华北少雨。尽管上述结果只是统计特征,每次多雪年的情况不总是如此,但大多数情况下雨带的移动和降水分布的总趋势基本符合该特征。

青藏高原冬季积雪的年代际振荡特点,与中国夏季降水的年代际振荡趋势,有着非常好的一致关系。1961—1976 年,高原积雪日数处于相对偏少的阶段,中国夏季雨带普遍偏北;而 1977—1992 年,高原积雪日数处于相对偏多的阶段,中国夏季雨带普遍偏南。

此外,研究还发现,冬季青藏高原多雪,对应赤道东太平洋海温偏高,西风漂流区海温偏低,即 ENSO 位相;冬季青藏高原少雪,对应赤道东太平洋海温偏低,西风漂流区海温偏高，即反 ENSO 位相。而且，冬季青藏高原积雪异常和赤道东太平洋海温异常所激发的北半球主要遥相关型非常相似。因此，有学者提出如下的季风-海温-雪盖-副高之间的可能联系：冬季青藏高原多(少)雪，对应赤道东太平洋海温偏高(低)，东亚冬、夏季风偏弱(强)，夏季西太平洋副高强度偏强(弱)、位置偏南(北)，中国夏季主要雨带位置偏南(北)、长江流域多(少)雨。

8.2.4　青藏高原雪盖对旱涝的影响

由于中国是典型的季风气候区。因此，大陆雪盖能够影响夏季风，就势必影响中国夏季大范围地区的降水状况及流域的旱涝。叶愈源研究了欧亚大陆冬季(12 月—次年 3 月)雪盖面积与中国湖南省汛期(4—9 月)降水量的关系，指出两者间的变化趋势基本相反。当欧亚大陆冬季雪面积大时，湖南汛期总降水量少；反之，当欧亚大陆冬季雪盖面积小时，湖南汛期降水量多。若以雪盖面积和降水量的距平符号表示，则雪盖面积正距平对应湖南汛期降水的负距平。反之对应着降水的正距平，两者相关系数为－0.53。

青藏高原雪盖可以看作欧亚大陆雪盖的一部分。由卫星观测，青藏高原雪盖面积与欧亚大陆雪盖面积有很高的相关，相关系数达 0.85。据陈乾金等(2000)研究表明，青藏高原冬季积雪与长江中下游主汛期旱涝呈正相关关系(图 8.17)。最大的正相关区主要位于江南北部一带，并显著通过 95%的信度检验。用异常积雪年份资料综合分析同旱涝指标综合评定结果表明，高原冬季积雪异常与长江中下游主汛期旱涝有较好的对应关系。

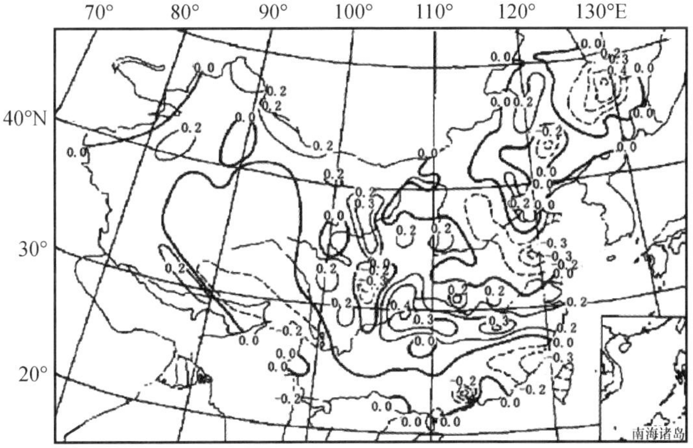

图 8.17　青藏高原冬季(12—2 月)积雪日数与长江中下游 6—8 月降水量相关系数分布(陈乾金 等，2000)(实线表示相关系数大于零，虚线表示相关系数小于零)

除雪盖面积以外,雪线位置和积雪深度也能反映雪盖的状况。研究表明,冬春雪线位置与春夏旱涝有一定关系。在前苏联南部国土上,春季雪线过早地后撤,一般来说将会出旱情。而雪线较晚后撤时,将会出现常年或大于常年的降水量。通常旱年雪线平均位置较常年偏北,而非旱年则偏南。冬季积雪深度和夏季旱涝也存在一定的联系。根据乌克兰和西伯利亚的一些台站的资料分析,当冬季积雪比较厚时,春夏季一般不出现干旱;而冬季雪盖较薄时,春夏常会出现干旱。

8.3 冰雪作用的模拟

有关冰雪在气候变化中作用的模拟研究,大致可分为以下几类:一是假设多冰雪与少冰雪的情况,然后进行气候模拟;二是以古气候时期的一些特殊气候阶段,例如,冰河期(即严寒、多冰雪)、温暖期(即少冰雪)等作为模拟的异常试验背景,从而模拟一些气候异常阶段的特征。近年来,我国学者还针对青藏高原雪盖异常与东亚气候的关系开展了一系列的模拟研究。

有关重冰雪作用的模拟试验,多是以 18000 aBP 的冰河期的气候状况作为异常重冰雪试验,与现今气候做对比。大量的模拟试验结果表明,在重冰雪的情况下,大气环流和气候主要有以下特征:①由于重冰雪的影响,年平均全球气温较之现代的正常冰雪状况下要变冷$-3.6\sim-5.4$ ℃。其中大陆表面气温的变冷,较之海洋表面气温的变冷要更为明显,大约低 3 ℃;②由于重冰雪的影响,年全球降水减少大约10%,其中大陆上减少30%左右,海洋上则仅减少1%;③在重冰雪的冰河期,地面气温在两半球中高纬度的35°—70°变冷最为明显,尤以冬半年各月的变冷为甚;热带区域的变冷较小,全年各月只变冷$-1\sim-2$ ℃;④在冰河期,地面和对流层气温明显变冷,但在平流层则有变暖的趋势;⑤冰河期,模拟的1月 500 hPa 上北半球极区为正距平,中纬度为负距平,而在50°—70°N 附近,纬向风速明显加强,是寒冬的环流形势;⑥冰期模拟表明,7月北半球亚洲大陆热低压明显减弱,其低压中心较正常冰雪情况要高 10～25 hPa,相应亚洲季风环流减弱,亚洲季风降水明显减少。上述模拟结果与对古气候时期的考察分析结果是一致的,而通过气候模拟,又使我们进一步了解了冰河期的物理过程以及重冰雪对全球气候的影响。

有关轻冰雪作用的模拟试验,一般是假设全球无冰盖,或者选取古气候温暖期(例如全新世暖期)的冰雪状况来做模拟试验,将结果与现代气候对照。有关这方面的大量模拟研究,大致得到如下的结果:①由于轻冰雪或冰雪融化,全球大部分地区气温变暖,其中高纬和极区的变暖最为明显,可达+10 ℃以上。变暖的最大中心在新地岛附近。低纬地区变暖较小。在中纬度地区还有变冷的地带,其中北美可下降-8 ℃,东西伯利亚可下降-6 ℃;②冰雪融化时,极区的异常增暖主要发生在对流层，而在极区的平流层则出现变冷的特征。中纬度 32°—50°地带的变冷则发生在整个对流层与平流层。同时，低纬度对流层中上层也变冷；③冰量的改变将使全球大气环流发生明显变化；④当全球处于轻冰雪的温暖时期，亚洲季风明显偏强，热低压加深，季风区降水明显增加；⑤极冰反照率与气温反馈过程的研究表明，在众多因子中，例如，水蒸气和云、海冰与陆冰、CO_2、植被以及轨道参数的变化，陆冰和海冰对全球气温的影响大小排在第 2 位。

针对青藏高原积雪与东亚气候的关系，董敏等(1997)、吴国雄(1995)等的研究表明，高原春季积雪异常增加对大气环流有很大的影响，它增大了高原地区的地面反照率，减少了地面吸收的短波辐射及其地气交界面上的感热和潜热通量，使得低层气温明显降低。积雪异常的增加，将促使该地区低层冷高压的加强和高层气压的降低，对印度低压的发展不利；同时，有利于亚洲地区南支西风急流的加强，使得高原北侧的西风减弱，因此，春季青藏高原积雪增加可能起着推迟由冬至夏季节转换过程的作用。春季融雪迟，将使得高原由冬季的感热汇向夏季的感热源的转换推迟将近 1 个月。积雪异常增多对 5 月的降水影响较为明显，使得我国江南和华南地区的降水减少，而马来半岛到菲律宾一带的降水则大大增加。此外，高原冬、春季节雪盖异常还影响到南半球的大气环流。

※ 思考题

1. 阐述冰雪覆盖时空分布的特点。
2. 阐述冰雪覆盖对气候的影响。
3. 北极海冰对气候的影响是什么？
4. 阐述青藏高原积雪对中国气候的影响。

第 9 章

气候变化

地球大约在 46 亿年前形成，大气则在地球生成后的 10 亿年前初具规模。自地球诞生起，地球上的气候始终处于不断变化之中，冷、暖和干、湿现象交替发生，空间范围可达全球，也可能只是某一区域，甚至更小的地区，它们的时间尺度有长达数百万年至数千万年的，或者几百年，几十年，甚至几年的短期气候变化。根据气候变化的检测手段、资料来源、主要特征及其成因，可将气候变化分成地质时期气候变化、历史时期气候变化及其现代气候变化。

9.1 基本概念

9.1.1 气候变化的主要特征量

气候变化是指由各种要素（如气温、降水、气压等）所表征的气候状态在较长时段内统计特征的变化，其变化的主要形式有趋势变化、气候突变、气候波动（振荡），包括年际、年代际等各种时间尺度的气候变化。

（1）气候趋势是指气候的长期变化倾向，即在记录时期具有平滑而单调地上升或下降特点的气候变化。一般用气象要素随时间变化的线性趋势大小描述。如对全球平均气温，根据 IPCC-AR4 的报告，近百年（1906—2005 年）的变暖的趋势为 0.74 ℃/100 a。

（2）气候突变是气候从一种稳定态（或稳定持续的变化趋势）跳跃式地转变到另一种稳定态（或稳定持续的变化趋势）的现象，表示气候在时间上从一个统计特性到另一个统计特性的急剧变化。

（3）气候波动（振荡）表示气候呈现准周期性的平滑的变化趋势，如 ENSO 的 2～7 年的年际振荡。

（4）气候变率是指时间尺度大于天气尺度的气候变量围绕平均值的变化，气候变率有非常宽的时间尺度。

9.1.2　气候变化的多时空尺度性

实际气候变化是相对于一定的时间尺度和空间范围的。表 9.1 给出年以上尺度对应的气候变化，可以看到地质时期的气候变化时间尺度跨度最大，包括时间尺度 $10^8\sim10^6$ 年的大冰期气候与大间冰期气候，亚冰期气候与亚间冰期气候（10^5 年）副冰期气候与副间冰期气候（10^4 年），温度变化幅度可达 10～15 ℃。历史时期的气候变化也称为冰后期气候变化，一般是指末次冰期结束，进入冰后期，距今 1 万年至有器测资料前的气候变化，全球平均温度变幅不超过 2 ℃。现代气候变化是指最近一二百年中有气象观测记录时期的气候变化，全球平均温度变幅不超过 1 ℃，由于积累了大量较为精确的气象资料，人们对这一时期的气候变化特征的认知大大增加。同时也可以看到，气候变化的时间尺度不同，变化幅度也有所差别。一般来说，时间尺度越长，气候变化幅度也越大。

表 9.1　不同时间尺度的气候变化（王绍武，1994）

气候变化类型	时间尺度(a)	振幅(℃)
(1)地质时期		
a. 大冰期	$10^7\sim10^8$	10
b. 冰期—间冰期	$10^4\sim10^5$	10
c. 气候振荡	10^3	5～7
(2)冰后期—历史时期	$10^2\sim10^3$	2
(3)现代气候变化	$10^1\sim10^2$	0.5

众多证据表明，气候变化有非常宽的时间谱，但该谱是非均匀谱，在某些频率上的振幅特别强。图 9.1 为 10 年到 100 亿年尺度上气候变化周期的相对方差估计，图中峰值表示气候变化的各种周期分量。可以看到，在 100 年至 100 万年的时间尺度上，气候变化的主要峰值出现在 2500 年、2 万年、4 万年和 10 万年周期上；在 1000 万年以上时间尺度上还有两个主峰值，即对应 3000 万～6000 万年和 2 亿～5 亿年的周期。

气候变化不仅具有不同的时间尺度，同时也存在不同的空间尺度。图 9.1 中虚线表示气候变化空间尺度小于 1000 km 的气候过程对气候变化总方差的贡献。可见，对周期大于 100 万年时间尺度上的气候变化，大尺度（＞1000 km）气候变化的贡献较大，但随着时间尺度的缩短，区域尺度（＜1000 km）气候变化的贡献有增大趋势。因此,一般来说,较长时间尺度的气候变化主要代表较大范围的气候变化,而较短时间尺度的气候变化仅仅反映较小范围的气候变化。然而,某一地区的气候变化常常是不同时空尺度叠加在一起,不同区域的气候变化存在区域同步与非同步性,这也就要求气候变化研究工作需要区分不同时空尺度的气候变化。

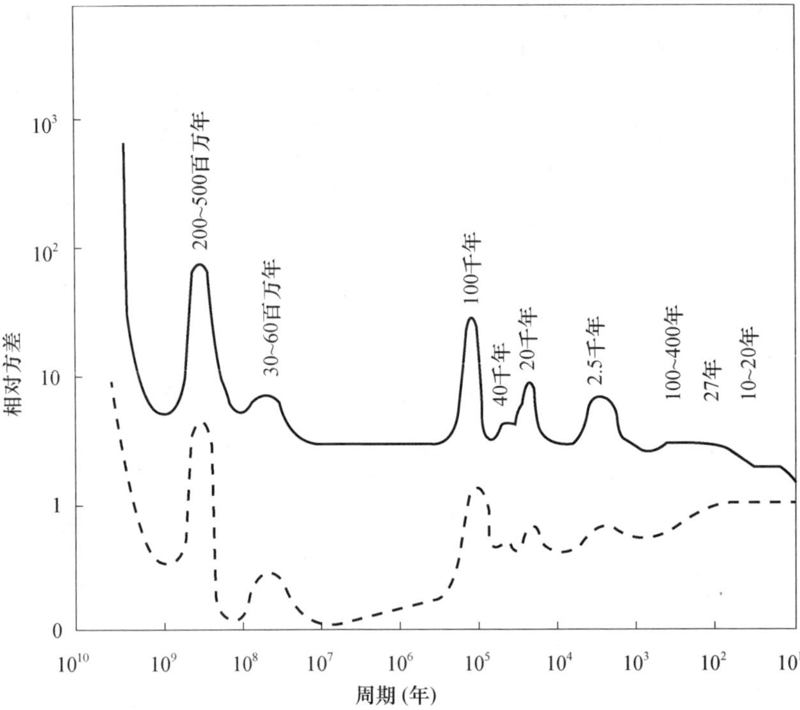

图 9.1 从 45 亿年到 10 年时间尺度上气候变动周期的相对方差的尝试性估计(实线)

(虚线为气候变动的地理尺度,在它以下的面积表示小于 1000 km 空间尺度的气候过程对总方差的贡献)

(Mitchell,1976,取自 Goodess et al,1992)

9.1.3 气候变化的检测手段

由于气候变化时间尺度的跨度非常大,其检测手段和资料来源也有所不同。但主要分为代用资料和观测资料两类,其中现代气候变化的研究,主要依靠直接的观测记录,但早期观测站点少,观测仪器和方法调整,以及其他一些人为等因素,使得仅有的观测数据并不准确,得到具有代表性的时间序列还存在一定难度。

地质、历史时期的气候变化,主要通过寻找其他证据并将其转换成气候代用资料检测气候变化,如用冰芯、树木年轮、孢粉、珊瑚和史料等。

(1)树木年轮

树木年轮是一种广泛用来进行古气候重建的代用资料,树木年轮方法也是研究历史时期气候变化的重要方法之一。树木的生长快慢与气候条件有很好的相关性,因此树木年轮可以反映出年轮形成时的气候和环境条件,而且具有很好的连续性。气候变化研究中通常需要获取大量树木年轮资料进行综合分析,才能获得可靠的、具有代表性的资料序列,树木年轮可以反演出一些重要的气候要素(如温度和降水)特征。树木生长受季节影响,春材细胞大而颜色淡,秋材细胞小而颜色深,一淡一深组成一圈年轮。当水分、营养、日照充足时,年轮宽,反之年轮窄。因此,可以从年轮宽窄的变化反推出古代的气候条件。

取得年轮序列后,要去掉生长趋势的影响。因为树木年轮宽度在前 20～40 年一般呈上升趋势,以后转为平缓上升,随树木之变粗逐渐转为下降,这个变化趋势称为生长量。消除生长量后的年轮序列,即可用来作气候重建。不过通常树木生长不仅与当年气候条件有关,而且与前 1 年也有关系。且不同树种在不同的地区对气候敏感性也不同。所以一般是用邻近测站的观测资料,用统计方法确定用树木年轮拟合哪一个季节哪一种要素效果最好。

每棵树的树龄是有限的。为了得到较长的序列,有时可以把几棵不同时间的树木年轮序列拼接在一起。一般先用^{14}C定年,然后根据年轮变化规律拼接。美国加利福尼亚的年轮序列已拼接到 8000 年前。近来已经开始测量木材的密度,用来作古气候重建,这是一个新的发展方向。

(2)冰芯资料

冰芯资料也是一种重要的气候代用资料。由于在极区大陆(如格陵兰和南极)的冰盖和高海拔地区(如青藏高原和中低纬度高山)的冰川是大气降雪在积冰区不断累积、消融的动态平衡中缓慢地堆积而形成和维持的。因而通过专业的实验室手段获得的冰芯资料能够非常客观地反映出气候变化。值得注意的是,冰芯资料存在测年问题,由于冰盖积累过程极不规则,重建冰芯代用资料时间序列往往具有很大困难。随着科学技术的进步,冰芯代用资料的精确度正在不断提高。

格陵兰、南极至今还保存着千米以上厚度的大陆冰盖。冰盖是降雪积压形成的,水分子中的氧同位素与降雪时的温度有关。因此,可以根据同位素推算古代温度。氧同位素是稳定性同位素,用与标准值之差的千分数表示。

为了建立气温序列,不仅要知道过去的温度,还要确定这温度出现的时间。由于积雪物理状况的季节变化,冰盖在垂直方向形成明显的层状结构,每年 I 层,犹如树木年轮。在表层 100～200 年用肉眼即可分辨年层,但在更早期的深层,则要借助仪器来分析. 比较可靠的是用 $\delta^{18}O$。因为温度随季节变化,不同季节 $\delta^{18}O$ 也不同。故可以根据 $\delta^{18}O$ 变化定年,也可以根据冰层的可塑性从理论上推断,有时也可以参考其他指标。如中国甘肃敦德冰帽的冰芯就曾参照微粒量定年。近来取得了西藏高原西部古里雅的冰芯。南极冰芯 $\delta^{18}O$ 已经提供了过去 740000 年的温度变化曲线。

(3)孢粉

各种植物在繁殖期间撒播大量的孢粉,这些孢粉埋藏在地下,亦可作为气候的代用资料。种子植物撒播花粉,苔藓、蕨类撒播孢子,合称孢粉。取来土壤样本后,一般要经过化学处理、煮沸、过滤、分离等过程。得到每一层土壤中各类植物孢粉的数量。最后,计算每一类植物孢粉数占总孢数的百分比。根据各类植物所占百分比的改变来判断气候条件的变化。

例如孢粉分析表明辽宁省南部 10000 年来植被状况发生很大的变化。其中松属、桦属和阔叶树种花粉变化最明显。松属和桦属在一定程度上表示凉爽、干燥,阔叶树种表示温暖潮湿。8000～10000 aBP 间桦属花粉比例达到 58%～89%,阔叶树花粉只占 11%～39%,这种植被成分与现代有很大差异,表明气候比现代冷干。而 5000～8000 aBP 间阔叶树花粉达到 62%～93%,表明气候温湿。

孢粉分析的最大缺点是时间分辨率低.不定量。一般只能达到百年以上,而且植物同时受气温与降水量影响。因此,很难准确的恢复温度或降水序列。但是,孢粉剖面的优点是连续性好,能提供均匀的序列。所以,适用于研究较大尺度的气候变化,如 10000 年气温变化。中国已经建立了 200 多个点的孢粉剖面序列,增加了我们对中国全新世气候变化的认识。

(4)珊瑚

赤道近海中生长着大量的块状珊瑚。有的直径达到几米。从 20 世纪 70 年代人们就发现珊瑚也有像树木年轮一样的密度带。因为海水温度与盐度随季节而变化。但珊瑚骨骼的密度受海温及盐度影响,形成有疏有密的带。所以,对珊瑚骨骼作纵向切片,就能看到厚度 5～20 mm 的层,从外向内数即可知道每一层的年代,至今最大的一棵 8 m 高的珊瑚,其年层已向内数到公元 1479 年,即有 500 年。

珊瑚骨骼的年层宽度与营养及海温有关,营养又与流水的水质有关。因为许多珊瑚生活在岛屿的河流入海处,所以对岛屿上的气候条件十分敏感。例如,赤道太平洋的岛屿在厄尔尼诺时降水非常多,这就加大了河流的淡水径流量,因此,珊瑚的盐度就会降低。所以珊瑚的盐度曲线能很好地反映古代的厄尔尼诺及拉尼娜事件。

另外,海水中同位素受海温影响,所以珊瑚的氧同位素能较为准确地反映海温。氧同位素每减少 0.22%,相当海温上升 1 ℃。聂宝符等利用中国南海的珊瑚建立了近 100 年海温序列,指出 20 世纪 20 年代与 40 年代海温高,50 年代到 70 年代海温低，近来海温又升高，与中国大陆的气温变化趋势基本一致。

(5)史料分析

除了以上几种资料之外，史料也是一种重要的代用资料。在一些历史文献中，包括官方纪录，古代文人留下的诗词、游记和碑文等，都可以直接或间接地描述当时的气候状况，特别是严重的气候异常的记录，比如严寒、干旱、雨涝。通过对这些历史文献的收集、整理，就可以得到非常珍贵的气候资料。竺可桢(1972)曾由此整理分析研究了中国近五千年气候变化的历史事实。

中国有丰富的史料，在这方面做的工作也最多。开发史料资源中心的问题之一就是定量化。过去相当长时间，人们一直用受旱涝县数研究历史时期的旱涝变化，由此当然可以大致了解旱涝演变趋势，但却无法得到降水量变化的定量的概念，也很难用现代数学工具去进行分析。汤仲鑫首创把史料定级，折合降水量的方法。以后中国气象局与许多单位合作，出版了《中国五百年旱涝图集》，为研究历史时期降水变化提供了一份良好的基础资料。这份图是广泛收集了中国方志中关于旱涝的记载绘制的，主要技术是对全国 120 个以上的区进行分析。每个区约相当原来省下面的"地区"一级，一般包括十几个县不等。综合每个区所包括的各个县的史料，定出 5 个级别：1 级——涝、2 级——偏涝、3 级——正常、4 级——偏旱、5 级——旱，所以，旱涝图就是旱涝级别图。自公元 1470 年至今每年 1 张，主要反映夏季的旱涝分布。

除了以上 5 种资料来源之外，在研究历史气候时，人们还广泛用冰川遗迹，考古证据、物候变化资料等。但所有这些代用资料，或者时间分辨率较低，或者无法定量，或者不能重建连续的序列，因此在气候重建中不如上述几种资料使用的多。

气候代用资料使用的重点和难点在于年代的确定。常用的年代断定方法有放射性同位素方法(如^{14}C测年、U 系列测年)、古磁场方法、化学方法(如火山沉积、氨基酸比例)以及生物学方法(如地表植物)等。

9.2 地质时期的气候变化

9.2.1 地质时期的年代划分

地球古气候史的划分常采用"地质年代"表示(表 9.2)。其年代划分中最大的时间单位是"代"，"代"分为"纪"，"纪"又分为"世"，时间尺度为万年以上。虽然地球有 46 亿年的历史，但根据地质学的研究，人们目前还只能了解到距今约 10 亿年之内的这段历史。

表 9.2　地球古气候史的地质年代表(周淑贞 等,1984)

代	纪	符号	世	绝对年代 开始时间(距今百万年) 按同位素测定	绝对年代 开始时间(距今百万年) 一般通用	绝对年代 持续时间(百万年) 按同位素测定	绝对年代 持续时间(百万年) 一般通用	地壳运动	气候概况
新生代(K²)	第四纪	Q	全新世	0.025	2 或 8	1	2—3	喜马拉雅运动(新阿尔卑斯运动)	第四纪冰川气候
			更新世	1					
	晚第三纪	R	上新世	12	12	27	22—23		
			中新世	28	25				
			渐新世	40	40				
	早第三纪	E	始新世	68—72	60	40—44	45		
			古新世		70				
中生代(M²)	白垩纪	K	晚白垩世	130—140	135	70	65	燕山运动(旧阿尔卑斯运动)	大间冰川期气候
			早白垩世						
	侏罗纪	J	晚侏罗世	175—185	180	45	45		
			中侏罗世						
			早侏罗世						
	三叠纪	T	晚三叠世	220—230	225	45	45		
			中三叠世						
			早三叠世						
晚古生代(P²)	二叠纪	P	晚二叠世	265—275	270	30	45	海西运动	石炭—二叠纪大冰川气候
			早二叠世						
	石炭纪	C	晚石炭世	320—330	350	70	80		
			中石炭世						
			早石炭世						
	泥盆纪	D	晚泥盆世	370—390	400	50	50		
			中泥盆世						
			早泥盆世						

续表

代	纪	符号	世	绝对年代				地壳运动	气候概况
				开始时间（距今百万年）		持续时间（百万年）			
				按同位素测定	一般通用	按同位素测定	一般通用		
古生代（P^2）	志留纪	S	晚志留世	410—430	440	60	40	加里东运动	大间冰川期气候
			中志留世						
			早志留世						
	奥陶纪	O	晚奥陶世	485—515	500	75—80	60		
			中奥陶世						
			早奥陶世						
	寒武纪	E	晚寒武世	580—620	600	95—105	100		震旦纪大冰川气候
			中寒武世						
			早寒武世						
	震旦纪	Z	晚震旦世	900—1000	1000				
			中震旦世						
			早震旦世						
隐生代	元古代	Pt	前震旦纪					吕梁运动、五台运动、劳伦运动	元古代大冰川气候
	太古代	Ar							太古代大冰川气候
	地壳局部分异大陆开始形成最古矿物 地球形成								

9.2.2 地质时期的气候特征

所谓的地质时期的气候变化，是指万年以上时间尺度的气候变化。地质时期气候变化的幅度很大，在亿年以上时间尺度的大冰期与大间冰期的交替变化中，全球平均温度的变幅超过 10 ℃。

地质时期的气候经历了大冰期和大间冰期的反复过程，地质学家根据地层中的生物演变和地壳构造等研究，已经确定从震旦纪开始至今发生的三次大冰期和期间

的大间冰期的时间:

震旦纪大冰期:距今6亿年前;

寒武—石炭纪大间冰期:距今3亿~6亿年;

石炭—二迭纪大冰期:距今2.5亿~3亿年;

三迭—第三纪大间冰期:距今2.5亿~200万年;

第四纪大冰期:距今200万年至现在。

其中第四纪大冰期气候变化是气象学者最为关注的。震旦纪以前有过大冰期的反复来临,但了解很少。

图9.2给出利用各种气候代用资料重建的整个地球气候史上温度和降水变化的特征曲线,其中的冷暖、干湿只是相对现在的状况,并不是绝对值。可以看到,地质年代的气候以温暖为主,但在特定几个时期也出现了冰川。大冰期和大间冰期交替出现,但仍存在相对的冷暖和干湿差别。这期间变温幅度平均约为10 ℃,大冰期时平均温度为3~7 ℃。地球陆地冰雪面积占大陆总面积的20%~30%,远远超过当前11%的比例,北半球50°N以北也均为冰雪覆盖。大间冰期温度变幅为8~12 ℃,地球明显增暖,两极无冰。

(1)震旦纪大冰期气候

震旦纪大冰期气候发生在早古生代,距今约6亿年前。这次冰期的影响范围遍及几乎世界五大洲。在这一时期,中国、印度以及欧洲的芬兰、格陵兰东部,北美的大湖地区和非洲的中部等地的地层中均发现冰碛层,表明在这一时期全球大部分地区均发生过大冰川气候。

震旦纪大冰期时期,在中国长江中下游、湖北西部、湖南西部、安徽南部、云南东部、贵州中部与中南部等地均发现冰碛层;而在华北和东北地区,则分布具有暖干气候特征的石膏层和龟裂纹现象。这说明在震旦纪时期,中国的东南部和中部发生大冰期气候;而在黄河以北的广大地区也曾具有温暖、干燥的气候特征。

(2)寒武纪—石炭纪大间冰期气候

寒武纪—石炭纪大间冰期发生在距今3亿~6亿年,涵盖寒武纪、奥陶纪、志留纪、泥盆纪和石炭纪五个地质时期。此时,整个地球的气候正处在温暖期。

趋于温暖化的寒武纪—石炭纪大间冰期中,也出现了相对的冷暖转换。在寒武纪时,气候温暖,干湿区域特征明显。直到志留纪—泥盆纪时,出现了变冷的趋势,这是大间冰期中相对寒冷的阶段。但自泥盆纪中期开始,气温快速攀升,气候又回暖,且一直持续到石炭纪;石炭纪气候温暖而湿润,利于大片森林的生长,甚至在大陆内部也出现了茂密的森林。此时形成的森林湿源最后成为煤层,这也是地质时期最为重要的成煤阶段之一。故石炭纪也被称为“成煤纪”。

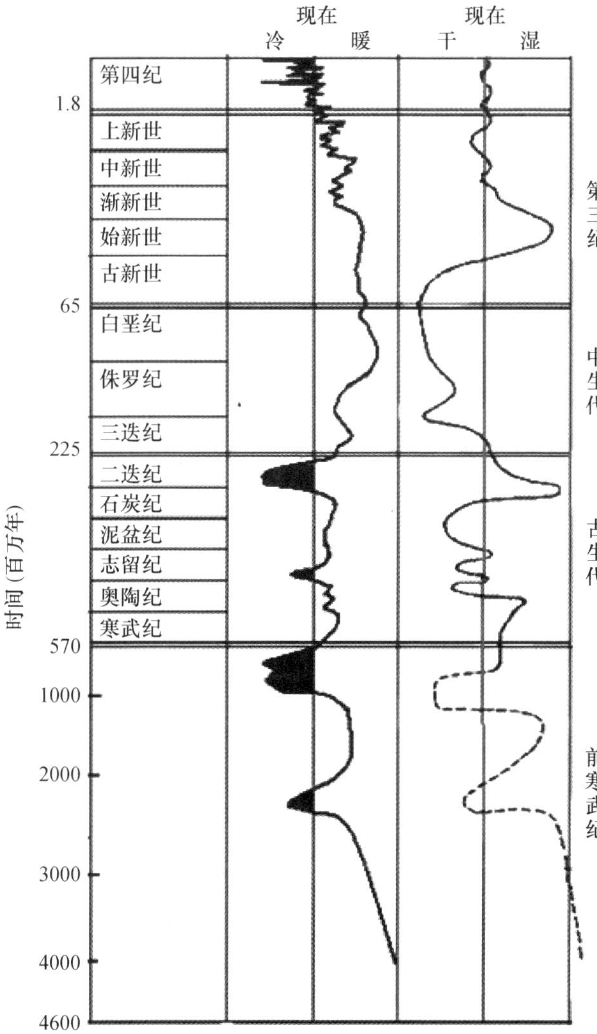

图 9.2　地球气候史上全球平均温度和降水的特征曲线，以现在全球平均值为基准，黑色表示比现在冷的时期，虚线表示资料空白时期，时间标尺是由下至上逐渐放大(Frakes，1979，取自 Goodess，1992)

(3)石炭—二迭纪大冰期气候

石炭—二迭纪大冰期发生在距今 2.5 亿～3 亿年。已发现的大量地质资料表明，这次冰川气候主要影响南半球，北半球除印度以外，至今还未发现此时期冰川存在的确切证据。但是在这一时期，地球的气候分布带仍然很明显。北半球的中国西部、西伯利亚、北欧和北美等地均为干燥带，之外为温暖、湿润的气候。对于石炭—

二迭纪大冰期的分布,科学界还没有给出合理的解释。一些学者认为这与地球大陆板块的分布有关。

(4)三迭纪—第三纪大间冰期气候

三迭纪-第三纪大间冰期发生在距今 2.5 亿年到 200 万年,包括三叠纪、侏罗纪、白垩纪以及新生代的第三纪。

三迭纪时期气候温暖、干燥,之后的侏罗纪,气候由干热变得温暖而湿润,利于植物的生长,这一时期成为继石炭纪之后的第二个重要的成煤期。同时,在中国以长江以南,西北—东南向为一线,将其分为南北两个气候带,北部为温带,南部为热带。到侏罗纪后期,欧亚大陆的干燥气候带又重新出现。白垩纪时期干燥气候继续发展。到白垩纪后期,帕米尔、昆仑山、费尔干和塔吉克西部已具有沙漠和半沙漠性质。中国的干燥气候带也有所扩张,但并未遍及全国。从新生代的早第三纪开始,地球气候又普遍增暖。到晚第三纪时,东亚地区气候变得湿润,中国从内蒙古到秦岭的广大地区出现了很多树木和草原。

(5)第四纪大冰期气候

第四纪大冰期开始于距今 240 万年前,是距今最近的一次大冰期,也是可获得地质资料最丰富的一个时代。这一时期已基本形成了现代的地理条件,在地球古气候史研究中占有十分重要的地位,是研究整个地质年代气候的基础和出发点。

第四纪是一次影响范围十分广大的世界规模的大冰川期,在欧洲、美洲以及亚洲都有发现,并有明显的证据可供考查。在第四纪大冰期期间也存在亚冰期与亚间冰期的冷暖反复交替(表 9.3)。

表 9.3　第四纪大冰期中各次亚冰期和亚间冰期的对照表

冰期地区	阿尔卑斯山	斯堪的纳维亚	英国	北美	新西兰	中国	距今年数(万年)
冰期	武木	卫斯塞里安	德文森	威斯康辛	奥梯兰	大理	12～1
间冰期	里斯-武木	艾娜	埃波斯为契	桑加蒙	奥曲林	庐山大理	
冰期	里斯	萨里安	基平	伊利诺安	卫门	庐山	37～24
间冰期	明德-里斯	豪斯他因	豪客斯安	雅奥斯	特兰吉安	大姑庐山	
冰期	明德	埃尔斯特利安	安古林	堪萨斯	卫蒙干	大姑	80～58
间冰期	群智-明德	克日梅尔	克鲁梅里安	阿佛唐尼安	维维兰	鄱阳-大姑	
冰期	群智	维地思	贝汶坦	内布拉斯加	波里坎	鄱阳	120～90
间冰期	多脑-群智						
冰期	多脑						

(6)亚冰期

北半球第四纪冰期的研究工作，最早是从欧洲阿尔卑斯山地区开始。地质学家根据欧洲阿尔卑斯山冰川地貌、冰渍物与冰川阶地的关系等指出，在第四纪时期阿尔卑斯山主要经历了 4 次亚冰期，并给这 4 个亚冰期命名为群智(Guns)、民德(Mindel)、里斯(Riss)、武木(Wurm)。之后大量研究也在北欧、北美和中国找到相应的亚冰期，如中国东部分别对应于大理、庐山、大姑和鄱阳亚冰期，每两次亚冰期之间为亚间冰期，亚冰期时间长度为 10 万～20 万年，表 9.3 给出了不同地区第四纪大冰期中各次亚冰期和亚间冰期的对照。

在第四纪的亚冰期，全球平均气温可能比现代低 7～9 ℃，雪线下降，冰川面积和体积均增大，全球的陆地有大约 1/4 被冰覆盖，海平面下降，气候带南移，中、低纬地区形成与其对应的洪积期，此时该地区雨量充沛，内陆湖泊水位升高，水域范围扩大，青藏高原冰盖也在这一时期有所发展。而亚间冰期时的气温均比现代高，因而冰盖范围急剧退缩到高纬或极地，甚至消失，与亚间冰期对应的间洪积期时，雨量减少，湖泊水位降低，水域范围缩小。里斯亚冰期是第四纪各次冰期中最寒冷的一次，当时冰川迅速向低纬度扩张，使亚欧大陆北部和北美广大地区都被冰川所覆盖，形成三个大陆冰川中心，即欧洲的斯堪的纳维亚、北美的格陵兰和亚洲的西伯利亚。里斯亚冰期时大陆有 2/10～3/10的面积被冰川覆盖，陆上冰川体积达 3300 万 km^3，气候十分寒冷。

距今最近一次由亚间冰期到亚冰期的转变，即从里斯/武木亚间冰期到武木亚冰期的转变反映了近 15 万年以来的气候变化。图 9.3 给出近 15 万年南极温度和海平面高度距平的变化，可以看到距今 13 万年前的末次亚间冰期的气温高于现代不到 3 ℃；其后为缓慢降温，约 7 万年前的剧烈降温标志着末次武木亚冰期的开始，直到 2 万年前，末次亚冰期发展到极盛时期，气温比现代低 10 ℃左右；到 9000 年前的早全新世，气温急剧回升，比现代高近 1 ℃以上，进入现代亚间冰期。这次气候的变化代表末次亚冰期完成一次旋回，由此可知，现代气候更接近于末次亚间冰期。

约 2 万年前末次亚冰期发展到极盛时期(LGM，末次冰期冰盛期)之后气候的回暖也不是连续的，而是波动式的。在进入现代亚间冰期(全新世)之前还有一个重要的插曲，即著名的新仙女木(Younger Dryas)事件。大约在 1.25 万年前，在气候回暖过程中温度又迅速下降，几乎恢复到冰期最盛期的温度，经历了大约 1000 年的寒冷气候，其后温度迅速上升。仙女木是一种北极植物，是那一时期的代表性植物，故以此命名该事件。由于温度上升和下降均发生在几十年内，有的地区可能不到十年，且温度变化幅度达亚冰期-亚间冰期旋回的 3/4，故人们认为这种变化是气候突变，对气候突变的认识就是从这里开始的。有研究认为这个事件与融冰造成的冷、淡水使北大西洋温盐流减弱有关，温盐环流减弱或中断，使得向中高纬的热量输送减弱，造成全球气温突然变冷。这是气候研究中的一个新课题。

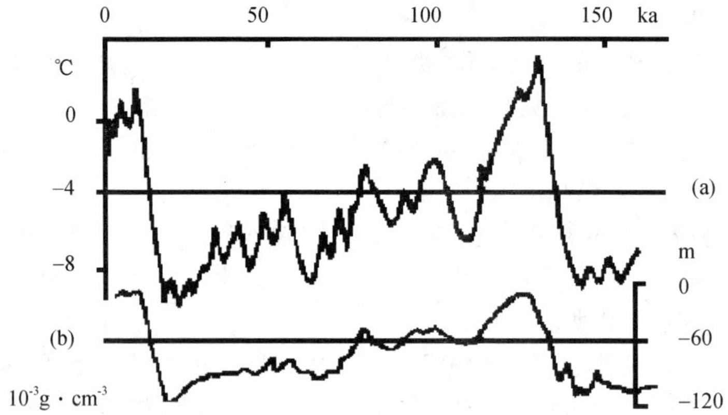

图 9.3　近 15 万年的全球气候变化(横坐标单位 ka 表示距今千年数)
(a)南极温度距平,大(小)于 0 表示高(低)于现代的度数(℃);(b)海平面高度(反映大陆冰雪体积),负值表示低于现代的米数(m)(Fature et al,1993)

9.3　历史时期的气候变化

9.3.1　历史时期的气候变化

历史时期的气候一般指从第四纪大冰期中的大理(武木)亚冰期的最近一次副冰期之后的 1 万年至有器测资料的“冰后期”气候。从地质年代来看,该时期也称为全新世气候,这段时期,地质、地貌和植被资料丰富,尤其在后 5000 年大量的历史史料,为历史时期的气候变化的研究提供了更多科学依据。

历史时期气候变化的基本特征是初期转暖,中期达到最暖,后期又转凉。温度变化大致上可分为 3 个阶段:全球温度不稳定升温的新温暖期(中全新世以前)、维持稳定高温的大温暖期(中全新世)以及不稳定降温的晚温暖期(中全新世以后)(图 9.4)。该时期全球平均温度变幅在 2 ℃范围内。

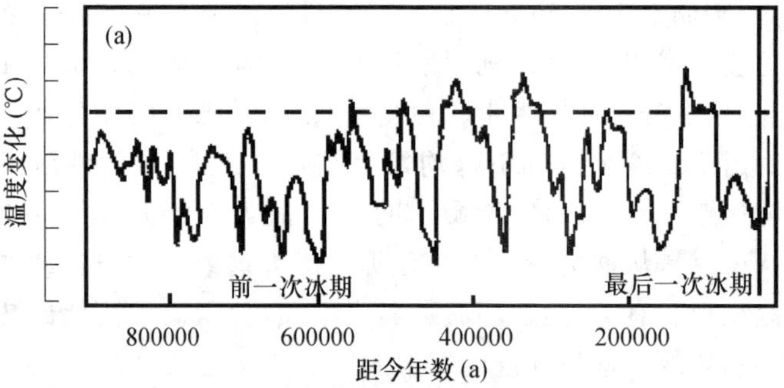

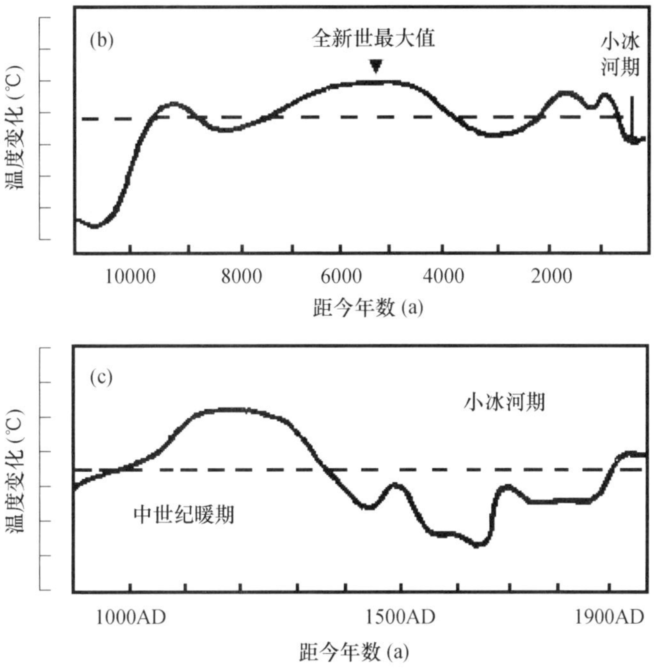

图 9.4 更新世以来 3 种时间尺度的全球温度变化(Houghton et al,1990)
(a)近 100 万年;(b)近 1 万年;(c)近 1000 年(点线表示 20 世纪开始时的温度状况)

虽然历史时期气候基本是气候回暖时期,但期间普遍存在从百年到千年时间尺度的气候变化。O. Leistol(1960)根据一万年来的挪威雪线(图 9.5),将冰后期以来的气候划分为四个寒冷期,具体情况如下:

第一寒冷期发生在距今 9000—8000 年,公元前 6300 年左右为主要寒冷期,此时正处于武木亚冰期最近一次副冰期的残余阶段;

第二寒冷期发生于距今 7000—3500 年的气候温暖时期中间的一次相对短暂的气候寒冷期,主要寒冷期时段位于公元前 3400 年前后;

第三寒冷期发生于距今 3000—1900 年,主要寒冷时段位于公元前 830 年前后,这次寒冷期又称为新冰期;

第四寒冷期发生于公元 1500—1900 年,主要寒冷时段位于公元 1725 年前后,欧洲称这次寒冷期为现代小冰期。

在每两次寒冷期之间为相对温暖期:第一温暖期主要发生在距今 7000 年前后;第二温暖期主要发生在距今 4000 年前后;第三温暖期发生在 1100—700 年。由于前两次温暖期之间的第二寒冷期降温幅度较小,故这两次温暖期又往往统一称为"气候最适时期"或"高温期"(climatic optimum),也就是全新世的大温暖期。第三次温暖期通常被称为“第二次气候最适期”。

关于中国近一万年来冰后期历史时期的气候，一些地质和古生物工作者根据孢粉分析以及放射性同位素探测，近年来又取得了一些新的研究成果，如地质工作者段万倜等根据东部几个地点的花粉带，将中国冰后期以来划分为三次寒冷期和两次温暖期，即沔湖寒冷期(发生于距今 10000—8000 年)、仰韶温暖期(发生于距今 8000—3000 年)、周汉寒冷期(发生于公元前 1000 年到公元 600 年)、普兰店温暖期(发生于公元 600—1300 年)和现代小冰期(发生在公元 1400—1900 年)。这次寒冷期是冰后期以来比较明显的一次气候振动，在北半球和中国的气候变化中都有普遍反映。

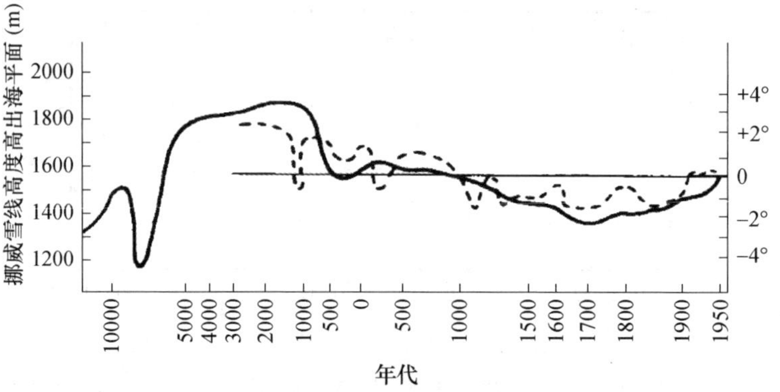

图 9.5　一万年来挪威雪线高度(实线)和五千年来中国温度(虚线)(竺可桢,1972)

一般认为气候最适宜期发生在距今 8000—3000 年前。王绍武等(2005)总结了气候最适宜期的特征，主要表现为：

① 气候带北移根据兰姆(1977)研究，北大西洋近 3000 年来副热带高压冬季在 30°N，夏季在 32°N，但全新世中期冬季达到 42°N，夏季达到 50°N。近 3000 年来副极地低压带冬季在 70°N，全新世中期北移到 80°N 附近。这说明至少在北大西洋在全新世中期气候带明显北移。

② 山地冰川强烈后退，雪线升高例如西藏东南部若果冰川冰舌末端比现代高 600～700 m。当时海拔 3800～4000 m 生长着针叶混交林，目前这样的森林只分布在海拔 2500～3000 m 的高度。

③ 海平面高度上升根据中国渤海古海蚀阶地和贝壳的分布推算全新世中期海平面比现代高 2～4 m。

④ 湖水位变化以夏季风降水为主的陆上大多数地区降雨丰沛，湖水水位升高。例如内蒙古岱海，全新世中期湖面比现代湖水水位高 40 m，面积达 431 km^2，是现代湖面积的 3.2 倍。但以冬季风降水为主的地区，湖泊水位大多下降，如美国西部大盆

地(Great Basin),众多湖泊在全新世中期干枯消失。里海的水位在全新世中期比全新世早期和现代要低 20 m。

⑤ 流沙活动减弱中国黄土高原地区,全新世中期曾经广泛形成一层黑垆土型土壤,厚 0.5～1.0 m,标志着当时西北季风退缩,东南季风推进,气候湿润。北非撒哈拉沙漠的南界比现代向北退缩达 5 个纬度之多,反映流沙活动大幅度缩小。

⑥ 森林植被变化温带落叶阔叶林植被形成。森林界限向高纬及高山推进。在北美洲大约 100°W,现代森林界限处于 61°N 附近,全新世中期,曾经向北推进 250～300 km,达到 64°N 附近。欧洲阿尔卑斯山树木生长上限,比现代高 300～400 m。说明当时夏季温度高、降水丰沛。

⑦ 亚热带动物群向北迁移根据亚热带动物亚洲象、苏门犀的遗骨判断,全新世中期中国东部亚热带界限曾北移到黄河流域。在印度的塔尔沙漠,非洲撒哈拉沙漠,全新世中期亦有象、犀和水牛生存。

⑧ 新石器农业文化的繁荣中国黄河、埃及尼罗河流域、中东的两河流域和印度河流域,全新世中期时新石器文化迅速兴起,形成人类社会发展史上的四大文明。这可能与当时处于气候最适宜期有关。

施雅风等(1992,1996)根据孢粉的谱建立了近万年中国大部分地区的局地温度变化曲线,表 9.4 给出了中国 10 个代表区全新世大暖期的温度估计(王绍武 等,2005),可以看到该时期各区域年平均气温约比现代高 1～3 ℃。当然,这里不确定性是很大的。但是无论如何,由此可以对中国的大暖期得到一个定量的概念。

表 9.4　中国的全新世大温暖期(王绍武 等,2005)

序号	地区	地点	纬度(°N)	经度(°E)	年代(×1000 aBP)	年平均气温高于现今(℃)	原作者
1	东北	孤山屯	42	126	8.3～4.0	1.7～2.6	刘金陵(1989)
2	华北	河北东部	40	118	8.0～4.0	3.0～4.0	童国榜等(1991)
3	华东	江苏建湖	34	120	8.5～3.7	1.7	唐领余等(1992)
4	华南	珠江三角洲	23	114	9.0～3.0	1.0	唐领余等(1996)
5	台湾	日月潭	24	121	8.5～3.0	2.0～3.0	Tsukada(1996)
6	华中	洞庭湖	29	113	7.5～4.0	3.0～3.5	于革(1985)
7	西南	贵州梵净山	28	109	7.8～2.7	1.6～3.0	唐领余等(1996)
8	西北	青海湖	37	100	8.0～3.5	3.0	孔昭宸等(1992)
9	新疆	艾比湖	45	83	8.5～4.0	1.0～3.0	文启忠(1992)
10	西藏	班公湖	34	80	8.3～4.0	3.0～4.0	王富葆(1992)

9.3.2 近千年的主要气候事件

近千年的气候变化中有两个重要时期,分别是中世纪暖期(公元900—1200年)和小冰期(公元1550—1850年)。

(1)中世纪暖期

中世纪暖期(Medieval Warm Epoch)发生在公元900—1200年,气候普遍温暖(图9.5),全球平均温度可能与20世纪后期气温相当。但此次增暖的区域差异较大,一些地区无明显证据。比如,日本樱花盛开的时间在9世纪为早春,12世纪时多为晚春,平均晚近两周,说明中世纪暖期在日本并未发生。

中国是否存在中世纪暖期,还存在争议。竺可桢认为中世纪暖期之前的隋、唐(公元589—907年)时代中国处于温暖期,而北宋末年到南宋初年(12世纪初)气候转冷,因而认为中世纪暖期时中国气温偏低。满志敏等(1998)则持不同见解,给出不同方面的证据表明公元10—13世纪中国也处于温暖期。王绍武等(1999)广泛收集了各位作者整理的史料,并将这些定性史料定量化,同时结合西部地区的代用资料,建立了近千年中国的气温序列(如图9.6)。可以看到中国东部确实存在中世纪暖期,温暖期发生在9世纪后半叶到11世纪末以及13世纪,温度略低于20世纪,但是暖期具有不连续性;中国西部地区暖期仅出现在9世纪后半叶,无明显中世纪暖期;12世纪特别是前半叶,中国东、西部均为寒冷期。

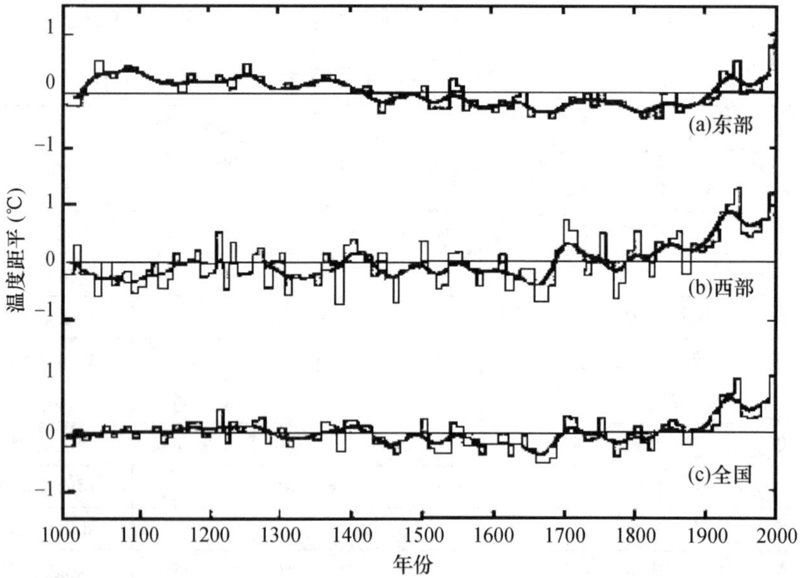

图9.6 近千年的中国平均温度(℃)(王绍武 等,2007)

(2)小冰期气候变化

1939 年,马则斯(Matthes)首次提出小冰期的概念。从广义上讲,小冰期是指公元 1250—1850 年,主要在距今 1550—1850 年,是中全新世以来最受关注的几百年时间尺度的全球性相对寒冷的气候事件(如图 9.4、9.5 所示)。小冰期地球平均降温约 0.5 ℃,北半球中纬度地区比现代偏冷 1 ℃左右,高纬度可能低 1.5～2.0 ℃。大陆高山冰川大范围发展,高纬度海域的浮冰也明显增加。关于小冰河时期的气象资料,欧洲最为齐备,可以确定的是,欧洲大部分地区都经历了数百年的寒冷异常的气候。许多资料也显示小冰河是全球性的现象。

13 世纪末到 19 世纪对应着中国的元(公元 1280—1368 年)、明(公元 1368—1644 年)、清(公元 1644—1911 年)三个朝代,这一时期可能是中国近 2000 年来最为寒冷的时期。中国也存在小冰期。

竺可桢最早对小冰期时的中国气候进行了研究,指出 1470—1520 年、1620—1720 年和 1840—1890 年为三个寒冷期。张先恭利用祁连山树木年轮得出近五百年的三次寒冷期分别发生在 1428—1537 年、1622—1740 年以及 1797—1870 年。王绍武等结合冰芯和树木年轮等资料,研究了中国包括新疆、甘肃和台湾等地的气温变化,说明近千年来中国可能出现五次寒冷期,其时间分别在 1100—1150 年、1300—1390 年、1450—1510 年、1560—1690 年以及 1790—1890 年,根据竺可桢、龚高法等的研究,可以推论小冰期极盛期年平均气温可能比现代低 1 ℃。

9.4　近百年全球和中国的气候变化

根据前述分析,目前我们正处于气候温暖的全新世中,由于第四纪大冰期至今的时间尺度还远远小于地球气候史上的任何一次大冰期的时间长度。前两次大冰期都持续上千万年,而第四次大冰期到目前才仅仅 200 万年。由此认为,现在仍处于第四纪大冰期,第四纪大冰期还没有结束。现代气候可能处于亚间冰期的最暖时期的后部。

世界各地的气象观测站在近一、两百年中逐渐建立。最早有气象观测记录的地方是佛罗伦萨(1652 年)、伦敦(1668 年)以及巴黎(1752 年)。1900 年以前中国只有北京、上海、天津和香港等地才有气象记录,直到 1949 年以后开始建立全国性完备的气象观测体系。大量观测资料的出现为现代气气候变化研究提供了丰富的科学依据。但是,随着人类社会和经济的发展,该时期人类活动对气候变化的影响愈加显著,由于气候环境是人类赖以生存的最重要地球环境,现代气候变化特征及其与人类活动的关系,已引起各国科学家、世界气象组织等多个世界性机构及各国政府的高度关注。

9.4.1 全球地表气温变化

(1)全球平均地表气温序列的建立

全球平均地表气温序列是反映气候系统变化的最重要指标,自 1990 年以来,IPCC 的五次气候评估报告的重要内容之一就是不断更新、建立近 100～150 年全球平均气温序列。

建立全球气温序列存在一定困难,主要有四个方面的原因:资料覆盖面不完整;观测方法改变造成序列不均一性;计算全球平均的方法不同;计算距平采用的标准值不同。近年来国际上主要是以 Jones 等为代表的四个研究小组,通过各种方法减少观测站点的非均一性、不连续性等对平均序列的影响。但 Jones 的序列也存在一定的问题,主要是覆盖面不完整,且前后不一致。对于全球气温的研究,主要是利用分布于全球陆地各区域的数千个测站的气温资料和海洋船舶采集的海表温度观测资料,由此估算出全球平均地表气温。目前可以使用 1850 年至今的观测数据,不过在 19 世纪下半叶的观测站点还远没有覆盖到全球,之后随着观测站点的逐渐增加,覆盖范围的不断扩大,自 1957 年南极出现观测站以后,观测数据覆盖面有了很大的改善,尤其在 1980 年左右开始卫星观测以后,数据覆盖面得到了极大的提高。特别是第四次评估报告以来,有关大气、地表、海洋和冰冻圈观测资料集的可提供性、获取性、质量和分析取得了实质性的进展。IPCC 第五次评估报告(AR5)中利用的全球表面气温观测资料集主要有哈得莱中心/气候研究小组格点表面温度资料集(HadCRUT4)、戈达德空间研究所表面温度分析(GISTEMP)以及综合陆-海表面温度分析(MLOST)。

(2)20 世纪全球变暖

图 9.7 是 IPCC-AR5 给出的 1850—2012 年全球地表气温距平序列,可以看出,近百年以来全球气温变化最突出的特征是显著变暖,但增暖过程呈现波动性上升。HadCRUT4、MLOST 和 GISS 等 3 种资料揭示的全球平均气温近百年(1901—2012 年)线性变暖趋势分别为 0.75±0.13 ℃/100 a、0.81±0.13 ℃/100 a 和 0.83±0.13 ℃/100 a;近 60 年(1951—2012 年)的变暖趋势分别为 1.06±0.27 ℃/100 a、1.18±0.21 ℃/100 a 和 1.24±0.20 ℃/100 a,而近 30 年(1979—2012 年)的变暖趋势分别为 1.55±0.33 ℃/100 a、1.51±0.37 ℃/100 a 和 1.61±0.33 ℃/100 a,是近百年的 2 倍,表明变暖过程表现出加速趋势。20 世纪增暖主要发生在两个阶段,分别是 1915—1945 年以及 1975 年以后。需要注意的是,1998—2014 年,全球增暖幅度有所减少,称为全球增暖停滞(减缓)期,其原因可能与气候系统内部变率有关(如太平洋年代际振荡 IPO 冷位相)。

(3)气温变化的时、空间差异

全球变暖的趋势存在显著的区域性,图 9.8(左)给出了 1901—2012 年气温变化线性趋势的空间分布,可以看到,20 世纪以来,除了格陵兰南部区域和美国东南部的三个较小地区，以及玻利维亚和刚果盆地的部分地区以外，世界大部分区域地表气温都呈增加趋势。增暖最显著的地区在 40°—70°N（即亚洲内陆、北美西北部）以及南半球中纬度地区和巴西等地。另一方面，已有的长时间记录表明，无论在南半球还是在北半球，陆地表面气温的变暖速率都比海洋快。同时，个别地区则出现增暖现象不明显或者变冷。比如，格陵兰岛以南的北大西洋区域近几十年没有明显的增温现象。

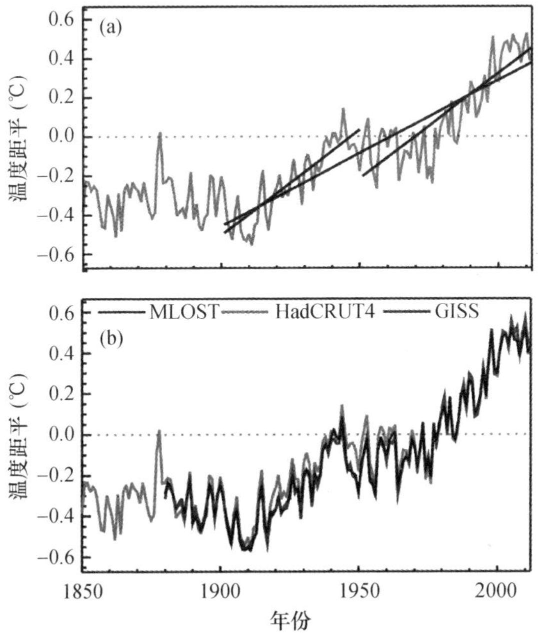

图 9.7 基于 HadCRUT4(a)以及其他两种资料(b)的全球平均地表气温距平变化(IPCC,2013)

此外，虽然多年代际升温的证据确凿，但在升温速率方面仍然存在很大年际至年代际变率，其中有些时期显示出较弱趋势（包括自 1998 年以来出现的变暖中断）。过去 15 年间（1998—2012 年）的升温速率 0.05 ℃/10 a，小于 1951 年以来（1951—2012 年）的升温速率 0.12 ℃/10 a。可以看到气温的短期趋势是不确定的，而且对于开始和结束年份非常敏感。

9.4.2 近百年全球降水变化

(1)全球降水序列

近百年来的全球平均降水量的估计相对于温度难度更大，主要存在两个方面的原因：其一，降水的空间变率远远大于气温，其二，海洋上的降水观测资料非常稀少，目前还无法估计全球海洋平均降水变化趋势，因而也难以估计全球平均的降水量变化趋势。由此,本小节着重讨论全球陆地降水量变化。降水资料的使用要考虑其时间、空间代表性以及观测误差等。IPCC AR5 使用的长序列全球陆地年降水趋势的分析数据资料主要有:气候研究小组(CRU)、全球历史气候网(GHCN)和全球降水气候中心(GPCC)的降水数据。

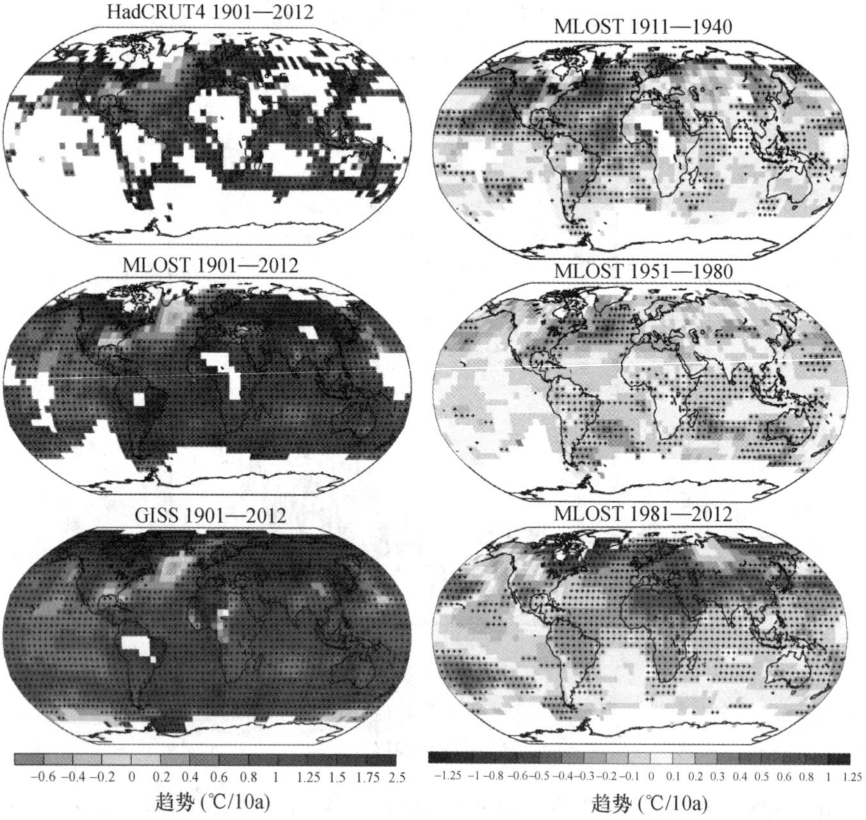

图 9.8 1901—2012(左,℃/10a)和基于 MLOST 的 3 个不同年代(右,℃/10 a)的逐年气温变化线性趋势,灰色表示数据不充足的地区。趋势显著性水平在 5%的地区用+表示(左图所用到的数据来自 HadCRUT4、MLOST 和 GISS,IPCC,2013)(附彩图)

(2)全球降水的时间变化特征

IPCC AR4 指出近百年来的全球降水变化虽然存在时空分布的不均匀性,但总体来讲,全球降水还是存在一定的上升趋势,1901—2005 年 GHCN 做出的全球平均线性趋势在统计学上不显著,自 IPCC AR4 以来,降水数据集有所更新,图 9.9 给出了基于 5 种降水数据(GHCN V2、GPCP V2.2、CRU TS3.10.01、GPCC V6 和 Smith 等(2012)研发的数据集)的全球以及不同纬带陆地降水距平序列(相对于 1981—2000 年平均)。可见,对于长时间序列 1901—2008,CRU TS3.10.01、GHCN

V2、GPCC V6 和 Smith 等 4 种数据集揭示的全球陆地降水表现为一定的增加趋势，其线性趋势分别为 2.77±1.46(mm/a)/10 a、2.08±1.66(mm/a)/10 a、1.48±1.65(mm/a)/10 a 和 1.01±0.64(mm/a)/10 a，而对 1951—2008 年，4 种数据集揭示的趋势变化并不一致。对于不同纬度带，1951—2008 年的热带(30°S—30°N)区域陆地降水没有通过信度检验的线性趋势；长期(1901—2008 年)来看北半球中纬度地区(30°—60°N)的陆地降水则有显著增加；北半球高纬度地区(60°—90°N)的陆地降水也有显著增加，尽管不同数据集得到的增幅并不一致。

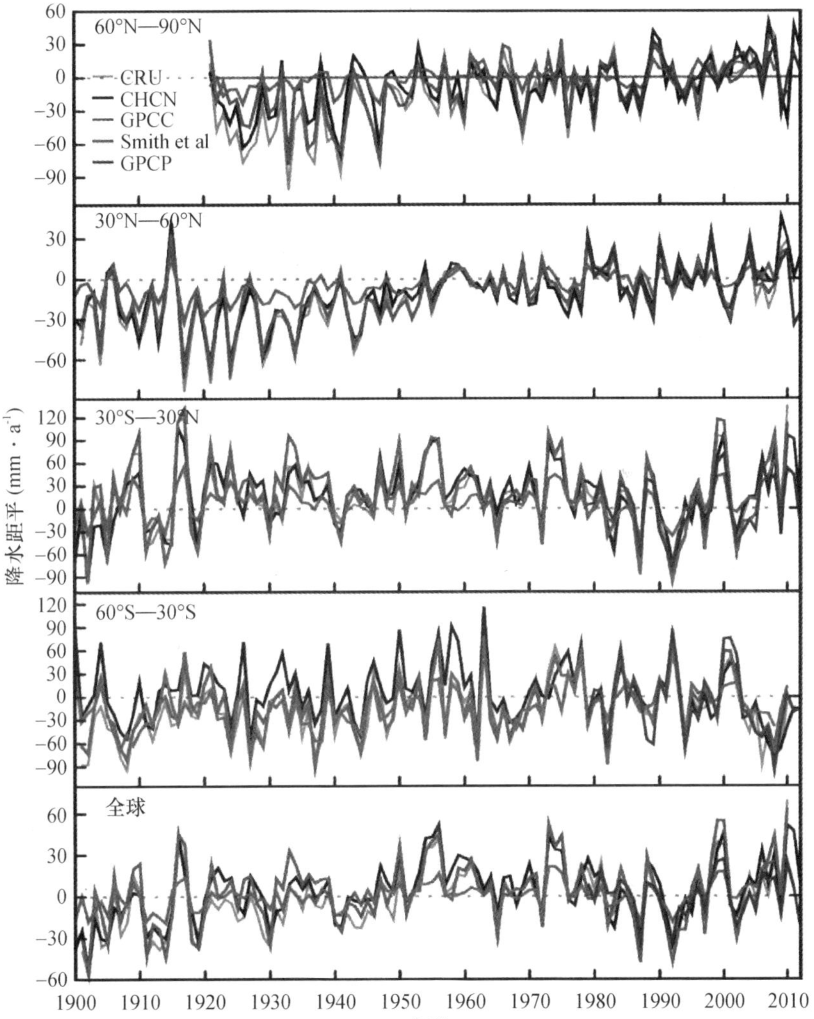

图 9.9　基于 5 种降水数据集的全球以及不同纬带陆地降水距平序列

(相对于 1981—2000 年平均，IPCC 2013)(附彩图)

(3)全球降水变化的区域特性

近百年全球降水变化存在显著的空间差异，自1901年起，北半球中高纬度大陆地区降水增加明显，特别是30°—85°N多数地区降水增长幅度达(6%～8%)/10 a，显著性水平超过5%，北美洲大部分地区降水增加，尤其在加拿大高纬地区；而在美国西南部，墨西哥西北部以及巴哈半岛降水呈减少趋势，平均减少(1%～2%)/10 a，最大降水量负趋势区在东非、西非和撒哈拉和南亚等地，其中撒哈拉地区出现最早(图9.10)。全球陆地区域平均降水变化在1951年之前为低信度，之后为中等信度，这是因为资料不足，特别是记录的早期。此外，当使用重建方法涵盖了几乎所有的陆地地区，所产生的时间序列表明全球陆地降水自1901年以来变化不大，北半球中纬度陆地地区降水量可能发生了整体增长(1951年之前是中等信度，之后为高信度)。

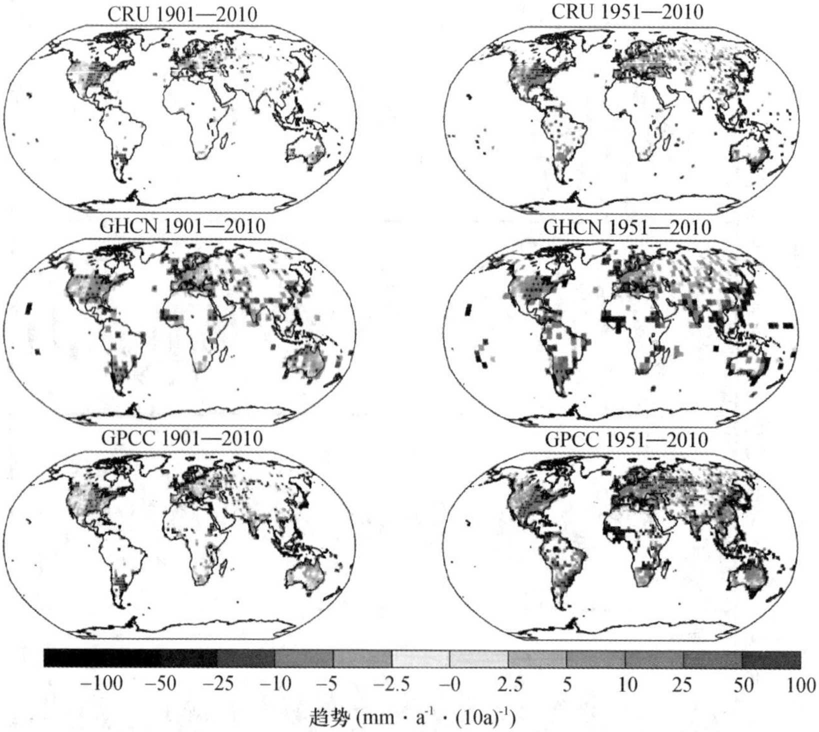

图9.10 气候研究小组(CRU)、全球历史气候网(GHCN)和全球降水气候中心(GPCC)资料集给出的1901—2010年(左侧图)和1951—2010(右侧图)观测到的陆地降水变化分布。仅针对第一个和最后一个十分位中超过完整记录70%和超过资料可用率20%的格点框计算了年累积值趋势。白色区域表示资料不完整或缺失。黑加号(＋)表示趋势显著的格点框(IPCC，2013)(附彩图)

9.4.3　近百年中国气候变化

中国科学家对近百年中国的气候进行了大量的研究，众多研究成果表明，近百年来，中国是全球气候增暖特征最显著的国家之一，中国年平均气温增加幅度比全球略高；中国年降水量变化趋势不明显，但区域降水变化波动较大。近 50 年中国年平均气温变暖速率为全球平均增暖的 2 倍左右，降水量无明显趋势，但存在显著的年代际变化。

(1)气温变化

① 近百年气温序列的建立与平均变化

与全球情况类似，近百年中国均一化连续气温序列的建立也存在相当的困难。由于历史原因，中国气象观测台站及气象观测资料的情况非常复杂，不同时期、不同区域资料的质量存在很大差别，主要表现在两个方面：首先，20 世纪上半叶中国气象观测台站数量较少且波动很大，特别是在早期台站数量更少，分布稀疏，且主要集中在中国东部地区，西部地区资料极为匮乏；20 世纪 20 年代后此类情况有一定程度的改观；1950 年以后，中国气象台站观测网的规模迅速扩大，并随时间逐渐增加。但是由于不同时期的气候资料在空间分布上的差异，导致不同时间阶段全国平均气候序列在空间代表性上的不一致。其次，由于台站迁移、观测高度变化以及观测时制与时次、日值统计方法等方面的不统一，从而同样造成了气候序列特别是气温序列的非均一性，这不仅会使前期气温序列的可信度下降，同时也会影响到不同时期气温序列的衔接，尤其在 1950 年前后。80 年代初以来，不少作者利用尽可能多的资料对中国的温度变化进行了研究，得到了包括最近百年和半个世纪全国温度序列在内的多项分析成果。

目前时间分辨率达到年或月的全国平均温度序列有 5～6 个，其中比较有代表性的包括王绍武等(1998)、林学椿等(1995)、唐国利和任国玉(2005)、闻新宇等(2006)建立的百年以上序列(以下分别简称 W 序列、L 序列、T 序列和 C 序列)。这些序列所用资料和方法各不相同。W 序列在分区基础上选出 50 个代表站，经加权平均得到 1880 年以来的中国平均温度序列，西部地区早期缺测用冰芯 $\delta^{18}O$、树木年轮和历史资料进行了插补，但只有年平均温度；L 序列利用 711 个站平均温度观测资料，建立了 1873 年以来的中国温度序列；T 序列采用最高温度和最低温度的平均代表平均温度，通过经纬度网格面积加权平均得到中国温度序列，在一定程度上克服了因 20 世纪早期观测时间不同等因素引入的非均一性，但早期西部地区资料覆盖不足同样引入较大误差；C 序列利用 CRU(英国东安吉利亚大学气候研究室)插值的网格化温度资料(Mitchell and Jones，2005)，计算得到中国的序列。最近，李庆祥等(2010)利用均一化的中国近百年平均最高、平均最低气温序列，结合 CRU 气温数据集中的中国周边国家长序列资料对20世纪前50年资料进行了补充,重新构建了近百年全国气温变化序列。此外,Cao等(2013)利用18个长序列台站资料,经过质量控制和均一化处理,计算获得中国东部地区近100多年的地面温度序列。

在各种全国平均序列中,获得较多使用并逐年更新的是W序列和T序列。这两个序列的相关系数达到0.91,说明虽然资料和方法很不相同,但结果基本一致。图9.11给出T序列及所用台站数。可见,近130年以来,中国温度经历了3次冷-暖波动,其趋势表现为显著变暖。最暖的10年分别为2000s、1990s和1940s。在1913—2012年的100年期间,全国平均变暖速率为0.09 ℃/10 a,如果起始时间往前延长到20世纪初期,则年平均升温速率接近0.10 ℃/10 a;1956—2012年全国平均变暖速率为0.25 ℃/10 a。Cao等(2013)采用新的均一化资料分析结果表明,中国东部地区1909—2010年年平均气温上升速率达到0.15 ℃/10 a,是迄今报道的最大增温速率(第三次气候变化国家评估报告)。

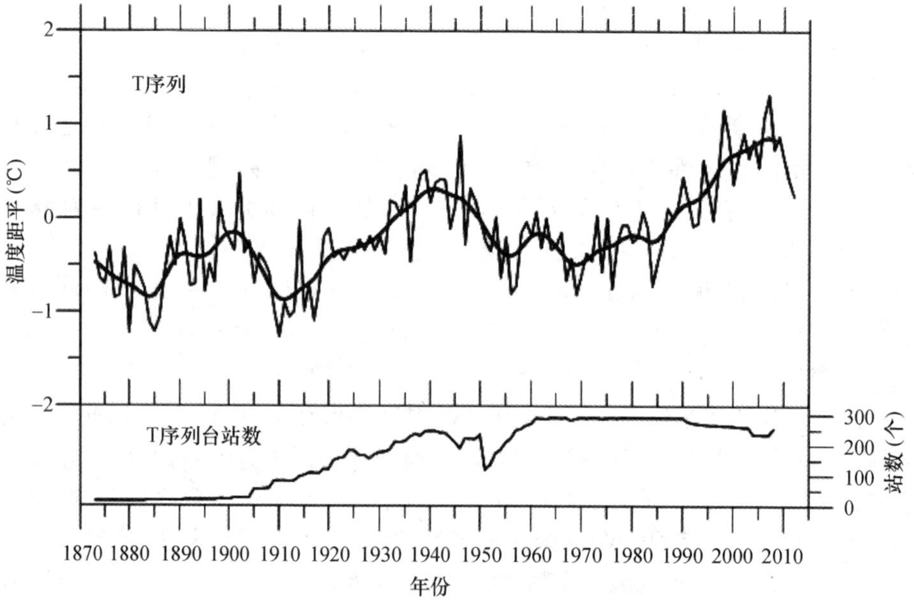

图9.11　1873—2012年中国年平均温度距平变化
(对1971—2000年平均,第三次气候变化国家评估报告)

表9.5总结几条气温变化曲线的增暖趋势的差异(李庆祥 等,2010)。其中CRUTEM3序列是根据英国East Anglia大学气候研究中心(CRU)的CRUTEM3气温数据集中的中国区域格点气温资料得到,李庆祥等的气温序列给出了趋势的变化范围,它是通过估计气温数据集中存在的不确定性得到。可以看到,李庆祥等(2010)、

Jones(2001)、王绍武(1998)、唐国利等(2005)、林学椿等(1995)CRUTEM3(2008)6根曲线计算得到的20世纪的100年(1900—1999年)气温变化的线性趋势分别为0.67～0.98、0.35、0.39、0.72、0.19 ℃和0.69/100 a;20世纪后50年(1950—1999年)分别为0.50～0.84、0.73、0.77、0.92、0.64和0.84 ℃/50 a。可见6条序列在近50年的增暖幅度较为一致,而在近百年尺度的增暖幅度上存在着一定的差异,据李庆祥等(2010)的分析,Jones(2001)、王绍武(1998)、林学椿等(1995)的方法给出的序列在百年尺度上的增暖幅度偏小,与IPCC(2007)给出的全球近百年和近50年气温变化趋势对比,可以发现,不管是近百年,还是近50年,中国气温变暖幅度要高于全球平均水平。

表 9.5　不同序列计算的气温变化幅度(单位:℃)(李庆祥 等,2010)

文献	1900—1999	1950—1999	1906—2005	1956—2005
李庆祥等(2010)	0.67～0.98	0.50～0.84	0.80～1.14	0.95～1.27
Jones(2001)	0.35	0.73	—	—
王绍武(1990,1998)	0.39	0.77	—	—
唐国利等(2005)	0.72	0.92	—	—
林学椿等(1990,1995)	0.19	0.64	—	—
CRUTEM3(2008)	0.69	0.84	0.90	1.25

注:表中"—"的部分因缺乏实际数据未计算

② 气温变化的时空特征

中国平均气温变化趋势也存在季节差异。图9.12给出71个站中国四季温度距平曲线(王绍武 等,2009),可见1880年以来中国各季的温度均表现为上升趋势。但不同季节的增温速率有较大差异,春季为0.88 ℃/100 a,夏季0.44 ℃/100 a,秋季0.86 ℃/100 a,冬季1.52 ℃/100 a。增温速率最大的是冬季,最小的是夏季,两者相差3.5倍。在过去的100年中,20世纪40年代和80年代中期以后是两段温度明显偏高的时期,但前一个暖期以春、夏、秋三季偏暖为主,而后一个暖期的四季均偏暖明显。

20世纪50年代以来,中国观测站点数量和空间覆盖度大幅提高,图9.13给出了利用2000个测站计算的1961—2012年中国年平均气温变化速率的空间分布。可以看到,近50年全国绝大多数地区呈现增温趋势,最显著的增温区主要在较高纬度的北方或高原地区,尤其是东北中北部、华北北部和西北大部,以及青藏高原。中低纬度地区增温相对较缓,华东、华中、华南增温一般在0.10～0.30 ℃/10 a,增温最小的区域主要分布在西南地区东部,增温速率一般都小于0.10 ℃/10 a,局部地区存在降温。但是,对中国大部分地区而言,近50年增温速率远超过了过去100年的平均值。这种特点与全球变暖的地理分布特征基本一致。

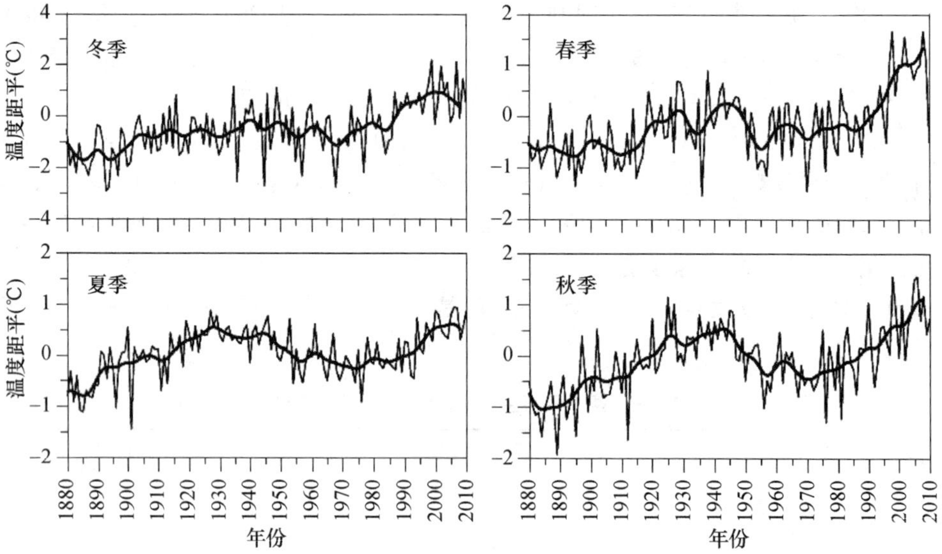

图 9.12　中国东部 71 个站 1880—2010 年四季温度变化
(对 1971—2000 平均)(第三次气候变化国家评估报告)

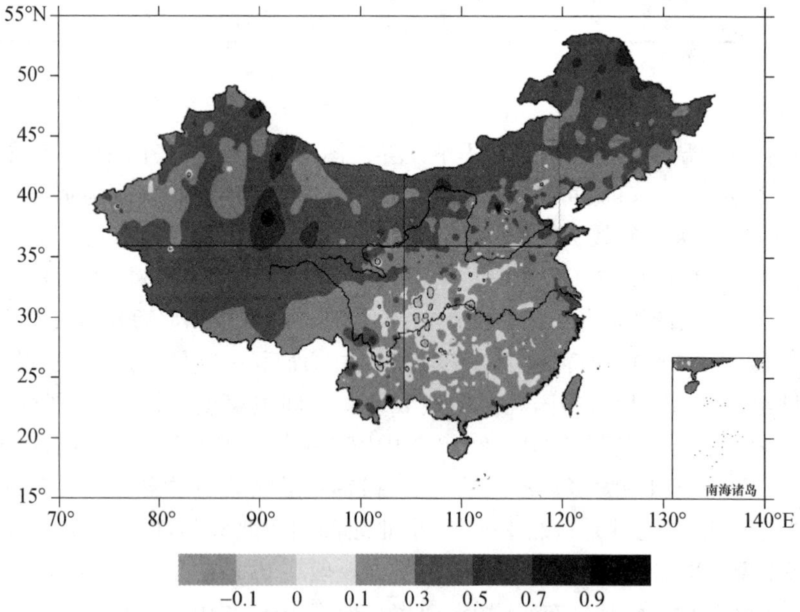

图 9.13　1961—2012 年中国年平均气温变化趋势的空间分布
(℃/10 a)(第三次气候变化国家评估报告)(附彩图)

(2)中国降水变化

① 近百年降水序列的建立

降水变化的研究必须基于具有一定代表性、相对均一的降水序列。由于历史原因导致的气候资料的非均一性问题,特别是由于降水的时空变率大,资料的空间代表性远低于气温资料。早期降水变化的缺少观测数据,多利用史料,而史料记载仅有旱涝描述。20 世纪 70 年代中期开始,中国科学家根据史料记载,将旱涝分为 5 级,分别是涝、偏涝、正常、偏旱和旱,并陆续编绘了中国大部分地区近 500 年的旱涝图。这样间接将旱涝定量化。在此基础上,王绍武(1998)将史料和降水量观测结合,重建了中国东部 35 站 1880—1996 年的四季和年降水量序列。另外,屠其璞(1987)用场序列插补方法得到中国 42 个测站 1881—1981 年降水量序列。章名立(1993)用 279 站建立了中国东部降水量序列。

② 降水变化的时空分布

覆盖全面的降水观测始于 20 世纪 50 年代,根据第三次气候变化国家评估报告(图 9.14)1956—2012 年全国平均降水量没有显著的趋势性变化,降水量最多在 1998 年,次多年为 2010 年,最少年份是 2011 年(图 9.14)。20 世纪 90 年代以来我国年降水量年际变异性增大。从降水量空间变化来看,近 50 年华南、东南和长江下游地区,以及青藏高原、西北地区的降水量呈增加趋势,年降水量减少的区域呈东北-西南走向,主要位于东北地区、华北及黄淮平原、华中地区、西南地区。

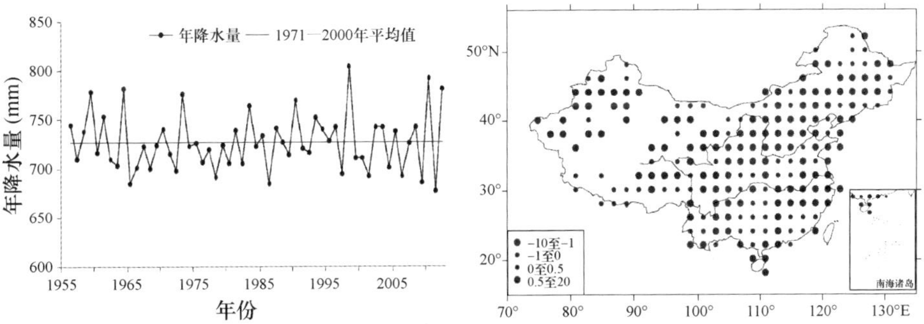

图 9.14　(a)1956—2012 年全国平均年降水量序列,
(b)1956—2012 年格点年降水量变化趋势(第三次气候变化国家评估报告)(附彩图)

9.5　极端气候的变化

自 20 世纪 90 年代以来,一些学者已经注意到伴随着平均气候的变化,极端气候也在不断变化,且其变率往往远大于平均气候变率。但是,就世界范围而言,由于缺乏气候极值的高质量的长期观测资料,人们对各地或不同区域的极端气候及其长期变率特征的认识并不全面。近十多年来,世界各地频繁出现的极端天气气候事件给全球造成了众多的灾难性后果。目前,极端气候问题已成为各国政府和公众及科学界关注的全球环境变化的焦点之一。

(1)极端气候事件的定义

一般说来,极端气候事件可从下列三方面特征来定义:事件发生的频率相对较低;事件的强度相对较大(或较小);事件导致了严重的社会经济损失。对某一具体的极端气候事件,往往并不同时具备以上三方面特征,如干旱区的极端降水,强度并不会很大,而且可能对社会经济还是有利的。根据 IPCC 报告,对某一特定地点和时间,极端天气事件就是指在其统计意义上极少发生的事件,即发生概率低于 10%或不发生概率高于 90%的事件。而极端气候事件就是在给定时期内,大量极端天气事件的平均状况,这种平均状态相对于该类天气现象的气候平均态也是极端的。

气候概率分布模式全面地描述了气候变量观测值出现频率的分布特征。由于各种不同气候变量的随机特性不一样,它们必然具有各自的理论概率分布形态,如果这些概率分布的形态发生了某种明显变动,客观上就反映了气候的变化。例如其平均值或方差发生了变化,实质上就意味着其围绕平衡气候态的概率分布模型有了改变,因此气候概率分布的演变本质上就意味着气候状态的演变,气候概率分布的变化实际上就是气候概率分布参数的变化。下面我们假定典型的气候变量(例如温度)服从标准化正态分布(图 9.15)为例,说明概率分布参数变化对极端气候事件变化的影响。

① 均值(或位置参数)引起的极端气候变化

如果代表未来气候的平均值增大(例如气候变暖)则反映其振荡幅度的概率分布必然有一对应的概率分布位移。那么,未来的气候极值(其概率密度函数两端尾部)概率必然有所改变,以温度为例,则超过某临界值的高温机会将必然有所增加,低温机会必然有所减少。即高温日数加大,低温日数减少。研究表明(Mearns et al,1984),在特殊情况下,极端值频率和强度的变化随着分布的位移,往往呈非线性变动。即某一小小的平均值变化可能导致一种很大的极端值的频率变化。

② 方差(或变率参数)引起的极端气候变化

标准差或方差是最典型的变率参数,假定未来气候的标准差变大,使得两端的极值事件频率增加即出现更多的高温和低温事件。Katz 等(1992)曾证明分布的标准差变化对于极值频率的影响,将比平均值变化对其影响更大。

③ 均值和标准差同时改变(或形状参数)引起的极端气候变化

更为复杂的参数变化是标准差和平均值同时都变化,它等价于概率分布的形状参数(例如分布的对称性)变化的情形(图 9.15b、c)。这可能使极值的频率和强度都有不同程度的改变,极端事件的变化更为复杂。

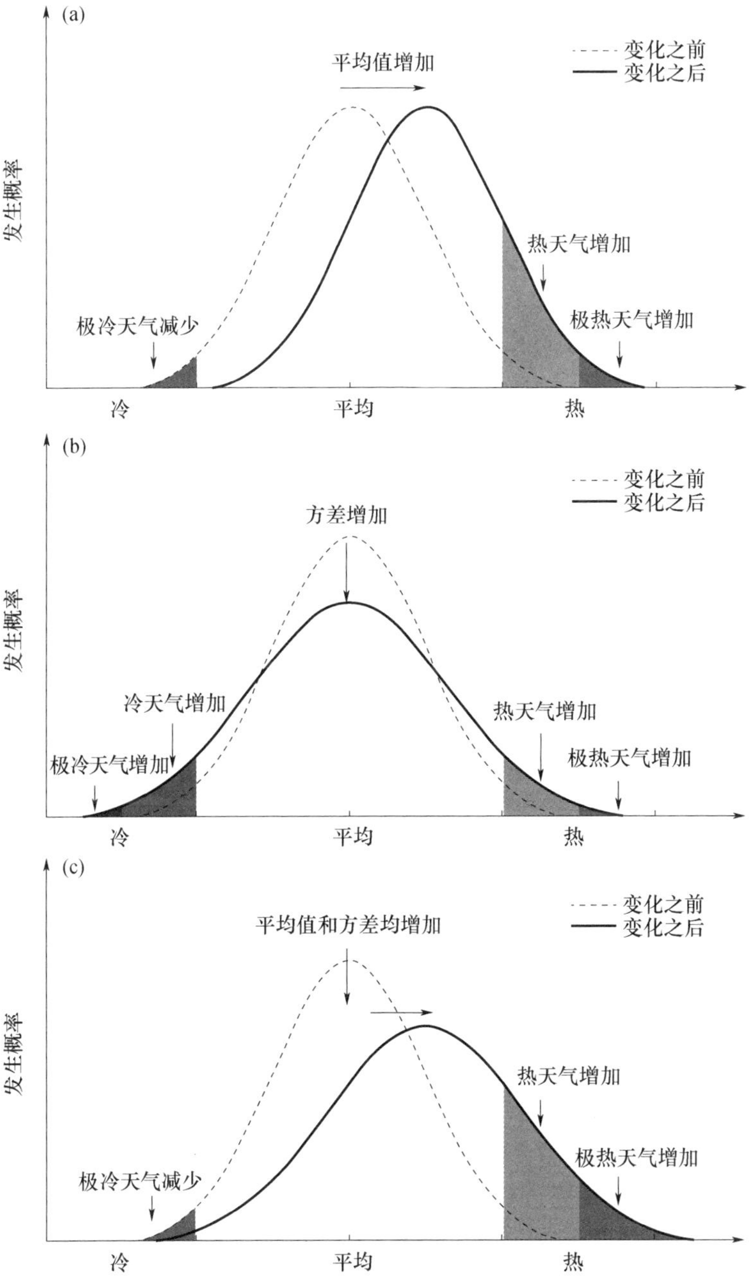

图 9.15　气候概率分布曲线参数的变化示意图

(a)均值变化;(b)标准差变化;(c)形状参数变化

(2)极端气候的检测指标

近年来由CCI/CLIVAR/JCOMM气候变化探测和指数联合专家组(joint CCI/CLIVAR/JCOMM Expert Team on Climate Change Detection and Indices,简称ETCCDI)定义了27个代用气候指数,主要集中在对极端事件的描述上,其中包括16个气温指数和10个降水指数,这些指数都从气候变化的强度、频率、持续时间三个方面来反映温度和降水的极端气候事件,Alexander等(2006)将这些指数归为5类:基于百分比阈值的相对指数;代表某个季节或某年最大或最小值的绝对指数;气温或降水值大于或小于某固定阈值的天数的阈值指数;过度冷、暖、干、湿的持续时间或对生长季长度而言的生长周期所对应的持续指数;其他指数,包括年总降水量、气温日较差、平均雨日降水强度、极端气温差以及年极端降水占总降水的百分比。

欧盟的STARDEX(欧洲地区极值的统计和动力降尺度研究)计划研制了一系列具有低噪声、强指示性的描述极端气候的指数。其中最有代表性的是Frich(1999,2002)提出的10个相对"较弱"极端指数,IPCC-AR4对极端气候变化的分析也主要利用了上述指数。

表9.6列出了Frich(1999,2002)提出的10个极端气候指数定义,其中5个是与温度相关的极端指数,分别是霜冻日数(Fd),极端温度年变幅(ETR),植物生长期长度(GSL),热浪指数(HWDI),暖夜指数(Tn90)。与降水有关的极端指数有:日降水强度指数(SDII),最大持续无雨期指数(CDD),大雨日数指数(R10),连续5天最大降水量指数(R5d),极端降水贡献率指数(R95t)。由各指数的定义表明,上述极端指数综合考虑了极端事件的强度与持续时间,它们具有较弱的极端性,但噪声低、显著性强,已成为欧盟STARDEX计划推荐用于描述极端气候事件的核心指标。

表9.6 10个极端气候指数的定义(Frich,1999,2002)

指数名称	英文缩写	指数定义	指数单位
霜冻日数	FD	日最低气温低于0 ℃的总天数	天(d)
生长季指数	GSL	第一次连续5天日平均温度高于5 ℃至最后一次连续5天日平均温度高于5 ℃的持续天数	天(d)
极端温度年较差	ETR	年内日极端最高与极端最低温度的差值	摄氏度(℃)
暖夜指数	TN90	日最低温度高于90%气候分位数的比例	百分率(%)
热浪指数	HWDI	连续5天最高气温高于历史气候值(1961—1990年)5 ℃的持续时间	天(d)
平均日降水强度	SDII	年总降水量/有雨日数(≥1 mm)	mm/天(mm/d)

续表

指数名称	英文缩写	指数定义	指数单位
最大无雨期	CDD	最大无雨(日降水量小于 1 mm)持续天数	天(d)
大雨日数	R10	日降水量大于 10 mm 的天数	天(d)
连续五天最大降水量	R5d	最大 5 日降水量总和	mm
极端降水贡献率	R95t	超过 95%日降水量分位数的降水量比例	%

(3)极端气候变化的事实

① 全球极端气候的变化

极端温度的变化表现出与变暖相一致的趋势。Alexander 等(2006)研究发现,对绝大多数极端温度指标,均有超过 20%的有观测资料的地区表现出显著的变化趋势。中纬度区域霜冻日数大范围减少,极端暖的日数增加而极端冷的日数减少。其中冷夜和暖夜的变化较显著,1951—2003 年,超过 74%的采样地区冷夜数明显减少,超过 73%的地区逐年暖夜数明显增加。冷日和暖日的变化也显示出增暖的趋势,但总体趋势相对较缓。图 9.16 给出了近 60 年(1951—2010 年)全球陆地 4 个极端温度指数冷夜(TN10P)、冷日(TX10P)、暖夜(TN90P)、暖日(TX90P)的线性趋势的空间分布及相对于 1961—1990 年的距平序列。由于全球最高、最低温度都呈增加,导致全球大部分地区皆有冷日和冷夜频次减小,而暖夜和暖日则显著增加(IPCC,2013)。

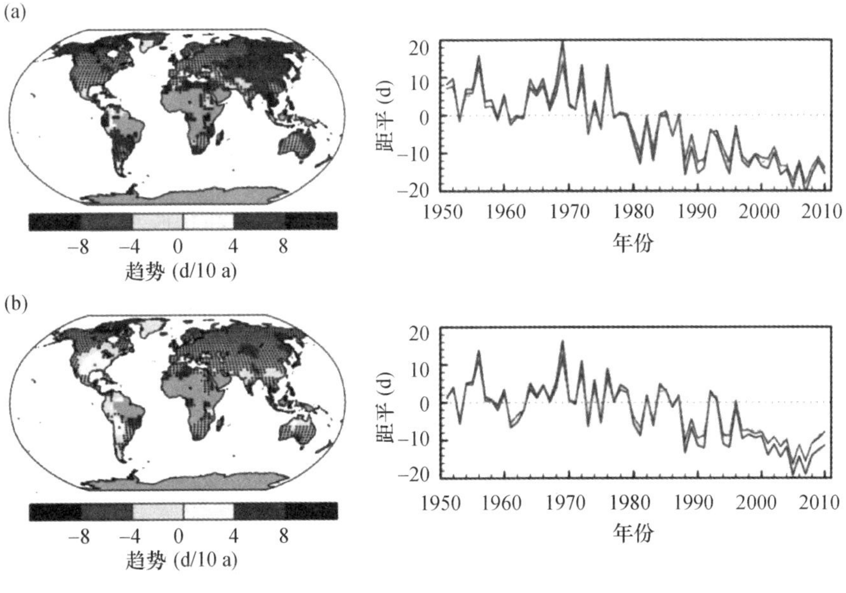

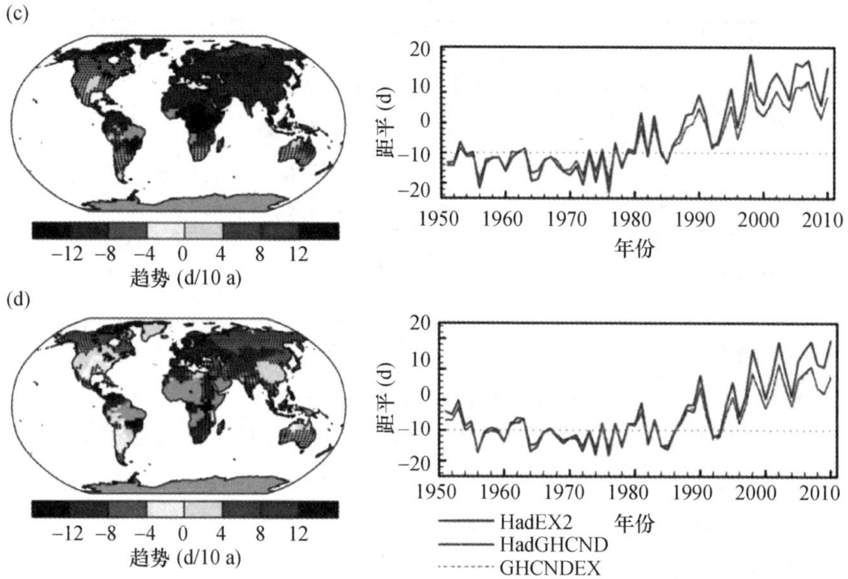

图 9.16　1951—2010 年全球陆地极端温度指数的变化(附彩图)

(a)冷夜 TN10P;(b)冷日 TX10P;(c)暖夜 TN90P;(d)暖日 TX90P(IPCC,2013)

自 20 世纪下半叶以来,热浪一直在持续增长。最具有代表性的是 2003 年夏季欧洲西部和中部的热浪事件,该年夏季是自 1780 年以来可比较有效记录中最热的夏天,6—8 月的平均温度比以前最暖的 1807 年还要高 1.4 ℃,而且几乎是至少自 1500 年以来最热的夏天。

在极端降水方面,虽然其变化的空间一致性相比于温度的变化要小很多,但观测到的强降水事件大体上呈现增加趋势(图 9.17)。根据 AR5 的研究报告,1900 年以来,北半球中高纬陆地降水大多有增加趋势。尤为显著的是,近 30 年来伴随着全球的显著变暖,世界许多地区的强降水事件呈现明显增多和增强的趋势,即使平均总降水量和降水日数没发生变化或减少的地区,如地中海大部分地区、南非、西伯利亚、日本和美国东北部也都发现近 30 年强降水量及其频数的增加。另一方面,Aiguo Dai(2004)利用 1870—2002 年 PDSI 指数,研究了与微量降水和降水量的减少相联系的干旱,发现近 30 年来,强度更强、持续时间更长的干旱发生频率持续上升,特别是在热带和亚热带地区,如南非、撒哈拉、加拿大、欧亚南部等地的干旱范围迅速扩大。近 20～30 年,美国、欧洲、东亚、南非、撒哈拉等地区的气候都有趋于极端化(既非常干又非常涝)的倾向。

(3)中国极端气候的变化

自 20 世纪 90 年代以来,中国科学家对于中国的极端气温的变化给予了高度关注，众多研究表明，近 50 年来我国年平均各类极端气温都呈明显的增暖趋势。图 9.18给出了 1961—2010 年我国各极端温度变化趋势的分布，可以看到，中国日最低气温的年最低（TNn）和年最高值（TNx）、日最高气温的年最低（TXn）在绝大部分区域都有显著上升趋势，日最高气温的年最高值（TXx）除华中、华北东部部分地区存在下降趋势外，其他大部分区域也呈增加趋势；中国区域平均日最低气温的年最低（TNn）和最高值（TNx）、日最高气温的年最低（TXn）和最高值（TXx）的变化趋势分别为 0.58、0.28、0.32 和 0.17℃/10 a（Zhou et al，2015）。

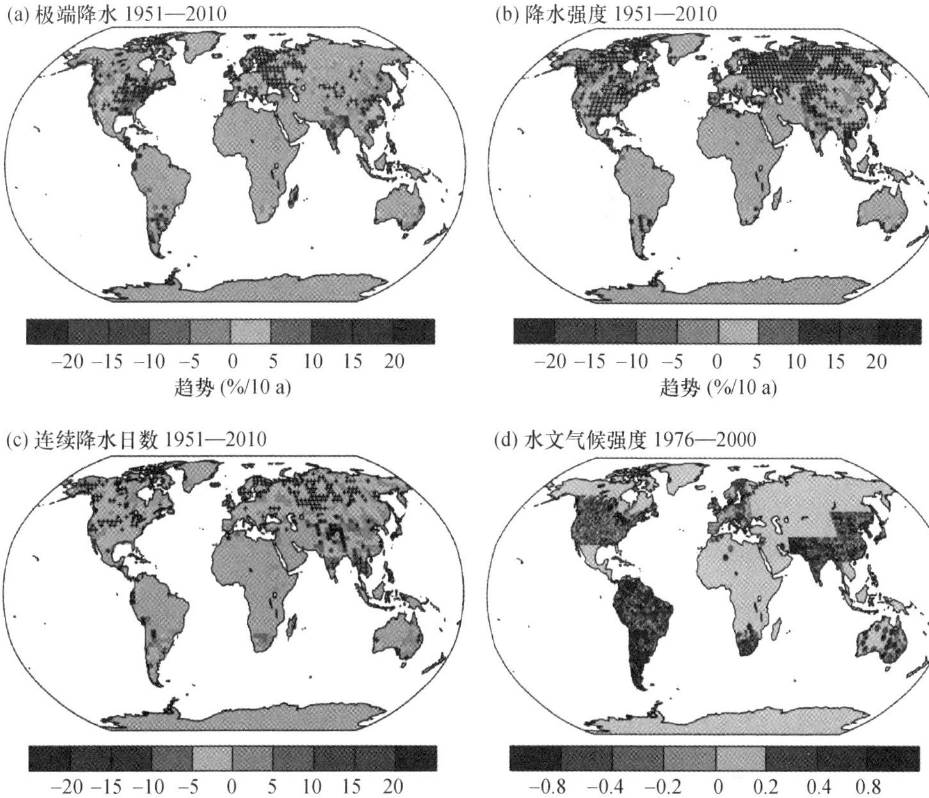

图 9.17　1951—2010 年全球极端降水指数的变化（IPCC，2013）（附彩图）

中国区域平均来看，霜冻日数（日最低气温小于 0 ℃）和结冰日数（日最高气温小于 0 ℃）显著减少，下降趋势分别为 3.9 d/10 a 和 2.1 d/10 a（图 9.19）；热日（日最高气温小于 25 ℃）和热夜（日最低气温大于 20 ℃）发生频率有增加趋势，增加趋势分别为 1.9 d/10 a 和 1.2 d/10 a（图 9.19）。

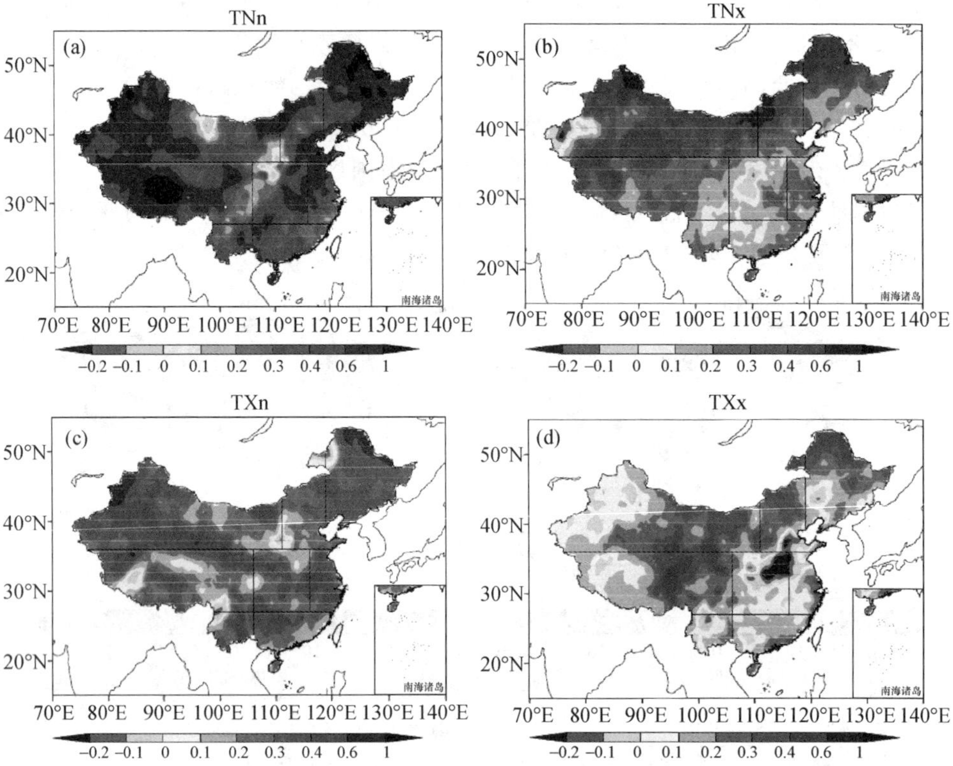

图 9.18　1961—2010 年中国日最低气温的年最低(TNn)和最高值(TNx)、日最高气温的年最低(TXn)和最高值(TXx)的变化趋势(单位:℃/10 a)分布(Zhou et al,2015)(附彩图)

中国区域极端降水变化态势与全球是基本一致的,其主要特点仍然是区域性和局地性明显。在过去的几十年中,中国大范围明显的降水增长趋势主要是在西部地区,其中以西北地区尤盛,降水日数也有明显增加趋势;而东部季风区降水变化趋势的区域性差异较大,长江流域及其以南地区降水趋于增多,主要表现在极端降水日数和极端降水量呈增加趋势;华北地区虽然极端降水事件频数和极端降水量明显减少,但极端降水量占总降水量的比例仍有所增加。降水日数和微量降水日数减少是近年来中国干旱化趋势发展的一个重要特点(图 9.20)。从全国平均而言,总的降水变化趋势并不明显,但雨日有所减少。这一特点表明,降水总量不变或增加但频率减少意味着降水强度有加大的趋势,其后果是各地洪涝与干旱变率加大。由此可见,未来百年的增温将伴随着降水的增加,两者的变化幅度有何关联,是值得深入探讨的课题。

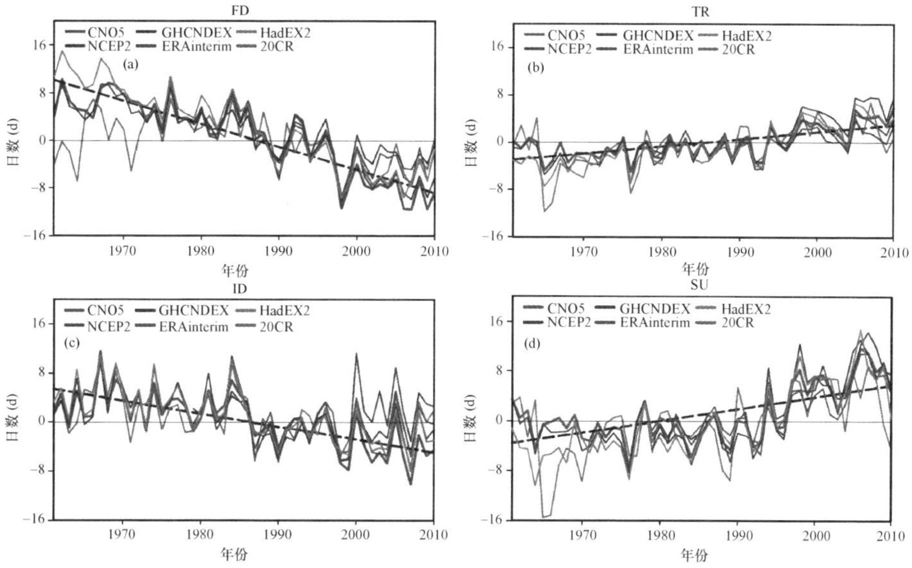

图 9.19　基于 3 种格点观测资料(CN05、HadEX2 和 GHCNDEX)和 3 种再分析资料(20CR、NCEP2 和 ERA-Interim)的 1961—2010 年全国平均霜冻日数 FD(a)、结冰日数 ID(c)、热夜 TR(b)和热日(SU)的变化(Zhou et al,2015)(附彩图)

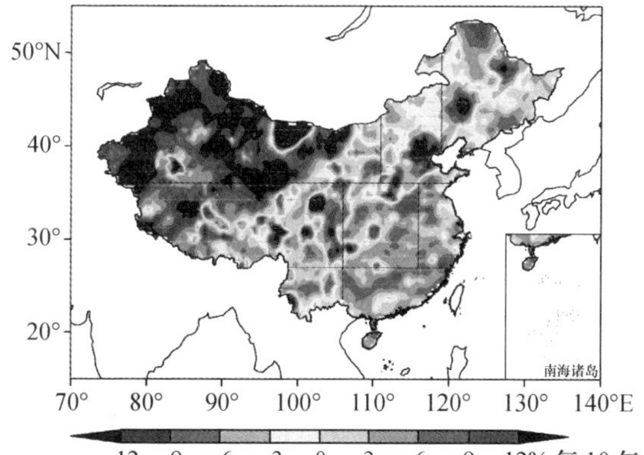

图 9.20　基于 CN05 格点资料的 1961—2010 中国年极端强降水变化趋势分布(Zhou et al,2015)(单位:%/10 a)(附彩图)

9.6　气候变化的自然成因

气候变化成因的研究一直是气候研究中的最重要问题，对应与各种不同时间尺度的气候变化,图 9.21 给出各种不同气候变化因子所覆盖的时间范围,通常我们把能导致气候变化的这些因子分成两类,一类是外部因子,它们不受或基本不受气候系统状况的影响,也可以说气候系统对这些因子没有反馈作用,如地球轨道参数、太阳活动、火山活动、大陆板块漂移、造山运动等,人类活动因具有一定的独立性,在一定程度上也可认为是外部因子。另一类是内部因子,它涉及气候系统内部复杂的反馈过程,即气候系统各成员间的正、负反馈过程,它们是年际及年代际气候变率的主要原因。此外,人类活动通过改变下垫面性质和大气成分对气候变化产生影响,工业革命以来人类活动引起的温室气体增加继而造成温室效应加剧,逐渐被认为是现代气候全球增暖的主要原因。

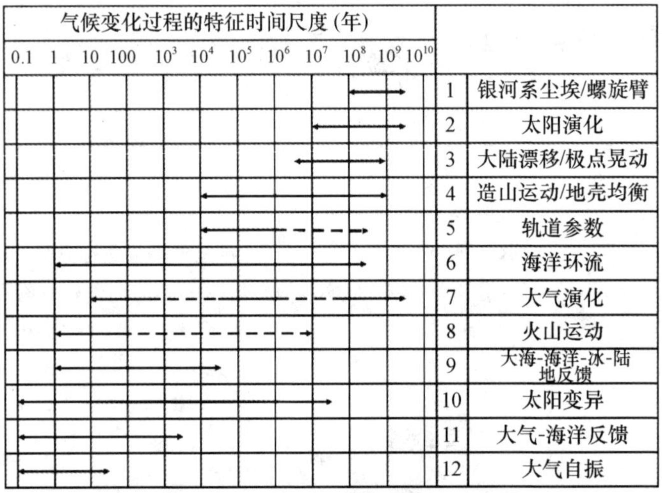

图 9.21 不同气候变化因子运作的时间尺度(Wigley,1981;Goodess et al,1992)

9.6.1 日地关系的变化

太阳辐射是地球气候系统能量的根本来源。在太阳辐射源强度不变的情况下,日地关系的变化可导致地球接受太阳辐射量的变化,这种变化主要是由地球公转轨道天文参数的长期变化,即地球轨道偏心率、地轴倾斜度的变化以及岁差现象引起的。根据米兰科维奇(1941 年)理论,目前普遍认为地球轨道参数的周期变动是造成更新世亚冰期-亚间冰期循环的主要机制。地球轨道参数的变化导致太阳辐射到达量的变化,这可以很好地解释过去 100 万年以来大尺度的气候变迁。

(1)地球轨道偏心率变化

地球以近似于圆形的椭圆形轨道绕日旋转。地球公转轨道的偏心率在 0.00048～0.06079 之间变动,目前为 0.018,主要存在 40 万年和 10 万年两个准周期。偏心率的变化意味着远日点和近日点发生变化，因而导致地球在一年中接受的太阳辐射能量发生变化。当偏心率很小时，地球公转轨道接近圆形，冬夏长度相近，接收到的太阳辐射量也相近，偏心率变大时，则地球公转轨道变为椭圆形，冬夏半径长短不等，偏心率越大，两者长度差距越大。当北半球1月时，通过公转轨道近日点，7月时通过远日点，则北半球是有短而温暖的冬季，长而凉爽的夏季，反之，则北半球将有短而热的夏季，长而冷的冬季。目前北半球冬季正处于近日点，因而冬季暖而短，据推算，现在地球处于近日点的辐射量比远日点的辐射量约大7%，当偏心率最大时，此差异可能达30%。

(2)黄赤交角的变化

地球赤道面与公转轨道面(黄道面)之间有一夹角，是地球自转轴与黄道面法线之间的夹角，称为黄赤交角ε，这个夹角也是变化的，变化范围在$21°48'$～$24°30'$，目前为$23°27'$。黄赤交角变化的主要周期为4.1万年。黄赤交角决定着极圈和回归线的纬度位置，它的变化使北半球夏季太阳直射的极限纬度和冬季极夜达到的极限纬度发生变动，结果可使南北回归线位置最高时可达南、北纬$24°30'$，最低时可到达南、北纬$21°48'$。虽然黄赤交角不会改变全球接受的太阳辐射总量，但它的变化可使各纬度接受的太阳辐射量发生变化。当黄赤交角增大时，高纬夏季接受的太阳辐射量增大，冬季减小，即高纬地区冬季寒冷，夏热加剧；当黄赤交角变小时，夏季低纬太阳辐射量增加，高纬太阳辐射量减少，即高纬地区冬季温暖，夏凉加剧，而夏季高纬低温有助于冰川的发展。

(3)岁差变化

由于地球自转轴的进动，使地球公转轨道面和赤道面的交点(即二分点)每年都沿黄道向西缓慢移动；春分点绕地球轨道运行一周大约需要2.6万年；但由于二分点的西向移动和地球沿轨道绕日运动方向相反，因此岁差的实际周期是两者叠加的结果，平均为2.1万年。

岁差现象能引起地球近日点和远日点所在季节的变化，使地球上各地的季节开始时间及季节长短发生变化，进而导致气候发生趋势性的冷暖变化，比如现在北半球近日点在冬季，远日点在夏季，但大约一万年前，北半球冬季处于远日点位置，所以那时天文气候的极端性比现在大，即北半球冬季比现在长而寒冷，冬夏温差比现在大，南半球则相反。

(4)日地关系与气候变化

米兰科维奇认为日地关系的变化是冰期与间冰期交替出现的主要原因。夏季，太阳辐射减少，使得冬季产生的冰雪不足以被融化，经过逐年累积，冰雪覆盖面积增加，而大范围的冰雪反照率增加，地表吸收的太阳辐射量减少，冰雪融化量因此更少。这就是地表吸收的太阳辐射与冰雪反照率之间形成的正反馈机制。

图 9.22 给出冰期与间冰期时的日地关系。由图可知,冰期时,黄赤交角较小,夏季地球处于远日点。因此,高纬度地区得到的太阳辐射量最小。相反,当黄赤交角较大,且地球位于近日点的夏季,高纬度地区获得的太阳辐射量则最大,适合间冰期的发展。

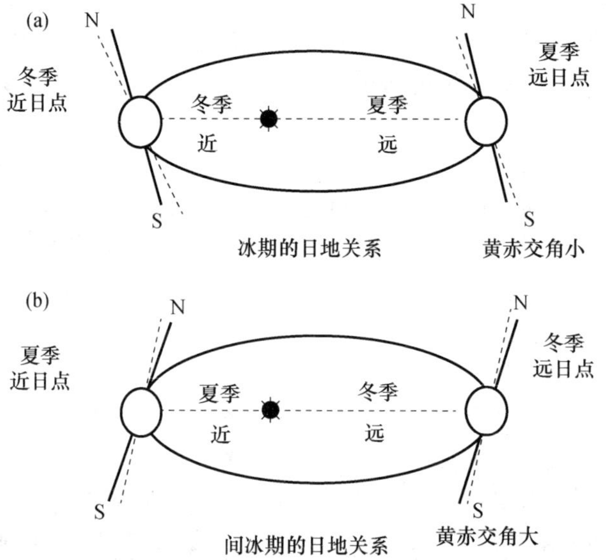

图 9.22 适合冰期(a)与间冰期(b)发展的日地关系(Van Andel,1994)

米兰科维奇理论可以解释冰期和间冰期的形成,但也对许多现象无法给出合理的答案。例如,日地关系自太阳系存在以来一直维持,然而到目前为止,还不能证明在 27 亿年前有大范围的冰期存在。由于影响气候变化的因子复杂,不同因子间相互反馈作用所产生的影响,有时可能比日地关系的影响更重要。

9.6.2 板块漂移和地形变化

从地球物理的角度看,地球表面的海陆分布是不断变化的,即所谓“沧海桑田”。20 世纪 60 年代,在地质学界提出岩石圈板块构造学说,把海底扩张、大陆漂移、造山运动、火山与地震等一系列地质现象都纳入到一个统一的动力学模式中,可以解释全球性的构造运动的过程和相互作用。

板块构造学说认为,地球的岩石圈不是整体一起的,而是被一些构造活动带如大洋中脊和裂谷、海沟、转换断层等分割成相互独立的构造单元。这些构造单元或岩石圈的块体,称为板块。板块内部是比较稳定的区域,各板块之间的结合处则是相对活动的地带。目前认为,对全球构造的基本格局起控制作用的有六大板块(图

9.23)：太平洋板块，亚欧板块，美洲板块，非洲板块，大西洋（或印度洋）板块和南极洲板块。当然，除了六大板块外还可以划分出许多较小的板块。板块之间的相互运动，引起大陆的移动，即所谓大陆漂移。而板块之间的运动相汇聚，产生的大规模的水平碰撞和挤压，褶皱成巨大山系。板块漂移、地形变化不断改变着地球海陆分布的形态，它们对地球气候的形成、演变具有重大影响。目前大部分陆地主要集中在北半球，尤其是 30°—60°N，因此北半球中纬度地区冬季气温比南半球冬季低，年温差也大。海陆分布也直接影响海洋环流，进而间接影响气候变化。比如，一些科学家认为，在 3000 万年前南美洲和南极洲大陆板块分离，在两者之间形成了绕南极的洋流，原本来自热带的洋流被截断，无法继续使热带地区带来的热量传送至南极大陆附近的海域，致使南极大陆地区的气温因此下降，冰河逐渐形成。也有一些科学家认为南极地区的洋流并不是北半球进入冷期的决定因素，直到青藏高原隆起后，大约 500 万年前，北半球才开始出现大量的冰河。这种板块之间的运动至今仍在持续，喜马拉雅山仍在上升。同时这种运动的板块之间也是火山和地震频繁发生的地带。

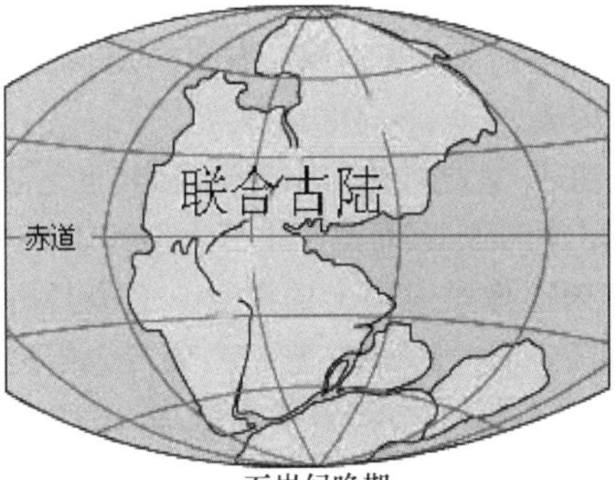

石炭纪晚期
2.25亿年以前

三叠纪
2亿年以前

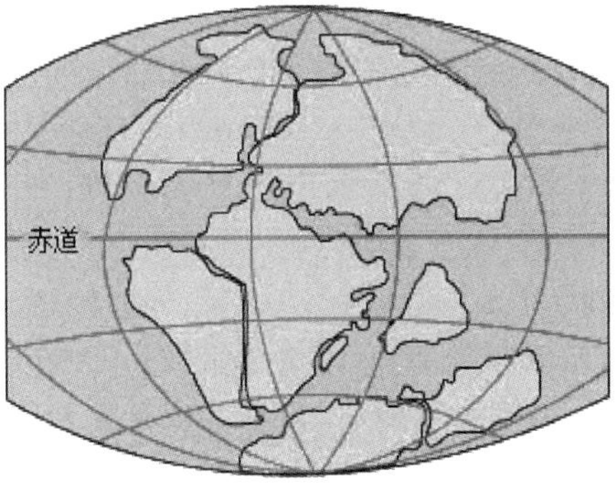

侏罗纪
1.35亿年以前

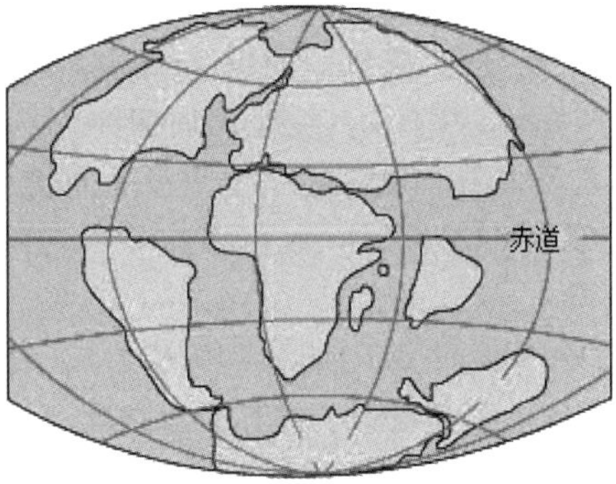

白垩纪
六千五百万年以前

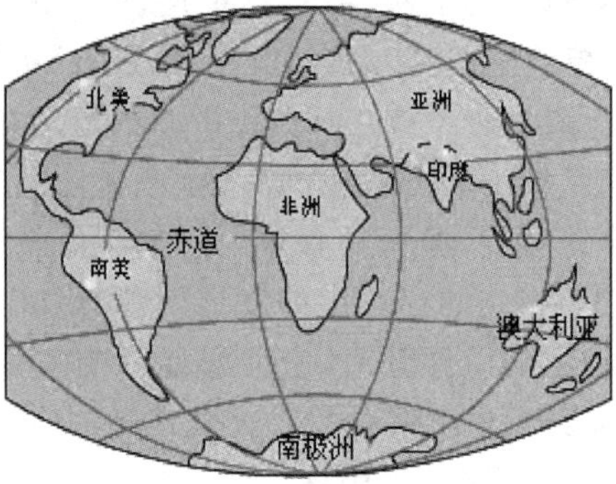

现在

图 9.23　大陆漂移简图

9.6.3　太阳活动对气候的影响

(1)太阳活动

太阳活动是指太阳自身各种物理活动的总称。目前观测到的太阳活动仅仅是最外层的太阳大气区,对于太阳内部的活动以及内外层的关系还需深入研究。太阳活动主要包括五种方式,分别是太阳黑子、光斑与谱斑、耀斑、日珥、和射电辐射。

太阳光球上的相对较暗的黑斑就是太阳黑子,这是有史以来观测最多,也是记载最长的一种太阳活动现象。太阳光球表面的温度为 6050 K,而黑子中部大约为 4240 K,四周温度稍高,在 5680 K 左右,因此黑子看起来更像是太阳上的黑点。光斑是出现在太阳表面边缘的大块明亮区域,比光球温度高 100～300 K。它的变化与太阳黑子关系密切。观测发现太阳黑子增多时光斑也增加,这样太阳辐射也增加,由此可以抵消一部分黑子增加造成的辐射减少。耀斑,也称色球爆发,是太阳活动中最剧烈的现象。它出现在色球-日冕过渡区的不稳定过程中,向阳面突出并迅速发展的亮斑,在短时间内释放大量能量、粒子和电磁辐射。它也与太阳黑子关系密切。在太阳活动的 11 年高峰,耀斑活动也比较频繁,数目增多。

(2)太阳黑子及其变化的周期性

表征太阳活动性的一个重要指标是太阳黑子。通常采用相对黑子数,即 Wolf 数(Wolf,1948),具体表达式为

$$W=k(10g+f)$$

式中,W 为太阳黑子数,也称为相对黑于数,或沃尔夫数;g 为黑子组数;f 为黑子数;k 则是与天文台观测条件有关的常数,对苏黎世天文台 $k=1$,世界其他天文台均对苏黎世天文台为标准进行校正。一般而言,太阳黑子多时,太阳活动性强,黑子少时,活动性较弱。

① 11 年周期

1843 年，施瓦布(Schwabe)首先提出太阳黑子的变化具有周期性。之后 Wolf 利用历史上积累下来的黑子资料，证实了太阳黑子存在周期性，平均周期为 11.1 年，它变动于 7.3 年到 16.1 年之间。太阳黑子 11 年周期又称太阳活动周。按国际规定，1755 年为太阳活动第一周。图 9.24 给出 1749—2008 年太阳黑子的变化曲线。

② 22 年周期

太阳黑子的磁场极性有 22 年周期，即由两个完整的 11 年周期组成的一个黑子极性反转的周期。图 9.24 中黑子周期极大值年一周强一周弱的交替涨落现象与黑子磁场变化一致，这是 Hale 首先提出的 22 年太阳黑子磁周期，称为海尔周期。

太阳活动的周期性主要表现有 11 年、22 年周期。此外，还有 35 年的布吕克纳周期、80～90 年格莱斯堡周期、时间更长的 169 年、400 年和 600 年等超世纪周期、时间更短的 26 个月的准二年周期及 26～27 天的太阳自转周期等。

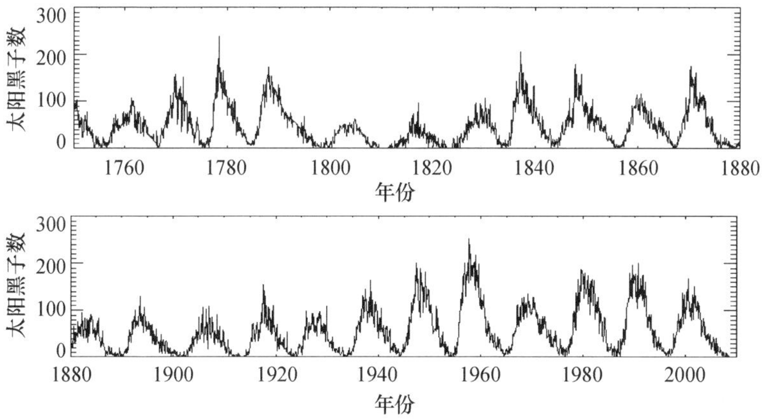

图 9.24　1749 年 1 月—2008 年 8 月月平均太阳黑子数变化曲线
(缪启龙根据 SIDC1749—2008 年的资料绘制)

(3)太阳活动对气候的影响

关于太阳活动与气候变化的关系，近百年来已发现许多事实，主要表现在太阳黑子异常活动的周期性上。不少研究主要集中太阳黑子 11 年、22 年以及世纪周期对气候的影响。

在太阳黑子 11 年周期中，气候振动表现出双波和单波两种振动现象，其中以双波振动影响为主。Baur 的研究表明中欧洲的严冬大多集中在太阳黑子 11 年周期中的极值年附近，并表现出明显的双振动现象。王绍武根据温度等级平均值发现中国在太阳黑子高值年和低值年都比较冷，反映出中国气温也存在双波振动现象。有学者认为太阳活动 11 年周期与 ESNO 的形成频数有关系，单周 ESNO 发生频数多。

一些研究也表明,中国各地的降水和气温变化与11年周期存在密切的关系,如东北、黄河流域、西北等。

20世纪30年代初,Hanzlik首先发现太阳活动22年磁周与气候振动的联系,指出大部分地区太阳活动的单周年份和双周年份的气压效应不同,呈现双11年周期。Ananthaakrishnan(1986)通过分析1871—1978年印度降水与太阳黑子的关系,认为印度降水与22年太阳黑子磁周期具有正相关关系。王绍武研究了大气环流、大气活动中心的多年变化及其中国气候的多年振动与太阳活动的关系,进一步指出22年周期是普遍存在的。在太阳活动次高年西风环流加强,中国一般偏暖偏干,主高年西风环流减弱,中国偏冷,降水偏多。张先恭的研究发现中国大范围温度长期变化的三次高峰(低温)都出现在黑子主高年附近,而三次低谷都发生在黑子主高年附近,表现出明显的22年周期变化。许多学者分析中国近500年旱涝认为:旱涝在全国普遍存在22年周期,与太阳磁活动周期有一定关系。

研究发现太阳活动的世纪周期与中国大范围降水存在一定关系。由500年旱涝等级资料分析可知,当太阳活动达到世纪周期高峰时,中国自北向南进入多雨期,长江流域梅雨开始日期推迟,梅雨期缩短,长江最高水位上升,黄河流量增加,西太平洋台风数目减少。中国学者竺可桢根据二十四史的历史史料,阐述了中国古代气候变化与太阳黑子之间的关系。分析表明,太阳黑子出现的年份多对应旱灾、寒冷年,但两者并无显著的一致关系。

尽管如此,太阳活动对气候变化的影响还未被科学界广泛接受。主要原因包括三个方面:一方面地球气候要素很少存在11年周期,即使个别要素有11年周期,但又不稳定,也就是说11年周期并不是气候要素的主要周期,对于太阳活动如何影响地球大气变化的物理机制也还没有弄清楚。第二方面,在几个太阳黑子周期之后,为什么代表太阳活动的各种指标与气候变化在统计关系上会出现中断或者逆转,不同的资料统计结果也存在相反的结果。例如,1923年,Brook研究发现维多利亚湖水位的变化与太阳黑子11年周期的变化非常吻合,两者相关系数达0.87,然而1927年时,湖水水位的变化周期有所缩短,与太阳黑子数的变化出现反相关,相关系数为−0.42。这样的例子还有很多。第三,太阳辐射的变化是否与太阳活动有关也有待进一步研究。

对于太阳活动与气候关系的复杂性,有人认为,气象要素和太阳活动都存在很多时间尺度的变化周期,他们的主要变化周期在不同时段内都有变化,特别是气象要素。加上气象要素的各种时间尺度周期叠加在一起,使得对气候变化以及与太阳活动的关系的研究也就困难重重,因此需要更多的资料和时间才能给出明确的答案。

9.6.4 火山活动与气候

火山活动也是影响气候变化的因素之一。大规模火山作用将大量喷发物由岩石圈输送至大气圈、水圈和生物圈，从而造成气候、环境的快速变化，甚至导致大规模生物灭绝。火山喷发之后，向高空喷放出大量硫化物气溶胶和尘埃，可以到达平流层高度，它们强烈地反射太阳辐射，使射入地面的太阳辐射减弱，由此使其下层的大气冷却。强火山喷发后数年一般会出现全球范围的降温，其降温幅度在 0.3～1.0 ℃，因此火山喷发产生负辐射强迫。另一方面，火山活动的长期变化的累积效应可能也是气候长期变化的重要外强迫因子。

(1)火山活动与阳伞效应

强火山喷发把二氧化硫和火山灰带入平流层，形成一个稳定层。这些气体与大气中的水汽结合形成液体状浓硫酸盐滴，称为气溶胶。这些火山灰和气溶胶可在平流层中漂浮 2～3 年，个别可能存留 10 年以上。它们可以散射太阳辐射，增加大气的反照率，也就减少了到达地面的直接太阳辐射，从而导致地球表面变冷，因此火山爆发对气候的影响也称为“阳伞效应”。

图 9.25 是火山喷发对全球温度影响的曲线图。图 9.25a 中粗黑线是由卫星资料得到的对流层温度异常曲线，细黑线是 1958—2000 年由探空资料得到的对流层温度异常曲线，粗灰线表示 1958—2000 年地表温度异常曲线。其中箭头所指的是几次大的火山，即 1963 年印度尼西亚阿贡火山(Agung)、1982 年墨西哥埃尔奇琼火山(El Chichon)、1991 年菲律宾皮纳图博火山(Pinatubo)喷发引起明显的温度异常。从图中可以看出阿贡火山和皮纳图博火山喷发后的一段时间，对流层和地面温度明显降低，持续 1～3 年左右，埃尔奇琼火山喷发后温度没有明显变化。这一方面是由于火山的地理位置不同，另一方面也与火山喷发同年发生的 El Nino 现象有关。图 9.25b 中粗黑线和粗灰线是由两种不同的卫星资料得到的平流层底部温度异常曲线，细灰线是由探空资料得到的 1958—2000 年平流层底温度异常曲线。从图可以发现，几次重大火山喷发后平流层温度升高，这是平流层气溶胶的作用结果。

(2)火山活动指数

为衡量火山爆发的强弱，研究火山爆发对气候的影响，兰姆(Lamb)提出描述火山活动的指数，也称为尘幕指数(dust veil index)，缩写为 DV，如下所示：

$$DVI=0.97R_{D\max}E_{\max}t_{mo}$$

$$DVI=4.4E_{\max}t_{mo}$$

式中，$E_{\max}$为影响范围，在 20°N—20°S 为 1.0；在 20°—35°N 及 20°—35°S 为 0.7；在 35°—40°N 及 35°—40°S 为 0.5，>40°N 及>40°S 为 0.3。这是为了反映火山爆发造成的影响的范围。t_{mo}为火山爆发尘幕的持续时间，以月为单位，从开始爆发到看不见火山云漂浮在高空为止。$R_{D\max}$表示火山爆发后中纬度太阳辐射最大下降量,以%表示,$E_{\max}$为地球上空火山灰可能覆盖的最大面积,以%表示,在20°N内喷发的火山$E_{\max}$值最大,为1。图9.26为兰姆建立的公元1500年以来的DVI序列。之后西姆金等将火山爆发强度分为0~8个等级,给出公元前8300年到20世纪初的5564次火山爆发强度指数,用VEI表示,虽然,至今仍有不少作者认为这些指数不够客观,但目前DVI和VEI仍是判断火山活动强度的主要指标。

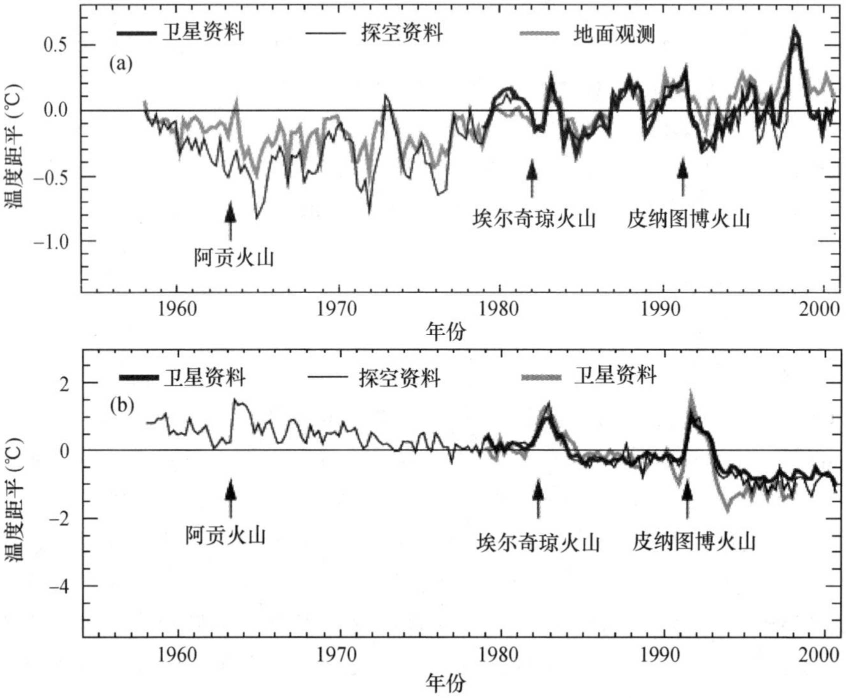

图9.25 对流层和地表季节温度距平曲线(a)和平流层底季节温度距平曲线(b)(IPCC,2001)

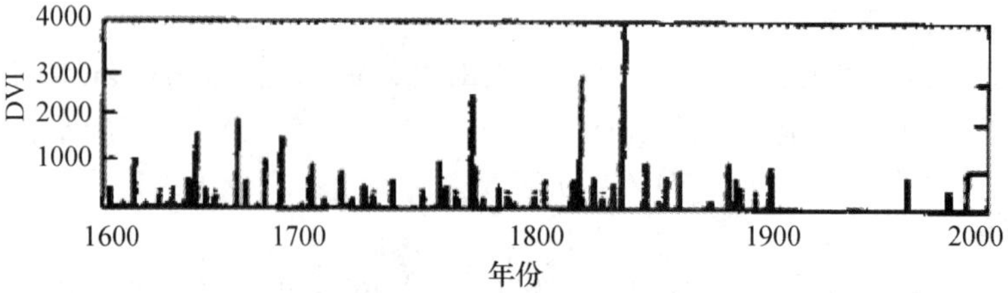

图9.26 北半球DVI序列(Rownterce,1998)

(3)火山活动对气候变化的影响

火山喷发是气候变化的一个重要自然因素。火山活动对气候的影响可以从短期和长期两个方面考虑。一般单个火山喷发的影响从几个月到 1～2 年,最多不超过 3 年。由于在很短的时间范围内,地球气候又会受到很多其他因素的影响,比如海温、大气环流等。因此,提取受火山活动影响的那部分气候变化信息也就非常困难。根据很多学者的研究发现火山活动对短期气候的影响主要有以下特点:

① 较大的火山喷发后 1～2 年,全球和半球年平均温度降低约 0.3 ℃,之后缓慢回升,4～5 年达到正常水平。

② 南、北半球的火山喷发影响各不相同。一般而言,北半球的火山喷发可以使全球气温最大降温出现在 3 个月后,而南半球则要推迟到 19～20 个月之后。不过,北半球火山喷发影响时间较短,南半球则影响时间较长;北半球的火山喷发可影响到南半球的气温变化,但南半球的火山喷发影响范围并未涉及北半球。

③ 火山喷发主要影响夏季气温。尤其是日本气候学家指出日本夏季低温与火山活动具有密切关系,日本历史上有名的四个冷年均与强火山喷发相联系,并且分析得出东亚冷夏与前一年火山喷发的相关达 67%。

当考虑火山活动的长期变化时,火山活动集中时期或者沉积时期,会影响几十年甚至几百年时间尺度的气候变化。总体而言,火山活动长期变化与气候变化的关系可以归纳为以下几点:

① 火山活动和气候时间序列关系较好。火山活动频繁期基本对应大气的冷期,火山休眠期则对应大气的暖期。比如,显著增暖的 20 世纪 20—40 年代,就几乎没有发生强火山喷发事件。对于近百年的气温变化,火山活动能够解释其方差的 40%以上。

② 火山喷发对夏季北半球气温下降影响最强烈,在北美和欧亚大陆北部的降温也很明显。

火山活动指数序列与气候要素变化的准周期性存在一定联系。如高桥浩一郎(1986)认为火山活动周期为 70 周年。

9.6.5　气候系统内部变率

气候变化的成因,除了与外强迫(自然外强迫如太阳活动与火山爆发,以及人为外强迫)有关外,气候系统内部的相互作用产生的内部变率,也是重要成因。即使没有外强迫,气候也会有各种时间尺度的变化。

在第六章海气相互作用中讨论了海洋环流分为风生流和温盐环流,温盐环流的时间尺度较长。千年时间尺度的气候变化,可能与温盐环流的中断与重新形成相联系,一个明显的例子是发生在大约1万年前,北大西洋及其邻近地区出现的新仙女木冷事件。在全球回暖过程中,北美洲、欧洲和格陵兰以及北极地区覆盖的大量冰雪开始融化,融冰形成一层很厚的冷而低盐的冷水,这层冷水涌入北大西洋北部,从而抑制了暖水的下沉,减弱了温盐环流,使得热传送带"断裂",由此形成一个寒冷期。但是冰后期全球普遍增暖,所以这个寒冷期仅仅维持了几百年。新仙女木事件发生时,南极地区气温反而上升,这很可能是温盐环流的作用。

最近,年代际时间尺度的气候变率引起学术界的广泛讨论。从观测中发现温盐环流存在显著的年代际变率,北大西洋深水层 NADW 的形成特征、北大西洋的温度、盐度以及环流特征等都表现出明显的年代际变化。关注集中的"大盐度距平"事件(GSA)也进一步表现出温盐环流的年代际变化特征。研究发现,年代际气候变率的源可能是温盐环流的内部振荡。北大西洋北部的低温高盐是温盐环流的一个重要驱动力,那么在北大西洋注入淡水能否引起温盐环流的变化呢? Manabe 和 Stauffer(2000)对于这个问题设计了两组有意义的数值试验。试验一:第一步在北大西洋的高纬地区连续注入淡水500年,结果显示,温盐环流减弱,同时北大西洋及其邻近地区的气温也有所下降;第二步在第500年时停止注入淡水,这时温盐环流逐渐恢复,经过几百年的时间完全复原。试验二:在副热带地区注入淡水,发现温盐环流的变化小得多。温盐环流在气候突变、全球变暖等问题中的作用还有待于更多的模拟研究。然而,温盐环流在气候系统中的特殊地位,使其已成为气候学与海洋学研究的一个热点问题。

除了千年时间尺度的气候变化与气候系统内部变率有关外,最近不少研究发现,海洋年代际模态如太平洋年代际振荡(IPO)以及大西洋多年代际变率(AMO),也对全球气候起显著调控作用,这些海洋模态的位相调控全球增暖的加速或减缓。如不少研究发现,最近1998—2014年的全球增暖停滞(减缓),很可能与太平洋年代际振荡(IPO)处于冷位相有关。

在 IPO 负位相期间,太平洋呈现出类似于拉尼娜的海温形态,伴随赤道附近的深海冷水被抽吸到海洋表面,太平洋变冷削弱了温室气体的增温效应,可导致变暖趋缓。相反,在 IPO 为正位相期间,太平洋东部和中部海域会持续释放异常热量,太平洋变暖叠加上温室气体增温效应,可导致全球变暖加速(如20世纪70年代末的气候转型)。受 IPO 负位相影响,在2000—2014年,拉尼娜事件偏多,并且厄尔尼诺事件的强度偏弱。每当拉尼娜现象出现,全球大气会发生降温,从而改变、影响了全球变暖的趋势,在随后几年内使温度呈下降趋势,也就是说海洋的温度波动明显对应着全球增温的缓急(图9.27)。

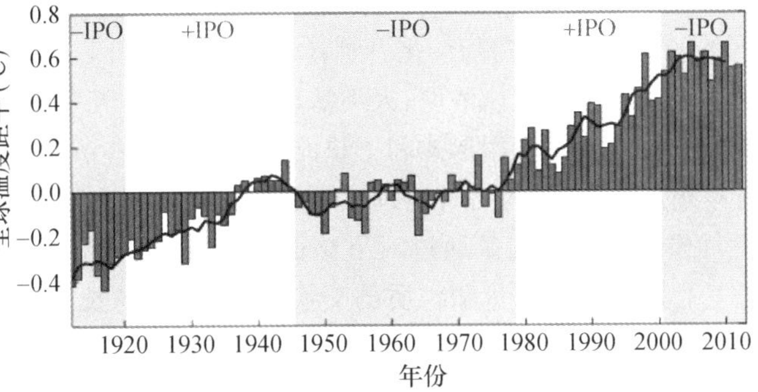

图 9.27　全球温度增暖速率与 IPO 位相示意图(England et al,2014)

9.7　气候变化的人为原因

人类虽属于生物圈的一员,但人类对生物圈的影响很大。一方面,受到气候系统中各种自然过程的影响,另一方面,人类不同于地球上其他的生物,随着人类社会和经济的发展,人类活动对气候变化的影响愈加显著,同时对气候环境的敏感性也日益明显。20 世纪 80 年代末,世界气象组织和联合国环境规划署联合建立了政府间气候变化专门委员会(简称 IPCC),从 1990 年开始,至今 IPCC 已对世界上有关全球气候变化的科学、技术和社会经济信息进行了 5 次评估,其结果愈来愈清楚地表明,人类活动对全球气候变暖有决定性的影响。IPCC 发布的第四次评估报告(2007)明确指出,由于人类活动所造成的全球增暖正在持续加剧,已有 90%的把握确信在过去的 50 年中,人类活动导致了近 50 年来以全球变暖为主要特征的气候变化,各国科学家、世界气象组织等多个世界性机构及各国政府正以极大的兴趣关注气候与人类活动之间的关系。显然,气候与人类的关系正像其他自然现象和人类的关系一样,十分密切。人类本身就是自然环境的产物,而气候则是环境因素中最基本的因素。

人类活动与气候之间所涉及的内容十分广泛,主要包括两个方面:一是人类活动对气候变化的影响,二是气候变化对人类活动的影响。

全球气候变化(如温度)可以看成由两部分组成,即一是气候的自然变化,有来自外部的自然强迫如太阳活动和火山活动,以及气候系统内部的相互作用和变率;另一方面是人类活动如人口增加,能源利用和土地利用(下垫面覆盖与植被状况等)的变化等造成的气候变化。气象仪器观测到的气候变化是气候自然变化与人类造成的变化的合成。即气象仪器不能分离出观测气候的自然变化与人类活动造成的气候变化。科学家们、政府及公众关心的是气候的自然变化和人类活动造成的变化分别有多大。如何检测出由人类活动引起的气候变化，是科学家一直在努力探索的科学问题。

人类影响气候的活动方式主要有：化石燃料利用及农业和工业活动排放的二氧化碳等温室气体增加大气中温室气体浓度；人类活动排放导致大气中气溶胶浓度的变化；人类社会的发展不断改变土地利用形式和下垫面的性质。这些活动直接或间接地改变了地球表面能量平衡、水分交换等各种物理化学过程，从而，影响到气候的变化。

人类活动对气候变化的影响是通过对下垫面及大气(成分和能量)的影响而实现的。下垫面和大气之间存在着能量和物质的交换，对大气中的长期过程(气候)具有决定性意义。下垫面正是人类栖息之所在，在这里集中地获取生活所需的自然资源，是人类和自然界关系最密切、相互作用最强烈之所在。人类社会的发展不断改变下垫面的性质，从而使下垫面与大气之间的辐射、热量、动量及物质的交换过程发生变化。

气候变化因子的影响通常由辐射强迫来估计。辐射强迫(F)是用来定量估计一个因子或一组因子对气候变化贡献大小的物理量，当影响气候的因子发生变化时，辐射强迫可以度量出地气系统的能量平衡是如何发生变化的。具体定义为“大气顶部单位球面积上的能量变化率”，单位是“W/m^2”。当一个因子或一组因子的辐射强迫估计为正值时，地气系统的能量最终是增加的，会导致系统变暖。相反，辐射强迫为负值时，能量最终是减少的，将导致系统变冷。显然，辨识出影响气候的所有因子及其施加辐射强迫的机制，确定每一种因子的辐射强迫，并求出所有影响因子的总的辐射强迫，是气候变化及其机制研究中的关键问题。

9.7.1 大气成分改变对气候的影响

(1)温室气体的变化

大气在气候系统中具有特殊的重要意义。它是气候系统各子系统相互间联系的纽带，是整个系统中能量、动量和物质交换的载体。人类活动造成地表状况的变化可通过大气而影响全球气候。更重要的是大气是控制地球气候系统能量收支的最重要环节。在整个能量的输送和转化过程中起着重要作用。

对太阳辐射和地表热辐射有吸收作用的大气成分主要有氧气、CO_2、O_3、水汽、甲烷、NO、CO和人为排放的氯氟烃化合物等气体成分和气溶胶粒子。它们在吸收太阳辐射和地表长波辐射的同时，自身也向上、向下放射长波辐射，气溶胶粒子还对太阳辐射起散射作用。这些成分的辐射特性首先有复杂的波长依赖关系，其次是对大气的压力和温度有着复杂的依赖关系。云是大气中另一种重要的辐射活动物质，在地气系统辐射收支过程中具有特别重要的作用。

由于地球表面向上放射的长波辐射绝大部分被水汽、二氧化碳(CO_2)、臭氧(O_3)甲烷(CH_4)等吸收，并向下放出长波辐射，从而地面气温要比无大气时高出许多，这一特性称为地球的大气温室效应，并称这些擅长吸收长波辐射但基本不吸收短波辐射的气体为温室气体，如果没有地球的大气温室效应，地球表面的平均温度将低于冰点。因此，地球的大气温室效应使我们现在已知的所有生命活动成为可能。

自然界存在的主要温室气体包括水汽（H_2O）、二氧化碳（CO_2）、臭氧（O_3）、甲烷（CH_4）、氧化亚氮（又称笑气，N_2O）等，完全由人类制造的温室气体主要有氯氟碳化物（CFCs）、全氟化碳物（PFCs）、氢氟碳化物（HFCs），含氯氟烃（HCFCs）及六氟化硫（SF_6）等。1997 年 12 月联合国气候变化大会在日本京都通过的《京都议定书》中确定了 6 种温室气体，即 CO_2、CH_4、N_2O、HFCs、PFCs 和 SF_6；在 2012 年 12 月卡塔尔多哈联合国气候变化大会上又增加了三氟化氮（NF_3）。人类活动所引起温室气体浓度不断升高而导致的温室效应加剧，是造成全球变暖的主要原因。

温室气体对气候变化的影响强度取决于三个因素，首先是它们各自在大气中的浓度，其次是它们在大气中的滞留时间，最后是它们对全球温度的影响程度（即温室气体的增温效应）。

虽然每种温室气体的排放源各异，但经过足够长的时间后，它在大气层中都会得到充分的混合（well-mixed），所以其浓度在全球的不同区位之间几乎是相同的。每种温室气体在大气中滞留的时间差别很大，从数年至数千年。例如二氧化碳的生命期为 50～200 年，甲烷为 12～17 年，氧化亚氮为 150 年，CFC－12 为 120 年（表 9.7）。这些气体一旦进入大气，几乎无法回收，只有靠自然过程使它们逐渐消失。由于它们在大气中的存在期很长，因此温室气体的影响是长久的而且是全球性的。

截至 2011 年，大气 CO_2 浓度为 390.5±0.2 ppm，比 1750 年增加了 40%；大气 N_2O 浓度为 324.2±0.2 ppb，比 1750 年增加了 20%；大气 CH_4 浓度为 1803.2±2.0 ppb，比 1750 年增加了 150%。HFCs、PFCs 和 SF_6 等温室气体浓度也增加较快，但它们对于辐射强迫的贡献不足 1%（IPCC，2013）。

表 9.7　人造温室气体的相关资料（来源：IPCC，2013）

项目	CO_2	CH_4	N_2O	CFC－12	HCFC－22
工业革命前的含量	280ppmv	700ppbv	275ppbv	0	0
2005 年的含量	379ppmv	1774ppbv	319ppbv	538pptv	169pptv
1980 年后的年增长率	1.6ppmv/a	1.4ppmv/a	0.70ppmv/a	0.5pptv/a	4.8pptv/a
大气中的存在期（年）	（50～200）	（12～17）	150	130	13.3

（2）CO_2 浓度变化与温度变化的关系

CO_2 变化与温度变化的关系通常用平衡气候敏感性（equilibrium climate sensitivity，ECS）或瞬变气候响应（transient climate response，TCR）来表示。平衡气候敏感性是 CO_2 浓度加倍后气候模式达到平衡状态对应的温度变化。

根据 IPCC-AR5，CMIP5 多模式结果 ECS 值的范围是 2～4.5 ℃，并认为非常可能的值是在 3 ℃附近。TCR 是假设 CO_2 每年增加 1%而达到 CO_2 浓度加倍时对应的温度,CMIP5 评估结果认为 TCR 值的范围是 1.2～2.6 ℃,并认为非常可能的值是 1.8 ℃。两个变量都跟全球平均温度的变化 ΔT、辐射强迫的变化 ΔF 以及地球系统的热容量的变化 ΔQ 有关(Otto et al,2013)。基于观测到的温度变化并结合目前对 ΔF 和 ΔQ 的科学理解,Otto 等(2013)给出基于近十年观测温度变化得到的 ECS 为 2.0 ℃(若考虑 5%～95%的置信度区间为 1.2～3.9 ℃)、TCR 为 1.3 ℃(若考虑 5%～95%的置信度区间为 0.9～2.0 ℃)。值得注意的是观测到的温度变化和辐射强迫中包括了气溶胶的降温作用。目前气候模式均模拟出全球平均地表气温随温室气体浓度的增加而变暖。基于 IPCC AR5 的不同温室气体浓度变化路径(RCPs),CMIP5 模式模拟的 2081—2100 平均地表温度相对于 1986—2005 年将分别增加 0.2～1.8 ℃(RCP2.6),1.0～2.6 ℃(RCP4.5),1.3～3.2 ℃(RCP6.0),2.6～4.8 ℃(RCP8.5)。RCPs 是为第五次气候变化评估报告专门制订了基于社会经济发展情景的未来排放变化情景,RCP 后紧跟的数字代表人为排放温室气体积累导致的 2100 年辐射强迫值。

CO_2 对气候变化的影响强度可以通过辐射强迫反映,表 9.8 给出了 2005 年大气中 CO_2 的浓度、辐射强迫及其 1998 年以来的变化(IPCC,2007),可以看到,2005 年大气中的 CO_2(浓度为 379ppm)产生的辐射强迫为 1.66±0.17 W/m^2。该值比在 1998 年增加了 13%～14%,也比由其他因素引起的辐射强迫变化大得多,显然 CO_2 是对全球变暖贡献最大的温室气体。IPCC 第五次评估报告的估算显示,1750—2011 年人类活动排放的温室气体的辐射强迫达 2.83 W/m^2,比第四次评估报告增加了 7.2%(IPCC,2013),其中 CO_2 的贡献达到 64.3%(1.82 W/m^2),其次是 CH_4 的贡献,其辐射强迫可达 17.0%(0.47 W/m^2)。

表 9.8 长寿命温室气体的含量及其辐射强迫(IPCC,2007)

含量及其变化			辐射强迫(F)	
类别	2005 年	1998 年后的变化	2005 年(W/m^2)	1998 年后的变化(%)
CO_2	379±0.65ppm	+13ppm	1.66	13
CH_4	1774±1.8ppb	+11ppb	0.48	—
N_2O	319±0.12ppb	+5ppb	0.16	11
CFC−11	251±0.36ppt	−13ppt	0.063	−5

(3)人为气溶胶及其气候效应

气溶胶是悬浮在空气中的许多固态或液态的微小颗粒(直径在 0.001～10 μm)的总称,包括自然过程产生的和人类活动产生的气溶胶两种。自然气溶胶有火山灰、尘灰(大部分产自北非及亚洲的沙漠地区)、海盐气溶胶、花粉等。人为气溶胶有硫酸盐、化石燃料有机碳、化石燃料黑炭、生物质能燃烧、矿产灰尘气溶胶等。它们对大气辐射的总效应与温室气体相反，产生冷却作用。

大气中气溶胶增加可以影响地气系统的辐射平衡过程，可导致：后向散射的太阳辐射量改变，造成地球平均温度变化；大气中吸收更多的太阳辐射，造成大气层温度增加；减少地表的太阳辐射收入，造成地表温度降低；地面的散射辐射与直接辐射的比率增大，这将导致地面反照率的增大，引起地面变冷；由于气溶胶是云滴形成的凝结核，导致云的增多，云增多了又存在着复杂的云辐射过程。

对流层气溶胶大部分是由 SO_2 气体转变成硫酸盐所产生，硫酸盐气溶胶的主要来源是化石燃料燃烧（72%）和生物燃烧（2%），因此大部分硫酸盐气溶胶的产生是人为的。据估计，大气 SO_2 排放量从 1860 年时小于 3 TgS/a（百万吨硫排放/年）增加到 20 世纪 90 年代的 66.8～92.4 TgS/a，这些硫排放大部分来自北半球，导致了一系列如酸雨等问题。不同于温室气体在大气中的长生命期，对流层气溶胶的生命期大约只有一周。它们一旦进入对流层，有的受重力影响掉落地面，有的溶解于雨水之中，形成酸雨。气溶胶因生命期短，大多散布在污染源附近的区域。因此，它的分布是区域性的，而非全球性的。

图 9.28 为三维物理化学模式模拟的对流层低层（900 hPa）的年平均硫酸盐浓度分布。可以看到含量最高的地区都在北半球，如北美、欧洲和亚洲东部部分地区，它们都超过了自然背景下的 10 倍，大部分都是人为排放，南半球含量则远小于北半球含量。

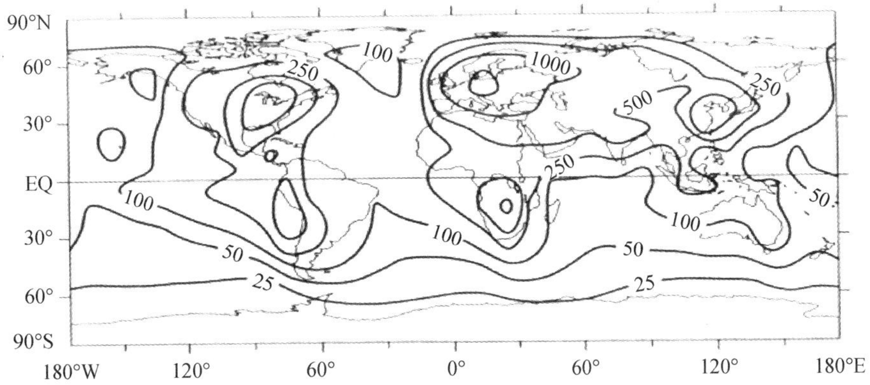

图 9.28　900 hPa 高度上模式模拟的年平均 SO_4^{2-} 浓度。等值线为 25，50，100，250，500，1000，2500pptv。北美和欧洲东部的浓度超过自然水平的十倍。（Langner and Rodhe，1991）

① 气溶胶的直接辐射强迫效应

对流层气溶胶的辐射强迫分为直接效应和间接效应。直接效应就是气溶胶通过散射和吸收短波和长波辐射，从而改变地气系统的辐射平衡。其辐射强迫大小与气溶胶的光学特性、垂直和水平方向上的分布密切相关。例如,近地表的煤烟(黑炭气溶胶)吸收了短波辐射,使对流层变暖,但却使地表吸收的太阳辐射量减少,地表气温因此下降。又如,平流层中的火山灰吸收了大气长波辐射,使平流层温度上升,但是它的强散射效应,使反照率增加,减少了进入对流层的太阳辐射量,反使地表附近气温下降。一般而言,大部分气溶胶(除了黑炭气溶胶)对于对流层的辐射效应都为冷却作用。IPCC-AR4 综合了各种模式和观测对气溶胶总直接辐射强迫的估计,给出其估计值为−0.5[±0.4] W/m^2。单个气溶胶种类的直接辐射强迫没有全体气溶胶直接辐射强迫的确定性大。如硫酸气溶胶直接辐射强迫为−0.4[±0.2] W/m^2,燃烧生物碳气溶胶直接辐射强迫为−0.05[±0.05] W/m^2,化石燃料黑炭的直接辐射强迫是+0.03[±0.12] W/m^2,硝酸盐气溶胶的直接辐射强迫为−0.1[±0.1] W/m^2。

② 气溶胶的间接辐射强迫效应

气溶胶辐射强迫的间接效应就是通过气溶胶改变云微物理过程,从而改变云的辐射特性、云量和云的存在期,影响地气系统的辐射平衡。气溶胶的重要作用是充当云凝结核,增加小云滴的数量。考虑等量的水汽量,如果云滴数量多,则每一个云滴分配到的水汽较少,云滴的尺寸也因此偏小;相反的,如果云滴数量少,则云滴的尺寸较大。一般而言,云滴较小,云的反照率较大。另外,小尺寸的云滴不容易形成降水,因为它们太轻了,可能根本就不会掉下来,也可能在下降途中很快就蒸发掉了。

可见,大气气溶胶含量的增加,可能造成下列的影响:云内的云滴数目增加,尺寸偏小不易形成降水,云的生命期因此变长,同时云的反照率增大。如果大气中的云量及云的反照率增加,而且生命期变长,地气系统的反照率可能变大。换言之,大气及地表吸收了较少的太阳辐射。由此可见,气溶胶通过充当凝结核对地气系统的间接影响是辐射冷却,可能使得对流层及地表气温降低。然而,必须指出的是,目前科学界对气溶胶的间接效应的了解,仍相当有限。IPCC-AR4 对气溶胶通过云反射效应造成的辐射强迫估计为−0.7 W/m^2。

9.7.2 下垫面变化及其气候效应

人类从刀耕火种、种植作物开始,就开始改变地表状况,随着生产和社会的发展,大范围的土地利用,从事农、牧业生产,建造城市、兴修水库、围垦水域(包括沼泽、海岸滩涂),从而使下垫面有了重大改变。土地利用的变化直接造成陆面物理特性的变化,从而影响辐射、热量和水分的交换;再则,植被类型、密度和有关土壤特性的变化通常还可引起陆地碳储存及其通量的变化,进而使大气温室气体含量发生变化。

尤其是大范围的人为改变植被特性可影响地表反照率。农田的反照率与自然地表有很大的不同,尤其是森林。森林地表的反照率一般比无林地要低,这是因为在森林冠层有较多的叶片,入射辐射在森林冠层内的多次反射,导致反照率降低。

这种效应在雪地尤其明显，因为开阔地面容易全部被雪覆盖，从而具有高反照率，据 IPCC-AR4 估计，由砍伐森林造成的土地覆盖变化增加了地表反照率，产生的相关辐射强迫为 $-0.2[\pm0.2]\ W/m^2$。

森林、植被遭受人类的破坏是极其严重的。森林覆盖率不断下降，特别是亚马孙河流域(约 $8\times10^6\ km^2$)、东南亚和赤道非洲的热带雨林遭到了毁灭性的采伐。这些地区正是大气水汽的主要源地之一。森林植被破坏后引起局地气候的显著变化，使空气干燥、对流降水减少，温度年较差增大，冷季降温，热季升温，致使水土流失严重，这也是沙漠化的原因之一。图 9.29 是呼伦贝尔草原开垦地与未开垦地对比观测。由图可见，开垦地比未开垦地近地层风速增大，蒸发大约减少 60%，地面温度中午增加 4～5 ℃，近地层稳定度减小，向上的湍流热通量加大。同时垂直方向的尘埃输送也加大了。风蚀程度加剧，促进了沙化过程。显然，这一影响是明显的，是不能靠自身的变化而逆转的。

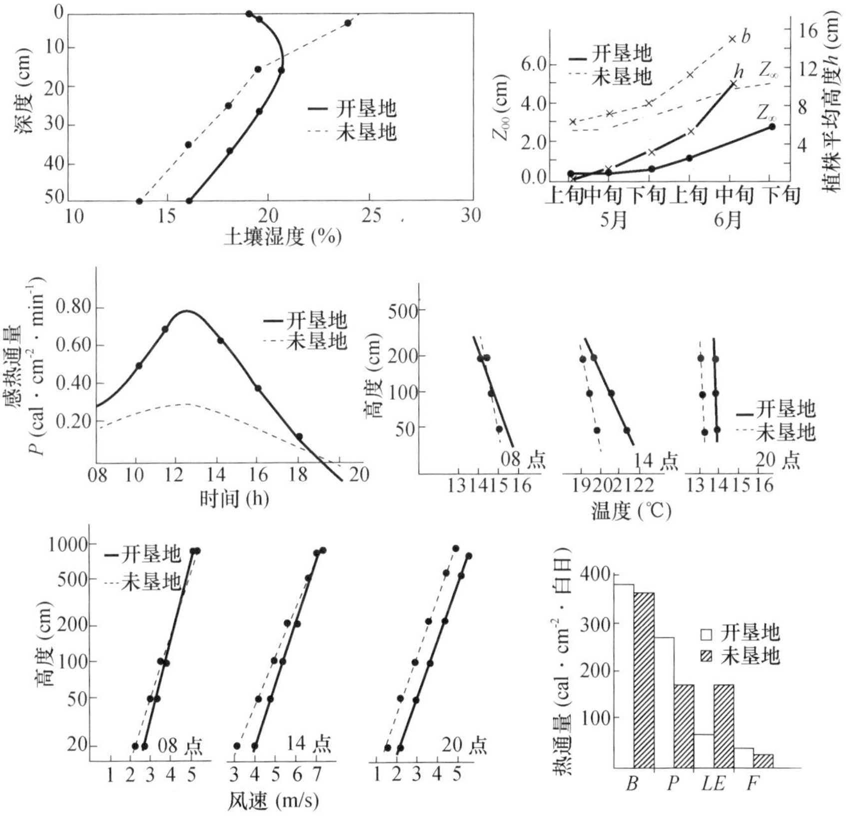

图 9.29　呼伦贝尔草原开垦地与未开垦地的观测比较(马玉堂，1979)

(右下图中 B 为辐射平衡值，P 为感热通量，LE 为潜热通量，F 为土壤热通量)

由于森林、植被对水土有强烈的保持作用，通常一场大雨在森林地区只有不到10%的水量成为地表径流，其余都成为地下水及林中水保留下来。这种强大的蓄水能力对于调节气候是十分重要的。因此，在荒地上，干旱地区植树造林、种植草被对改造气候具有十分重大的意义。中国三北防护林的建设，是中国人民抗击风沙灾害，改造自然环境的一项伟大工程，将造福于我们的后代。

※ 思考题

1. 地质时期地球温度变化幅度可达 10 ℃，当前气候变暖相对于工业革命前为 1 ℃左右，因此，有人据此认为目前的全球增暖不重要，你是如何认为的？

2. 全球和中国近百年来气候变化的特点是什么？

3. 目前全球很多区域观测到了强度更强，频次更高的极端高温(热浪)，请从极端气候与平均态的关系，予以解释。

4. 全球增暖背景下，极端降水增多，如何从理论上解释。

5. 既然温室气体几乎呈均匀的线性增加，为何气候系统增暖过程中还会出现增暖的加速期与停滞(减缓)期呢？

6. 如果雾、霾减少，空气更清洁，对全球增温幅度会有何影响。

7. 试述全球变暖过程中气候系统中主要的反馈过程。

第 10 章

现代气候学研究方法

本章着重介绍气候诊断、气候数值模拟、气候预测和气候变化预估的基本概念、常用方法及其应用。

10.1 气候诊断

10.1.1 基本概念

“诊断”一词源于医学，是指医生通过对病人的了解和检查，对病人的病情和病因做出判断的术语。20 世纪 70 年代将其引入气候界，主要是指利用各类资料分析气候变化和气候异常的规律，通过观测分析与理论研究相结合，提高对不同圈层间的相互作用、相互影响过程和机理的认识，揭示气候变化和气候异常的机制。

随着气候研究的资料、手段和内容的不断丰富，气候诊断的内容、含义的不断拓宽，现在所说的气候诊断不仅包括观测资料的分析，还包括对模式资料的分析，诊断手段不仅应用各种统计分析工具，还大量利用气候模式进行数值试验，主要包括以下几个方面。

(1)气候变化的诊断主要是通过各种统计分析工具，研究区域性和全球性气候变化的时空分布特征、演变规律以及气候异常变化的程度。例如，分析近百年气温变化的趋势，是否包括一些准周期气候特征等。

研究近百年气候变化时经常用 10 年平均作为分析的时间单位。如果序列足够长，有时也用 30 年平均或 100 年平均。但是，当对不同序列进行比较时，必须两个序列具有相同的分辨率。例如都是 10 年平均，或都是 30 年平均。因为时间平均也是一种滤波，所以平均时间愈长，被滤掉的高频变化也就愈多，因而方差愈小。如中国东部冬季平均气温年序列方差为 0.84 $℃^2$，10 年平均方差为 0.47 $℃^2$，100 年平均方差为 0.25 $℃^2$。因此，在利用一条曲线分析气候变化时，先要弄清这条曲线的分辨率。

分析气候变化也要有一个标准,即究竟气候平均值有多大差别时才能认为发生了气候变化。一般可用 t 检验,检查某个 30 年平均与 100 年平均或长时期平均的差异达到多高的信度,或者检查两段 30 年平均的差异达到多高信度。通常至少要达到 95%,最好达到 99%信度才能认为发生了气候变化。当然诊断气候突变还有各种各样的方法,例如,曼—肯德尔(Mann-Kendall)方法。

(2)气候变化成因的检测主要是利用各种统计分析工具、各类气候模式模拟试验,检测气候变化的原因。例如,研究各类长期气候变化的原因,目前气候变化研究中最为关注的就是人类活动在近百年全球变暖中的贡献大小。

(3)气候异常的监测诊断主要是通过一些统计指标判断气候状态、气候事件的异常程度,例如,ENSO 事件的监测诊断。针对典型的气候异常事件的监测诊断研究是气候诊断研究中最为热点的领域之一。以最常用的温度和降水异常为例进行说明。根据 WMO 建议距平达到 2 倍标准差为异常的标准,分析月平均气温距平场,可以将月平均气温距平大于或等于两个标准差($\Delta T \geqslant 2\sigma$)区域确定为异常高温区;月平均气温距平小于或等于负的两个标准差($\Delta T \leqslant -2\sigma$)区域定为异常低温区。但降水异常则通常用降水距平百分率的大小来判定;

(4)气候异常机制的诊断主要是通过各种统计动力分析、气候控制试验、气候敏感性试验等手段,研究气候系统及其各成员之间的相互作用、相互影响过程,揭示气候异常形成的机制,例如,ENSO 的形成机制的研究等。

因此,从广义上讲,气候诊断包括了除气候模拟和预测及气候应用和服务研究以外的大部分气候学的研究内容。同时气候诊断也是现代气候业务的核心工作,得到了国内外气候业务中心的高度重视。目前,比较著名的系统性气候诊断的出版物有五种,分别是:美国气候分析中心(CAC)的气候诊断公报(Climate Diagnostic Bulletin)、联合国世界气象组织(WMO)的气候系统监测公报(Climate System Monitoring Monthly Bulletin)、英国东安吉利亚大学的气候监测(Climate Monitor)季刊和年刊、美国每年 10 月召开的气候诊断年会(Annual Climate Diagnostics Workshop)专集、世界气象组织(WMO)、WCDP 每两年出版一期气候系统监测专集,另外,我国和其他一些国家及地区的也定期出版气候系统监测公报。目前这些气候系统监测(诊断)公报也有了网络版。

气候诊断的研究方法很多,主要包括:统计方法,即通过各种统计分析方法对气候变化和气候异常及其成因做出合理的判断,包括相关分析、正交函数分解、谱分析、小波分析、奇异值分解和神经网络等;气候模式试验,通过各种简单及复杂气候模式进行气候控制试验、气候敏感性试验,检测不同尺度气候变化的原因;动力-统计结合方法,如随机动力模式、平衡反馈方法等。其中统计诊断方法极为常用,也非常丰富,本节将简单介绍常用的气候统计诊断方法及其应用。

10.1.2　气候状态的统计诊断

气候状态的统计诊断主要是通过一些统计量来描述气候状态的主要特征，常用的基本的统计特征量主要有中心位置、变化幅度以及相关程度的统计量。

(1)中心位置

① 平均值

平均值表示气候变量样本取值的集中位置，是反映气候变量样本平均水平的一个量。各种时段的平均值刻画了该时段内气候的一般状况。气候研究中常常出现气候态的概念，一般而言，以某一气候要素近 30 年的平均值作为这一要素的气候态。例如，目前地面气温的气候态，就用 1970—1999 年共 30 年的平均值表示。

② 中位数

中位数是指气候变量样本按大小顺序排列，位于中间的那个数。如果样本长度为偶数，则取中间两位的平均数为中位数。中位数具有不受变量异常值影响的优点，尤其是样本量较少的情况。

对于未分组的原始资料，首先必须将标志值按大小排序。设排序的结果为

$$x_1 \leqslant x_2 \leqslant x_3 \leqslant \cdots \leqslant x_n \tag{10.1}$$

则中位数就可以按下面的方式确定：

$$M = x_{(n+1)/2} \quad (n\text{ 为奇数})$$
$$M = (x_{(n+1)/2} + x_{(n+1)/2})/2 \quad (n\text{ 为偶数}) \tag{10.2}$$

③ 众数

众数是数据资料中出现次数最多的数值，与数据出现的次数有关，着眼于对各数据出现的频率的考察，其大小只与这组数据中的部分数据有关，不受极端值的影响，其缺点是具有不唯一性，一组数据中可能会有一个众数，也可能会有多个或没有。

(2)离散程度的统计量

在气候学的研究中，更多分析气候变化或气候异常的程度，即气候要素偏离平均值的程度。由此，需要借助离散特征统计量，即表示距离分布中心远近程度的统计量，如距平、方差和标准差。

① 距平

通常所说的气候异常，就是指气候要素相对于正常情况(平均值)的偏差，即距平。具体表达式为

$$x' = x_i - \overline{x} \quad \left(\overline{x} = \frac{1}{n}\sum_{i=1}^{n} x_i\right) \tag{10.3}$$

式中，x_i 表示气候变量的一组数据中的某一数，$\overline{x}$ 是这组数据的平均值。在气候诊断分析中，常采用气候变量的距平序列代替气候变量本身，这样可以使得分析更为便利，

且更加直观。任何气候变量序列,经过距平化处理,都可以转换为平均值为0的序列。

图10.1给出20世纪全球陆地年平均温度距平序列。由图可见,全球年平均温度整体呈波动上升趋势,20世纪30年代中期以前温度偏低,之后开始缓慢增暖,50—70年代出现短暂的回冷。20世纪90年代以后,增暖趋势异常显著。对这一序列变化规律、形成原因及未来趋势预测的研究,一直是全球气象界关注的重点课题和热门问题。

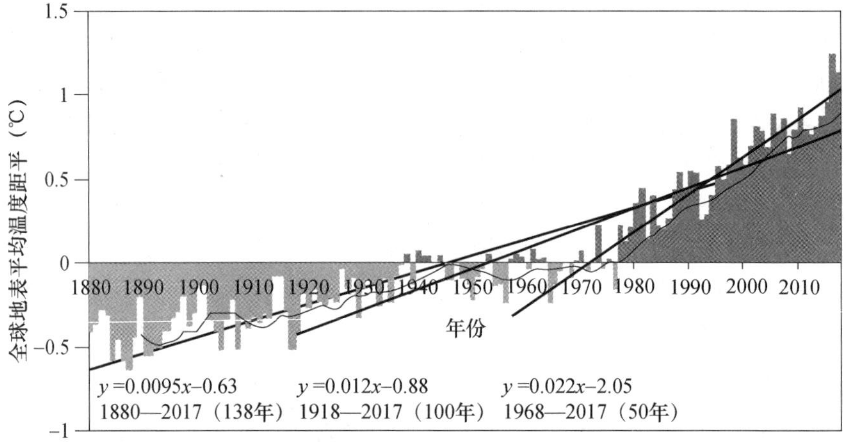

图10.1 1880—2017年全球陆地年平均温度距平序列
(相对于1951—1980年平均值;资料来源于GISS气象站点资料)

气候异常的空间结构通常由该变量的距平场描述。图10.2是1997年热带海表温度距平场;从图中可以看出,热带东太平洋为正距平大值区,最大正距平在4.0℃以上,说明1997年热带中东太平洋海表温度高于多年平均值;这也是典型的ElNio事件海温的分布型态。

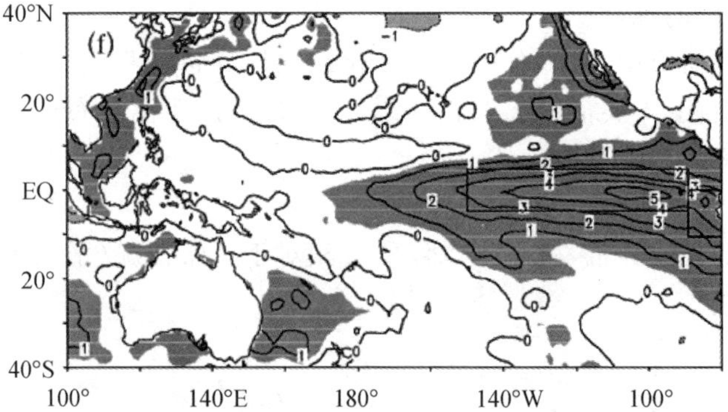

图10.2 1997年海表温度距平场
(以1920—2009年为基准期,阴影区为距平绝对值大于0.5℃区域,单位:℃,袁媛 等,2012)

对空间差异变化较大的气候变量，为消除空间差异的影响，通常用距平百分率表示该变量的气候异常结构，如一般用降水距平百分率表示降水异常的分布。距平百分率表达式为

$$\dot{x}_i = \frac{x_i - \bar{x}}{x} \tag{10.4}$$

② 方差与标准差

方差（记为 s^2 或 σ^2）和标准差（也常被称为均方差；记为 s 或 σ）用于表示气候变量取值的离散程度，也就是气候变量变化的剧烈程度。方差为

$$s^2 = \frac{1}{n}\sum_{i=1}^{n}(x_i - \bar{x})^2 \tag{10.5}$$

标准差为

$$s = \sqrt{\frac{1}{n}\sum_{i=1}^{n}(x_i - \bar{x})^2} \tag{10.6}$$

图 10.3 为冬季热带海表温度标准差的空间分布。可以看到在热带海洋地区海温标准差最大区位于东太平洋，表明冬季东太平洋海温年际变率较大，热带西太平洋的变化幅度较小。

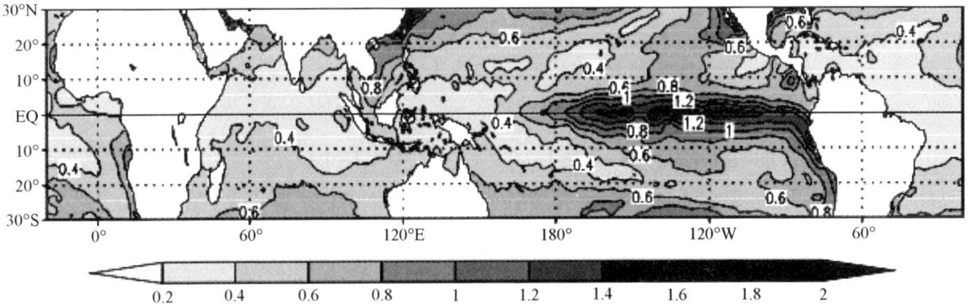

图 10.3　冬季热带海表温度均方差的空间分布（以 1971—2000 年为基准期）

通常将距平与标准差相结合用来定义异常气候事件。因为对近似正态分布的变量，正、负距平超过 2 倍标准差的概率是 2.3%，故 WMO 建议将距平达到 2 倍标准差作为异常的标准。在气候诊断中，各气候要素的单位不一，其平均值和方差也不同。为使不同要素可以在同一水平上进行比较，常对样本数据进行标准化处理。

（3）相关统计量

相关统计量用于衡量任意两个气候要素之间的关系，常用的相关统计量有协方差和相关系数。

① 协方差

协方差反映两个气候要素之间的异常关系的平均状况。常用两个变量距平向

量的内积表示。

设两个气候要素的样本分别为 x_k 和 x_l,样本长度均为 n,其协方差为

$$s_{kl}=\frac{1}{n}\sum_{i=1}^{n}(x_{ki}-\overline{x}_k)(x_{li}-\overline{x}_l) \tag{10.7}$$

当协方差为正时,表示两个气候要素变化一致;当协方差为负时,表示两个气候要素变化相反。变量自身的协方差就是方差。

② 线性相关系数

协方差并没有考虑两个变量之间量纲的差异,这不便于比较不同要素之间的异常关系。利用标准化方法先将数据进行处理,然后计算两者的协方差,这种协方差就是线性相关系数(r),简称为相关系数。

设有两个变量 $x_1,x_2,x_3,\cdots,x_n$ 和 $y_1,y_2,y_3,\cdots,y_n$,相关系数计算公式为

$$r=\frac{\sum_{i=1}^{n}(x_i-\overline{x})(y_i-\overline{y})}{\sqrt{\sum_{i=1}^{n}(x_i-\overline{x})^2}\sqrt{\sum_{i=1}^{n}(y_i-\overline{y})^2}} \tag{10.8}$$

也可以用标准差形式计算:

$$r=\frac{\frac{1}{n}\sum_{i=1}^{n}(x_i-\overline{x})(y_i-\overline{y})}{\sqrt{\frac{1}{n}\sum_{i=1}^{n}(x_i-\overline{x})^2}\sqrt{\frac{1}{n}\sum_{i=1}^{n}(y_i-\overline{y})^2}} \tag{10.9}$$

相关系数的取值范围为$-1.0\sim1.0$。当 $r>0$ 时,说明两个变量呈线性正相关;当 $r<0$ 时,表示两个变量呈线性反相关;当 $r=0$ 时,两变量不相关,相互独立。相关系数越靠近 1.0 或-1.0 时,表明相关越显著。不过,相关系数是否显著,需要进行显著性检验。需要注意的是,当样本量大于 30 时,才有统计意义;样本量较小时,计算的相关系数会与总体相关系数偏离较大,这就需要采用无偏相关系数加以矫正。无偏相关系数一般记为 r^*,可采用以下形式计算:

$$r^*=r\left[1+\frac{1-r^2}{2(n-4)}\right] \tag{10.10}$$

图 10.4 给出南方涛动指数与海平面气压的相关系数分布。从图中可以看出,两者相关系数在达尔文岛附近为正值区,塔西提岛附近为负值区,说明达尔文与塔西提两地的气压距平反向变化,相关系数可达-0.8。这两个作用中心呈现跷跷板式的气压上下振动的现象就是所谓的南方涛动。

10.1.3 气候变化的诊断

任一气候序列都可以看作是多种信号的组合,气候变化的统计诊断实际上是利

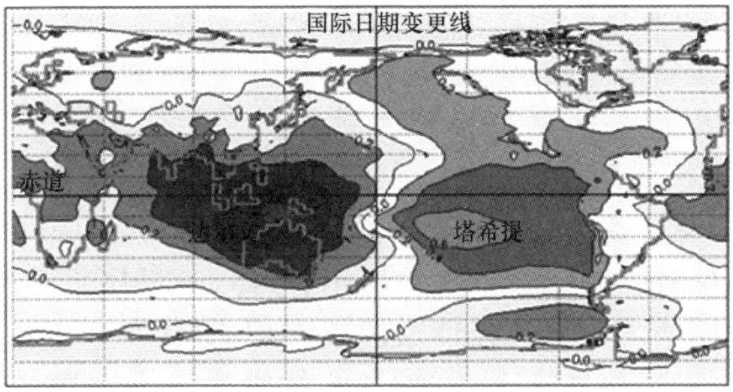

图 10.4　南方涛动指数与海平面气压的相关分布(附彩图)

用各种统计方法分离或提取不同时间尺度变化的信号,进而研究气候变化的规律。这里简单介绍气候趋势、准周期性及其突变信号检测的技术及其应用。

(1)线性趋势估计

某一气候变量样本用 x_i 表示,长度为 n,用 t_i 表示 x_i 所对应的时间,建立 x_i 与 t_i 之间的一元线性回归关系为

$$x_i = a + bt_i, \quad i = 1, 2, \cdots, n \tag{10.11}$$

式中,a 为回归常数,b 为回归系数,均可由最小二乘法估算。回归系数 b 表示气候变量 x 的趋势倾向。当 $b>0$ 时,表示变量 x 随时间 t 的增长而增加;反之,当 $b<0$ 时,说明变量 x 随时间 t 的变化呈下降趋势。b 值的大小反映了变量 x 上升或下降速率,即表示上升或下降的倾向程度。变量 x 与时间 t 之间线性相关系数 r 可用以判断变化趋势的程度是否显著。对确定的显著性水平 α,由相关系数临界值表查找 r_α,若 $|r|>r_\alpha$,表明 x 随时间 t 的变化趋势显著,否则表明变化趋势不显著。

图 10.1 给出 1880—2017 年的全球陆地年平均气温变化序列。从图中可以清晰地看到,20 世纪以来全球陆地年平均温度呈现显著的上升趋势,但不同的时间长度其线性增长率不同,其中,1968—2017 年增长率约 0.22 ℃/(10 a)。

(2)滑动平均

滑动平均是最基本的趋势拟合方法,作用相当于低通滤波。它是用确定时间序列的平滑值来表示变化趋势。经过滑动后的气候变量序列,使得小于滑动长度的变化被大大削弱,更突出表现趋势变化。值得注意的是,通过滑动平均处理后的新序列比原气候变量序列的时间长度要短,原序列两边的变量信息被忽略。

对于样本量为 n 的序列 x,其滑动平均序列表示为

$$\hat{x}_j = \frac{1}{k}\sum_{i=1}^{k} x_{i+j-1}, \quad j = 1, 2, \cdots, n-k+1 \tag{10.12}$$

式中,k 为滑动长度;其值一般取为奇数,以使得平均值可以加到时间序列中项的时

间坐标上。图10.1中全球陆地年平均温度距平序列的细黑实线表示温度距平的10年滑动平均曲线。可以看到,全球陆地年平均温度变化具有阶段性,但整体呈现波动上升趋势。20世纪20—40年代,全球陆地温度呈上升趋势;50—60年代有下降趋势;70年代后呈显著变暖趋势。

(3)三次样条函数

三次样条函数是对时间序列进行分段拟合,因而,可以更真实地反映数据本身的变化趋势。三次样条函数与其他低通滤波器相比,优点在于通过分段拟合,能够得到更光滑的拟合曲线,并且使得两端数据保持完整。

基本原理是在资料序列中插入 $M-1$ 个分点,并在序列两端各引进一个新分点,则函数 $f(x)$ 被分成 M 个分段多项式 $f_1(x), f_2(x), \cdots, f_m(x)$。这里

$$f_i(x) = \sum_{j=0}^{k} V_{ij}\alpha_{ij}(x), \quad i = 1,2,\cdots,M \tag{10.13}$$

约束条件是 $f_i(x)$ 及其二阶导数在 $M-1$ 个分点上都是连续的。用最小二乘拟合确定 V_{ij},分段多项式 $f(x)$ 就为三次样条函数。

以北半球月平均气温第一主成分时间序列为例进行说明,如图10.5所示。图中清晰地表示出,从19世纪末开始,北半球平均气温出现持续上升趋势,在20世纪40年代中期达到极大值,40年代中后期又呈下降趋势,自70年代开始又急剧回升,到80年代初,其趋势值已接近40年代中期。由此,说明利用三次样条函数,经过分段拟合,可以将北半球月平均气温的复杂的波动升降趋势分离出来。

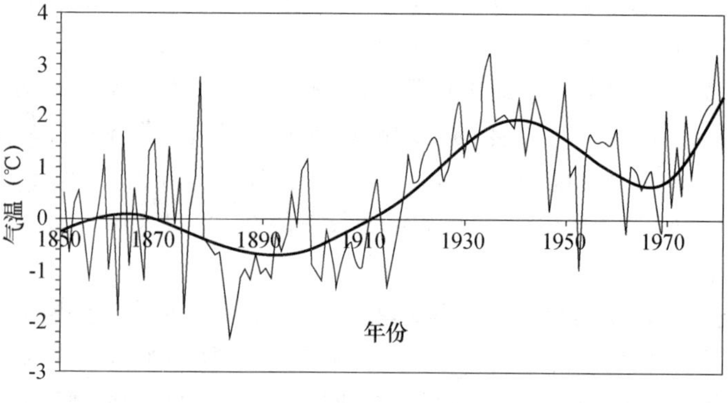

图10.5 北半球月平均气温第一主成分的样条趋势曲线

无论使用哪种方法进行趋势分析,均需要进行显著性检验。可以借助统计检验方法,具体参见统计方面的书籍。

10.1.4　气候突变的检测

无论何种变量的序列仅有两种基本形式，即连续性变化和不连续变化。不连续现象的特点是突发性，所以人们称不连续现象为“突变”。从统计学的角度，可以把气候突变定义为：从一种稳定态（或稳定持续的变化趋势）跳跃式地转变到另一种稳定态（或稳定持续的变化趋势）的现象，表现为气候要素在时程上从一个统计特性到另一个统计特性的急剧变化。

根据突变统计特性的不同，常见的突变主要分为均值突变、变率突变以及趋势突变三类。均值突变是指气候从一个平均值到另一个平均值的急剧变化，表现为气候变化的不连续性。变率突变则定义为气候从一个方差状态到另一个方差状态的急剧变化，其平均值却无明显变化。趋势突变表现为两个气候阶段有完全相反的变化趋势，例如，某个气候阶段持续减少（增加），其后一个气候阶段持续增加（减少），即两个气候阶段变化趋势出现急剧转变。利用实际资料分析表明，气候变化主要出现这三类突变现象，其中，最常见的是均值突变。本小节主要介绍几种用于均值突变检测的方法。

（1）滑动 t 检验

滑动 t 检验是通过考察两组样本平均值是否存在显著差异来判断突变。基本思想是将一个气候序列划分为两段子序列，根据子序列均值之间有无显著差异判别其是否来自两个不同均值的总体。

对于具有 n 个样本量的时间序列 x，人为设置某一时刻为基准点，基准点前后两段子序列 x_1 和 x_2 的样本分别为 n_1 和 n_2，两段子序列平均值分别为 $\overline{x}_1$ 和 $\overline{x}_2$，方差分别为 s_1^2 和 s_2^2。定义统计量：

$$t=\frac{\overline{x}_1-\overline{x}_2}{s\sqrt{1/n_1+1/n_2}},\quad s=\sqrt{\frac{n_1 s_1^2+n_2 s_2^2}{n_1+n_2-2}} \tag{10.14}$$

统计量 t 遵从自由度 $v=n_1+n_2-2$ 的 t 分布。特别要注意的是，由于子序列的选择带有人为性，因此该方法存一定的主观性。

图 10.6 给出 1911—1995 年中国年平均气温等级序列的滑动 t 检验。从图中可以看出，20 世纪 20 年代以来，有两处通过 0.01 显著性水平检验，分别为 1920 年出现正值，1950 年为负值。由此说明，近 85 年来，中国年平均气温经历了两次明显的突变。20 世纪 20 年代中国由暖转冷，50 年代又出现了由暖变冷的转变。

（2）曼-肯德尔（Mann-Kendall）法

曼-肯德尔（Mann-Kendall）法是一种非参数统计检验方法，即无分布检验。其优点是不要求样本的分布形式，并且不受异常值扰动，计算简便，更加适合类型变量和顺序变量的检验;同时,该方法可以明确指出突变开始的时间和突变区域。

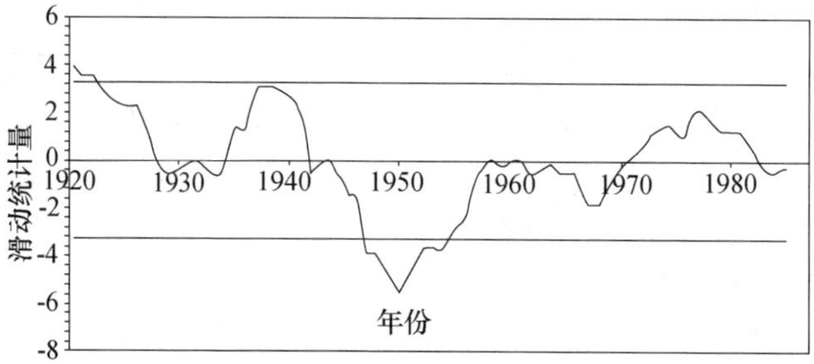

图 10.6　1911—1995 年中国年平均温度等级的滑动 t 检验(滑动长度均为 10 年)曲线(直线为 0.01 显著性水平临界值)

Mann-Kendall 方法的基本思路是对原样本顺序(逆序)时间序列的秩序列,构造判定趋势的统计量 $UF_k(UB_k)$,根据 UF_k 和 UB_k 随时间 K 的变化曲线,若 UF_k 或 UB_k 的值大于 0,则表明序列呈上升趋势,小于 0 则表明呈下降趋势。当它们超过临界直线时,表明上升或下降趋势显著。超过临界线的范围确定为出现突变的时间区域。如果 UF_k 和 UB_k 两条曲线出现交点,且交点在临界线之间,那么交点对应的时刻便是突变开始的时间。数学原理如下:

对于具有 n 个样本量的时间序列 x,其秩序列表达式为

$$S_k = \sum_{i=1}^{k} r_i, \quad k = 2,3,\cdots,n \tag{10.15}$$

式中,当 $x_i > x_j$,$r_i = 1$;当 $x_i \leqslant x_j$,$r_i = 0$($j = 1,2,\cdots,i$)。

定义的判定趋势的统计量表达式为

$$UF_k = \frac{[s_k - E(s_k)]}{\sqrt{\mathrm{var}(s_k)}}, \quad k = 1,2,\cdots,n \tag{10.16}$$

式中,$UF_1 = 0$,$E(s_k)$、$\mathrm{var}(s_k)$ 是累计数 s_k 的均值和方差。按照时间序列 x 逆序 x_n,x_{n-1},$\cdots$,x_1,再重复上述过程,同时使用 $UB_k = -UF_k$($k = n, n-1, \cdots, 1$)。

图 10.7 给出了北半球气温的 Mann-Kendall 法计算值。由此看出,在 1920 年左右实线和虚线出现交叉点,即此时北半球气温发生增暖突变,具体突变时间是 1921 年。

除以上两种方法外,较常用的方法还有克拉默(Cramer)法、山本(Yamamoto)法、佩蒂特(Pettitt)法和 BG(Bernaola-Galvan)法。需要指出的是,突变理论研究中最为活跃同时争议最大的就是有关应用问题。对一些物理机制目前还不甚明确的突变现象,人们很难给予解释,有时使用的检测方法不当,可能会导致错误结论。故建议在确定某一气候要素发生突变现象时,最好使用多种方法进行对比。另外,需

要进行严格的显著性水平检验;并运用气候学相关专业知识对突变现象进行判断。

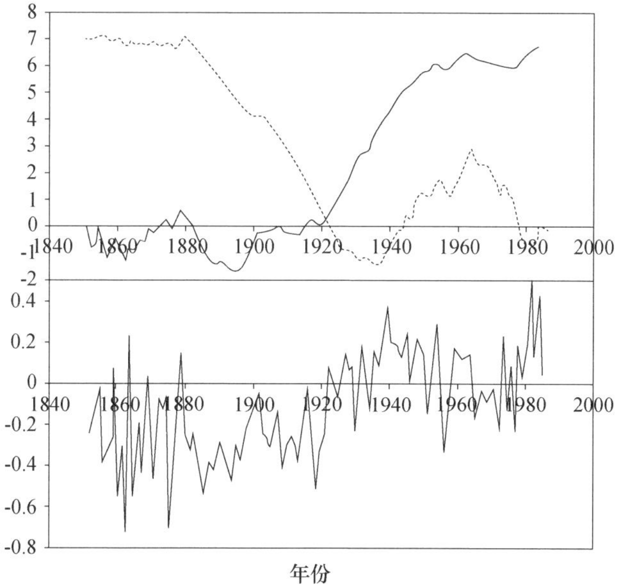

图 10.7　北半球气温距平及 Mann-Kendall 法计算值(符淙斌 等,1992)
(上图为 UF_k 和 UB_k 曲线图,下图为相应的北半球气温距平序列)

10.1.5　准周期性分析

气候变量的准周期分析已成为气候变化研究中的重要内容。这是因为它一方面提高了对气候变化规律的认识,为气候变化的未来预测提供依据;同时,各类周期信号与气候变化的因子、气候系统间的相互作用密切相关,有助于加强气候变化原因的研究。下面简要介绍目前常用的准周期信号检测方法。其具体原理和方法见相关书籍。

(1)功率谱

功率谱分析是以傅立叶变换为基础的频域分析方法;其意义在于把时间序列的总能量分解到不同频率的振动分量上,根据不同频率振动的方差贡献确定序列的主要振动,即序列隐含的显著周期。功率谱是应用极为广泛的一种经典分析准周期信号的方法。数学原理如下:

对于一个样本量为 n 的离散时间序列 x,可以直接使用傅里叶变换进行功率谱估计,也可以通过自相关函数间接做出连续功率谱估计。需要注意的是,为了确定周期信号的显著性,需要与一个非周期性过程的谱进行比较,一般用红噪声或白噪声作为非周期性过程的谱进行显著性检验。

图 10.8 给出全球陆地平均气温的功率谱。波数 l 与周期 T 的关系为 $T=\frac{2\times 最大滞后时间长度}{l}$。由图可见,全球陆地气温的功率谱最大值位于波数 6(最大滞后时间长度为 180 个月),则对应的最大周期为 60 个月(5 年);北半球的陆地平均气温的功率谱最大值对应的波数与全球一致,则两者的最大周期也相同;南半球的陆地气温的功率谱则在波数 8 时达到最大值,表明南半球平均气温的最大周期为 45 个月(准 4 年)。

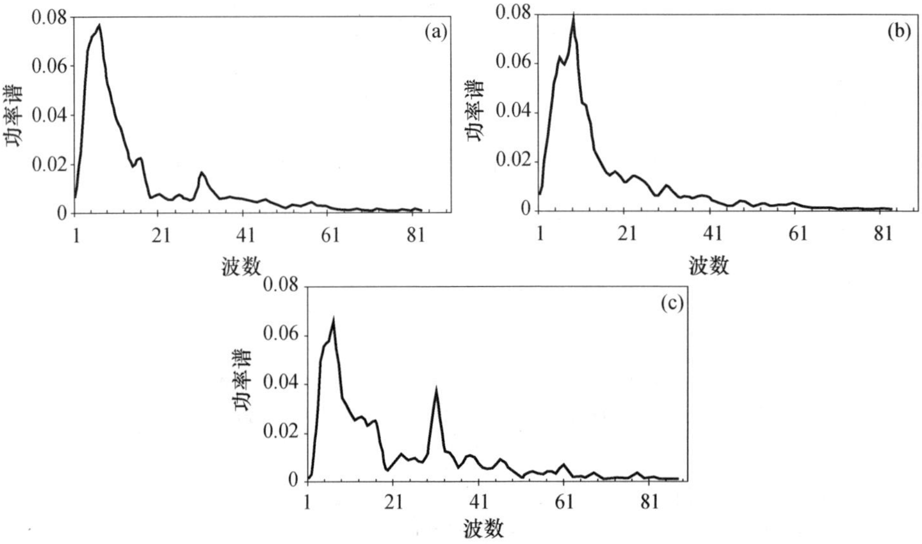

图 10.8 全球(a)及南(b)、北(c)半球陆地平均气温的功率谱分析(余锦华 等,2001)

(2)最大熵谱(Maximum entropy spectrum analysis,简称 MESA)

最大熵谱估计是 J. P. Burg 于 1967 年提出的一种谱估计方法,其基本思想是与估计的功率谱相对应的自协方差和由观察数据算得的自协方差一致,同时对已有的区段之外的自协方差采用外推的办法求取,外推的原则是使相应的序列在未知点的取值具有最强的随机性,亦即不对结果强添任何主观信息。即在谱密度与自相关函数互为傅立叶变换下,满足谱熵达到最大的条件下的谱估计,并称其最大熵谱估计。

可以证明,最大熵谱实际上就是自回归(AR)模型的谱,故又称为自回归谱,因此最大熵谱估计就是 AR 谱估计。于是,可利用 AR 模型参数估计方法估计出 AR 模型的参数值,得到最大熵谱估计。

图 10.9 为 1961 年 1 月—1990 年 12 月 Nino3 海区逐月海温距平序列的最大熵谱分析。从图中可以看到,波数为 3 时对应熵谱峰值(最大延迟 $m=48$),即周期为 32 个月上时存在极大值。表明 Nino3 海区海温具有 32 个月的显著周期。

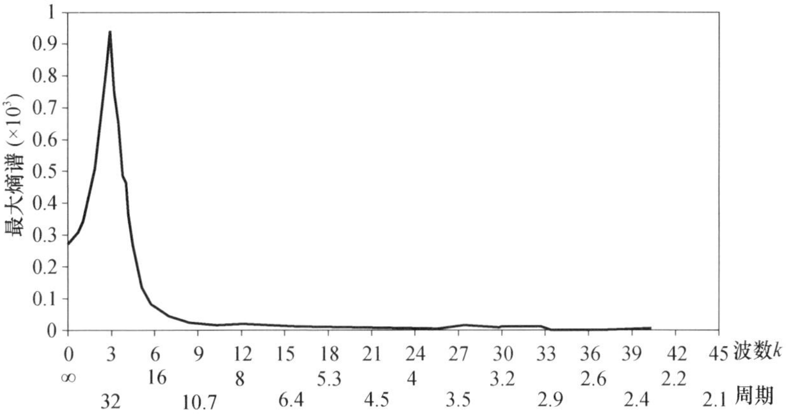

图 10.9　Nino3 海区 SSTA 的最大熵谱(横坐标周期单位为月)(丁裕国 等,1998)

(3)奇异谱分析(singular spectrum analysis,SSA)

功率谱估计的实质是将时间序列视为不同频率正弦波叠加而成的振动波的离散采样。但是,大气系统是非线性系统,将一个非线性的振动波分解为许多正弦振动之和,显然不恰当。为克服此缺陷,Broomhead 和 King 以及 Freadrich 最先将 SSA 引入到非线性动力学研究,20 世纪 80 年代后,由 Vautard 和 Ghil 将其进行了一系列改进,并应用到研究气候序列的周期振荡中。SSA 是从时间序列的动力重构出发,并与经验正交函数相联系的一种统计技术。它已广泛使用在时间范围上的信号处理中。

SSA 的具体操作过程是将一个样本量为 n 的时间序列 $x(t)$ 按给定的嵌套时间维数 m(称为窗口长度)构造一资料矩阵。当这一资料矩阵计算出明显成对的特征值时,且相应的经验正交函数几乎是周期性正交时,对应的信号即为序列中周期振荡信号。

以 SOI 序列的 SSA 分析(图 10.10)进行说明。从对应的表 10.1 可以看出以第一主成分 TP1 和第二主成分 TP2 所显示的振荡最强,当嵌套维 m 稳定在 40～60,后延 $\tau=7,8$ 时,滞后相关达到最大值,故 SOI 的最显著周期在 28 个月左右。

表 10.1　由 SSA 得到的 SOI 第 1、2 主成分振荡周期

嵌套维数 m	40		50		60		
时间滞后 τ	7	8	7	8	6	7	8
滞后相关 r_τ	0.934*	0.932	0.935*	0.930	0.937	0.968*	0.954
周期估计 T	28*	32	28*	32	24	28*	32

* 表示显著周期及其相关系数,m、T、τ 单位为月

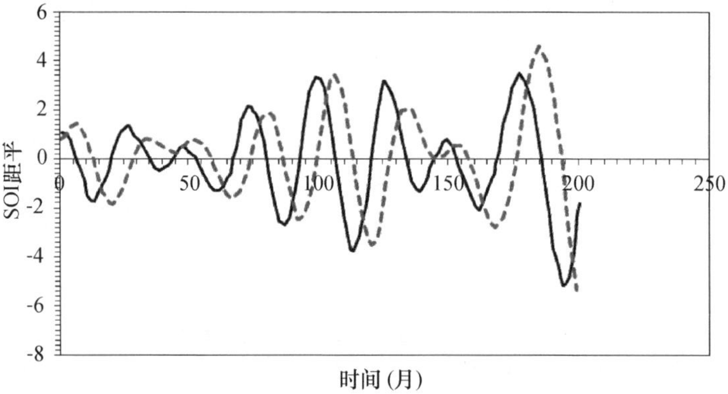

图 10.10　1953 年 1 月—1983 年 8 月 SOI 序列的 SSA 分析的第 1(实线)、2(虚线)主成分振荡示意(r=0.968)(江志红 等,1998)

(4)小波分析(wavelet analysis)

小波分析又称多分辨率分析(multiresolution analysis),被认为是傅立叶分析方法的突破性进展。1982 年法国地质学家 Morlet 开创性地将小波引入到信号分析中。随后,在信号处理、图像处理、地震勘探、数字电路、物理学、应用数学、力学、光学等诸多科技领域得以广泛应用。由于小波分析对信号处理的特殊优势,很快将其应用于气象和气候序列的时频结构分析中,并已有不少引人注目的研究成果。小波变换不仅可以给出气候序列变化的周期信息,还可以显现出周期信号随时间变化的情况。

图 10.11 为 Nino3 海区 SST 序列的小波分析。由图可见,Nino3 海区 SST 时间序列以 2~5 年的周期最显著,信号较强的时段主要集中在 20 世纪 20 年代之前和 60 年代末以后。

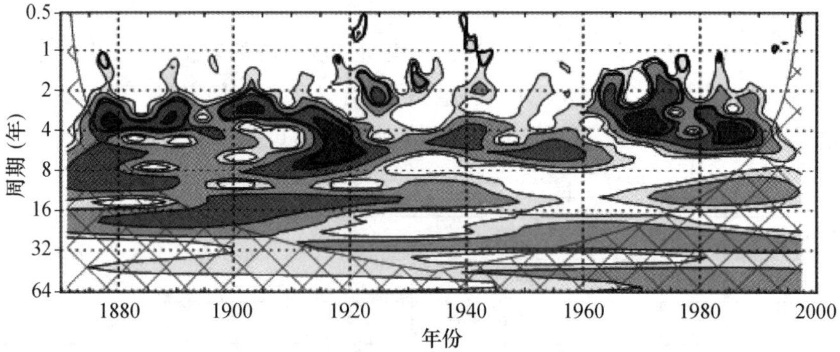

图 10.11　Nino3 海区 SST 序列的 Morlet 小波分析的能量谱
(粗实线表示通过 95%信度检验)(Christopher and Gilbert,1997)

10.1.6　气候变量场时空分析

上述统计诊断方法主要用于一维气候变量序列，而气候异常和气候变化还常需要对某一区域的气候变量场序列分析，主要包含时间和空间两方面的变化特征。如果可以将空间和时间场分离开来，寻求具有代表意义的空间结构，通过分析主要空间结构的时间变化特征，就可以较为客观得到气候场的时空变化主要特征。气候统计诊断中，应用最广的办法就是把原变量场分解为正交函数的线性组合，构成为数较少的不相关典型模态，通过研究典型模态的时间变化进行气候变量场的时空特征分析。

(1)经验正交函数分解(empirical orthogonal function，EOF)

经验正交函数分解(EOF)方法主要用于提取气象场时空变化的主要信息。其基本原理是将具有 m 个空间点 n 次观测构成的变量看作是 p 个空间特征向量和对应的时间权重系数的线性组合。主要特征向量场(一般是前几个)反映的是该气候变量场的主要空间结构分布特征，对应的时间向量(称为时间系数)反映了该空间结构的时间变化特征。

图 10.12 是热带太平洋海表温度距平场(SSTA)的 EOF 第一模态(方差贡献 58.9%)的特征向量场(上图)及其时间系数变化曲线(下图)。特征向量场主要表现为赤道中东太平洋的异常正距平及其热带西太平洋暖池区负距平的反向分布结构，实际上反映的是 El Nino 事件对应的 SSTA 场的空间分布，时间系数演变则反映了该空间场的时间演变特征，显然时间系数极大值对应的年份，如 1972、1978、1987、1997 都是典型的 El Nino 年。

(2)旋转经验正交函数分解(REOF)

EOF 展开得到的前几个特征向量，可以最大限度地表示气候变量场整体空间的变率结构，但是分离出的空间结构不能清晰地表征不同地理区域的特征。REOF 可以克服这一缺陷，它可以很好地反映不同区域的变化特征。

REOF 的基本思路是：如果 EOF 分析截取了前 K 个空间型，累积解释场得总方差已达一定要求(比如达 80%)，可否将这 K 个空间型再作调整，使得调整后的 K 个空间型累积解释原场的总方差的百分率保持不变，而单个空间型尽量反映场的局部相关结果。

REOF 能将空间相关的地区减少到少数几个，能用来客观地识别空间型。空间场上每一个空间点对应的变量只与一个主成分存在高相关，因此，用 REOF 可以较客观地进行分区。

REOF 常用作区域划分。图 10.13 是中国东部地区夏季降水前 6 个旋转特征向量的空间分布。从图中可以非常清晰地看到，第一旋转特征向量的高值区主要集中于长江中下游及以南地区,第二旋转特征向量的高值区则位于华南地区,第三、四旋转特征向量的高值区主要位于黄淮一江汉一西南东部、江南地区,第五旋转特征向量高值区在华北和江淮地区,而第六旋转特征向量的高值区主要出现在东北地区,表明中国东部地区夏季降水场的变化可分为东北、华北、黄淮一江汉一西南东部、江淮、江南和华南6个基本区域(图 10.13)。

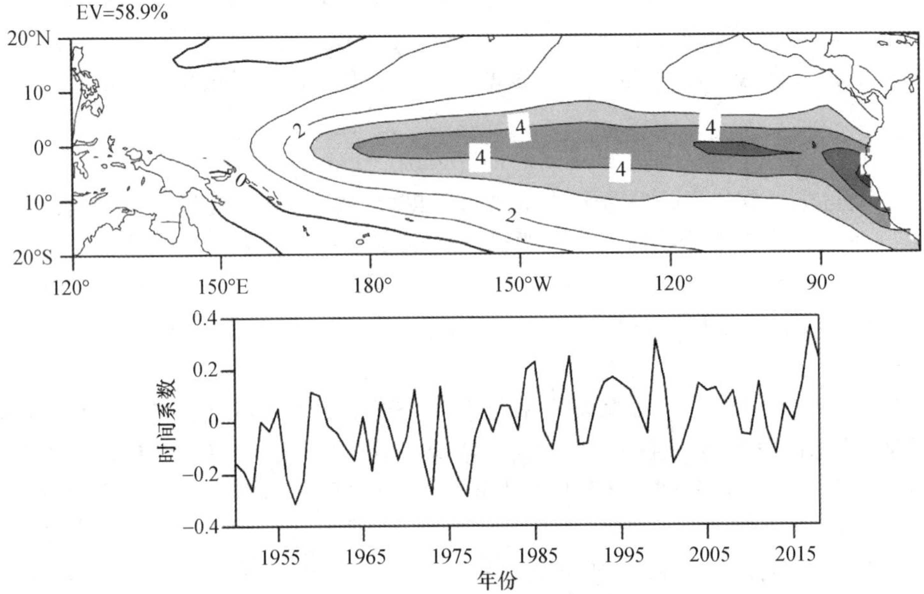

图 10.12 热带太平洋 SSTA 的 EOF 第一模态的空间分布(上)和时间变化(下)
(资料来源:1948—2016 年 NOAA SST V5)

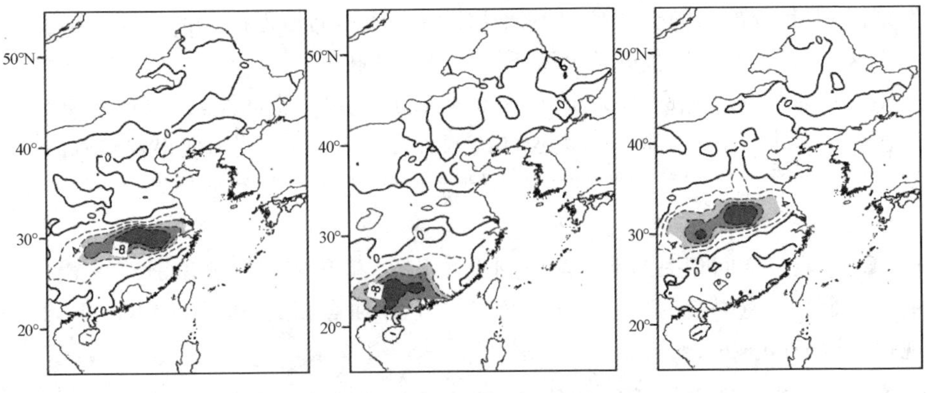

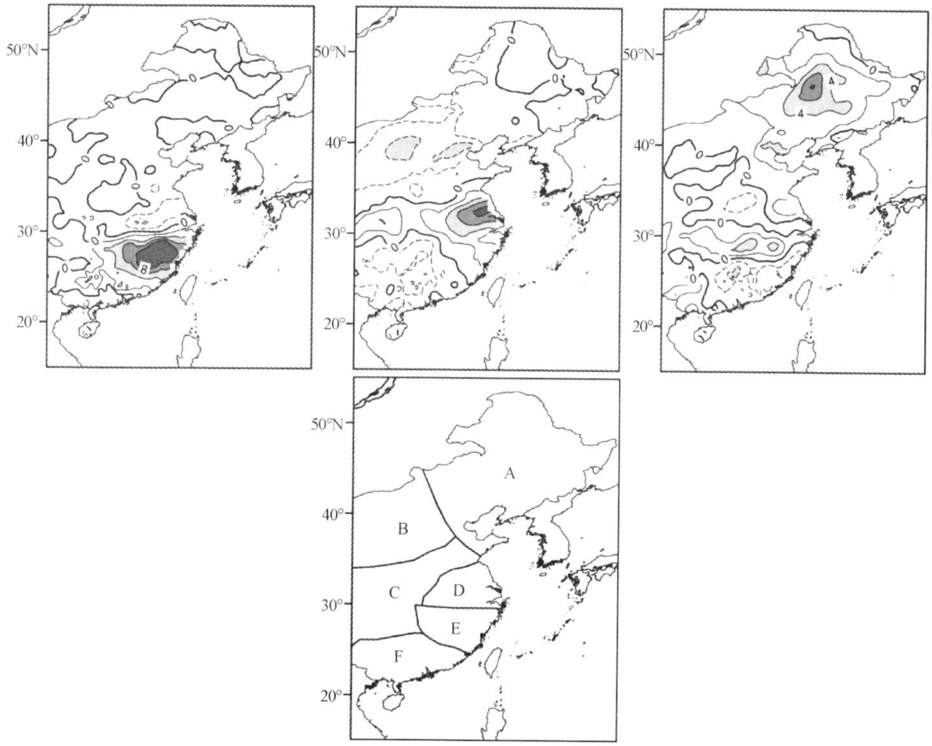

图 10.13　中国东部地区夏季降水前 6 个旋转空间模态特征向量分布（上、中）和区域划分（下）（资料来源：1961—2012 年中国区格点降水月资料）

10.1.7　气候变量场相关关系分析

在气候变化研究中，经常需要考察不同变量场之间的相关问题，即寻求不同变量场之间耦合相关的主要空间结构；对这些问题的研究不仅可以提高我们对气候系统各成员相互关系、相互作用的认识，还可以为预测气候变量场提供必要信息。变量场相关关系的分析主要利用多元统计技术，目前常用的有：典型相关分析、奇异值分解和联合 EOF 分析等。具体数学原理和计算方法在相关书籍中有详细介绍。

（1）典型相关分析（canonical correlation analysis，简称 CCA）

典型相关分析的基本思想是把多变量与多变量之间的相关化为两个典型变量之间相关的做法，首先在每组变量内部找出具有最大相关性的一个线性变量组合，然后再在每组变量内找出第二对线性组合，使其本身具有最大的相关性，并分别与第一对线性组合不相关。如此下去，直到两组变量内各变量之间的相关被提取完毕为止。有了这些最大相关的线性组合，则讨论两组变量之间的相关，就转化为研究这些线性组合的最大相关,从而减少了研究变量的个数。在气象研究中,两个典型代表的新变量可以看作两个天气系统包含若干天气或气候综合而成的综合指标。

图 10.14 给出冬季太平洋海表温度异常和 500 hPa 高度场异常典型相关分析的第一对典型相关向量的同性相关系数场。由图可见,海表温度同性相关系数场的空间结构主要表现为北太平洋中部同热带太平洋及副热带西太平洋的反位相分布,其中负相关中心位于北太平洋中部,而正相关中心位于热带东太平洋,此海表温度典型场解释了太平洋地区 SST 方差的 14%;对应的 500 hPa 高度场在热带太平洋表现为正相关,北太平洋则出现一个负相关中心,该模态对 500 hPa 高度场的方差贡献为 20%;而这一对模态间的时间相关系数为 0.93,表明当北太平洋海温异常偏冷,且热带太平洋异常偏暖时,则 500 hPa 高度场在热带太平洋表现为正异常距平,而北太平洋表现为负距平,反之亦然。

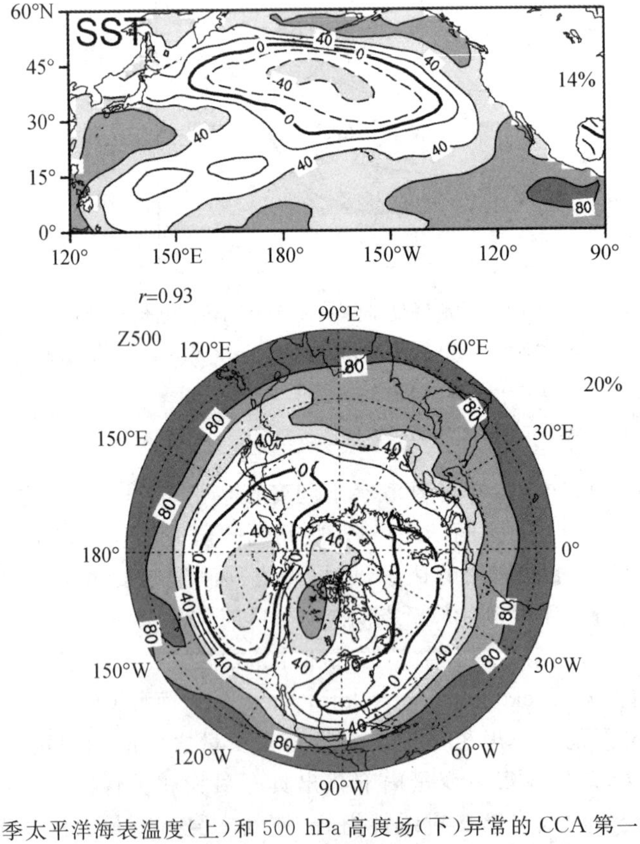

图 10.14 冬季太平洋海表温度(上)和 500 hPa 高度场(下)异常的 CCA 第一模态同性相关系数场(等值线单位为 0.01。资料来源:NCEP/NCAR 500 hPa 位势高度场,CRU NOAA Extended Reconstructed SST V5)

(2)奇异值分解(singular value decomposition,简称 SVD)

除典型相关分析以外,大气科学研究两个气候变量场之间的相关关系时,还经常使用奇异值分解方法。1976 年,Prohaska 首次将 EOF 分析直接用于两个气象场的交叉相关系数场的分析中。1992 年,Bretherton 和 Wallace 等从矩阵理论中的奇异值分解定理出发,较系统地描述了这一方法的原理和计算,并将其定义为 SVD。奇异值分解相当于将左、右两个变量场分解为左、右奇异向量的线性组合。使线性组合成的新变量成对地相互相关,每对奇异向量和相对应的时间系数就确定一对 SVD 模态。奇异值分解与典型相关分析不同,它在提取两个场之间相关信息时按照两个场所解释的平方协方差的大小来进行模态排序,也就是说 SVD 第一对模态平方协方差解释大于第二对模态,第二对大于第三对,依次类推;但排在后面的模态对其两个场之间的相关系数并不一定小于前面的模态对。而典型相关分析的模态顺序是按照两个场之间相关系数的大小排序的,即第一对模态间的相关系数大于第二对模态,第二对大于第三对,依次类推;但是典型相关分析中任何一个场前面的模态所解释的方差贡献并不一定大于后面的模态。事实上它们主要提取两个场之间的相关性,是从两个场相关结构的角度出发的,而不顾及所寻找的空间型是否表达各自场自身的变率结构。

图 10.15 给出冬季太平洋海表温度异常和 500 hPa 高度场异常的 SVD 分解的第一对奇异向量的同性相关系数图。由图可见,海表温度场表现为北太平洋中部的负相关中心被周围反位相正相关异常所环绕,该模态场解释了太平洋地区 SST 方差的 25%;对应的 500 hPa 高度的相关场基本呈现太平洋北美型(PNA),即从热带太平洋、北太平洋中纬度,西北太平洋至北美西北部、美国东南呈现正、负、正、负的波列结构,该型解释 500 hPa 高度方差的 31%,其模态间时间相关系数为 0.90,表明当北太平洋中部海温异常偏冷,热带太平洋海温出现正距平,冬季北半球 500 hPa 高度场将呈现 PNA 型的波列结构。

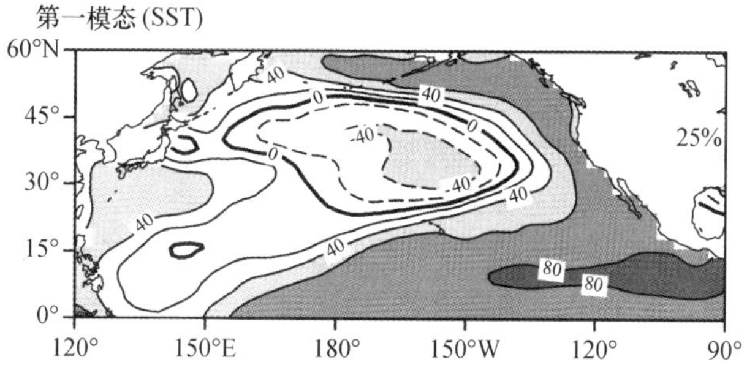

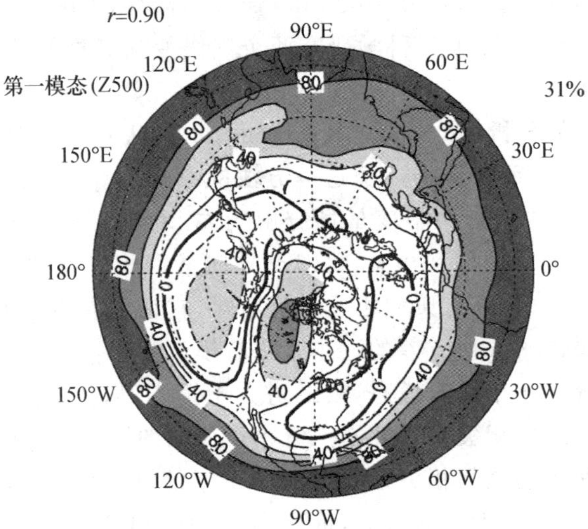

图 10.15 冬季太平洋海表温度(上)和 500 hPa 高度场(下)异常的 SVD 分解的第一模态同性相关系数场(等值线单位为 0.01。资料来源:NCEP/NCAR 500 hPa 位势高度场,CRU NOAA Extended Reconstructed SST V5)

10.2 气候模拟

10.2.1 基本概念和气候模式简介

现代气候学的研究手段明显不同于经典气候学,在现代气候学中广泛应用各种气候模式进行气候模拟与气候预测。根据牛顿第二定律、能量守恒定律和质量守恒定律等基本物理规律,建立描写气候系统不同分量的基本方程组,规定边界和初始条件,设计某些物理常数和水汽、动量、能量的次网格通量的特定的参数化方案,形成气候模拟的核心——物理-数学模型,即气候模式。人们通过数值模拟来研究气候的形成,探索气候变化的原因;气候数值模拟成为人们认识气候形成和演变规律的重要方法之一;与此同时,人们通过数值模式进行气候预测。利用气候模式所进行的气候数值模拟在现代气候学的研究中越来越重要。

气候模拟(也称为气候数值模拟)就是通过对描述地球气候系统的状态、运动和变化的一组偏微分方程组进行数值求解,再现过去、现在和将来的气候状态及其各种变化特征,从而揭示气候的形成与变化规律,对未来可能发生的气候变化做出估计。通常,描述气候系统各种过程和作用的偏微分方程组主要包括气候系统的各组成部分的动力学和热力学方程以及特定物质的状态方程和守恒定律。例如对于典型的海洋、大气和海冰耦合环流模式，这组偏微分方程包括大气、海洋和海冰的动力学方程和热力学方程以及一些特定的组成物质（如大气中的水汽、CO_2、O_3 和其他的微量气体，海洋中的盐分和其他的微量物质等）的守恒定律和状态方程。气候数值模拟实质上是利用针对不同时空尺度的物理过程而建立的不同等级的气候模式来研究气候变化，对各种气候事件从物理本质上做出合理解释，为气候预测打下基础。

气候模式经历了一个由简单到复杂并逐步完善的长期发展历程。目前虽已建立了多种气候模式，但归结起来，大致可以分为两大类：即理论气候模式（传统气候模式）和三维环流模式（现代气候模式）。其中现代气候模式又包括了大气、海洋、海冰、陆面等各个分量模式，按照不同的空间尺度又分为全球气候模式和区域气候模式。这里，我们简要介绍理论气候模式，并以大气和海洋环流模式为例，介绍现代气候模式的基本动力框架。

（1）理论气候模式

早期的气候模式主要属于理论气候模式，这类模式通常又被称为简单气候模式或传统气候模式。最有代表性的几类模式包括能量平衡模式（EBM）、辐射对流模式（RCM）、二维纬向平均动力模式（ZADM）；EBM 则可以进一步分为零维、一维和二维能量平衡模式。

传统的气候模式基本上是建立在描写地气系统的热力学方程基础上的，这类模式通过对描写地气系统的热力学方程：

$$C_p \frac{\partial T}{\partial t} = -C_p \nabla \cdot (vT) - C_p \frac{\partial(\omega T)}{\partial t} + C_p \frac{\kappa \omega T}{p} + \tilde{Q}_{\mathrm{rad}} + \tilde{Q}_{\mathrm{con}} \tag{10.17}$$

进行不同程度的简化和处理，用以刻画地气系统中与气候相关的关键物理过程。有关理论气候模式的详细内容有兴趣的读者可以阅读相关的文献（汤懋苍，1989；黄建平，1992；林本达 等，1994）。

（2）现代气候模式

自 20 世纪 50 年代来，开始出现了被现代气候学研究所广泛采用的三维环流模式。现代气候模式自早期的大气环流模式（AGCM）开始，经历了由简单到复杂的不断发展和完善的过程（图 10.16）。这类气候模式以描写气候系统或者气候系统不同分量的基本方程为基础，详细考虑了有关气候系统或不同分量的动力、热力、物理甚至化学过程，能够对气候系统的不同分量以及整个气候系统进行更全面、合理的描述。

为了模拟气候系统不同分量或整个气候系统的演变特征，海洋环流模式（OGCM）、海冰模式（SIM）、陆面模式（LSM）、海气耦合模式（OGCM 或 CGCM）、大气化学模式和气候系统模式（CSM）等模式逐渐发展。现代气候模式所关注的对象从早期的大气开始向海洋、冰雪、陆地、生物圈等气候系统分量乃至整个气候系统转变,现代气候模式也在气候变化研究领域和气候变化预测方面发挥越来越大的作用。

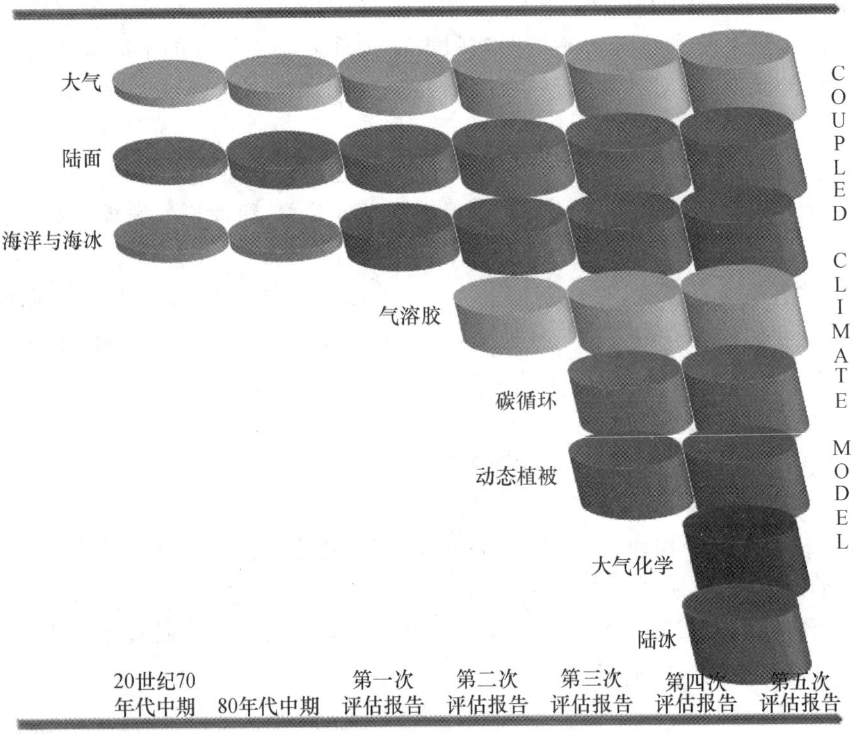

图 10.16　气候模式发展历史示意图(IPCC,2013)

大气环流模式是现代气候模式最基本的形式,其发展要早于海洋等其他气候系统分量模式。大气环流模式基于大气运动的基本控制方程组,同时详细考虑了大气的动力过程和相关的物理过程,通过数值求解该方程组,从而对大气运动的状态和演变规律进行描述。自 1956 年 Phillips 提出两层准地转大气环流模式以来,此后一段时间,大气环流模式得到了飞速的发展,世界上一些发达国家的大气科学研究机构先后建立了各自的大气环流模式,早期较具代表性的大气环流模式包括:美国国家海洋大气局(NOAA)地球流体动力学实验室(GFDL)的九层大气环流模式、美国加州大学洛杉矶分校(UCLA)的两层、三层、九层和十五层大气环流模式、美国国家大气研究中心(NCAR)的六层格点大气环流模式、九层谱变换大气环流模式、美国俄勒冈州立大学(OSU)的两层大气环流模式、美国国家航空和宇航局(NASA)戈达空间中心大气科学研究室(GLAS)的九层大气环流模式和 NASA 的戈达德空间研究所(GISS)的九层大气环流模式、英国气象局(UKMO)的五层和十一层大气环流模式、加拿大气候中心(CCC)的十层大气环流谱模式、苏联科学院西伯利亚分院计算中心的三层大气环流模式、日本气象厅气象研究所的五层大气环流模式、欧洲中期数值天气预报中心(ECMWF)以及美国国家气象中心(NMC)的中期数值天气预报模式(谱模式)等。

需要指出的是目前应用于气候研究的大气环流模式，其动力学部分的理论和数值技术在 20 世纪 70 年代已基本成型。近 30 多年来在模式动力学框架方面的研究进展主要集中在半拉格朗日方法的应用、参考大气的引入和一些高阶守恒格式的构造以及为了适应大规模并行计算机而开展的并行计算研究等方面。20 世纪 80 年代以来大气环流模式的最大发展是研制出适用于不同研究目的的、复杂程度各异的物理过程参数化方案。

海洋模式建立在海水运动所遵循的基本物理定律之上，从这个角度看，海洋模拟的许多方面都类似于大气。但是海洋运动又与大气运动存在显著不同：由于水和空气的比热容差异，海洋的热惯性比大气大得多；同时，海洋的运动受到海底地形的重大影响。海洋环流模式或大洋环流模式(OGCM)类似于三维大气环流 AGCM。OGCM 采用海洋运动的原始方程组，主要预报量是温度、水平流速和盐度，诊断量包括密度、压力和垂直速度，并考虑了海洋中的热量、动量和盐度的垂直和水平湍流输送等次网格尺度过程。最早的海洋环流模式是由 Bryan 于 1963 建立的。其后，苏联的 Sarkisyan(1966)也研制出了自己的海洋环流模式。后来，Bryan(1969)在美国地球物理流体动力学实验室(GFDL)改进和设计的海洋环流模式，于 20 世纪 80 年代被广泛使用，可以说当代的很多的海洋环流模式都是建立在该模式的基础之上。

目前的 OGCM 不仅包括其他简单海洋模式的物理过程，还加上了洋流、涌升和次网格尺度垂直和水平混合过程对海温和海冰分布的贡献。绝大部分 OGCM 已采用真实海岸线和海底地形分布。对计算格式和参数的选取也进行了大量的研究，如沿等密度面扩散格式的提出就较好地解决了早期海洋环流模式中存在的温跃层过厚的问题。目前的 OGCM 已成功地模拟出当代海洋气候，特别是全球大洋温盐环流和南极绕流的基本特征，并用于研究年代际、世纪乃至千年尺度温盐环流的内部变率及其物理机制。

海洋、大气之间存在强烈的相互作用，二者之间的压力分布具有连续性，同时存在热量、动量和物质的相互交换。因此，常将 OGCM 和 AGCM 耦合在一起，构成海气耦合模式，从而使得数值模式能够真实反映气候系统实际发生的海气相互作用。自 Manabe 和 Byran(1969)研制出第一个全球海洋大气耦合环流模式(AOGCM)以来，不同类型的 AOGCM 相继问世。国际上的许多研究机构，例如：美国国家大气研究中心(NCAR)、美国地球物理流体力学实验室(GFDL)、加利福尼亚大学洛杉矶分校(UCLA)、俄勒冈州立大学(OSU)、英国气象局(UKMO)、德国 Max Plank 气象研究所(MPI)和澳大利亚联邦科学和工业研究组织(CSIRO)等；国内的中国科学院大气物理研究所、中国气象科学研究院、国家气候中心等研究机构都研制了各具特色的 AOGCM。

海洋和大气通过互为对方提供边界条件耦合在一起，大气环流模式为海洋环流模式提供上边界条件，包括风应力、净热通量、淡水通量；同时，海洋模式则为大气提供下边界条件，并给出 SST 和海冰的分布。模式的耦合方案是海气耦合模式的关键问题之一。早期的研究发现，由于海气模式在耦合界面上各种通量的误差在耦合过程中不稳定增长，会引起“气候漂移”现象。为解决这一问题，Sausen 等(1988)提出了“通量订正”技术，因而当时的 AOGCM 大多采用这一技术。后来，NCAR/CSM 率先实现了大气模式与海洋模式的直接耦合，目前大多数耦合模式都采用了直接耦合的方法。例如，在参加耦合模式比较计划(CMIP)的模式中，几乎一半的模式都不再采用通量订正技术，而是由大气模式与海洋模式进行直接耦合而成。

前面以大气环流模式、海洋环流模式和海气耦合模式为例，简单介绍了气候模式分量模式构建，然而这只是气候系统模式的成分之一。如前所述，地球气候系统是一个包括全球大气、海洋、陆面、冰雪以及生态过程的，相互作用的复杂系统，因此气候系统模式还包括了海冰模式、陆面模式和生物地球化学循环模式，各子分量模式描述各子系统的物理和化学过程，其中各变量在气候系统模式中以方程的形式表现，再通过数值计算方案进行求解。每一个子分量模式所描述的对象不同，复杂程度不同，但基本的构造思路类似，这里我们不再详述。目前，世界上的许多研究机构已经建立了气候系统模式，最具有代表性的如：美国国家大气研究中心(NCAR)先后发展了 NCAR CCSM1.0、CCSM2.0、CCSM3.0、CESM1.0 等，2018 年公布了其最新一代气候系统模式 CESM2.0(可参考：http://www.cesm.ucar.edu/)。可以预言，随着气候系统模式的不断发展和改善，气候系统模式必将在气候变化研究领域发挥越来越重要的作用。

另外，在进行区域范围的气候变化研究时，往往需要较高分辨率的气候模拟结果，此时，如果采用减小全球气候系统模式网格距的方法，不仅会大大增加计算量，也会因为物理参数化方案在不同网格距上的不兼容带来数值计算问题，因而很难应用在区域尺度上。Dickinson 等、Giorgi 和 Bates 将改进的有限区域中尺度气象模式(LAM)与全球尺度 GCMs 耦合，发展了第一个区域气候模式(RegCM)，即第一代 NCAR 区域气候模式(RegCMl)。研究者利用中短期天气预测的思想，提出在研究区域加入一个有限区域的细网格模式，用此模式与大尺度模式进行嵌套来获得区域信息，其中对大尺度大气环流运动的模拟预测交由全球模式处理，将区域问题留给适合于有限区的细网格模式来完成，细网格模式的边界值由大尺度模式提供。

目前大部分区域气候模式都采用了数值天气预报模式的动力框架，如美国国家大气研究中心(NCAR)第二代区域气候模式(RegCM2)、意大利国际理论物理中心区域气候模式(RegCM3.0、RegCM4.0)、中国气象局国家气候中心区域气候模式(RegCM_NCC)、西北太平洋国家实验室区域气候模式(PNNL-RCM)、中国科学院大气物理研究所区域环境系统集成模式(RIEMS)均采用了滨州大学/美国国家大气研究中心(PSU/NCAR)的中尺度数值天气预报模式 MM4 或 MM5 的动力框架。区域气候模式包含了陆面和水文过程、边界层、云和降水、云-辐射相互作用,部分还包含了大气化学过程。由于区域气候模式是基于全球气候变化研究中大气环流模式分辨率不足的基础上发展起来的动力降尺度方法,因此通过与大气环流模式的耦合,可以进行未来气候的自然演变、不同情景下平均气候以及极端气候事件变化趋势的模拟。而为了验证、评估模式结果,以及采用区域气候模式高分辨率的特性对过去的气候事件进行研究,也可以在合理的大尺度再分析资料(如 NCEP 和 ECMWF)或大气环流模式强迫下单独应用区域气候模式对当前的气候状况和极端气候事件进行模拟分析,探讨其形成和发展的机理。当前,随着对气候系统认识的不断深入,区域气候模式也在不断引入新的组分,比如区域海洋模式、生物地球化学模式等,逐渐开始进入区域地球系统模式研发和应用阶段。

值得指出的是,区域气候模式的侧边界问题一直是区域气候模拟的关键或困难所在,侧边界所带来的误差是有限区域模式的主要误差来源之一。另外,尽管 RegCM 是有限区域模式,但由于它的时间步长通常只有 GCMs 的 1/10,而格点数与全球模式格点数相当,因而每个模拟日积分所需的 CPU 时间大约为 GCMs 的 10 倍,大量的计算时间是区域气候模拟发展的限制因子之一。有关区域气候模式和区域气候模拟应用方面的更多内容,有兴趣的读者可以参阅相关的文献(符淙斌 等,1998;赵宗慈 等,1998;陆其峰 等,2003;刘鸿波 等,2006;Wang et al,2006;周建玮 等,2007;刘术艳 等,2008;曹富强 等,2014;Giorgi Gao,2018)。

10.2.2　当代气候数值模拟

在利用气候模式进行研究和应用之前,必须对气候模式的模拟能力进行评估和检验,考察内容包括不同气候要素平均态的空间分布特征、时间变率特征等。只要被观测资料所揭示的实际现象,几乎都成为了气候模式模拟能力检验的标准。这方面的工作通常被称为当代气候数值模拟。这里,我们仍然仅以大气和海洋的数值模拟为例,给出部分结果,以使读者对当前的数值模拟能力有一定的了解。

以美国大气研究中心(NCAR)大气模式 CAM3 的部分模拟结果作为例子,简单介绍大气数值模拟的基本情况。NCAR CAM3 是 NCAR 公用大气环流模式的最新版本,该模式的基础是 NCAR 从 20 世纪 80 年代初就开始发展的公用气候模式(Community Climate Model)。应该说 NCAR 的大气模式是最具代表性的 AGCM 之一,在大气科学研究领域被广泛使用。以下简单介绍部分模拟结果。

(1)纬向平均温度

图 10.17 是模拟和实测的 1 月和 7 月纬向平均温度随高度和纬度的分布。从图中可以看出,无论是 1 月还是 7 月,大气纬向温度分布的基本特征大致相似,例如赤道附近地层存在一个明显暖中心,两极温度较低;而对流层顶大约 100 hPa 高度存在一明显的冷中心,中心值为 195～200 K。对流层低层的暖中心位置随季节而变化,1 月基本上位于赤道附近,而 7 月则位置偏北,位于 20°—30°N。应该说,模式相当好地模拟出了这些观测到的纬向平均温度基本特征。当然,模式的模拟结果也存在不足的地方。例如:1 月,模式模拟的对流层低层的温度比实测值略偏高,而模拟的对流层顶的温度则偏低,尤其是在极地及高纬度地区,模拟值比观测值偏冷 5～9 K;平流层低层(15～30 km)的温度比观测值有所偏高;7 月的模拟也存在类似的偏差。

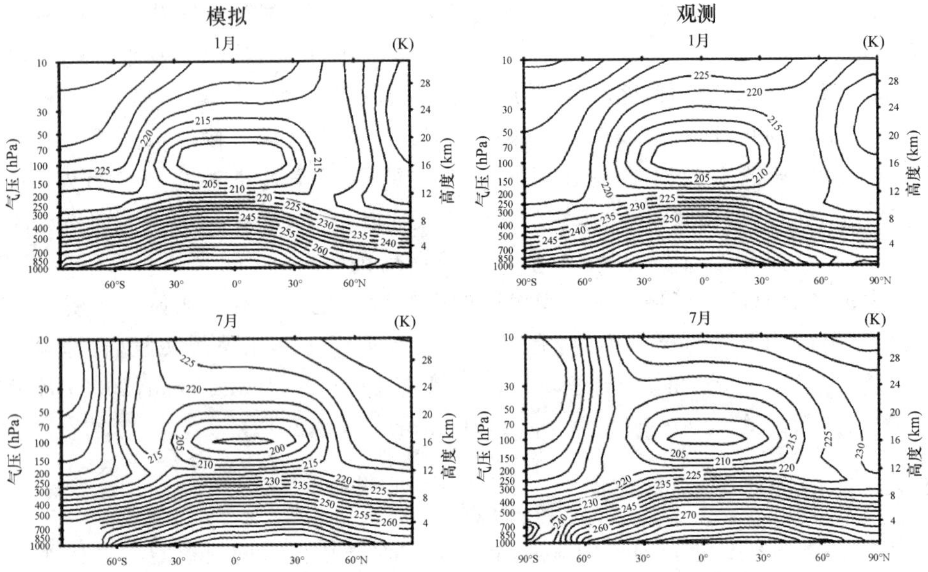

图 10.17 模式模拟和观测的 1 月和 7 月的纬向平均大气温度
(孙照渤 等,2010)

(2)平均纬向风

图 10.18 为模拟和观测的 1 月和 7 月的平均纬向风。平均纬向风分布的最大特点为四个急流中心,即南北半球中纬度对流层的西风急流、热带平流层低层的东风急流以及冬半球中高纬度平流层低层的西风急流。应该说模式比较准确地模拟出来了上述急流的纬度和高度,而且 1 月的模拟结果更接近观测。另外,赤道附近对流层低层所盛行的弱东风气流也在模式的模拟结果中得到了较好的刻画。1 月,模式

模拟的急流强度均略偏强，尤其是南半球中纬度对流层急流的强度，其中心值比实际偏强 6～12 m/s；7 月模拟的平流层低层西风急流明显偏强，其他急流中心的强度也略偏强。

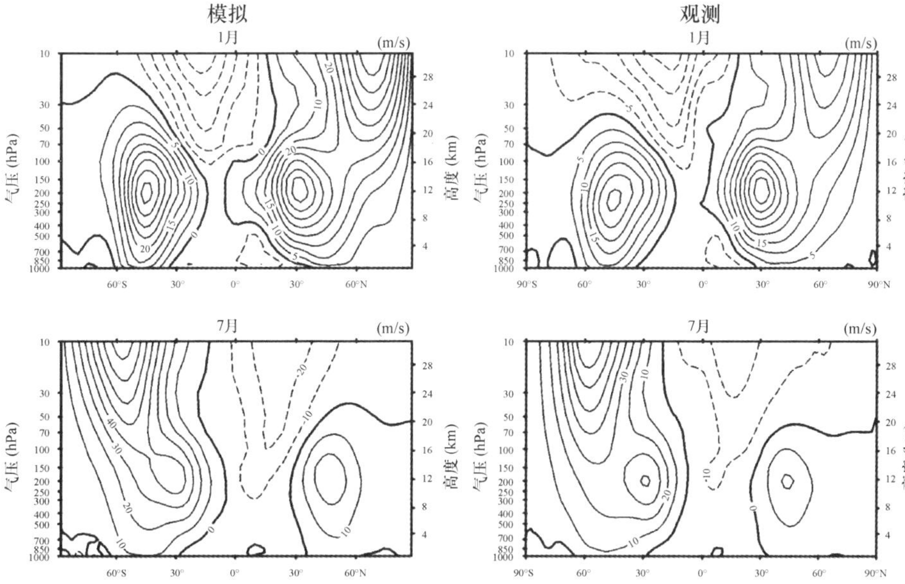

图 10.18　模式模拟和观测的纬向平均风速(孙照渤 等，2010)

(3)近地层气温的地理分布

图 10.19 是 CAM 模拟和实测的 1 月和 7 月的近地层气温的地理分布。因为洋面温度是给定的，所以重点来分析陆地部分的模拟结果。总体而言，模拟和实测的近地层气温的分布相当一致，模式模拟出了气温分布的主要特征。但模式模拟的 1 月温度在北半球极地和中高纬地区存在暖偏差，而东西伯利亚比实际略偏冷；格陵兰地区则存在严重的偏暖，温度偏高可达 8～10 K，南极大陆普遍偏低 2～4 K。模式模拟的 7 月近地层气温场，除了南极大陆温度有明显偏高，东北亚、北美北部存在明显的冷偏差外，其余地区的温度分布模拟相当成功。

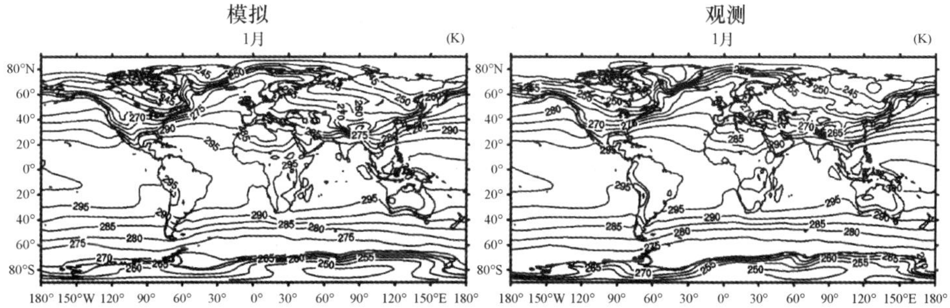

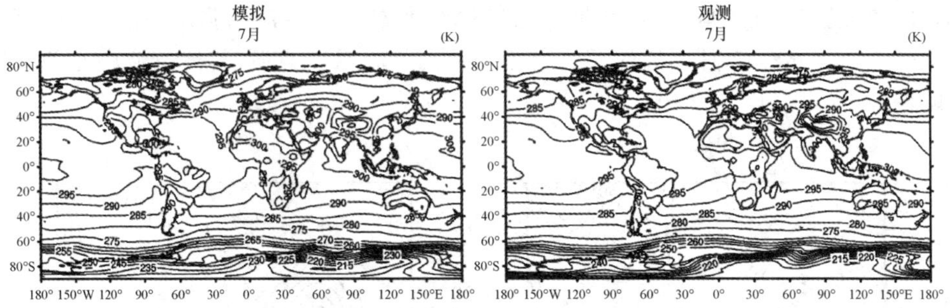

图 10.19 模式模拟和观测的近低层气温(孙照渤 等,2010)

(4)海平面气压的地理分布

图 10.20 是 CAM3.0 模拟和实测的 1 月和 7 月全球海平面气压的分布图。模拟结果总体上比较好地反映了实测海平面气压分布的基本特征。1 月,模式很好地模拟出了北半球 4 个主要大气活动中心:即蒙古高压、北美高压、阿留申低压、冰岛低压,其强度和位置均与实际情况比较接近;赤道以南地区的南非、澳大利亚、南美等三个大陆热低压,以及南半球气压分布的带状特征和南太平洋、南大西洋、印度洋等三个高压中心也均在模拟结果中得到了很好的体现。但模式模拟的阿留申低压的位置略偏西、强度略弱,冰岛低压强度偏强,北美高压、南半球的三个高压的强度也比实际情况略偏强。另外,模式模拟的北半球极地及高纬度地区的海平面气压表现出系统性偏低,而南极大陆及附近地区的海平面气压则有所偏高。7 月的模拟结果与夏季海平面气压场的基本特征也比较一致;从模拟的结果看,亚洲大陆、北美大陆分别对应印度热低压、北美热低压,太平洋和大西洋的副热带高压明显加强,减弱的冰岛低压西移至冰岛以西地区。这些季节转换的特征在模式结果中得到了很好的体现,但是模拟的两大洋上副热带高压的强度比实际情况有所偏强,而模拟的南极大陆附近的低压区的海平面气压明显偏低。

(5)降水的地理分布

图 10.21 是模拟和实测的 1 月和 7 月日平均降水率的地理分布;从雨带的地理分布来看,模式基本上抓住了季节降水的主要特征,但模拟于观测细节上却存在明显的差异。1 月,模拟的降水区域主要集中在赤道附近以南的南非、印度洋、海洋大陆、西太平洋及南美洲北部;北半球中纬度的降水主要发生在北太平洋、北大西洋和欧洲西海岸;而南半球中纬度地区存在一个较弱的带状降水,上述的模拟结果与实际情况很一致。但部分区域的模拟降水在强度上与实际值尚有一定的差异:例如热带地区的降水,除中东太平洋地区明显偏少外,大部分地区强度均明显偏大;另外,在中纬度太平洋、大西洋区域的降水强度比实际情况则有所偏强。相比之下,7 月降水的模拟效果要比 1 月的情况差一些,印度洋地区降水明显偏多、东南亚一带的降水

则比观测值明显偏低；此外，降水强度在中太平洋，赤道东太平洋以及南半球中高纬地区也不太理想。值得指出的是，要准确模拟降水是非常困难的，目前的 AGCM 基本能模拟出降水的大尺度特征，但要对降水强度等更为细致的特征进行准确的刻画，并不是短时间内所能解决的。

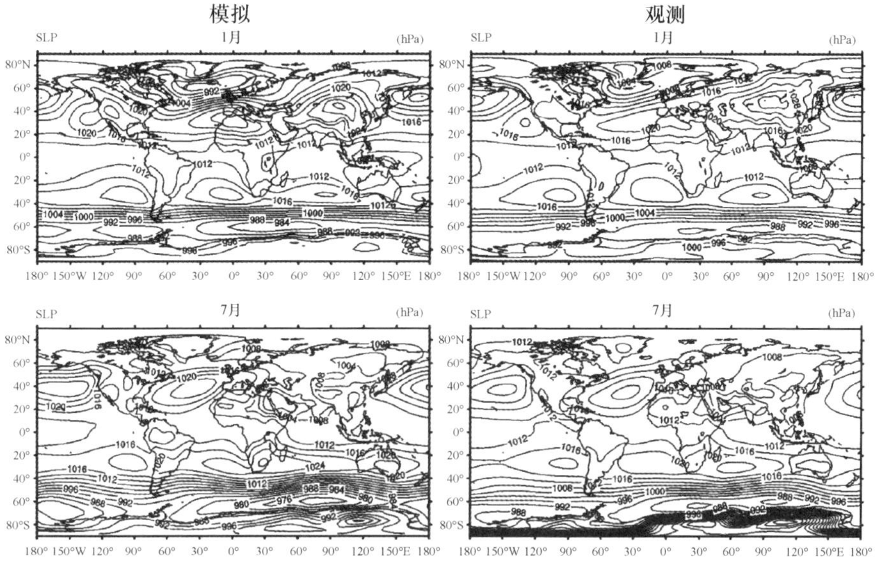

图 10.20　模式模拟和观测的海平面气压(SLP)(孙照渤 等,2010)

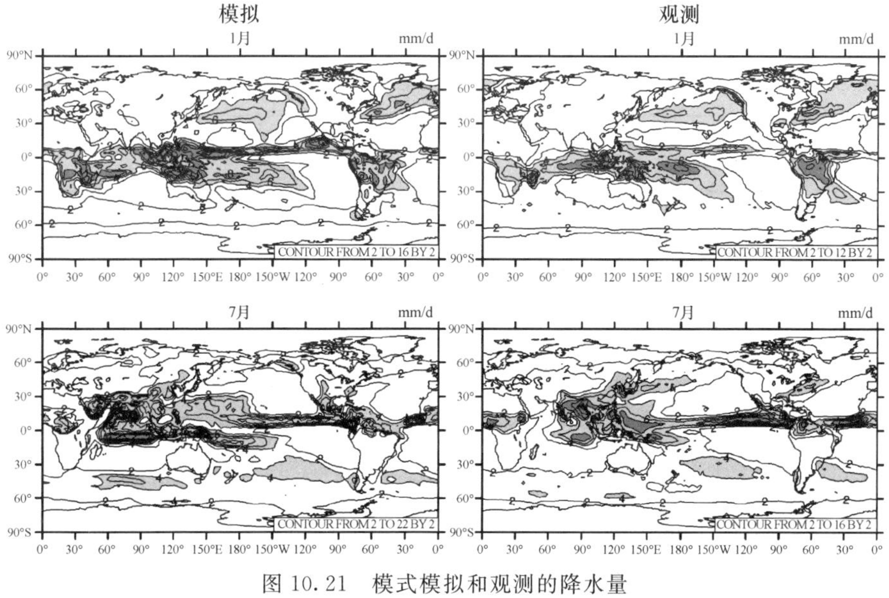

图 10.21　模式模拟和观测的降水量

(观测取自 GPCP，Huffman et al,1997)

以上简单介绍了大气模拟的一些基本结果,应该说明,除了上面介绍的大气模式对平均气候态的模拟以外,大气的数值模拟还包括其他很多方面的内容,例如:对大气环流的季节转换、大气的低频变化、大气涛动以及大气中各种时间尺度的气候变率的模拟等。限于篇幅,这里不能一一列举。

(6)海气相互作用模拟

类似于大气数值模拟,海洋数值模拟主要通过 OGCM 或者海气耦合模式 AOGCM 对海洋要素的基本特征和基本现象进行模拟。海洋数值模拟可以在给定大气强迫的条件下通过对 OGCM 的积分来实现,大气强迫的边界条件通常包括大气风应力、温度、降水等。另外,海洋模拟也可以通过积分完整的海气耦合模式来对海洋或者海气系统中的各种现象进行模拟。以下分别给出一些有关海洋模拟的例子。

① 海温气候态的模拟

图 10.22 给出了 NCAR 海洋环流模式 POP4 模拟和观测的 SST 气候平均场。从图上可以看出模式模拟的冬季和夏季的 SST 分布形与观测结果一致。冬季和夏

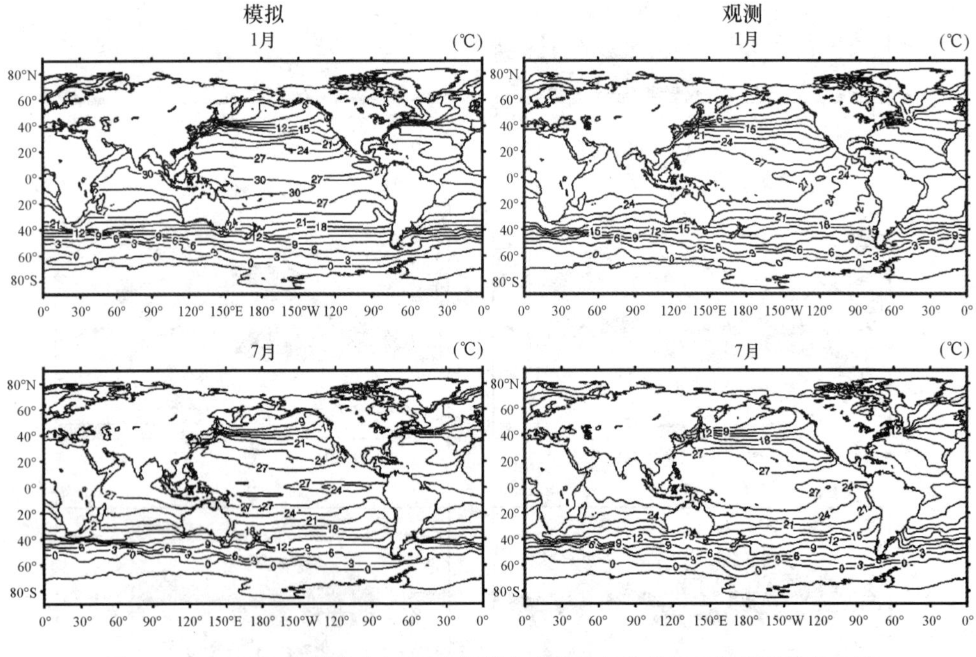

图 10.22 NCAR 海洋模式(POP4)模拟和观测的冬季和夏季气候平均的 SST (sea surface temperature:海表温度)(观测来源于 Levitus 世界海洋图集,1998,资料可以从以下网站:http://www.cdc.noaa.gov/获得)

季 SST 的分布具有一些共同的特点：SST 的最高值均位于热带地区，而极高值则主要出现在赤道西太平洋和印度洋；最强 SST 南北梯度出现在中高纬度，尤其是南半球的中高纬度 SST 的南北梯度最强，这些 SST 分布的主要特征在模式结果中有很好的反映。但无论是冬季还是夏季，模式模拟的海温在赤道西太平洋和热带印度洋地区比实际偏暖，偏暖幅度大致为 2～3 ℃。另外，模式模拟的冬季赤道东太平洋的“冷水舌”比观测要弱得多，该处的 SST 比观测高 1～2 ℃，模拟的北大西洋地区的 SST 分布与实测也存在一些差别。相比之下，夏季的情况要好一些，但模拟的赤道东太平洋的“冷水舌”却比观测强，其西伸的范围比实际偏大。但总体而言，模式对两个季节的 SST 的模拟还是比较成功的。

② 海流对热量输送作用的模拟

海洋环流不仅对海温的分布具有重要的影响，而且对全球范围内的质量、热量的输送也具有重要作用，海洋模拟通常也对海流引起的淡水、热量输送进行考察。图 10.23 分别给出了 NCAR 海洋环流模式 POP4 模拟的全球、太平洋、大西洋和印度洋区域的年平均向北的热量通量输送，同时也给出了根据 NCEP 再分析资料计算的热量通量的输送。对于全球海洋而言，南北两半球的海洋都将热量向极地输送，最大的向极热量输送主要位于低纬度地区，模式基本上模拟出了以上特征，但模式对南半球海洋热量输送的模拟明显偏小，对南半球中纬度海洋热量输送的模拟甚至出现了与实况相反方向的情况。太平洋区域海洋热量输送的特征与全球海洋的特征基本相似，模式对太平洋区域的热量输送模拟，除了北半球中低纬度稍微偏大外，与观测较为一致。模式对大西洋区域海洋热量输送的模拟总体偏小，而印度洋区域海洋热量输送的模拟效果最差。由此可见，模式虽然可以模拟海流对热量输送的总体特征外，但在细节方面离实况还有一定的差距。

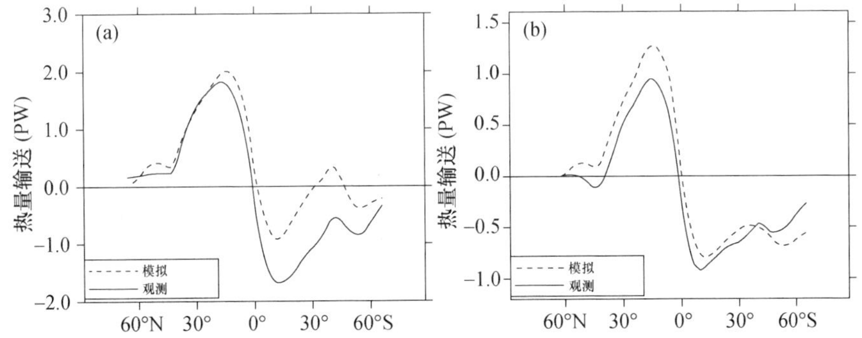

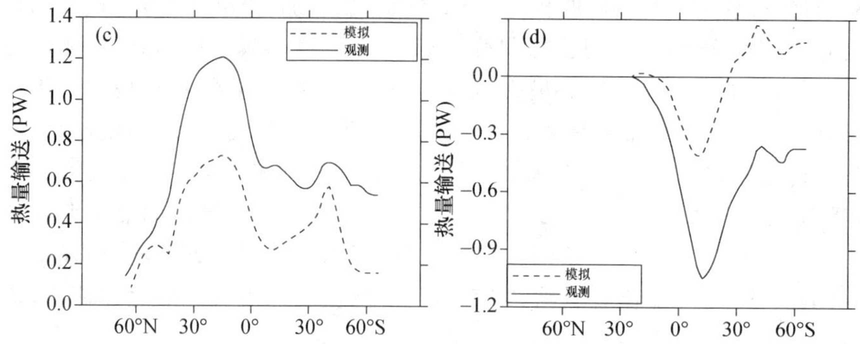

图 10.23　模拟和观测的不同海洋区域的年平均向北输送的热量通量(1 PW＝10^{15} W)

(a)全球海洋;(b)太平洋;(c)大西洋;(d)印度洋

③ 海洋变率的模拟

海洋模拟的另外一个重要内容,就是对海洋不同尺度的变率进行模拟。其中对ENSO的模拟研究曾一度成为这方面的重要内容,例如Cane(1986)、Zebiak和Cane(1987)就利用他们简化的局地海气耦合模式成功地预报除了1986—1987和1991—1992年的ENSO事件。而近年来,则有大量的工作利用不同的AOGCM成功地模拟了太平洋SST的年代际变率(Latif and Barnett,1996;Robertson,1996;Yukimoto et al,1996,2000;Knutson and Manabe,1998;Yu et al,2000)。作为这方面研究的一个例子,这里给出Yukimoto(1999)利用日本气象研究所MRI　CGCM对太平洋SST的年际及年代际尺度变率的模拟结果。图10.24给出了对模式模拟和观测的SST分别作自然正交展开(EOF)得到的前两个模态。不难发现模式不仅合理反映出了ENSO尺度的SST的空间变化,也很好地模拟出了与太平洋SST年代际尺度的变化。但是,我们也注意到模式模拟的两种尺度的SST的变化,在空间分布上还是存在一定的差别。另外,从计算结果看,模式模拟的年代际尺度的SST变率的方差贡献比实际情况要小许多。总体而言,模式对不同尺度的海洋变率确实已经具有一定的模拟能力。

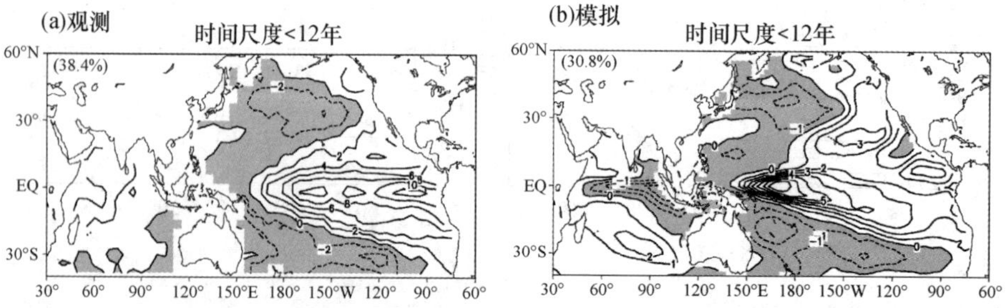

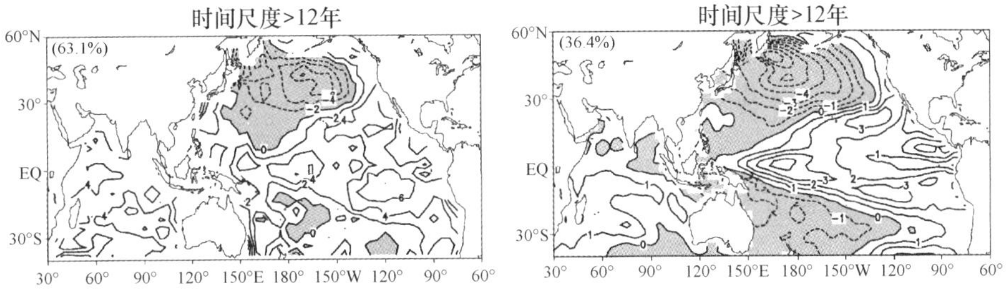

图 10.24　MRI CGCM 模式模拟和观测的太平洋区域海温 EOF 分析的前两个特征向量，分别表示(1)ENSO 时间尺度(时间尺度＜12 年)的变率(上图)；(2)年代际时间尺度(时间尺度＞12 年)的变率(下图)。注：图左上角的数值表示每个模态的方差占总方差的百分比(Yukimoto 1999，IPCC 2001 report)

10.2.3　敏感性试验

气候模式具有模拟大气、海洋、海冰及气候系统变化特征的能力，是将数值模式应用于气候变化研究的基础。在气候数值模拟的研究领域，一个非常重要的方面就是利用气候数值模拟来认识气候的形成和演变规律，此时常用到气候敏感性试验方法，比如在模拟过程中改变地形、海陆分布、太阳辐射、地球旋转、大气成分、陆面状况等，研究气候系统外部强迫条件或内部物理机制改变可能引起的气候变化。另外，敏感性试验也常用于模式评估与改进工作，例如对模式中的辐射过程、云、对流、陆面过程、模式分辨率、数值计算方案等进行敏感性试验，以评估模式参数化方案的优劣，并进一步优化改进。

气候敏感性试验的设计，可以概括为三个步骤。

第一，控制试验，又称标准试验，正常气候或现代气候模拟试验：即在给定的气候模式中，进行长期数值积分，所得各种试验结果即为控制试验结果。将模式结果与观测资料进行对比，检查模式的模拟能力，例如上一节谈到的当代气候的数值模拟基本上属于这一类试验。

第二，敏感试验，又称异常试验或特殊试验。即在给定的气候模式中，改变一个或多个因子，进行长期数值积分，所得各种试验结果即为敏感试验结果，敏感试验反映了因子变化的作用。

第三，对比分析，即用敏感试验结果与控制试验结果比较，其差值可以反映一个或多个因子改变的作用，从而可以分析影响气候变化的因子以及气候变化的物理过程、反馈机制等。

气候敏感性试验是气候研究领域的重要方法，其所涉及的范围很广。过去大量的研究通过敏感性试验研究了各种各样的问题，例如古气候的模拟、太阳辐射、海洋、冰雪、人类活动、地形、海陆分布、植被、土壤湿度、火山活动以及地球轨道参数等的变化对气候的影响。这方面的研究不胜枚举,很难对其进行全面总结,这里以太阳辐射变化的影响、海洋异常的影响和地形影响作为例子说明,以使读者了解气候敏感性研究的基本方法和思想。

(1)太阳辐射强迫变化

太阳辐射是地球气候系统的主要驱动力,太阳辐射的变化可能是造成气候变化的重要原因。有关太阳辐射强迫变化的敏感性研究,主要集中在讨论太阳常数的变化可能对气候产生的影响,这些试验中通常假定太阳常数变化±1%、±2%等,并考察上述变化对大气环流与气候变化的影响;此外,也有一些模拟研究则是试验太阳辐射强度日变化与季节变化对全球大气环流与气候变化的影响。以下给出几个这方面研究的例子:

Wetherd 和 Manabe(1975)利用 GFDL 的格点 AGCM,取简单的海陆分布,计算太阳常数的各种变化所引起的大气和地表各能量分量的变化。结果表明,随太阳常数减小,在大气顶部太阳辐射、长波辐射和地面太阳辐射都减小,而地面长波辐射、感热、潜热通量则增加。Hansen 等(1984)利用 GISS 的大气——混合层海洋耦合模式(AMOGCM)模拟了太阳常数增加 2%情况下全球温度的变化。模拟结果表明,太阳常数增加 2%将导致全球地面气温增暖 3~5 ℃,尤其是两半球高纬度地区的增暖最为显著,大致+5~+6 ℃(图 10.25a)。两半球的中高纬度冬半年变暖高于夏半年,如冬半年高纬度增暖 8~10 ℃,而夏半年一般变暖 1~3 ℃(图 10.25b)。另外,在垂直方向上低纬度对流层上层有明显的变暖,中心为+8 ℃(图 10.25c)。

(2)海温异常的敏感性试验

海洋对气候变化的影响一直是气候学家们最关注的问题之一,在有关各类气候物理因子的敏感性研究中,海洋作用的敏感性研究最丰富。20 世纪 70 年代开始,大量的工作通过诊断方法研究了海表温度异常(SSTA)对全球或区域气候的影响。这为后来许多利用 GCM 开展的 SSTA 对全球或区域气候影响的敏感性试验研究提供了很好的依据。在有关海温异常的敏感性研究中,用于对比的控制试验 SST 一般取气候平均场;SST 异常试验取某种理想化的 SSTA 分布,或取观测到的典型 SSTA 事件的海温分布作为 AGCM 的强迫。利用 GCM 或气候模式在正常和异常的边界条件强迫下分别进行长期数值积分,将异常强迫的结果(异常试验)与正常强迫(标准试验或控制试验)的结果进行对比。这些模拟大都针对不同区域的 SSTA 或者针对不同区域的气候,例如,考虑赤道东太平洋、赤道中、西太平洋、中纬度海洋、印度洋与阿拉伯海、大西洋等。在有关海温影响我国气候的研究,除了考虑上述区域的 SSTA 外,大量的研究还考虑了我国邻近海域的海温异常的影响,诸如,西太平洋暖池、南海、孟加拉湾、黑潮区域的海温异常等。这些 SSTA 的气候模拟研究证实了大气环流和气候对 SSTA 响应的某些特征，为揭示一些特定的大气环流或气候异常事件的形成机制提供了坚实的物理基础。

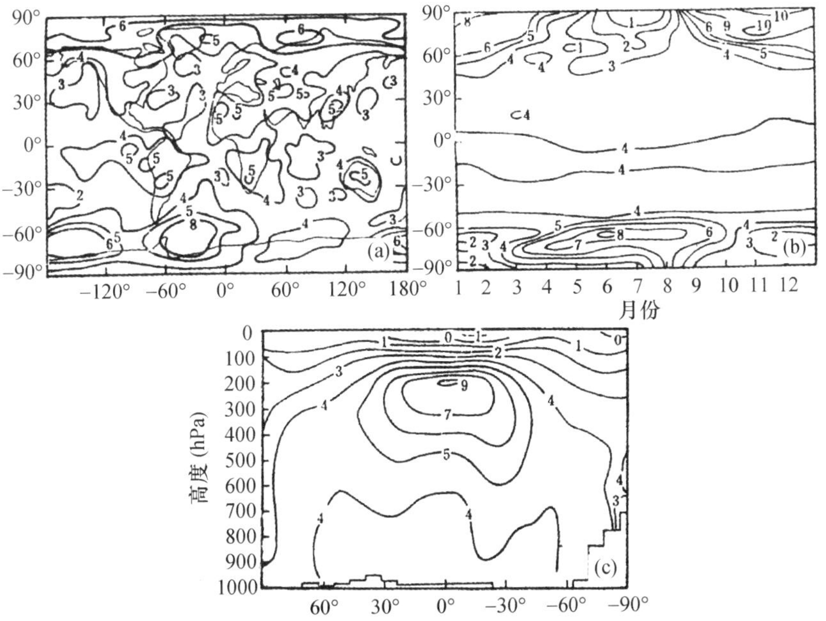

图 10.25 太阳常数增加 2%的全球温度变化（异常试验减控制试验，单位：℃）：
(a)地面气温变化；(b)月-纬度图；(c)纬度-高度图（转引自王绍武，1993）

这里以北半球中纬度太平洋即北太平洋海温异常对大气环流的影响为例说明。与热带 SST 的变化相比，中纬度的 SST 存在较大的逐日变化。有观测分析表明：1976/1977 年的秋冬季，北太平洋的中部和西部 SST 异常偏低，同时在美国西岸则出现了异常偏暖，北太平洋的 SSTA 异常可能是造成 1976/1977 冬季北美东部异常低温的原因之一。为了证实这种推断，Shukla 等用 GLAS 气候模式做了数值试验。图 10.26 是试验采用的北太平洋的 SSTA 分布，其中北太平洋中部为中心值超过－3 ℃的负距平区。在此基础上，模式从 1977 年 1 月开始，积分 45 天后，将异常试验结果与对照实验进行比较。图 10.27a 是异常减控制第 15～45 天平均的 700 hPa 温度的差值。结果发现在最大的负 SSTA 区上空温度有明显的负异常，而暖的 SSTA 区上空则对应暖的 700 hPa 温度异常，上述距平分布形式与 1976/1977 年冬季的实况非常接近。另外，值得注意的是 700 hPa 温度异常出现另外两个负中心，一个沿 75°W，另一个沿 70°E，在北美东北部的负 700 hPa 温度异常有最大的数值，这个特点可能反映了由于北太平洋 SSTA 造成的大气行星波响应。图 10.27b 给出了 500 hPa 高度的差值场，其分布在北美东部为典型的低指数形势，这种形势可以很好地解释 1976—1977 年冬北美东部的严寒及阿斯拉加的温暖。

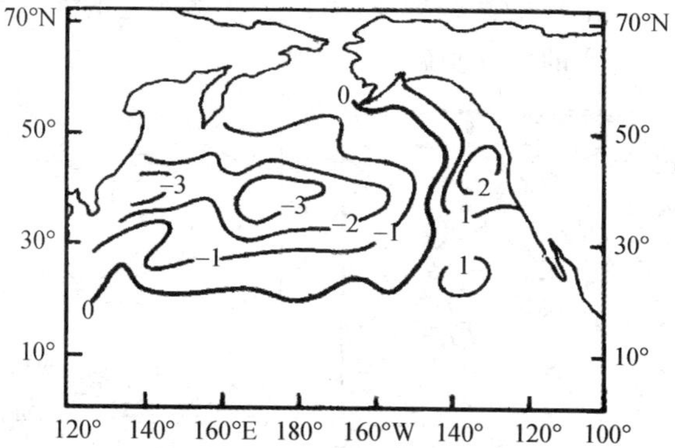

图 10.26　GCM 试验采用的 SSTA 分布(℃)(Shukla et al,1979,转引自林本达 等,1994)

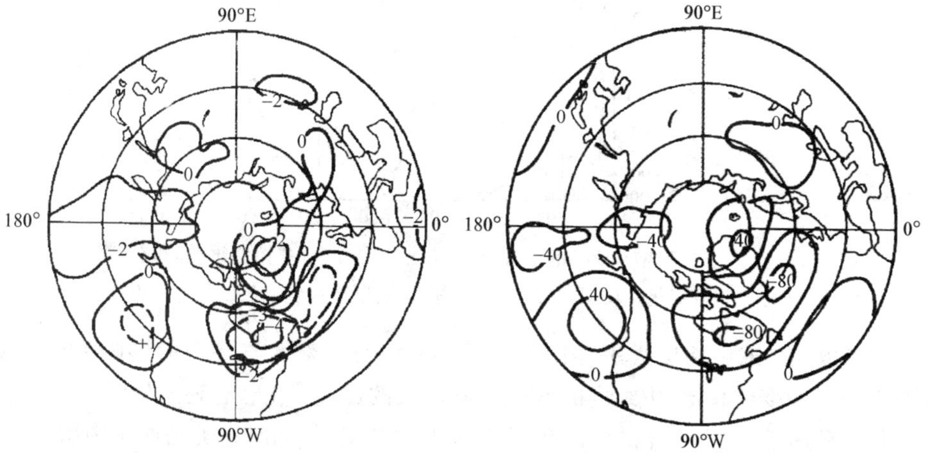

图 10.27　异常试验减控制控制:(a)700hPa 温度差值场;(b)500hPa 高度差值场
(Shukla et al,1979,转引自林本达 等,1994)

(3)陆面异常的敏感性试验

20 世纪 60 年代以来,人们利用各种各样的数值模式从不同的角度对陆面过程与大气的相互作用进行了大量的敏感性试验。这些敏感性试验主要研究了地表反照率、地表粗糙度、土壤湿度、土壤温度、植被覆盖、雪盖等方面的异常变化产生的气候反馈作用。这里仅给出一个有关地表反照率敏感性试验的结果。1975 年,Charney 提出了"生物—地球物理反馈",认为反照率增加将造成大气辐射降温,因而使得下沉运动增强、减少降水、不利于植物生长。进一步的研究表明,在次撒哈拉地区的过度放牧将使得地面反照率增加了两倍,由 14% 到 35%,因此造成干旱并维持荒漠状况(Charney et al,1977)。Chervin(1979)利用 NCAR 的大气环流模式进行了改变北非地面反照率的数值试验。异常试验中，将 7.5°N 以北的北非地区的地面反照率改为 0.45；而控制试验中该区域的地面反照率则采用了不同的分布：撒哈拉北部为 0.35，南部边界区为 0.08。数值试验积分了 120 天，图 10.28 是模式给出的最后 60 d 平均的大气环流和气候异常的情况。不难发现，地面反照率的异常引起了各种气象要素的显著变化，异常变化的范围不仅出现反照率改变的地区，而且还出现在反照率改变的区域之外，值得注意的是在其南面广大区域的气象要素也发生了明显异常。北非地面反照率的增加使得垂直上升速度减小了约 2 mm/s，而降水率约减小了 4 mm/d，土壤水分的存贮减小了约 50 mm，地面温度降低了约 0.2 ℃。

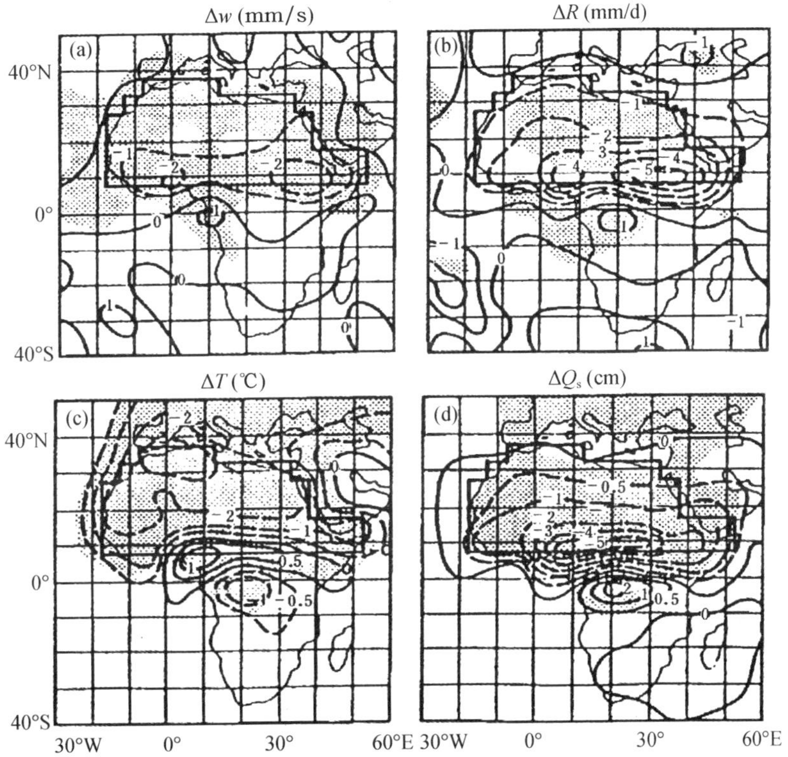

图 10.28　北非地区地面反照率增加所造成的气象要素异常的数值模拟试验结果：(a)3 km 高度上的垂直风速异常(mm/s)，(b)降水率异常(mm/d)；(c)地面温度异常(℃)；(d)土壤湿度异常(cm)(引自 Chervin，1979)

10.3 气候预测

10.3.1 基本概念

气候变化受到外界强迫、内部动力学过程以及人类活动的影响,是非常复杂的。冯·纽曼(von Neumann,1955)指出,从预报角度看,大气运动可以分为三类:第一类运动主要决定于大气运动的初始场,不必考虑外部强迫的作用,因此可以从初始场外推。第二类运动几乎完全与初始场无关,因此只考虑外部强迫的作用,可以不考虑初始场做预报。而最困难的是第三类运动,即距初始时刻相当远,因此不可能完全从初始场外推,但初始场的影响又没有小到可以忽略不计的程度,还要考虑外部强迫的作用。第一类即目前的短、中期预报。第二类即目前的敏感性试验。第三类大约相当于现在的气候预测。

气候预测是对未来某种时间尺度上的气候状态进行定性地判断或给出定量的估计。目前的气候预测主要是指月至季节尺度的短期气候预测,如汛期降水预测、跨季度预报、月平均环流预报等。目前10～30天的预报,因其时间尺度处于天气预报和短期气候预测之间,正愈来愈受到关注,一般也称其为延伸期预报。

10.3.2 短期气候预测发展历程

20世纪气候预测研究大体可平均划分为四个阶段。

第一阶段——开创阶段。从19世纪末到20世纪30年代。单纯应用统计方法,以相关分析为主,预报局地气候要素,比如,用多元回归直接预报某一地点的月平均气温或降水量距平。这一时期的预报仅使用统计方法,缺少对天气学和大气动力学的理解,只能对局地气候要素进行预报。

第二阶段——天气学派发展阶段。20世纪初到50年代,主要有苏联的穆尔坦诺夫斯基学派及美国纳迈阿斯学派。

穆氏学派将天气系统的概念引入长期预报,因此也称为天气学派。中期预报是建立在对自然天气周期的分析上,长期预报主要依靠韵律和位相,还有自然天气季节。

纳迈阿斯的研究是引入大气长波的概念,其主要思想是根据过去的平均图的变化外推。他的近似图是把本月的距平加到下个月的平均图上,即假定距平不变。主要贡献为:其一,把30天平均环流图作为预报的基本工具,现在用GCM做气候预测,其最主要的产品就是500 hPa月平均高度距平图;其二,指出月平均环流与月平均天气有密切关系,为利用GCM作气候预测提供了依据;其三,指出SST异常对大气环流有影响,大气环流的异常也作用于SST。

第三阶段——统计分析发展时期。第二次世界大战后，世界范围从 20 世纪 60 年代开始发展，我国从 70 年代进入统计分析发展阶段。在这一时期，各种统计方法在气候诊断与预测研究中被广泛采用，比如，判别分析、典型相关、多元回归分析、相似聚类、时间序列分析等方法用于气候预测；

第四阶段——动力学模式发展阶段。从 20 世纪 80 年代中期开始，用大气环流模式（AGCM）作月延伸预报，90 年代又发展到用耦合模式（CGCM）作季度预报，现已成为气候模拟及预测研究的重要手段。21 世纪以来，通过各种方法的模式集合预报，成为气候模拟及预测研究的重要方向。

中国气候预测发展也主要分为四个时期。

简单的经验统计分析：20 世纪 70 年代以前，主要依靠历史资料和天气气候分析，预报方法是比较简单的天气气候学统计相关、相似和周期分析。

数理统计方法的广泛应用：20 世纪 70 年代到 80 年代，各种数理统计方法在短期气候预测中得到了广泛的应用，但物理因子的分析仍是一个薄弱环节。

物理统计方法的深入发展：20 世纪 80 年代以来，短期气候预测理论研究的发展、观测事实的发现以及对物理因子的深入分析，都增强了短期气候预测的物理基础和预测能力。

动力与统计相结合的新阶段：20 世纪 70 年代以来先后讨论提出了距平滤波模式、考虑历史演变的动力-统计模式、地温热力学模式等，并在业务预报中进行了试用。80 年代，气候动力学开始受到重视并得到了很大的发展，开始使用大气环流模式（AGCM）和耦合模式（CGCM）进行气候模拟和预测。90 年代以来，又先后进行了动力延伸预报和季节数值预报的研究和业务实验。

10.3.3　气候预测方法

气候预测的方法主要包括以统计为主的经验预测方法、以气候数值模式预测为代表的动力学方法和动力—统计相结合的方法。

(1)统计预测方法

气候统计预测是建立在对大量气候资料的统计诊断分析基础上，利用统计模型对气候系统的未来变化状态做出估计。应用气候统计预测方法时，必须注意其隐含的一个基本假设条件，即气候系统的未来状态类似于过去和现在。也就是说，统计模型结构在预测期间内保持不变，气候系统变化与各变量之间的相关关系在预测期间内稳定存在。

气候预测开始发展阶段时，曾简单的依据气象要素本身或要素之间的相似、相关和韵律关系，利用数理统计的方法预测未来变化，例如利用预测对象的时滞相关性，并根据当前状况预测后期变化。20 世纪 80 年代以后，随着对大气环流和气候异常的物理因素分析和理解的深入，逐渐建立起以物理因子分析为基础的物理统计方法。该方法以具有一定物理意义，可以影响气候异常的因子或预测强信号为基础，把物理因子和前兆强信号的分析作为预测依据，经过统计方法，建立天气气候学或有较为清晰物理图像的预测概念模型。典型的例子如对我国 1998 年汛期预测过程中，抓住了当年夏季异常气候的主要物理因子和前兆信号，在汛期预测会商中取得了共识，使得 1998 年汛期预测取得了较大成功。图 10.29 显示 ENSO 发展期赤道东太平洋 SST 异常偏暖时，江淮流域夏季降水偏多而华北和长江以南降水偏少；ENSO 衰减期呈现不一样的相关分布型，即赤道东太平洋 SST 异常偏暖时，江淮流域偏少而黄河流域和江南偏多。ENSO 不同阶段的 SST 异常与中国东部降水分布型的显著相关，使得赤道东太平洋 SST 状态成为我国汛期预测的有效信号之一。除此以外，冰雪覆盖、地温、青藏高压、极涡、三大涛动等物理因子或者大气环流信号都被应用在建立气候预测物理统计模型之中。

(2)动力预测方法

数值气候预测主要指用气候模式或某种简化的模式进行的气候预测，又称为动力学方法。在气候预测中，海洋必须被考虑其中。由于海气耦合模式对观测的气候态以及热带海洋和大气状况常存在较大的模拟偏差，曾庆存等(1990)和 Bengtsson 等(1993)提出了“两步法”的预测方法，即先利用动力模式或者统计方法得到 SST 的时空分布特征，再提供给大气环流模式作为下垫面强迫以模拟预测气候要素的异常特征。其物理基础在于，缓变的海温和陆面异常对大气中的低频变化尤其是热带地区具有显著影响，使其具有一定的可预报性。例如早在 1989 年，曾庆存等(1990)就利用了我国自行研制的 OGCM 和 AGCM，通过“两步法”对我国汛期旱涝情况进行了数值模拟预测并取得了成功。

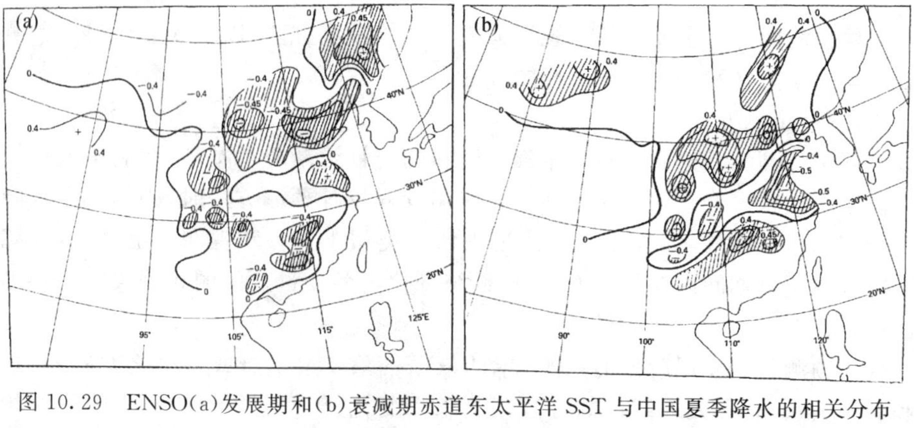

图 10.29 ENSO(a)发展期和(b)衰减期赤道东太平洋 SST 与中国夏季降水的相关分布
(引自 Huang and Wu,1989)

另外一种直接采用海气耦合模式 AOGCM 进行气候预测的方法被称为“一步法”。该方法能够更真实地考虑海气之间的耦合状态，对耦合强烈区域的模拟和预测愈发重要。国际上如美国 NCEP 利用海一陆一气耦合气候模式(Climate Forecast System，CFS)进行气候预测，我国国家气候中心定期发布海气耦合模式 BCC_CSM1.1 的模拟预测结果。一般“一步法”中采用耦合模式必须解决两个关键问题：其一，在运行模式期间，需要考虑“气候漂移”现象。这是由于分别对大气和海洋环流模式进行积分时，两者得到的结果都很合理，而将两个模式耦合在一起时，大气和海洋的交界面便不能很好地拟合，随着积分时间的增长，大气和海洋就偏离自身应有的状态。这是进行数值模式预测的难题之一，至今仍未得到很好的解决；其二，海洋资料极其缺乏，比如进行预测时初始海洋的观测资料，包括从海表到海底各个深度的海温、海流和盐度等的观测数据。目前，这是完全不可能做到的，因此在预测中会导致结果出现偏差。为克服这一困难，大气科学中发展了四维同化的方法，在一定程度上解决了预测中的实际问题。“一步法”相比“两步法”多了一些耦合反馈过程，但“两步法”更易于实现，且能更好地捕捉到海洋的异常状况，因而在实际应用中往往会进行综合考虑。

(3)动力-统计预测方法

前述统计和动力预测方法各有其优缺点。当统计预测中具有预测意义的前期信号异常程度不够显著，或者与后期预测对象之间的密切程度出现年代际转变时，统计预测结果往往误差较大。动力方法本质上是基于物理定律的初边值问题，且各种尺度的预报对象由一个模式完成，其对初边值的使用精度和物理过程本身的非线性问题都会带来模式结果的不确定性。且由于数值模式的动力框架、物理过程参数化等水平的限制，现有的模式对区域尺度的如温度、降水等气候要素的预报水平依然十分有限，不足以满足业务需求。因此，为了将两种方法的优势结合在一起，动力-统计预测方法逐渐发展起来。

在动力-统计预测中，可以有两种思路。一种是从改造动力方程着手，或在动力方程中引入随机项、统计系数，或者按照某种准则导出新的统计-动力方程，把这类方法称为动力-统计的内结合；另一种是把数值预报的结果资料加以统计，实际上是一种分两步走的办法，把这类方法称为动力-统计的外结合。例如模式输出统计方法(model output statistic method，简称 MOS 法)利用过去观测或预报数据建立环流与地面要素之间的统计关系，再由模式预报的环流间接预测地面要素场。基于此进一步发展了统计降尺度技术和模式后处理技术等，它们已成为改善模式预报不可或缺的工具。事实上，模式的误差订正和集合预测等方法也同样属于动力-统计相结合的范畴。集合数值预测不仅采用了内结合的方法，同时也采用了外结合的方法，其是在实际观测和分析得到的初始场的基础上，叠加适当的小扰动，由此形成有微弱差别的多个初始场，分别进行动力延伸预报，然后再利用统计方法综合预报结果。目前，集合预报已成为国内外广泛应用的一种新的数值预报技术。

10.3.4 中国短期气候预测业务现状

目前中国国家级短期气候预测业务主要由国家气候中心气候预测室(前身为中央气象台长期科)承担。其主要任务是制作并发布中国范围内月、季、年时间尺度的气候趋势预测，主要的预测产品有:《每月气候预测》《汛期气候预测》和《年度气候预测》等。还有一些对国民经济影响巨大的灾害性气候的专项预测，如夏季东北低温、初霜冻、春播天时等。产品主要为党和国家领导人以及政府有关部门提供决策服务，同时也为全国各区域气候中心的短期气候预测业务提供技术指导。

经过多年的建设，中国已建立起一套以汛期气候预测为主要内容，国内大专院校和气象科研机构广泛参与，包括月、季、年时间尺度气候预测的短期气候预测业务系统(图 10.30)。目前气候预测主要采用物理统计方法和动力数值模式相结合的方法。物理统计方法的重点是分析影响中国气候的各种物理因素及其前兆信号(比如海温、雪盖、季风、阻高、副高等)，建立预测概念模型，定性地预测中国夏季多雨带类型及旱涝趋势。另外，一些数理统计方法，例如气候背景分析、时间序列分析(方差、周期、谱分析等)、多元分析(回归、判别、主分量分析等)、天气气候学的相关相似分析，也是目前国内短期气候预测的主要统计方法。

(1)月气候预测

每月气候预测是国家气候中心短期气候预测业务的主要任务，也是短期气候预测的难点，主要工作流程是:在全国气温、降水测站资料及月平均模式客观分析格点资料收集入库后，通过资料处理模块将资料分别处理成物理统计方法和月动力延伸预报模式所需的资料格式，再根据各种分析方法，如物理量相似法、多因子相关法、环境场相关法、最优气候值法、韵律场相似法等以及月动力延伸预报模式的概率预报和确定性预报结果，并采用各种方法集成，最终生成月气候预测产品。根据国家气候中心对短期气候预测业务的 PS 评分指标，目前月温度预测准确率 PS 评分在 65%左右，而月降水预测较差，只有 60%左右，而且预测水平波动较大。

(2)汛期/盛夏气候预测

《汛期气候预测》包括夏季降水(旱涝)、台风、气温等预测内容，其中汛期旱涝预测是重点。它对国家防汛抗旱总指挥部部署防汛抗旱工作具有重要的指导意义。

汛期气候预测业务的主要流程是:从国家气候中心海量存贮资料库中获取所需数据，通过资料处理模块将资料分别处理成物理统计方法和全球海气耦合预报模式所需的资料格式，再根据各种分析方法，如典型相关法、周期回归模型、汛期旱涝概念模型、物理量相似模型、积雪模型、ENSO 模型、海温模型、阻高模型、热带环流模型、冬季环流模型等以及海气耦合模式的概率预报和确定性预报结果，并采用各种方法集成，最终生成汛期/盛夏气候预测产品。

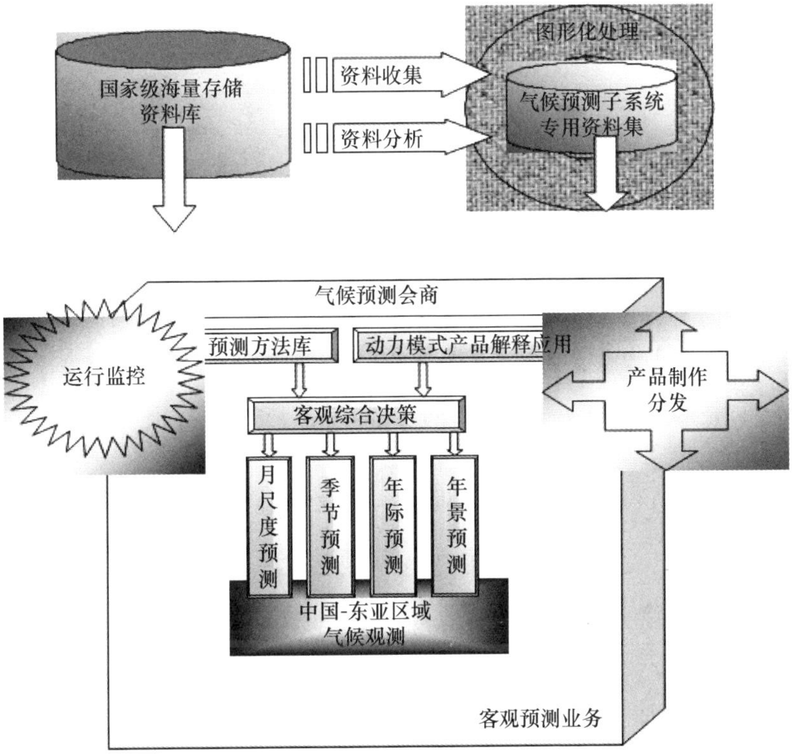

图 10.30　国家级气候系统预测业务产品的制作流程示意图

图 10.31 给出了国家气候中心 1978—2008 年汛期降水预测评分的变化，可以看到虽然其平均 PS 评分在 65%左右，但逐年变化较大，这 30 年预测水平没有明显提高，这也从一个方面说明短期气候预测业务的艰巨性。

(3)动力气候模式预测

动力数值模式方法是利用动力模式进行短期气候预测。经过“九五”国家重中之重科技项目“我国短期气候预测系统的研究”及其加强项目的研制开发，目前已经建成了一套包括全球大气环流模式、全球海洋环流模式、东亚区域气候模式和简化的 ENSO 预测模式等多个模式在内的短期气候预测动力模式系统，并于 2005 年 1 月投入了试验性业务运行，2005 年 12 月经中国气象局预测减灾司批准正式投入了业务运行。该模式系统能够提供月、季节(汛期)和年度的模式预测信息，包括 200 hPa、500 hPa、700 hPa 位势高度，200 hPa、700 hPa 纬向风、经向风，海平面气压，地面温度，地面降水等多层次多要素的模式输出产品。自 1998 年起，动力模式预测的输出结果,经过一些简单的系统性误差订正后,每年为汛期预测和每月气候预测提供模式的预测结果作为参考。但目前我国动力模式预测能力不高,一般都低于最终的综合预测准确率。

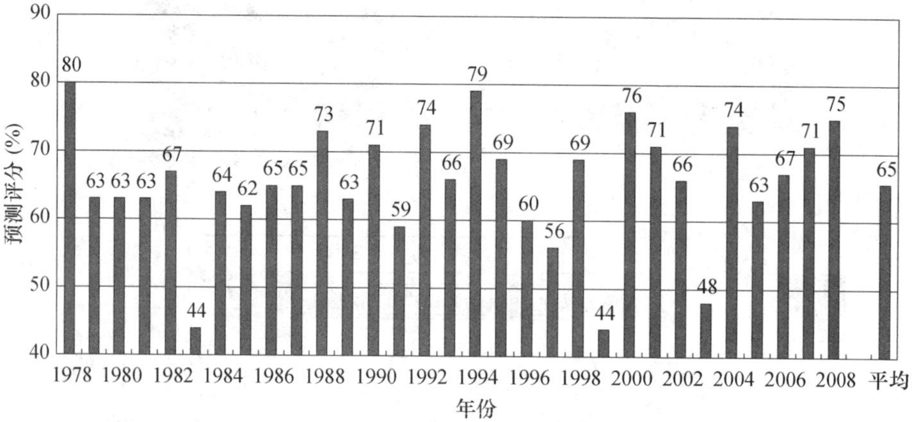

图 10.31　1978—2008 年国家气候中心逐年汛期降水预测评分变化

10.4　气候变化预估

10.4.1　基本概念

通常,我们将对未来 10 年及 10 年以上的气候状态进行的定性判断或定量估计称为气候变化预估,如对未来 30～50 年温室效应加剧引起的气候变化的预估。全球气候变化预估是当前气候变化研究的热点和核心问题之一,在 2005 年召开的“气候模式模拟分析研讨会”(CMSAW,2005)和“国际气象与大气科学协会年会”(IAMAS,2005)上就开始有许多关于气候预估的成果。气候预估之所以成为热点,是因为它不仅涉及科学家和公众关心的未来十年、百年到千年时间尺度的气候变化的可能情景,特别是与人类生活密切相关的极端气候事件未来的可能变化趋势,而且它还涉及粮食生产、经济策略甚至是国家安全等各个方面。

按照冯·纽曼(von Neumann,1955)对大气运动的分类,气候预估主要考虑的是第二类大气运动问题,即初始场对大气运动变化的影响可以忽略不计,外部强迫的作用占很大比重。由此可见,气候预估与气候预测的不同,关键在于初始场和外强迫作用在未来气候变化估计中的作用。对于 10 年以上时间尺度的气候系统变化,目前公认的外部强迫包括太阳活动引起的辐射变化,火山活动和人为气溶胶排放,化石燃料燃烧造成的温室气体增加，土地利用变化包括地表植被分布改变、城市化、水利工程对地表水文和热力状况的调控等。其中，除了太阳和火山活动以外，其他多与人类活动的效应有关。

目前国际上大约有四十余种复杂的全球气候系统模式参与了全球和区域气候变化预估对比(气候模式详见：https://cmip.llnl.gov/cmip5/)，参与国家之广，模式之多都远远超过了之前全球模式比较计划。气候预估除了给出多模式多未来气候情景常规的温度、降水、气压、风场、海面高度和冰雪变化的预估外，也给出了相关气象要素日内变化的预估结果。此外，对一些重要现象如北极涛动、南极涛动、北大西洋涛动、经向翻转环流、季风、ENSO，一些极端天气和气候事件如极端最高、最低温度、酷暑期长度、霜冻期长度、洪涝与干旱强度、热带与温带气旋、飓风与台风频数和强度变化等也给出了预估结果。从时间尺度来看，气候预估的重点是给出 21 世纪末来近百年的全球平均变化，以及每 20 年的全球分布变化，同时还提供了 2300 年前的预估结果。

10.4.2　气候变化预估方法

利用气候系统模式，在对当前气候进行模拟检验的基础上，基于典型的未来温室气体浓度路径情景下，模拟未来气候变化趋势和幅度，是当前进行气候预估的主要方法。但是，利用复杂的气候系统模式模拟世纪尺度的气候变化往往需要极为庞大的计算资源，此时，在保证得到基本气候变化信息的情况下，通常采用简化了的气候系统模式以降低计算成本。对于需要得到大量集合成员试验的，也常采用这种策略。另外，气候系统模式往往因为分辨率较粗，往往无法满足区域尺度上要求的精细空间分辨率气候变化信息，而利用区域气候系统模式将全球气候模式的结果进行动力降尺度是得到区域尺度气候变化结果的有效方法。

利用气候系统模式进行气候预估时，有以下两个问题需要阐明。

(1)典型浓度路径情景(RCP)

长时间尺度的气候变化与温室气体排放和土地利用状况等外强迫条件密切相关，因此在进行未来气候预估时，这些外强迫条件如何变化是气候系统模式必须要考虑的内容。IPCC 第五次评估报告中利用了若干典型浓度路径情景(Reprsentive Concentration Pathway Scenarios)来描述未来由于温室气体、气溶胶排放和土地利用状况引起的辐射强度变化。最近，基于 RCP 情景的研究基础，学界逐渐引入可以实现并行研究的“共享经济社会途径”(Shared Socioeconomic Pathways，简称 SSP)。新的情景不仅为气候模式提供未来温室气体排放途径，同时在一个框架下并行考虑未来应对气候变化影响、适应和可持续发展的政策制定，并计划用于未来的气候预估中。可见，气候预估逐渐成为涉及多学科交叉的复杂科学，需要继续研究的内容任重道远。

(2)气候预估结果的不确定性

在进行气候预估时,利用多个模式的集合平均给出未来气候变化图景是目前常用方法,这就涉及气候预估不确定性的问题。通常认为此不确定性有三个原因:第一是初始场的不确定代入非线性的气候系统引起的结果的不确定。由于观测和资料处理的误差,提供给气候模式计算的初始场与真实情况总会存在一定的偏差,这种偏差会在模式的运算过程中放大;第二个原因所采用的不同版本的模式,不同的气候模式在参数化方案设计和参数设定方面都存在着或多或少的差别,各模式的模拟性能表现也不尽相同,这就造成模拟结果存在一定的不确定性;第三是目前气候模式所采用排放路径的不同,这是气候预估最大的不确定性来源。由于气候模式的设计遵循一定的能量和质量守恒定律,有时第二种原因产生的不确定性比第一种原因要大很多。此外不同的模式表现各异,有的较为优越,有的缺陷较多,因此在气候预估中,有时利用统计方法将模式输出和模式性能信息相结合,给予性能优越的模式结果较大的权重,从而提高预估结果的可信度。

表 10.2 列举了国际上参加了 IPCC 第五次评估报告的各气候系统模式,共 30 家机构,62 个模式。这些模式繁杂程度不同,除了描述基本的气候子系统即大气、陆面、海洋和海冰的物理过程及它们之间的相互作用,部分模式还引入了气溶胶、大气化学、陆地碳循环、海洋生物化学等过程。

表 10.2　参加 CMIP5 的机构和模式名称(引自 https://cmip.llnl.gov/cmip5/guide_to_cmip5.html)

模式机构	机构简称	模式名称
Commonwealth Scientific and Industrial Research Organization(CSIRO) and Bureau of Meteorology(BOM), Australia	CSIRO-BOM	ACCESS1.0 ACCESS1.3
Beijing Climate Center, China Meteorological Administration	BCC	BCC-CSM1.1 BCC-CSM1.1(m)
Instituto Nacional de Pesquisas Espaciais(National Institute for Space Research)	INPE	BESM OA 2.3
College of Global Change and Earth System Science, Beijing Normal University	GCESS	BNU-ESM
Canadian Centre for Climate Modelling and Analysis	CCCMA	CanESM2 CanCM4 CanAM4
University of Miami-RSMAS	RSMAS	CCSM4(RSMAS) *
National Center for Atmospheric Research	NCAR	CCSM4

续表

模式机构	机构简称	模式名称
Community Earth System Model Contributors	NSF-DOE-NCAR	CESM1(BGC) CESM1(CAM5) CESM1(CAM5.1,FV2) CESM1(FASTCHEM) CESM1(WACCM)
Center for Ocean-Land-Atmosphere Studies and National Centers for Environmental Prediction	COLA and NCEP	CFSv2－2011
Centro Euro-Mediterraneo per I Cambiamenti Climatici	CMCC	CMCC-CESM CMCC-CM CMCC-CMS
Centre National de Recherches Météorologiques/CentreEuropéen de Recherche et Formation Avancée en Calcul Scientifique	CNRM-CERFACS	CNRM-CM5 CNRM-CM5－2
Commonwealth Scientific and Industrial Research Organization in collaboration with Queensland Climate Change Centre of Excellence	CSIRO-QCCCE	CSIRO-Mk3.6.0
EC-EARTH consortium	EC-EARTH	EC-EARTH
LASG,Institute of Atmospheric Physics,Chinese Academy of Sciences and CESS,Tsinghua University	LASG-CESS	FGOALS-g2
LASG,Institute of Atmospheric Physics,Chinese Academy of Sciences	LASG-IAP	FGOALS-gl FGOALS-s2
The First Institute of Oceanography,SOA,China	FIO	FIO-ESM
NASA Global Modeling and Assimilation Office	NASA GMAO	GEOS－5
NOAA Geophysical Fluid Dynamics Laboratory	NOAA GFDL	GFDL-CM2.1 GFDL-CM3 GFDL-ESM2G GFDL-ESM2M GFDL-HIRAM-C180 GFDL-HIRAM-C360
NASA Goddard Institute for Space Studies	NASA GISS	GISS-E2-H GISS-E2-H-CC GISS-E2-R GISS-E2-R-CC
National Institute of Meteorological Research/Korea Meteorological Administration	NIMR/KMA	HadGEM2-AO
Met Office Hadley Centre(additional HadGEM2-ES realizations contributed by Instituto Nacional de Pesquisas Espaciais)	MOHC (additional realizations by INPE)	HadCM3 HadGEM2-CC HadGEM2-ES HadGEM2-A

续表

模式机构	机构简称	模式名称
Institute for Numerical Mathematics	INM	INM-CM4
Institut Pierre-Simon Laplace	IPSL	IPSL-CM5A-LR IPSL-CM5A-MR IPSL-CM5B-LR
Japan Agency for Marine-Earth Science and Technology, Atmosphere and Ocean Research Institute(The University of Tokyo), and National Institute for Environmental Studies	MIROC	MIROC-ESM MIROC-ESM-CHEM
Atmosphere and Ocean Research Institute(The University of Tokyo), National Institute for Environmental Studies, and Japan Agency for Marine-Earth Science and Technology	MIROC	MIROC4h MIROC5
Max-Planck-Institut für Meteorologie(Max Planck Institute for Meteorology)	MPI-M	MPI-ESM-MR MPI-ESM-LR MPI-ESM-P
Meteorological Research Institute	MRI	MRI-AGCM3. 2H MRI-AGCM3. 2S MRI-CGCM3 MRI-ESM1
Nonhydrostatic Icosahedral Atmospheric Model Group	NICAM	NICAM. 09
Norwegian Climate Centre	NCC	NorESM1-M NorESM1-ME

10.4.3 未来气候变化预估的最新结果

IPCC 第五次气候变化评估报告中关于气候变化的预估主要是基于全球耦合模式比较计划第五阶段(CMIP5)的几十个气候系统模式结果,在对模式、情景及不确定性介绍的基础上,给出了 21 世纪及其后更远时期的气候变化预估结果。与之前的评估报告(AR4)及全球耦合模式比较计划第三阶段(CMIP3)不同的是,AR5 预估所使用的温室气体排放情景为典型浓度路径(RCP,AR4 主要使用的是 SRES),但在相似温室气体浓度的情况下,两者给出的未来气候变化结果差别不大。IPCC 第五次气候变化评估报告中对近期(2016—2035)、中期(2046—2065)和远期(2081—2100)未来相对于参考时段(1986—2005)的全球和区域上的气候变化趋势和不确定性结果给出了详尽的图谱展示和分析报告,本节仅以几个预估结果为例说明当前气候变化预估的情况。

(1)气温变化的预估

21 世纪中期全球平均地表气温将随温室气体排放的持续而继续升高。基于浓度驱动的 RCP 各情景，相对于 1986—2005 年，2081—2100 年全球平均地表气温可能处于 CMIP5 模式结果的 5%～95%范围内，分别为 0.3～1.7 ℃（RCP2.6）、1.1～2.6 ℃（RCP4.5）和 2.6～4.8 ℃（RCP8.5）（图 10.32）。相对于工业化前，RCP4.5 情景下预估的 2081—2100 年全球平均地表气温，可能会比工业化前高 1.5 ℃，而 RCP8.5 情景下可能会比工业化前高 2.0 ℃。除 RCP8.5 情景下或许可能在 2081—2100 年出现超过 4 ℃升温的情况外，其他所有 RCP 情景下都不可能。假设不发生重大火山喷发或某些自然来源（例如，CH_4 和 N_2O）的重大变化，或太阳总辐射没有意外变化，未来的气候将取决于未来人为排放和自然气候变率导致的持久性变暖。21 世纪中期前，排放情景的选择会大大影响预估气候变化的程度。2100 年及以后，各个情景得出的气候变化仍然会有差别。

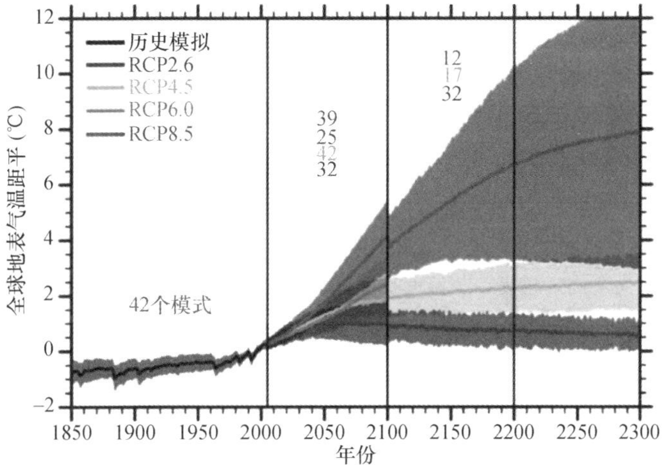

图 10.32　基于 CMIP5 多模式的全球年平均地表气温距平（相对于 1986—2005 年）。预估中各 RCP 情景的多模式平均用实线表示，阴影部分为各模式 5%～95%的区间范围。2100 年后的不连续主要由所使用的模式数量差异引起，不具有物理意义（引自 Collins et al，2013，转引自董思言和高学杰，2014）（附彩图）

气温升高还存在较大的区域性差异。图 10.33 给出了未来温度变化的空间分布结果。有两个值得关注的结果：一是陆地的平均变暖速率将高于海洋平均变暖速率，也高于全球平均变暖速率；二是北极地区的变暖速率将继续高于全球平均，冬季北极地区的剧烈增温。陆地升温较海洋升温大，到 21 世纪末两者相差 1.4～1.7 倍。在不考虑大西洋经向翻转环流（AMOC）的情况下，北极地区的预估升温最高。然而这种极地放大作用在南极不存在，这主要是由深层海洋混合、海洋热吸收以及南极冰盖的持续维持引起的。纬向平均气温在对流层均将升高，特别是在对流层上层高纬度地区，而在平流层则降低。

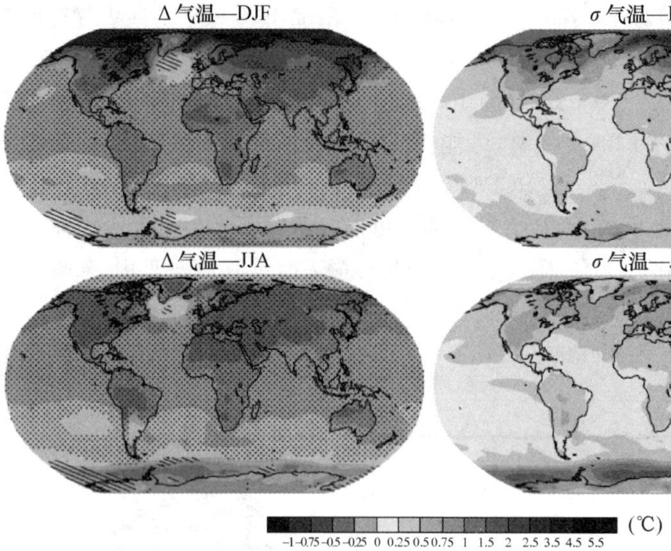

图 10.33　IPCC 第五次评估报告中 42 个气候模式给出的 RCP4.5 情景下 2016—2035 年地表气温相对于 1986—2005 年的变化幅度(左列)和模式间标准差(右列)。其中,打点区表示增温显著且 90%的模式对变化的正负趋势结果一致,斜线阴影区表示温度变化幅度小于模式间不确定幅度一个温度变化标准差(引自 IPCC,2013)(附彩图)

随着全球平均地表气温上升,对于极端气候事件,IPCC 第五次报告的预估结果显示未来暖日事件持续增多,冷日事件减少,雨日事件增多,且变化幅度在 RCP8.5 情景下最为剧烈。绝大部分地区极端热事件会增多,极端冷事件会减少。热浪很可能发生的频率更高,时间更长;然而,偶尔的极端冷冬事件也会持续出现。未来几十年大多数地区的暖日和暖夜的频率可能会增加,而冷日和冷夜的频率可能会减少。在大部分地区,预估 20 年一遇低温事件的增加速率大于冬季平均气温的上升速率,而低温重现值变化最大出现在高纬度地区。预估大部分地区 20 年一遇高温事件的增加速率会接近或大于夏季平均气温的上升速率。在 RCP8.5 情景下,到 21 世纪末大部分陆地区域目前 20 年一遇高温事件可能会更加频繁,而目前 20 年一遇的低温事件将变得极为罕见。

(2)水循环的预估

从长期而言,随着全球平均地表气温的上升,全球降水将会增加。气温每升高 1 ℃,全球平均降水的增长率将低于大气水汽的增长率。除 RCP2.6 情景以外,在其他情景下降水可能将增加。但是,在全球变暖背景下,未来降水的变化趋势并不一致,平均降水量的变化将存在显著的空间差异。纬向平均降水很可能在高纬度和一些中纬度地区增加,而在亚热带地区多半会减小。在 RCP8.5 情景下,21 世纪末高纬度地区和太平洋赤道地区的年平均降水有可能增加，中纬度地区和亚热带干燥地区的平均降水有可能减少，而中纬度湿润地区的平均降水有可能增加(图 10.34)。除少部分地区，全球大部分地区表现出干区更干，湿区更湿的变化趋势，但是由于降水模拟本身的复杂性，气候模式间预估结果的不确定性远大于对温度的预估结果。此外，在区域尺度上降水可能会受到人为气溶胶排放的影响，并受到自然变率的强烈影响。陆地近地面的比湿很可能将上升。

随着全球平均表面温度的上升，中纬度大部分陆地地区和湿润的热带地区的极端降水很可能强度加大、频率增加。在所有 RCP 情景下，季风降水可能增强，区域范围内厄尔尼诺-南方涛动(ENSO)相关的降水变率将可能加强。即全球范围内受季风系统影响的地区在 21 世纪可能增加。而在季风可能减弱的同时，由于大气湿度增加，季风降水可能增强。季风开始日期可能提前，或者变化不大。季风消退日期可能推后，导致许多地区的季风期延长。厄尔尼诺-南方涛动(ENSO)在 21 世纪仍是热带太平洋地区年际变率的主导模态，并且影响全球。由于水汽供应增加，区域尺度上与 ENSO 相关的降水变率将可能加强。

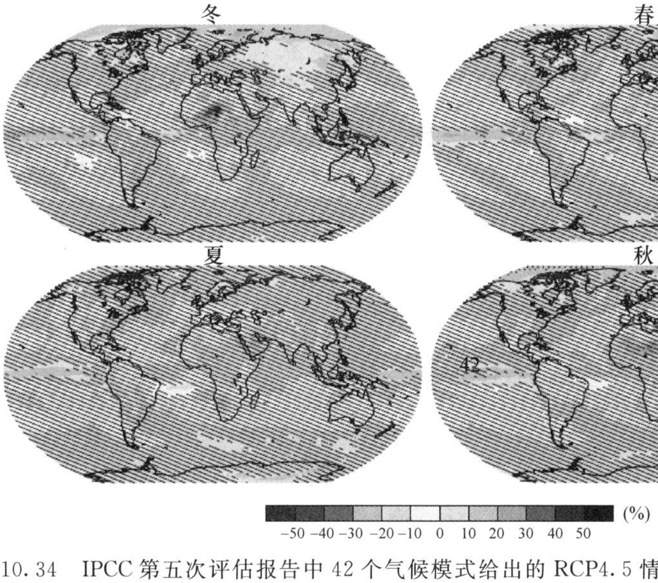

图 10.34　IPCC 第五次评估报告中 42 个气候模式给出的 RCP4.5 情景下 2016—2035 年降水相对于 1986—2005 年的变化幅度，其中打点区和斜线阴影区表示含义同图 10.33 (引自 IPCC，2013)(附彩图)

(3)海洋、冰冻圈和海平面变化的预估

在所有 RCP 情景下，全球海洋都将变暖。表面变暖幅度最大的海洋主要位于副热带和热带。深海区变暖以南大洋最为明显。由于长时间从海表向深海传热，即使温室气体排放量减少或者浓度保持不变,海洋变暖也将持续数个世纪。在一些地区,到21世纪末在海洋上层几百米的区域,预计变暖将超过0.6 ℃(RCP2.6)～2.0 ℃(RCP8.5),在1 km深的区域预计变暖0.3 ℃(RCP2.6)～0.6 ℃(RCP8.5)。另外在21世纪,大西洋经向翻转环流(AMOC)将会减弱。CMIP5模拟的AMOC减弱的最佳估计值和范围18在RCP2.6情景下为11%(1%～24%),在RCP8.5情景下为34%(12%～54%)。可能的是,大约到2050年,AMOC会有所减弱,但由于显著的内部变率,AMOC可能会在其中几十年间增强。依据现有的情景,21世纪内AMOC发生突变或者崩溃的情况是很不可能的。对21世纪之后AMOC演变的评估信度较低。但是,不排除21世纪之后由于显著持续升温致使AMOC崩溃的可能。

随着全球平均表面温度上升,在21世纪北极海冰覆盖将很可能继续缩小、变薄,北半球春季积雪将减少,全球冰川体积将进一步减少。到21世纪末,根据多模式平均值,北极海冰范围全年都会减少;9月减少的范围从RCP2.6情景下的43%到RCP8.5情景下的94%;2月减少的范围从RCP2.6情景下的8%到RCP8.5情景下的34%。由能够较好重现气候平均状态和1979—2012年北极海冰范围变化趋势的模式子集,在RCP8.5情景下,21世纪中叶前,9月可能出现北冰洋几乎无冰的情况(中等信度)(图10.35)。而其他情景下,无法对21世纪北极9月何时会出现几乎无冰情况做出具有信度的预估。到21世纪末,在RCP2.6情景下全球冰川体积(不包括南极周边地区的冰川)预估减少15%～55%;在RCP8.5情景下将减少35%～85%。几乎确定的是,随着全球平均表面温度的上升,北半球高纬度地区近地表多年冻土范围将减少。到21世纪末,模式预估的近地表(上层3.5 m)多年冻土范围的平均值将减少37%(RCP2.6情景)到81%(RCP8.5情景)。

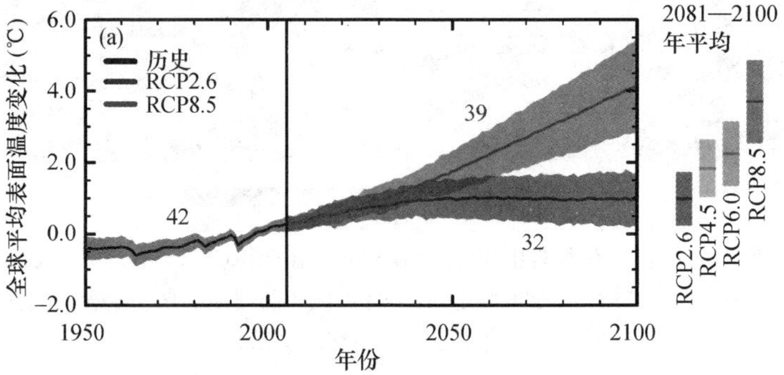

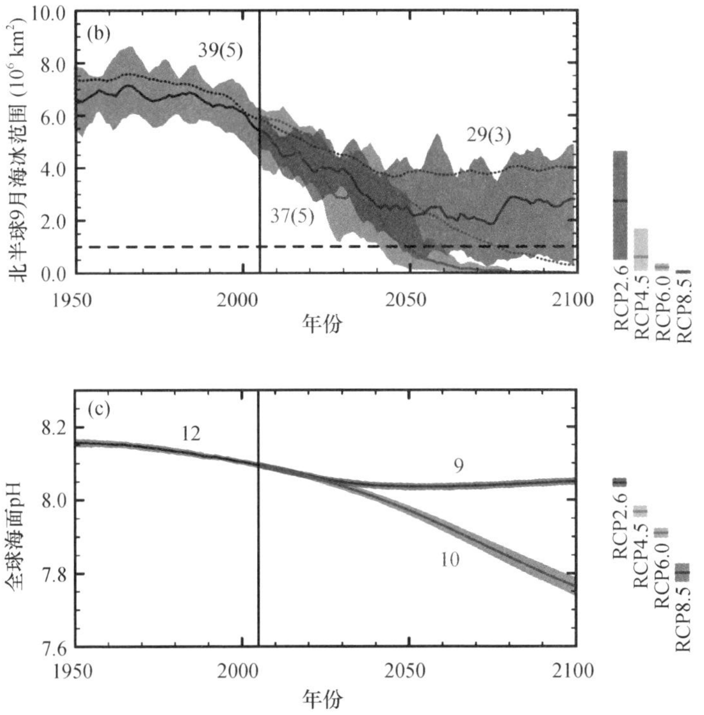

图 10.35 CMIP5 多模式模拟的 1950 至 2100 年全球平均地表温度、北半球 9 月海冰范围和全球海面 pH 值的时间序列(附彩图)

(a)相对于 1986—2005 年的全球年均地表温度的变化;(b)北半球 9 月海冰范围(5 年滑动平均);(c)全球平均海洋表面 pH。图上是 RCP2.6(蓝色)和 RCP8.5(红色)情景下预估的时间序列和不确定性(阴影)。黑色(灰色阴影)是利用历史重建强迫模拟的历史演变。垂直色块是所有 RCP 情景下 2081—2100 年期间的平均值和相关的不确定性。在此也给出了用于计算多模式平均的 CMIP5 模式数量。对于海冰范围(b),给出了最准确重现北极海冰气候平均状况和 1979—2012 年趋势的子模式集(括号中给出模式的数量)预估的平均值和不确定性(最小值到最大值的范围)。(引自 IPCC,2013,图 SPM.7)

21 世纪全球平均海平面将持续上升。在所有 RCP 情景下,由于海洋变暖以及冰川和冰盖冰量损失的加速,海平面上升速率很可能超过 1971—2010 年间观测到的速率。随着对影响海平面变化主要物理过程及其机制理解的深入,以及物理模式与观测数据之间一致性的提高,同时考虑了冰盖的动力学变化,第四次评估报告以来,对全球平均海平面上升的预估信度得到了提高。与 1986—2005 年相比,2081—2100 年全球平均海平面上升区间可能为:0.26～0.55 m(RCP2.6 情景),0.32～0.63 m(RCP4.5 情景),0.33～0.63 m(RCP6.0 情景),0.45～0.82 m(RCP8.5 情景)。在 RCP8.5 情景下,2100 年底全球平均海平面将上升 0.52～0.98 m,这些估计来源于

CMIP5 模式的气候预估以及对关于冰川和冰盖贡献的相关文献的分析。在 RCP 情景预估中,热膨胀的贡献占 21 世纪全球平均海平面上升的 30%～55%,冰川融化占 15%～35%。格陵兰冰盖表面的融化量将超过降雪的增加量,从而使格陵兰冰盖表面物质平衡的变化对未来海平面的贡献为正(高信度)。南极冰盖表面融化仍将很少,且预计降雪量将增加(中等信度),这将使南极冰盖表面物质平衡的变化对未来海平面的贡献为负。到 2081—2100 年,两个冰盖的总流出量变化可能会导致海平面上升 0.03～0.20 m(图 10.36)。

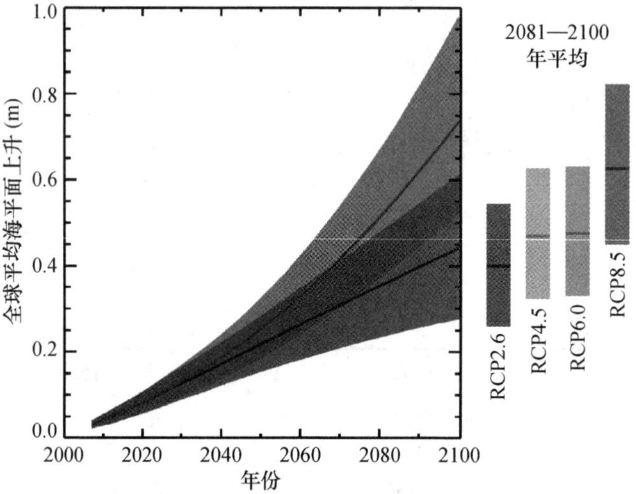

图 10.36　RCP2.6 和 RCP8.5 情景下,CMIP5 气候模式集合预估的相对于 1986—2005 年的 21 世纪全球平均海平面上升。阴影带表示预估的可能区间。彩色柱表示所有 RCP 情景下预估的 2081—2100 年间平均海平面上升的可能区间,横线表示相应的中值。(引自 IPCC,2013,图 SPM.9)(附彩图)

※ 思考题

1. 气候状态诊断特征量有哪些?
2. 什么是气候变化诊断? 主要方法有哪些?
3. 气候模式的定义是什么? 什么是气候模拟?
4. 什么是气候敏感性试验?
5. 气候预测与气候变化预估有什么不同? 分别有哪些方法?

参考文献

巴里 R G,乔利 R J,1983.大气,天气和气候(中译本)[M].北京:高等教育出版社.

布德科 M N,1980.地球热量平衡(中译本)[M].北京:气象出版社.

布德科,1986.气候的过去和未来[M].翁笃鸣,刘惠兰,译.北京:气象出版社.

Chang J,1987.大气环流模式[M].史久恩,史国宁,等,译.北京:气象出版社.

曹鸿兴,1994.气候动力模式与模拟[M].北京:气象出版社.

曹杰,董慧林,陶云,2003.热带印度洋和热带太平洋海温振荡规律的研究[J].热带气象学报,19(1):9-16.

巢清尘,巢纪平,2001.热带西太平洋和东印度洋对 ENSO 发展的影响[J].自然科学进展,11(12):1293-1300.

陈桂英,赵振国,1998.短期气候预测评估方法和业务初估[J].应用气象学报,9(2):178-185.

陈海山,2002.陆面模式 CLSM 的设计及其与全球气候模式 NCARCCM3 的耦合试验[D].南京:南京信息工程大学.

陈海山,孙照渤,2002.陆气相互作用及陆面模式的研究进展[J].大气科学学报,25(2):277-288.

陈烈庭,1998.青藏高原冬春季异常雪盖与江南前汛期降水关系的检验和应用[J].应用气象学报,s1:2-9.

陈隆勋,等,1991.东亚季风[M].北京:气象出版社.

陈乾金,高波,李维京,等,2000.青藏高原冬季积雪异常和长江中下游主汛期旱涝及其与环流关系的研究[J].气象学报,58(5):582-595.

陈石定,汪应琼,王晓莉,等,2018.气象知识 100 问[M].北京:气象出版社.

陈星,马开玉,黄樱,2014.现代气候学基础[M].南京:南京大学出版社:239.

陈友民,王绍武,1996.气候可预报性的诊断研究[M].北京:气象出版社.

《第三次气候变化国家评估报告》编写委员会,2015.第三次气候变化国家评估报告[M].北京:科学出版社.

大气物理所长期预报组,1973.太平洋海水温度异常对东亚大气环流和我国旱涝影响的若干事实[J].气象科技资料,(3):14-23.

戴永久,曾庆存,1996.陆面过程研究[J].水科学进展,s1:40-53

邓贤峰,曾文华,1995.中长期天气预报[M].北京:气象出版社.

丁一汇,高素华,1995.痕量气体对我国农业和生态系统影响研究[M].北京:中国科学技术出版社.

丁一汇,李巧萍,董文杰,2005. 植被变化对中国区域气候影响的数值模拟研究[J]. 气象学报,63(5):613-621.

丁一汇,任国玉,2008. 中国气候变化科学概论[M]. 北京:气象出版社.

丁一汇,等,2013. 中国气候[M]. 北京:气象出版社.

丁裕国,江志红,1998. 气象数据时间序列信号处理[M]. 北京:气象出版社.

丁裕国,江志红,1999. 奇异交叉谱分析及其在气候诊断中的应用[J]. 大气科学,23(1):91-100.

丁裕国,江志红,2009. 极端气候研究方法导论(诊断及模拟与预测)[M]. 北京:气象出版社:232.

段建平,王丽丽,任贾文,等,2009. 近百年来中国冰川变化及其对气候变化的敏感性研究进展[J]. 地理科学进展,28(2):231-237.

范广洲,吕世华,罗四维,1992. 西北地区绿化对该区及东亚、南亚区域气候影响的数值模拟[J]. 高原气象,17(3):300-309.

方精云,朴世龙,贺金生,等,2003. 近20年来中国植被活动在增强[J]. 中国科学(C辑),33(6):554-565.

费雷克斯,1984. 地质时代的气候[M]. 赵希涛,译. 北京:海洋出版社.

符淙斌,1998. 区域气候模式对中国东部季风雨带演变的模拟[J]. 大气科学,22(4):522-534.

符淙斌,王强,1992. 气候突变的定义和检测方法[J]. 大气科学,16(4):482-493.

符淙斌,袁慧玲,2001. 恢复自然植被对东亚夏季气候和环境影响的一个虚拟试验[J]. 科学通报,46(8):691-695.

傅抱璞,1983. 山地气候[M]. 北京:科学出版社.

Glantz,1998. 变化的洋流——厄尔尼诺对气候与社会的影响[M]. 王绍武,周天军,等,译. 北京:气象出版社.

高国栋,缪启龙,等,1996. 气候学教程[M]. 北京:气象出版社.

高庆先,翁笃鸣,1995. 中国地表热源的气候学特征[J]. 大气科学学报,4:543-547.

格兰茨,1988. 变化的洋流——厄尔尼诺对气候和社会的影响[M]. 王绍武,周天军,等,译. 北京:气象出版社:1-234.

龚道溢,王绍武,1998. 南北半球副热带高压对赤道东太平洋海温变化的响应[J]. 海洋学报,20(5):44-54.

龚道溢,王绍武,1998. 南极涛动[J]. 科学通报,3:296-301.

龚道溢,王绍武,1999a. 近百年ENSO对全球陆地及中国降水的影响[J]. 科学通报,44(3):315.

龚道溢,王绍武,1999b. 西伯利亚高压的长期变化及全球变暖可能影响的研究[J]. 地理学报,2:125-133.

龚高法,简慰民,1983. 我国植物物候期的地理分布[J]. 地理学报,1:33-40.

龚高法,张丕远,吴祥定,等,1983. 历史时期气候变化研究方法[M]. 北京:科学出版社.

谷德军,纪忠萍,王东晓,等,2007. 不同时间尺度上南海夏季风强度与海洋热力条件的关系[J]. 热带气象学报,23(1):14-20.

郭秉荣,丑纪范,杜行远,1986. 大气科学中数学方法的应用[M]. 北京:气象出版社.

郭其蕴,1992. 中国华北旱涝与印度夏季风降水的遥相关分析[J]. 地理学报,5:394-402.

国家科学技术委员会,1990.中国科学技术蓝皮书第5号:气候[M].北京:科学技术文献出版社.
国家自然科学基金委员会,等,1996.现代大气科学前沿与展望[M].北京;气象出版社.
何敏,宋文玲,1999.厄尔尼诺和反厄尔尼诺事件与西北太平洋台风活动[J].热带气象学报,15(1):17-25.
胡焕庸,等,1981.世界气候的地带性与非地带性[M].北京:科学出版社.
胡隐樵,1992.陆面过程野外观测试验的进展[J].地球科学进展,7(3):37.
黄嘉佑,2004.气象统计分析与预报方法(第三版)[M].北京:气象出版社.
黄建平,1992.理论气候模式[M].北京:气象出版社.
黄荣辉,傅云飞,臧晓云,1996.亚洲季风与ENSO循环的相互作用[J].气候与环境研究,1(1):38-54.
黄荣辉,孙凤英,1994.热带西太平洋暖池的热状态及其上空的对流活动对东亚夏季气候异常的影响[J].大气科学,18(2):141-151.
黄荣辉,吴仪芳,1992.关于ENSO循环动力学研究[M].北京:海洋出版社.
黄荣辉,徐予红,王鹏飞,等,1998,1998年夏长江流域特大洪涝特征及其成因探讨[J].气候与环境研究,3(4):300-313.
Jill Jager,1988.气候与能源系统(中译本)[M].北京:气象出版社.
贾小龙,李崇银,2005.南印度洋海温偶极子型振荡及其气候影响[J].地球物理学报,6:25-36.
江爱良,2000.ENSO事件及其对全球生态环境的影响[J].成都信息工程学院学报,15(1):46-52.
江志红,丁裕国,1995.我国夏半年降水距平与北太平洋海温异常的奇异值分解法分析[J].热带气象学报,2:133-141.
江志红,丁裕国,1998.奇异谱分析的广义性及其应用特色[J].气象学报,56(6):736-745.
江志红,丁裕国,屠其璞,1999.中国近50年冬夏季极端气温场的年代际空间型态及其演变特征研究[J].应用气象学报,10(s1):98-104.
江志红,李建平,屠其璞,等,2004.20世纪全球温度年代和年代际变化的区域特征[J].大气科学,28(4):545-558.
蒋尚城,朱亚芳,1990.OLR的应用和图集[M].北京:北京大学出版社.
琚建华,陈琳玲,李崇银,2004.太平洋-印度洋海温异常模态及其指数定义的初步研究[J].热带气象学报,20(6):617-624.
康兴成,1997.青海都兰地区1835年来的气候变化——来自树轮资料[J].第四纪研究,17(1):70-75.
李崇银,2000.气候动力学引论(第二版)[M].北京:气象出版社.
李崇银,穆明权,2001a.赤道印度洋海温偶极子型振荡及其气候影响[J].大气科学,25(4):433-443.
李崇银,穆明权,潘静,2001b.印度洋海温偶极子和太平洋海温异常[J].科学通报,46(20):1747.
李东辉,俞永强,刘海龙,等,2005.FGCM-1.0耦合模式对热带印度洋偶极子的模拟[J].自然科学进展,15(10):1230-1236.
李东辉,张瑰,朱益民,等,2006.热带印度洋秋季偶极子模态与南海夏季风强度变化的关系[J].

热带气象学报,22(5):439-446.

李巧萍,丁一汇,2004. 植被覆盖变化对区域气候影响的研究进展[J]. 大气科学学报,27(1):131-140.

李巧萍,丁一汇,董文杰,2007. 土壤湿度异常对区域短期气候影响的数值模拟试验[J]. 应用气象学报,18(1):1-11.

李庆祥,董文杰,李伟,等,2010. 近百年中国气温变化中的不确定性估计[J]. 科学通报,16:1544-1554.

李维京,等,2012. 现代气候业务[M]. 北京:气象出版社.

李晓东,1995. 火山活动对全球气候的影响[M]. 北京:中国科学技术出版社.

李晓东,1997. 气候物理学引论[M]. 北京:气象出版社.

廖洞贤,王两铭,1986. 数值天气预报原理及其应用. [M]北京:气象出版社.

廖筌荪,等,1981. 北半球西风带环流和我国夏季降水[C]//长期天气预报文集. 北京:气象出版社.

林本达,黄建平,1997. 动力气候学引论[M]. 北京:气象出版社.

林朝晖,刘辉志,谢正辉,等,2008. 陆面水文过程研究进展[J]. 大气科学,32(4):935-949.

林学椿,于淑秋,唐国利,1995. 中国近百年温度序列[J]. 大气科学,19(5):525-534.

刘鸿波,张大林,王斌,2006. 区域气候模拟研究及其应用进展[J]. 气候与环境研究,11(5):649-668.

刘术艳,梁信忠,高炜,等,2008. 气候天气研究及预报模式(CWRF)在中国的应用:区域优化[J]. 大气科学,32(3):457-468.

刘晓东,罗四维,钱永甫,1989. 青藏高原地表热状况对夏季东亚大气环流影响的数值模拟[J]. 高原气象,V8(3):205-216.

刘晓东,田良,1994. 青藏高原地表反射率变化对东亚夏季风影响的数值试验[J]. 高原气象,13(4):468-472.

刘永强,叶笃正,季劲钧,1992a. 土壤湿度和植被对气候的影响——Ⅱ. 短期气候异常持续性的数值试验[J]. 中国科学(B辑),1992,22(5):554-560.

刘永强,叶笃正,季劲钧,1992b. 土壤湿度和植被对气候的影响——Ⅰ. 短期气候异常持续性的理论分析[J]. 中国科学(B辑),1992,22(4):441-448.

陆其峰,潘晓玲,钟科,等. 区域气候模式研究进展[J]. 大气科学学报,2003,26(4):557-565.

吕世华,陈玉春,1999. 西北植被覆盖对我国区域气候变化影响的数值模拟[J]. 高原气象,18(3):416-424.

罗绍华,金祖辉,陈烈庭,1985. 印度洋和南海海温与长江中下游夏季降水的相关分析[J]. 大气科学,9(3):314-320.

罗哲贤,1985. 植被覆盖度对干旱气候影响的数值试验[J]. 地理研究,4(2):1-8.

罗哲贤,屠其璞,1993. 人类活动与气候变化[M]. 北京:科学出版社.

马开玉,陈星,张耀存,1996. 气候诊断[M]. 北京:气象出版社.

马玉堂,等,1982. 垦荒的若干小气候效应[J]. 气象学报,40(3).

毛睿,龚道溢,CHEN,等,2008. 欧亚大陆春季植被状况与东亚夏季大气环流的显著联系[J]. 气象学报,66(4):592-598.

孟文,吴国雄,2000. 赤道印度洋-太平洋地区海气系统的齿轮式耦合和 ENSO 事件 II. 数值模拟[J]. 大气科学,24(1):15-25.

缪启龙,等,2010. 现代气候学[M]. 北京:气象出版社.

缪启龙,丁园圆,王勇,2009. 气候变暖对中国亚热带北界位置的影响[J]. 地理研究,28(3):634-642.

缪启龙,刘雅芳,周锁铨,1995. 气候学[M]. 北京:气象出版社.

倪允琪,1993. 气候动力学[M]. 北京:气象出版社.

牛国跃,洪钟祥,1997. 陆面过程研究的现状与发展趋势[J]. 地球科学进展,12(1):20-25.

Peixoto,Oort,1995. 气候物理学[M]. 吴国雄,刘辉等,译校. 北京:气象出版社.

潘守文,1994. 现代气候学原理[M]. 北京:气象出版社.

裴步祥,1989. 蒸发和蒸散的测定与计算[M]. 北京:气象出版社.

佩里 A H,沃克 J M,1983. 海洋-大气系统(中译本)[M]. 北京:科学出版社.

彭公炳,李晴,钱步东,1992. 气候与冰雪覆盖[M]. 北京:气象出版社.

《气候变化国家评估报告》编写委员会,2007. 气候变化国家评估报告[M]. 北京:科学出版社.

钱维宏,2009. 全球气候系统[M]. 北京:北京大学出版社:358.

钱永甫,王谦谦,颜宏,等,1988. 行星大气中地形效应的数值研究[M]. 北京:科学出版社.

任福民,翟盘茂,1998. 1951—1990 年中国极端气温变化分析[J]. 大气科学,22(2):217-22 7.

任国玉,郭军,徐铭志,等,2005. 近 50 年中国地面气候变化基本特征[J]. 气象学报,63(6):942-956.

任国玉,徐影,罗勇,2002. 世界各国 CO_2 排放历史和现状[J]. 气象科技,30(3):129-134.

尚守志,田世义,1993. 水资源及其利用[M]. 北京:科学普及出版社.

盛裴轩,毛节泰,李建国,等,2003. 大气物理学[M]. 北京大学出版社.

施能,2002. 气象科研与预报中的多元分析方法(第二版)[M]. 北京:气象出版社.

施能,陈家其,1995. 中国近 100 年来 4 个年代际的气候变化特征[J]. 气象学报,4:431-439.

施雅风(总主编),张丕远(本卷主编),1996. 中国气候与海面变化及其趋势和影响,①中国历史气候变化[M]. 济南:山东科学科技出版社.

施雅风,孔昭宸,王苏民,等,1992a. 各国全新世大暖期气候与环境的基本特征[M]. 北京:海洋出版社.

施雅风,孔昭宸,王苏民,等,1992b. 中国全新世大暖期的气候波动与重要事件[J]. 中国科学(B辑),22(12):1300-1308.

史学丽,2001. 陆面过程模式研究简评[J]. 应用气象学报,12(1):102-112.

宋礼庭,1994. 从太阳到地球[M]. 长沙:湖南教育出版社 .

孙菽芬,2002. 陆面过程研究的进展[J]. 沙漠与绿洲气象,25(6):1-6.

孙菽芬,2005. 陆面过程的物理、生化机理和参数化模型[M]. 北京:气象出版社.

孙菽芬,金继明,1997. 陆面过程模式研究中的几个问题[J]. 应用气象学报,s1:50-57.

孙照渤,等,2010.短期气候预测基础[M].北京:气象出版社.

谭冠日,等,1986.应用气候[M].上海:上海科学技术出版社.

谭言科,张人禾,何金海,等,2004. 热带印度洋海温的年际变化与ENSO[J]. 气象学报,62(6):831-840.

汤懋苍,等,1989.理论气候学概论[M].北京:气象出版社.

唐国利,任国玉,2005. 近百年中国地表气温变化趋势的再分析[J]. 气候与环境研究,10(4):791-798.

唐红玉,翟盘茂,王振宇,2005.1951—2002年中国平均最高、最低气温及日较差变化[J]. 气候与环境研究,10(4):728-735.

陶诗言,卫捷,2006. 再论夏季西太平洋副热带高压的西伸北跳[J]. 应用气象学报,17(5):513-525.

屠其璞,1986. 一种气温场序列的延长插补方法[J]. 大气科学学报,1:19-30.

屠其璞,邓自旺,2000. 中国气温异常的区域特征研究[J]. 气象学报,58(3):288-297.

Washinton W M,Parkinson C L,1986.三维气候模拟引论[M].马淑芬,朱福康,等,译.北京:气象出版社.

王澄海,王芝兰,崔洋,2009.40余年来中国地区季节性积雪的空间分布及年际变化特征[J]. 冰川冻土,31(2):301-310.

王迪,陈海山,赵昶昱,2018. 春季西亚地表热力异常与初夏东北冷涡活动年代际变化的联系[J]. 大气科学,42(1):70-80.

王东晓,刘赟,刘钦燕,等,2003.1997—1998年El Nino期间印度洋和西太平洋上层海洋的联系[J]. 自然科学进展,13(9):957-963.

王兰宁,郑庆林,宋青丽,2002. 青藏高原下垫面对中国夏季环流影响的研究[J]. 大气科学学报,25(2):186-191.

王绍武,1963.大气环流振动的周期与太阳活动的关系[C]//气象学报编委会. 气象学若干问题的进展.北京:科学出版社:48-67.

王绍武,1991. 全球气候变暖与未来发展趋势[J]. 第四纪研究,11(3):269-276.

王绍武,1993.气候诊断研究进展[M].北京:气象出版社.

王绍武,1994a. 近百年气候变化与变率的诊断研究[J]. 气象学报,52(3):261-273.

王绍武,1994b.气候系统引论[M].北京:气象出版社.

王绍武,1996.气候预测研究[M].北京:气象出版社.

王绍武,1997.PAGES计划与CLIVAR计划中的交叉科学问题[J]. 气象学报,55(6):662-669.

王绍武,1998. 短期气候预测的可预报性与不确定性[J]. 地球科学进展,13(1):8-14.

王绍武,1999. 关于年代际气候变率4本书的评述[J]. 气象学报,4:127-129.

王绍武,2000.20世纪气候学理论研究的十项成就[J]. 地球科学进展,15(3):277-282.

王绍武,2001a.气候诊断与预测研究进展[M].北京:气象出版社.

王绍武,2001b.现代气候学研究进展[M].北京:气象出版社.

王绍武,林本达,等,1993.气候预测与模拟研究[M].北京:气象出版社.

王绍武,石伟,1992.两类ENSO及其对中国夏季降水的不同影响[C]//国家海洋局科学技术司.海洋对气候变化调节与控制作用学术研讨会论文集.北京:海洋出版社:76-87.

王绍武,谢志辉,蔡静宁,等,2002.近千年全球平均气温变化的研究[J].自然科学进展,12(11):1145-1149.

王绍武,姚檀栋,1998.近百年中国年气温序列的建立[J].应用气象学报,9(4):392-401.

王绍武,叶瑾琳,龚道溢,等,1998.中国东部夏季降水型的研究[J].应用气象学报,s1:66-75.

王绍武,赵宗慈,1979.近五百年我国旱涝史料的分析[J].地理学报,4:329-341.

王绍武,赵宗慈,1987.长期天气预报基础[M].上海:上海科学技术出版社.

王绍武,赵宗慈,1995.未来50年中国气候变化趋势的初步研究[J].应用气象学报,6(3):333-342.

王绍武,赵宗慈,龚道溢,等,2005.现代气候学概论[M].北京:气象出版社.

王绍武,周天军,张学洪,1999.全球水循环的海洋分量研究[J].气象学报,57(3):264-282.

王万秋,1991.土壤温湿异常对短期气候影响的数值模拟试验[J].大气科学,15(5):115-123.

王宇,2006.云南山地气候[M].云南:云南科技出版社.

魏凤英,2007.现代气候统计诊断与预测技术(第二版)[M].北京:气象出版社.

温家洪,2000.国际南极冰盖与海平面变化研究述评[J].地球科学进展,15(5):586-591.

闻新宇,王绍武,朱锦红,等,2006.英国CRU高分辨率格点资料揭示的20世纪中国气候变化[J].大气科学,30(5):894-904.

翁笃鸣,1997.中国辐射气候[M].北京:气象出版社.

翁笃鸣,等,1983.小气候和农田小气候[M].北京:农业出版社.

翁笃鸣,罗哲贤,1990.山区地形气候[M].北京:气象出版社.

乌格留莫夫 A N,1984.海洋热状况和长期天气预报(中译本)[M].北京:海洋出版社.

吴国雄,孟文,1998.赤道印度洋-太平洋地区海气系统的齿轮式耦合和ENSO事件I.资料分析[J].大气科学,04:86-96.

吴国雄,薛纪善,王在志,等,1995.青藏高原化雪迟早的辐射效应对季节变化的影响[J].干旱气象,1:1-8.

吴涛,康建成,王芳,等,2006.全球海平面变化研究新进展[J].地球科学进展,21(7):730-737.

肖莺,张祖强,何金海,2009.印度洋偶极子研究进展综述[J].热带气象学报,25(5):621-627.

肖子牛,晏红明,李崇银,2002.印度洋地区异常海温的偶极振荡与中国降水及温度的关系[J].热带气象学报,18(4):335-344.

闫晓勇,张铭,2004a.赤道东太平洋海温异常期间印度洋偶极子对东亚季风区影响的数值模拟[J].热带气象学报,20(4):375-382.

闫晓勇,张铭,2004b.印度洋偶极子对东亚季风区天气气候的影响[J].气候与环境研究,9(3):435-444.

严中伟,季劲钧,1990a.60年代北半球夏季气候跃变I——降水和温度变化[J].中国科学(B辑),1:97-103.

严中伟,季劲钧,叶笃正,1990b.60年代北半球夏季气候跃变Ⅱ——海平面气压和500 hPa高度变化[J]. 中国科学(B辑),20(8):879-885.
颜宏,1998.1998年中国特大洪涝灾害的天气气候特点、成因分析及气象预报服务[J]. 气候与环境研究,3(4):36-47.
晏红明,肖子牛,谢应齐,2000. 近50年热带印度洋海温距平场的时空特征分析[J]. 气候与环境研究,5(2):180-188.
晏红明,严华生,谢应齐,2001. 中国汛期降水的印度洋SSTA信号特征分析[J]. 热带气象学报,17(2):109-116.
杨辉,李崇银,2005. 热带太平洋-印度洋海温异常综合模对南亚高压的影响[J]. 大气科学,29(1):99-110.
叶笃正,曾庆存,郭裕福,1991. 当代气候研究[M]. 北京:气象出版社.
叶笃正,张捷迁,1974. 青藏高原加热作用对夏季东亚大气环流影响的初步模拟实验[J]. 中国科学,(3):91-110.
殷永红,史历,倪允琪,2001. 近20年来热带印度洋与热带太平洋海气系统相互作用特征的诊断研究[J]. 大气科学,25(3):355-371.
余锦华,丁裕国,刘晶淼,2001. 近百年全球平均地面气温准周期信号及其长期演变特征的分析[J]. 大气科学,25(6):767-777.
余志豪,蒋全荣,1994. 厄尔尼诺,反厄尔尼诺和南方涛动[M]. 南京:南京大学出版社.
袁慧珍,2006. 印度洋偶极子及其与中国降水关系[D]. 南京:南京信息工程大学.
袁媛,杨辉,李崇银,2012. 不同分布型厄尔尼诺事件及对中国次年夏季降水的可能影响[J]. 气象学报,70(3):467-478.
约翰,霍顿 T,1986. 全球气候(中译本)[M]. 北京:气象出版社.
臧恒范,王绍武,1984. 赤道东太平洋水温对低纬大气环流的影响[J]. 海洋学报:中文版,06(1):16-24.
张海东,2007. 气候变化对我国取暖和降温耗能的影响及优化研究[D]. 南京:南京信息工程大学.
张家诚,1989. 气候与人类[M]. 河南:河南科学技术出版社.
张家诚,林之光,1985. 中国气候[M]. 上海:上海科学技术出版社.
张井勇,董文杰,叶笃正,等,2003. 中国植被覆盖对夏季气候影响的新证据[J]. 科学通报,48(1):91-95.
张强,1998. 简评陆面过程模式[J]. 气象科学,3:295-304.
张莞昕,陈海山,2017. 陆面热力异常与东亚夏季中纬度气旋年代际变化的联系[J]. 气象科学,37(4):458-465.
张先恭,等,1983. 我国历年逐月平均气温的分级及气温多年变化特征[C]//东北夏季低温长期预报文集. 北京:气象出版社:49-61.
张耀存,1994. 干旱半干旱地区植被气候效应的数值研究[J]. 气象科学,2:99-105.
章基嘉,1995. 气候变化的证据,原因及其对生态系统的影响[M]. 北京:气象出版社.
章基嘉,葛玲,孙照渤,1994. 中长期天气预报基础[M]. 北京:气象出版社.
赵振国,1996a. 厄尔尼诺现象对北半球大气环流和中国降水的影响[J]. 大气科学,20(4):

422-428.

赵振国，1996b. 我国汛期旱涝趋势预测进展[C]//王绍武，气候预测研究 . 北京：气象出版社：84-93.

赵振国，朱艳峰，柳艳香，等，2008. 1880—2006 年中国夏季雨带类型的年代际变化特征[J]. 气候变化研究进展，4(2)：95-100.

赵宗慈，罗勇，1998. 二十世纪九十年代区域气候模拟研究进展[J]. 气象学报，56(2)：225-241.

郑益群，钱永甫，苗曼倩，等，2002a. 植被变化对中国区域气候的影响 I：初步模拟结果[J]. 气象学报，60(1)：1-16.

郑益群，钱永甫，苗曼倩，等，2002b. 植被变化对中国区域气候的影响Ⅱ：机理分析[J]. 气象学报，60(1)：17-30.

中国大百科全书总编辑委员会本卷编辑委员会，中国大百科全书出版社编辑部，1987. 中国大百科全书：大气科学、海洋科学、水文科学[M]. 北京：中国大百科全书出版社.

中国科学院大气物理研究所，1998. 东亚季风和中国暴雨[M]. 北京：气象出版社.

中国人民共和国气候变化初始国家信息通报[M]，2004. 北京. 中国计划出版社：23-36.

中央气象局气象科学研究院，1981. 中国近五百年旱涝分布图集[M]. 北京：地图出版社.

周定文，范广洲，华维，等，2009. 我国春季降水与青藏高原东南部冬季归一化植被指数变化的关系[J]. 大气科学，33(3)：649-656.

周建玮，王咏青，2007. 区域气候模式 RegCM3 应用研究综述[J]. 气象科学，27(6)：702-708.

周淑贞，1984. 气象学与气候学[M]. 北京：高等教育出版社.

周锁铨，陈万隆，1995. 青藏高原植被下垫面对东亚大气环流影响的数值试验[J]. 大气科学学报，4：535-542.

周天军，1999. 大洋温盐环流与气候变率的模拟研究[D]. 北京：北京大学地球物理系.

周天军，王绍武，2000. 大洋温盐环流与气候变率的关系研究：科学界的一个新课题[J]. 地球科学进展，15(6)：654-660.

周天军，张学洪，1999. 全球水循环的海洋分量研究[J]. 气象学报，57(3)：264-282.

周亚军，陈葆德，孙国武，1994. 陆面过程研究综述[J]. 地球科学进展，9(5)：26-31.

朱锦红，卢咸池，王绍武，1996，PKUL5AGCM 延伸预报的试验研究[C]//王绍武气候预测研究. 北京：气象出版社.

朱乾根，等，1992. 天气学原理和方法[M]. 北京：气象出版社.

竺可桢，1973. 中国近五千年来气候变迁的初步研究[J]. 中国科学，(02)：168-189.

左志燕，张人禾，2007. 中国东部夏季降水与春季土壤湿度的联系[J]. 科学通报，52(14)：1722-1724.

左志燕，张人禾，2008. 中国东部春季土壤湿度的时空变化特征[J]. 中国科学(D 辑：地球科学)，38(11)：1428-1437.

Alexander L V，Zhang X，Peterson T C，et al，2006. Global observed changes in daily climate extremes of temperature and precipitation[J]. J Geophys. Res，111，D05109，doi：10. 1029/2005JD006290.

Anderson D，1999. Extremes in the Indian Ocean[J]. Nature，401(6751)：337-339.

Angell J K,1981. Comparison of variation in atmospheric quantities with sea surface temperature variations in the Equatorial Eastern Pacific[J]. Mon Wea Rev,109(2):230-243.

Angell J K,1988. Variations and trends in Tropospheric and stratospheric global temperature, 1958—1987 [J]. J Climate,(1),1297-1313.

Annamacal H,Murtudde R,Potemra J,et al,2003. Coupled dynamics over the Indian Ocean:Spring initiation of the zonal mode[J]. Deep-Sea Res,50(12):2305-2330.

Ashok K,Guan Z,Yamagta T,2002. Weakening of the ENSO-Indian monsoon rainfall relationship: The Indian Ocean connection[R]. CLIVAR Exchang,1:10-11.

Ashok K,Guan Z,Yamagta T,2003. A look at the relationship between the ENSO and the Indian Ocean dipole[J]. J Meteorol Soc Japan,81(1):41-56.

Baldocchi D,Falge E,Gu L,et al,2001. A new tool to study the temporal and spatial variability of ecosystem-scale carbon dioxide,water vapor,and energy flux densities[J]. Bull Amer Meteor Soc, 82(11):2415-2434.

Bamston A G,Peng P,Kumar A,et al,1998. Comparison of SST-forced Global Climate Responses and Specification Skill of the Seripps/MPI ECHAM3 and the NCEP/MRF9 MODELS in Jan-Feb-Mar[R]. Proceedings of the Twenty-third Annual Climate Diagnostics and Prediction Workshop, Miami,Florida,Oct. 26-30,186-189.

Battisti D S,Hirst A C,1988. Interannual varibility in the tropical atmosphere/ocean system: Influence of the basic,ocean geometry and nonlinearity[J]. J Atmos Sc,46:1687-1712.

Behera S K,Luo J,Masson S,et al,2006. A CGCM study on the interaction between IOD and ENSO [J]. J Climate,19(9):1688-1705.

Behera S K,Salvekar P S,Yamagta T,2000. Simulation of interannual SST variability in the tropical Indian Ocean[J]. J Climate,13(19):3487-3499.

Behera S K,Yamagta T,2001. Subtropical SST dipole events in the southern Indian Ocean[J]. Geophys Res Lett,28(2):327-330.

Behera S K,Yamagta T,2002. A new East Asian winter monsoon index and associated the Indian Ocean dipole impact on Darwin pressure:Implication for southern oscillation index[R]. The Second International Symposium on Physic Mathematical Problems Related to Climate Modeling and Prediction. Shanghai:CAS TWAS WMOFORUM.

Bjeknes J,1969. Atmospheric teleconnections from the Equatorial Pacific[J]. Mon Wea Rev,97(1): 163-172.

Bonan G B,1996. The NCAR land surface model (LSM version 1. 0) coupled to the NCAR Community Climate Model,NCAR Technical Note NCAR/TN-429＋STR[Z]. National Center for Atmospheric Research,Boulder,Colorado,171 pp.

Bridgman H A,Oliver J E,2006. The Global Climate System: Patterns,Processes and Teleconnections[M]. Cambridge University Press:331.

Broecker W S,1991. The Great Ocean Conveyor [J]. Oceanography,4(2):79-89.

Bruce J P, Lee H, Haites E F, 1996. Climate Change 1955, Economic and Aoeial Dimensions of Climate Change[M]. Cambridge University Press: 1-448.

Bryan K A, 1963. numerical investigation of a nonlinear model of a wind-driven ocean[J]. J Atmos Sci, 20: 594-606.

Bryan K A, 1969. numerical method for the study of the circulation of the World Ocean[J]. Journal of Computational Physics, 4: 347-376.

Campbell W J, 1964. On the steady-state flow of sea ice[R]. Department of Atmospheric Sciences, University of Washington, Seattle, 167.

Cao L, Zhao P, Yan Z, et al, 2013. Instrumental temperature series in eastern and central China back to the nineteenth century [J]. Journal of Geophysical Research: Atmospheres, 118 (15): 8197-8207.

Chahine T M, 1992. The hydrological cycle and its influence on climate[J]. Nature, 359: 373 -380.

Chang P, Ji L, Li H, et al, 1997. Climate variation in the Tropical Atlantic Ocean from Thermodynamic Air-Sea Interactions[J]. Nature, 285(6616): 516-518.

Charney J G, et al, 1975. Dynamics of deserts and drought in the Sahel. Quart[J]. J R Meteor Soc, 101: 193-202.

Charney J G, Quirk W J, Chow S H, et al, 1977. A comparative study of the effects of albedo change on drought in semi-arid regions[J]. J Atmos Sci, 34 (9): 1366-1385.

Chen D, Cane M A, Zebiak S E, et al, 1998. The Impact of Level Data Assimilation on the Lamont Model Prediction of the 1997/98 El Nino[J]. Geoph Res Lett, 25: 2837-2840.

Chen D, Zebiak S E, Busalacchi, et al, 1995. An improved procedure foe El Nino forecasting implications for predictability[J]. Science, 269: 1699-1702.

Chen H, Teng F, Zhang W, et al, 2017. Impacts of anomalous mid-latitude cyclone activity over East Asia during summer on the decadal mode of East Asian summer monsoon and its possible mechanism[J]. Journal of Climate, 30(2): 739-753.

Chervin R E, 1979. Response of the NCAR general circulation model to changed land surface Albedo, Report of the JOC Study Conference on Climate Models: Performance, Intercomparision And Sensitivity Studies, GARP Publ[R]. Series, 22, 1: 563-581. Washington D. C, 3-7, April.

Chiew F H S, Whetton P H, McMahon T A, et al, 1995. Simulation of the impacts of climate change on runoff and soil moisture in Australian catchments [J]. Journal of Hydrology, 167 (1-4): 121-147.

Christopher T, Gilbert P, 1997, A practical guide to wavelet analysis[J]. Bulletin of the America Meteorological Society, 79(1): 61-78.

Clivar, 1995. A Study of Climate Variability and Predictability[R]. Science Plan, August. WCRP-89, WMO/TD No, 690.

Cola, 1998. Experimental Long-lead Forecast Bulletin [J], 7 (1): 1-85 [2018-07-01]. https://babel. hathitrust. org/cgi/pt? id=mdp. 39015047333961; view=1up; seq=.

Coon,M D,1980. A review of AIDJEX modeling[C]// Pritchard R S. Sea Ice Processes and Models. University of Washington Press:12-25.

Dat A G,Trenberth K E,Karl T R,1998. Global Variations in Droughts and Wet Spells:1900—1995[J]. Geophy Res Letters,25(17):3367-3370.

Deardorf J W,1978. Efficient prediction of ground surface temperature and moisture,with inclusion of a layer of vegetation[J]. J Geophys Res,83(C4):1889-1903.

Delworth T,Manabe S,Stouffer R J,1992. Interdecadal Variations of the Thermohaline Circulation in a Coupled Ocean-atmosphere Model[J]. J Climate,6(11):1993-2011.

Dickinson R E,1984. Modeling evapotranspiration for three-dimensional global climate models[R]. Washington Dc American Geophysical Union Geophysical Monograph,29:58-72.

Dickinson R E,Errico R M,Giorgi F,et al,1989. A regional climate model for the western United States[J]. Climate Change,15 : 383-422.

Dickinson R E,Henderson-Sellers A,1988. Modeling tropical deforestation: A study of GCM land-surface parameterizations[J]. Quart J Roy Meteor Soc,114:439-462.

Dickinson R E, Henderson-Sellers A, Kennedy P J, 1993. Biosphere-Atmosphere Tansfer Scheme (BATs) Version 1e as coupled to the NCAR Community Climate Model[R]. NCAR Techn. Note-378+STR,1993.

Dickinson R E, Henderson-Sellers A, Kennedy P J, et al, 1986. Biosphere-Atmosphere Tansfer Scheme(BATs) for the NCAR Community Climate Model[R]. NCAR Techn. Note-275+STR.

Dickinson R E,Kennedy P J,1992. Impacts on regional climate of Amazon deforestation[J]. Geophys Res Lett,19:1947-1950.

Dirmeyer P A,Gao X,Zhao M,et al,2006. Multimodel analysis and implications for our perception of the land surface[J]. Bull Amer Meteor Soc:1381-1397.

Eddy J A,1977. Climate and the Changing Sun[J]. Climatic Change,1:173-190.

Enfield D B,Mestas-Nunez A M,Mayer D A,et al,1999. The Dipole Tropical Atlantic SST: Common? Random? Intrinsic? [R]In "Proceedings of the Twenty-third Annual Climate Diagnostics and Prediction Workshop". October 26-30. 1998. US Department of Commerce,NOAA,223-226.

England M H,et al,2014. Recent intensification of wind-driven circulation in thePacific and the ongoing warming hiatus[J]. Nature Clim Change,4:222-227.

Feng M,Meyers G,2003. Interannual variability in the tropical Indian Ocean:A two-year time scale of IOD[J]. Deep-Sea Res,50(12):2263-2284.

Fischer A S,Terray P,Guilyardi E,et al,2005. Two independent triggers for the Indian Ocean dipole/zonal mode in a coupled GCM[J]. J Climate,18(17):3428-3449.

Flohn H,Fleer H,1975. Climate teleconnections with the Equatorial Pacific and the Role of Ocean/Atmosphere Coupling[J]. Atmosphere,34(1):96-109.

Folland C K,Palmer T,Parker D,1986. Sahel rainfall and worldwide sea temperatures: 1901—1985 [J]. Nature,320(6063):602-606.

Foukal P V, Lean J, 1990. An empirical model of total solar irradiance between 1874 and 1988[J]. Science, 247: 556-558.

Frich P, Alexander L V, Della-Marta P, et al, 2002, Observed coherent changes in climatic extremes during the second half of the twentieth century[J]. Climate Research, 19: 193-212.

Gao Qiong, Zhang Xinshi, 1997. A Simulation study of responses of nature China transect to elevated CO-2 and climate change[J]. Ecological Applications, 7(2): 470-483.

Gedney N, Cox P M, Betts R A, et al, 2006. Detection of a direct carbon dioxide effect in continental river runoff records[J]. Nature, 413: 835-838.

Gilliland R L, 1982. Solar, Volcanic and CO_2 forcing of recent climatic change[J]. Climatic Change, 4: 111-131.

Giorgi F, Bates G T, 1989, The climatological skill of a regional model over complex terrain[J]. Mon Wea Rev, 117: 2325-2347.

Graham N E, 1994. Decadal-scale climate variability in the tropical and North Pacific during the 1970s and 1980s: Observations and model results[J]. Climate Dynsmics, 10(3): 135-162.

Graham N E, Barnett T P, Wilde R, 1994. On the role of tropical and mid-latitude SSTs in tropical forcing in interannual to interdecadal variability in the Winter Northern Hemisphere Circulation [J]. J Climate, 7(9): 1416-1441.

Graham N E, Barnett T P, Chervin R M, et al, 1998. Comparison of GCM and observed surface wind fields over tropical Indian and Pacific Ocean[J]. J Atmos Sci, 46: 760-768.

Gray W M, 1999. The Atlantic Ocean Thermohaline Circulation as a Driver for Multi Decadal Variations in El Nino Intensity and Frequency[R]. in "Proceedings of the Twenty-third Annual Climate Diagnostics and Prediction Workshop". October 26-30, 1998, US Department of Commerce, NOAA, 54-57.

Gray W M, 1997. Forecast of Global Circulation Characteristics in the Next 25-30 years[R]. in "Proceedings of the Twenty-first Annual Climate Diagnostics and Prediction Workshop". October 28-November 1, 1996, US Department of Commerce, NOAA, 219-222.

Guan Z, Yamagta T, 2003. Summertime response of the tropical atmosphere to the Indian Ocean dipole sea surface temperature anomalies[J]. J Meteor Soc, 81(3): 533-561.

Guan Z, Yamagta T, 2003. The unusual summer of 1994 in East Asia: IOD teleconections[J]. Geophys Res Lett, 30(10): 1544.

Hammer C U, Caulsen H B, Dansgaard W, 1980. Greenland ice sheet evidence of Post-Glacial Volcanisim and its climatic impact[J]. Nature, 288, 230-235.

Hansen J E, Lebedoff S, 1987. Global trends of measured surface air surface temperature[J]. J Geophy Res, 92: 13345-13372.

Hansen J E, Takahashi T, 1984. Climate Processes and Climate Sensitivity[M]. American Geophysical Union.

Hastenrath S, 1990. Prediction of Northeast Brazil rainfall anomalis[J]. J Climate, 3(7): 893-904.

Haugh J D,1999. Modelling the impact of solar variability on climate[J]. J Atmos Solar-Terrestrial Physics,61:63-72.

Henderson-Sellers A,Dickinson R E,Walson M F,1988. Tropical deforestation:important processes for climate models[J]. Climatic Change,13(1):43-69.

Henderson-Sellers A,Gornitz V,1984. Possible climate impacts of land cover transformations,with particular emphasis on tropical deforestation[J]. Climate Change,6(3-4): 231-258.

Henderson-Sellers A,Yang Z L,Dickinson R E,1993. The project for intercomparison of land-surface parameterization schemes[J]. Bull Amer Meteor Soc,74(7):1335-1349.

HiblerIII W D,1979. A dynamic thermodynamic sea ice model[J]. J Phys Oceanogr,9:815-846.

Hilary S,Rowan S,Julia S,et al,2005. Indian Ocean climate and dipole variability in Hadley Centre Coupled GCMs[J]. J Climate,18(13):2286-2307.

Houghton J T,Callander B A,Varney S K,1996. Climate Change 1992,The Supplementary Report to the IPCC Scientific Assessment[M]. Cambridge,UK: Cambridge University Press:1-200.

Houghton J T,Ding Y,Griggs D J,et al,2001. Climate Change 2001: The Scientific Basis [M]. Cambridge,UK:Cambridge University Press,900.

Houghton J T,MeiraFdho L G,Callander B A,et al,1996. Climate Change 1995: The Science of Climate Change[M]. Cambridge University Press,Cambridge,UK,1-572.

Huang J P,Yu H P,Guan X D,et al,2015. Accelerated dryland expansion under climate change [J]. Nature Climate Change,6(2): 166-171.

Huang Ronghui,Wu Yifang,1989. The influence of ENSO on the summer climate change in China and its mechanism[J]. Advances in Atmospheric Sciences,6 : 21-32.

Huffman G J,et al,1997,The Global Precipitation Climatology Project (GPCP) combined precipitation dataset[J]. Bulletin of the American Meteorological Society,78(1):5-20.

Hulme M,1995. Estimating global changes in precipitation[J]. Weather,50(2):34-42.

Hulme M,1996. Recent climatic change in the World's Dryland[J]. Geophy Res Letters,23(1): 61-64.

Hulme M,Wigley T M L,Jiang T,et al,1992. Climate Change due to the Greenhouse Effect and Its Implications for China[R]. WWF International,Gland,Banson Province,London,UK,1-57.

Hurrell J W,1996. Influence of variations in extratropical wintertime teleconnections on the Northern Hemisphere temperature[J]. Geoph Res Lett,23(6):665-668.

IPCC,2001. Climate Change: The Scientific Basis. Contribution of Working Group I to the third Assessment Reportof the Intergovernmental Panel on Climate Change[M]. Eds:Houghton J T,Ding Y,Griggs D J,et al. Cambridge University Press.

IPCC,2007. Climate Change: The Physical Science Basis. Contribution of Working Group I to the Fourth Assessment Report of the IPCC[M]. Cambridge: Cambridge University Press,United Kingdom and New York,NY,USA,996.

IPCC,2013. Technical Summary. In: Climate Change 2013: The Physical Science Basis. Contribution of

Working Group I to the Fifth Assessment Report of the Intergovernmental Panel on Climate Change[M]. Stocker, TF, Qin D, Plattner GK, Tignor M, et al. Cambridge, United Kingdom and New York, NY, USA: Cambridge University Press.

Ji Ming, Kumar A, Leetmaa A, 1994. A multi-season climate forecast system an the National Meteorological Center[J]. Bul Amer Meteo Soc, 75(4): 569-577.

Jones P D, 1994. Hemispheric surface air temperature variations: A reanalysis and an update to 1993 [J]. J Climate, 7: 1794-1802.

Jones P D, Lister D H, Li Q, 2008. Urbanization effects in large-scale temperature records, with an emphasis on China[J]. J Geophys Res, 113, D16122, doi: 10. 1029/2008/JD009916.

Jones P D, Osborn T J, Briffa K R, et al, 2001. Adjusting for sampling density in grid-box land and ocean surface temperature time series[J]. J Geophys Research, 106: 3371-3380.

Kasahara A, 1968. The influence of orography on the global general circulation pattern of the atmosphere[R]. Proc Symp Mountain Meteor, Fort Collins, Colorado, 193-221.

Kasahara A, Washington W M, 1969. Thermal and dynamical effects of orography on the general circulation of the atmosphere[R]. Proc WMO/IUGG Symp Numer Wea Pred, Tokyo, Japan, IV: 47-56.

Katharine Hayhoe, Daniel Cayan, Christopher B Field, et al, 2004. Emissions pathways, climate change, and impactson California[J]. PNAS, 101(34): 12422-12427.

Kelly P M, Wigley T M L, 1992. Solar cycle length, greenhouse forcing and global climate[J]. Nature, 360: 328-330.

Kim J E, Hong S Y, 2007. Impact of soil moisture anomalies on summer rainfall over East Asia: A regional climate model study[J]. J of Climate, 20: 5732-5743.

Knutson T R, Manabe S, 1998. Model assessment of decadal variability and trends in the tropical Pacific Ocean[J]. J Climate, 11: 2273-2296.

Koster R D, Dirmeyer P A, Guo Z, et al, 2004. Regions of strong coupling between soil moisture and precipitation[J]. Science, 305: 1138-1140.

Kumar K K, Rajagopalan B, Cane M A, 1999. On the weakening relationship between the Indian monsoon and ENSO[J]. Science, 284(5423): 2156-2159.

Lamb H H, 1984. Update of the chronology of assessments of the volcanic dust veil index. Climate Moniter: 88-89.

Latif M, 1998. Dynsmics of interdecadal variability in coupled ocean-atmosphere models[J]. J Climate, 11(4): 602-624.

Latif M, Barnett T P, 1995, Interactions of the tropical oceans[J]. J Climate, 8(4): 952-964.

Latif M, Barnett T P, 1996. Decadal climate variability over the North Pacific and North America: Dynamics and predictability[J]. J Climate, 9: 2407-2423.

Latif M, Barnett T P, Cane M A, et al, 1994. A review of ENSO prediction studies[J]. Climate Dynamics, 9(4/5): 167-179.

Latif M, Biercamp J, von Storch H, et al, 1990. Simulation of ENSO related surface wind anomalies with an atmospheric GCM forced by observed SST[J]. J Climate, 3: 509-521.

Lau N C, 1985. Modelling the seasonal dependence of the atmospheric response to observed El Nino in 1962-1976[J]. Mon Wea Rev, 113: 1970-1996.

Lau N C, Nath M J, 2003, Atmosphere-ocean variations in the Indo-Pacific sector during ENSO episodes[J]. J Climate, 16(1): 3-20.

Lau N C, Nath M J, 2004. Coupled GCM simulation of atmosphere-ocean variability associated with the zonally asymmetric SST changes in the tropical Indian Ocean[J]. J Climate, 17(2): 245-265.

Lean J, Rind D, 1999. Evaluating sun-climate relationship since the little ice age[J]. J Atmos Solar-Terrestrial Physics, 61, 25-36.

Lean J, Rowntree P R, 1997. Understanding the sensitivity of a GCM simulation of Amazonian deforestation to the specification of vegetation and soil characteristics [J]. J Climate, 10 (6): 1216-1235.

Lean J, Warrilow D A, 1989. Simulation of the regional climatic impact of Amazon deforestation [J]. Nature, 342: 411-413.

Levis S, Bonan G B, Vertenstein M, et al, 2004. The Community Land Model's Dynamic Global Vegetation Model (CLM-DGVM): Technical description and user's guide[Z]. NCAR Technical Note NCAR/TN-459+IA. National Center for Atmospheric Research, Boulder, CO.

Li T, Wang B, Chang C, et al, 2003. A theory for the Indian Ocean dipole-zonal mode[J]. J Atmos Sci, 60(17): 2119-2135.

Li T, Zhang Y, Lu E, et al, 2002. Relative role of dynamic and thermodynamic processes in the development of the Indian Ocean dipole: An OGCM diagnosis[J]. Geophys Res Lett, 29(23): 251-253.

Li X, Zhou X, Li W, et al, 1995. The cooling of sichuan Province in recent 40 years and its probable mechanisms[J]. Acta Meteorologica Sinica, 9: 57-68.

Lin C, 1997. The potential impact of climate change on hydrology and water resources in China[J]. Advances in Water Science, 8(2): 21-32.

Lin E, 1996. Agricultural Vulnerability and Adaptation to Global Warning in China. Climate Change, Vulnerability and Adaptation in Asia and the Pacific[M]. Lin E, Bollhofer W C, Huq S, et al, Water, Air and Soil Pollution. 91(1-2): 63-73.

Liu D, Wang G, Mei R, Yu Z, et al, 2014. Impact of initial soil moisture anomalies on climate mean and extremes over Asia[J]. Journal of Geophysical Research: Atmospheres, 119(2): 529-545.

Lockwood M, Stamper R, Wile M N, 1999. A doubling of the sun's coronal magnetic field during the past 100 years[J]. Nature, 399, 437-439.

Lorenz E N, 1963. Deterministic nonperiodic flow[J]. J Atmos Sci, 20: 130-141.

Lutgens F K, Tarbuck Edward J, Tasa D G, 2012. The Atmosphere—An Introduction to Meteorology[M]. 12th Edition. Prentice Hall.

Madden R A, Shea K J, 1983, Potential Long-range Predictability of Precipitation over the North America[R]. In Proceedings of Seventh Annual Climate Diagnostics Workshop, 18-22 October 1982, NOAA, 423-426.

Manabe S, 1969. Climate and ocean circulation: II[J]. Mon Wea Rev, 97: 775-805.

Manabe S, 1969. Climate and the ocean circulation: 1 The atmospheric circulation and the hydrology of the earth's surface[J]. Mon Wea Rev, 97(12): 739-774.

Martinson D G, 1998. Decade -to-Century-Scale Climate Variability and Change: A Science Strategy [M]. Washington D C: National Academy Press: 39-47.

Maykut G A, Untersteiner N, 1971. Some results from a time dependent thermodynamic model of sea ice[J]. J Geophys Res, 76(6): 1550-1575.

Maylut G A, Untersteiner N, 1969. Numerical prediction of the thermodynamic response of Arctic sea ice to Enviromental Changes [R]. Rand Corp. Memo. RM-6093-PR, Santa Monica, California, 173pp.

Mearns L O, Katz R W, Schneider S H, 1984. Extreme high temperature events: Changes in their probabilities with changes in mean temperature[J]. J Climate Appl Meteor, 23: 1601-1613.

Meehl G A, 1996. Coupled ocean-atmosphere-land processes and south asian monsoon variability [J]. Science, 265: 263-267.

Miller A J, Cayan D R, Bamett T P, et al, 1994. Interdecadal variability of the Pacific Ocean: Model response to observed heat flux and wind stress anomalies[J]. Climate Dynamics, 9(6): 287-302.

Moura A D, Shukla J, 1981. On the dynamics of droughts in Northeast Brazil, observation, theory and numerical experiments with a general circulation model[J]. J Atmos Sci, 38: 2653-2675.

Murtugudde R, Mccreary J, BusalacchiA, 2000. Oceanic processes associated with anomalous events in the Indian Ocean with relevance to 1997—1998[J]. J Geophys Res, 105(C2): 3295-3306.

Mölders N, Kramm N G, 2014. Lectures in Meteorology [M]. Springer Atmospheric Sciences. Springer International Publishing: Cham, Switzerland. 591pp.

Nagura M, Konda M, 2007. The seasonal development of an SST anomaly in the Indian Ocean and its relationship to ENSO[J]. J Climate, 20(1): 38-52.

Namias J, 1953. Thirty-day forecasting: A review of a ten-year experiment[J]. Meteoroogical Monographs, 2(6): 1-83.

Namias J, 1958. Persistence of mid-tropospheric circulations between adjacent months and seasons. In: Rossby Memorial Volume [M]. Rockefeller Institute Press and Oxford University Press, 240-248.

Namias J, 1963. Surface-atmosphere interactions as fundamental causes of droughts and other climatic fluctuations[J]. Arid Zone Research, 20: 345-359.

Neclin J D, Battisti D S, Hirst A C, et al, 1998. ENSO Theory in the TOGA Dacade[M]. Edited by D L T Anderson, E S Sarachik, P J Webster, et al. Reprinted J. Geophysical Research, Published by Geophysical Union, 14261-14290.

Nemani R R, Keeling C D, Hashimoto H, et al, 2003. Climate-driven increases in global terrestrial net primary production from 1982 to 1999[J]. Science,300(5625):1560-1563.

Nicholls N,1987. The Use of Canonical Correlation to Study Teleconnections[M]. American Meteorological Society,115: 393-399.

Nicholson S E,Tucker C J,Ba M B,1998. Desertification,drought,and surface vegetation: An example from the West African Sahel[J]. Bull Amer Meteor Soc,79:815-829.

Nobre C,Sellers P J,Shukla J,1991. Amazonian deforestation and regional climate change[J]. J Climate,4:957-988.

Nobre P,Shukla J,1996. Variations of sea surface temperature,windstress,and rainfall over the Tropical Atlantic and South America[J]. J Climate,9(10):2464-2479.

Oleson K W Dai Y J,et al,2004. Technical description of Community Land Model(CLM)[M]. NCAR Technical Note NCAR/TN-461+STR. National Center for Atmospheric Research,Boulder,CO.

Oliver J E,Hidore J J,1984. Climatology,An Introduction[M]. Merrill Publishing Company.

Oort A H,Liu H,1993. Upper-air temperature trends over the Globe,1958—1989[J]. J Climate,6: 292-307.

Parkinson C L,Washington W M,1979. A large-scale numerical model of sea ice[J]. J Geophys Res, 84(C1): 311-337.

Perxoto J P,Oort A H,1992. Physics of Climate[M]. New York,American Institute of Physics.

Phillips N A,1956. The general circulation of the atmosphere: A numerical experiment[J]. Quarterly Journal of the Royal Meteorological Society,82:123-164.

Pitman A J,2003. The evolution of,and revolution in,land surface schemes designed for climate models[J]. Int J Clim,23:479-510.

Qu W,et al,1998. Sensitivity of latent heat flux from PILPS land-surface schemes to perturbations of surface air temperature[J]. Journal of the Atmospheric Science,55(11):1909-1927.

Randall D A,2000. General Circulation Model Development[M]. Academic Press.

Rao S A,Behera S K,Masmoto Y,et al,2002. Interannual variability in the subsurface tropical Indian Ocean with a special emphasis on the Indian Ocean Dipole[J]. Deep-Sea Res II,49(7): 1549-1572.

Rasmusson E M,Wallace J M,1983. Meteorological aspects of the El Nino/Southern Oscillation[J]. Science,222:1195-1202.

Rayner N A,Horton E B,Parker D E,et al,1996. Version 2. 2 of the Global Sea-Ice and Sea Surface Temperature dataset,1903—1994[Z]. CRTN Rep. 74. HCCPR,Bracknell,United Kingdom.

Reid G C,1997. Solar forcing of global climate change since the mid-17th century[J]. Climate Change,37:391-405.

Reid G C,1999. Solar variability and its implications for the human environment[J]. J Atmos Solar-Terrestrial Physics:613-614.

Robertson A W,1996. Interdecadal variability over the North Pacific in a multi-century climate simulation[J]. Clim Dyn,12:227-241.

Robock A,1979. The little ice age: Northern Hemisphere average observations and model calculations[J]. Sciece,206:1402-1404.

Robock A,Free M P,1995. Ice cores as an index of global volcanism from 1850 to the present[J]. J Geophys Res,100:11549-11567.

Ropelewski C F,Halpert M S. 1987. Global and regional scale precitaion patterns associated witn the El Nino/Southern Oscillation[J]. Mon Wea Rev,115(8):1606-1626.

Rothrock D A,1975. The energetics of the plastic deformation of pack ice by ridging[J]. Journal of Geophysical Research,80(33):4514-4519.

Rowell D P,Folland C K,Maskell K,et al,1992,Modelling the influence of global sea surface temperatures on the variability and predictability of seasonal sahel rainfall[J]. Geophys Res Lett,19(9):905-908.

Rownteree P R,1998. Global average climate forcing and temperature response since 1750[J]. Int J Climatology,17:355-377.

Saji N H,Goswami B N,Vinayachandran P N,et al,1999,A dipole in the tropical Indian Ocean [J]. Nature,401(16751):360-363.

Saji N H,Xie S P,Yamagata T,2006. Tropical Indian Ocean variability in the IPCC twentieth-century climate simulation [J]. J Climate,19(17):4397-4417.

Saji N H,Yamagata T,2003. Possible impacts of Indian Ocean dipole mode events on global climate [J]. Clim Res,25(2):151-169.

Saji N H,Yamagata T,2003. Structure of SST and surface wind variability during Indian Ocean Dipole mode events:COADS observations [J]. J Climate,16(16):2735-2751.

Sanders J E,Newman W S,Konigsson L K,1987. Climate: History,Periodicity,and Predictability [M]. Rampino M R (Ed.). New York:Van Nostrand Reinhold.

Sausen R,Barthels K,Hasselmann K,1988. Coupled ocean-atmosphere models with flux correction [J]. Climate Dyn,2:154-163.

Sawyer J S,1964. Notes on the Possible Physical Causes of Long-term Weather Anomalies[J]. WMO Technical Note,66:227-248.

Sellers P J,1992. Biophysical models of land surface processes. In: Trenberth K E,Climate System Modeling[M]. Cambridge University Press:451-490.

Sellers P J,et al,1986. A Simple Biosphere scheme for use within GCMs[J]. J Atmos Sci,43:505-531.

Sellers P J,Los S O,Tucker C J,et al,1996a. A revised land-surface parameterization (SiB2) for atmospheric GCMs. Part 2: The generation of global fields of terrestrial biophysical parameters from satellite data[J]. J Climate,9(4):706-737.

Sellers P J,Randall D A,Collatz G J,et al,1996b. A revised land-surface parameterization (SiB2) for atmospheric GCMs. Part 1:Model formulation[J]. J Climate,9(4): 676-705.

Semtner A J Jr,1984. On modelling the seasonal thermodynamic cycle of sea ice in studies of climate change[J]. Climatic Change,6:27-38.

Semtner,A J,1976. A model for the thermodynamic growth of sea ice in numerical investigations of climate[J]. J Phys Oceanogr,6:379-389.

Shea D J,1984. Sensitivity Studies on the Estimates of Climate Noise and Potential Long-range Predictability of January Temperature and Precipitation over the U. S. and Canada[R]. in Proceedings of the Eighth Annual Climate Diagnostics Workshop,17-21 October 1983,NOAA,313-321.

Shinoda T,Hendon H,Alexander M A,2004. Surface and subsurface dipole variability in the Indian Ocean and its relation with ENSO[J]. Deep-Sea Res,51(5):619-635.

Shove D J,1955. The sunspot cycle,649BC to AD2000[J]. J Geoply Res,60:127-146.

Shukla J,Mintz Y,1982. Influence of land-surface evapotranspiration on the earth's climate[J]. Science,215:1498-1501.

Shukla J, Nobre C, Sellers P, 1990. Amazon deforestation and climate change[J]. Science, 247: 1322-1325.

Smith T M,Arkin P A,Ren L,et al,2012. Improved reconstruction of global precipitation since 1900 [J]. J Atmos Ocean Technol,29:1505-1517.

Song Q,Gordon A L,2004. Significance of the vertical profile of the Indonesian Through flow transport to the Indian Ocean[J]. Geophys Res Lett,31(16):16 307.

Spar J,1973. Some effects of surface anomalies in a global general circulation model[J]. Mon Wea Rev:91-100,101.

Spencer R W, Christy J R, 1993. Precision lower stratospheric temperature monitoring with the MSU:Validation and results 1979-1991[J]. J Climate,6:1194-1204.

Sun S L,Chen H S,Ju W M,et al,2014. On the attribution of the changing hydrological cycle in Poyang Lake Basin,China[J]. Journal of Hydrology,514:214-225.

Tang Y,Wen X,Sun X,et al,2014. Interannual variation of the bowen ratio in a subtropical coniferous plantation in Southeast China,2003—2012[J]. PLoS ONE,9(2): e88267. doi:10. 1371/journal. pone. 0088267.

Tao S Y,Chen L X,1985. The East Asian Summer Monsoon. Proceeding of International Conference on Monsoon in the Far East[R]. Tokyo,Nov. 5-8,1-11.

Thorndike A S,Rothrock D A,Maykut G A,et al,1975. The thickness distribution of sea ice [J]. Journal of Geophysical Research,80(33),4501-4513.

Tian J,Liu H,Qian W,2003. A dipole mode at thermocline layer in the tropical Indian Ocean[J]. Acta Oceanologica Sinica,22(1):15-24.

Trenberth K E,1993. Climate System Modeling[M]. Cambridge University Press.

Vinnikov K Ya,Groisman P Ya,Lugina K M. 1990,The empirical data on modern global climate changes(temperature and precipitation)[J]. J Climate,3:662-677.

Von Neumann J,1955. Some Remarks on the Problem of Forecasting Climatic Fluctuations. in Dynamics of Climate[M]. Pfeffer R L. Pergamon Press:9-11.

Vose R S, Schmoyer R L, Steurer P M, et al, 1992. The Global Climatology Network, Long-term Temperature, Precipitation, Sea Level Pressure, and Station Pressure Data[R]. ORNL/CDIAC-53, NDP-041, Carbon Dioxide Analysis Center, 100p.

Walker J, Rowntree P R, 1977. The effect of soil moisture on circulation and rainfall in a tropical model. Quart J Roy Meteorol Soc, 1977, 103:29-46.

Wallace J M, Gutzler D S, 1981. The connections in the geopotential height field during the Northern Hemisphere Winter[J]. Mon Wea Rev, 109(4):784-812.

Wallace J M, Smith C, Bretheron C S, 1992. Singular value decompotition of wintertime sea surface temperature and 500hPa height anomalies[J]. J Climate, 5: 561-576.

Wang B, Ding Q H, 2008. Global monsoon: dominant mode of annual variation in the tropics[J]. Dyn Atmos Oceans, 44: 165-183.

Wang B, Wu R, Li T, 2003. Atmosphere-warm ocean interaction and its impacts on Asian-Australian monsoon variation[J]. J Climate, 16(12):1195-1211.

Wang Futang, Zhao Zongci, 1995. Impact of climate change on nature vegetation in China and its implication for agriculture[J]. J Biogeogeaphy, 22:657-664.

Wang P X, Wang B, Cheng H, et al, 2014. The global monsoon across timescales: coherent variability of regional monsoons[J]. Clim Past, 10: 2007-2052.

Wang Shaowu, 1992. Reconstruction of El Nino event chronology for the last 600 year period[J]. Acta Meteor Sinica, 6(1):47-57.

Wang Y, Leung L R, Mccregor J L, et al, 2004. Regional climate modeling: Progress, challenges, and prospects[J]. J Meteor Soc Japan, 82:1599-1628.

Wang, B, Liu J, Kim H J, et al, 2012. Recent change of the global monsoon precipitation (1979—2008)[J]. Clim Dyn, 39(5): 1123-1135.

Watson R T, Zinyowera M C, Moss R H, 1998. The Regional Impacts of Climate Change, An Assessment of Vulnerability[M]. Cambridge University Press: 1-517.

Webster D J, Magan V O, Palmer T N, et al, 1998. Monsoons, Processes, Predictability, and the Prospects, for Prediction in the TOGA Decade[M]. Anderson A L T, Sarachik E S, Webster P J, et al. 14451-14501.

Webster P J, Moore A M, LoschniggJ P, et al, 1999, Coupled ocean-atmosphere dynamics in the Indian Ocean during 1997—1998[J]. Nature, 401(6751):356-360.

Woodward F I, Lomas M R, 2004. Simulating vegetation processes along the Kalahari transect[J]. Global Change Biology, 10:383-392.

Xue Y, 1996. The impact of desertification in the Mongolian and the inner Mongolian Grassland on the regional climate[J]. J Climate, 9:2173-2198.

Xue Y, Shukla J, 1993. The influence of land surface properties on Sahel climate. Part I: Desertification[J]. J Climate, 6:2232-2245.

Yamagata T,Behera S K,Rao S A,et al,2002. The Indian Ocean dipole:a physical entity[J]. Clivar Exchanges,4:1-6.

Yamagata T,Behera S K,Rao S A,et al,2003. Comments on"Dipoles,temperature gradients and tropical climate anomalies"[J]. Bull Amer Meteor Soc,84(10):1418-1422.

Yamamoto R T,Iwashima,Samga N K,1986. An analysis of climate jump[R]. Met Soc,Japan,64(2): 273-281.

Yeh T C,Wetherald R T,Manabe S,1984. The effect of soil moisture on the short-term climate and hydrology change-A numerical experiment[J]. Mon Wea Rev,112(3):474-490.

Yu L,Rienecker M M,1999. Mechanisms for the Indian Ocean warming during the 1997—1998 El Nino[J]. Geophys Res Lett,26(6):735-738.

Yu L,Rienecker M M,2000. Indian Ocean warming of 1997—1998[J]. J Geophys Res,105(C7): 16923-16939.

Yu S,Xia J,Yan Z,et al,2018. Changing spring phenology dates in the Three-Rivers Headwater Region of the Tibetan Plateau during 1960—2013[J]. Advances in Atmospheric Sciences,35(1): 116-126.

Yu Y Q,Guo Y F,Zhang X H,2000. Interdecadal climate variability. In:Zhang X H. IAP Global Ocean-Atmosphere-Land System Model[M]. Beijing,New York:Science Press:155-170.

Yukimoto S,1999. The decadal variability of the Pacific with the MRI coupled models. In:Navarra A Beyond El Nino: Decadal and Interdecadal Climate Variability[M]. Berlin: Springer-Verlag: 205-220.

Yukimoto S,Endoh M,Kitamura Y,et al,1996. Tokioka. Interannual and interdecadalvariabilities in the Pacific in a MRI coupled GCM[J]. Clim Dyn,12:667-683.

Yukimoto S,Endoh M,Kitamura Y,et al,2000. ENSO-like interdecadal variability in the Pacific Ocean as simulated in a coupled GCM[J]. J Geophys Res,105:13945-13963.

Zebiak S E Cane M A,1987. A model El Nino/Southern Oscillation[J]. Mon Weather Rev,115: 2262-2278.

Zhai P,Pan X,2003. Trends in temperature extremes during 1951—1999 in China[J]. Geophys Res Lett,30(17):1913. doi:10. 1029/2003GL018004.

Zhai P,Zhang X,Wan H,et al,2005. Trends in total precipitation and frequency of daily precipitation extremes over China[J]. J Clim,18: 1096-1108.

Zhang H,Wang W L,Zhou D W,et al,2016. Rising soil temperature in Chinaand its potential ecological impact[J]. Scientfic Reports,6:35530,DOI: 10. 1038/srep35530.

Zhang R,Zuo Z,2011. Impact of spring soil moisture on surface energy balance and summer monsoon circulation over East Asia and precipitation in East China[J]. Journal of Climate 24(13): 3309-3322.

Zhao C,Chen H,Sun S,2018. Evaluating the capabilities of soil enthalpy,soil moisture and soil temperature in predicting seasonal precipitation[J]. Advances in Atmospheric Sciences 35(4):

445-456.

Zhao Z C,1996. Climate Change and Sustainable Development in China's Semi-arid Regions,Climate Vulnerability,Climate Change and Social Vulnerability in the Seme-arid Tropics[M]. Cambridge: Cambridge University Press:92-108.

Zhao Zongci,1994. Climate change in China[J]. Wold Resource Review,6(1): 125-130.

Zhao Zongci,Li Xiaodong,1997. Impacts of global warming on climate change over East Asia as simulated by 15 GCMs[J]. World Resource Review,10:17-21.

Zhao Zongci, Luo Yong, Gao Xuejie, 2000. Advances on impacts of human activities on climate change as simulated by the climate models in China[J]. Acta Meteorologica Sinica,14: 247-256.

Zhao Zongci,Wang Futang,1994. Climate change and cropping system in China. Bulletin of CNC-IGBP,3(1):52-62.

Zhou Botao,Xu Y,Yu J,et al,2015. Changes in temperature and precipitation extreme indicesover China: analysis of a high-resolution grid dataset[J]. Int J Climatol. DOI: 10. 1002/joc. 4400.

Zhu Wenquan,Jiang Nan,Chen Guangsheng,et al,2017. Divergent shifts and responses of plant autumn phenology to climate change on the Qinghai-Tibetan Plateau[J]. Agricultural & Forest Meteorology,239:166-175.

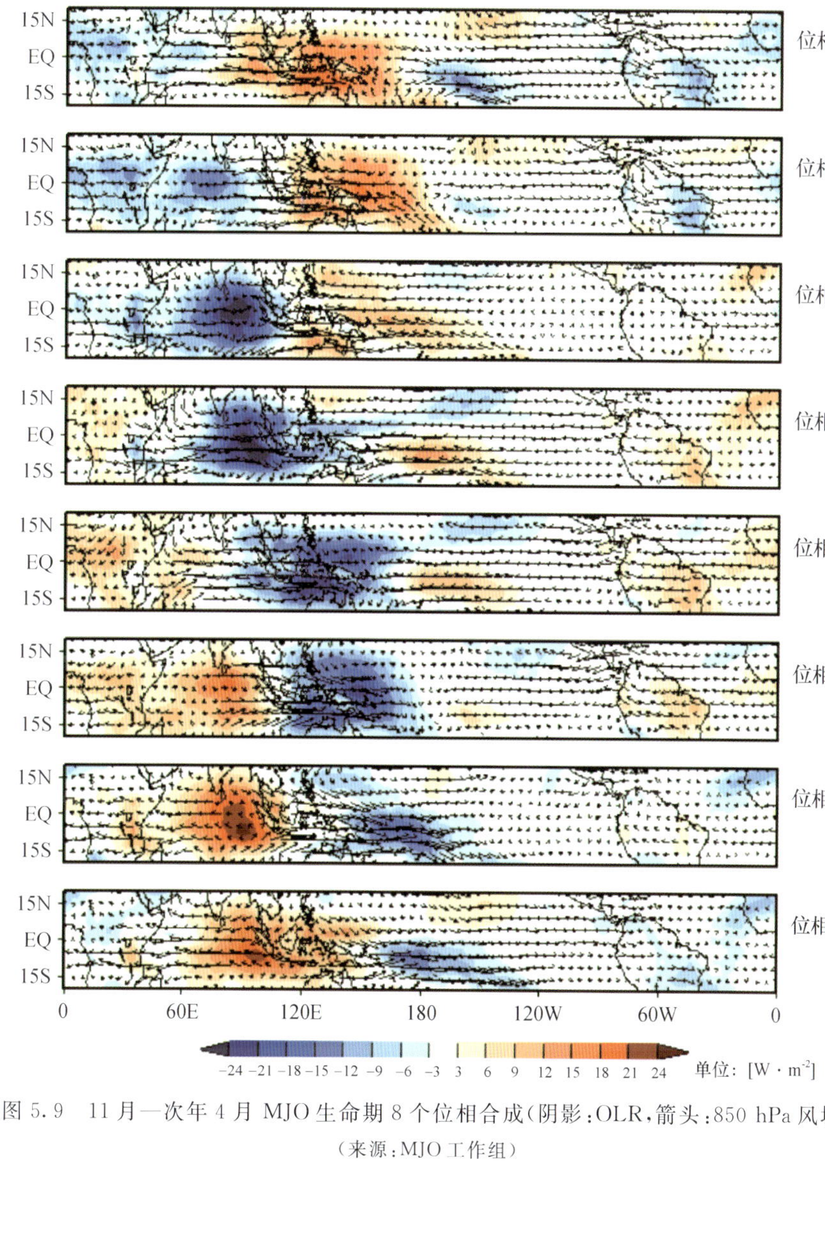

图 5.9　11 月—次年 4 月 MJO 生命期 8 个位相合成(阴影:OLR,箭头:850 hPa 风场)
(来源:MJO 工作组)

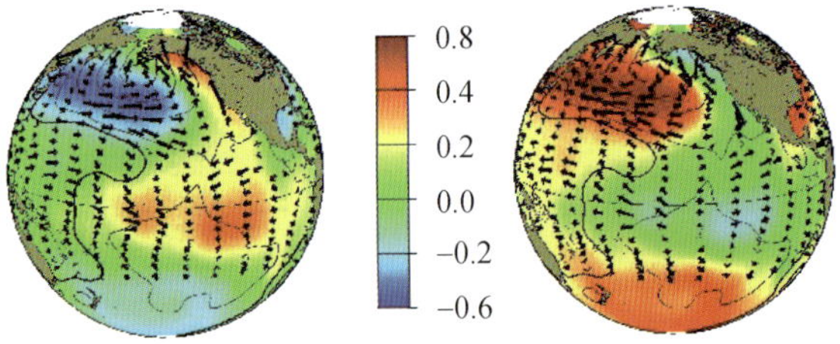

图 5.12　PDO 暖位相(a)和冷位相(b)时的海温距平(℃)分布

(http://research.jisao.washington.edu/pdo/)

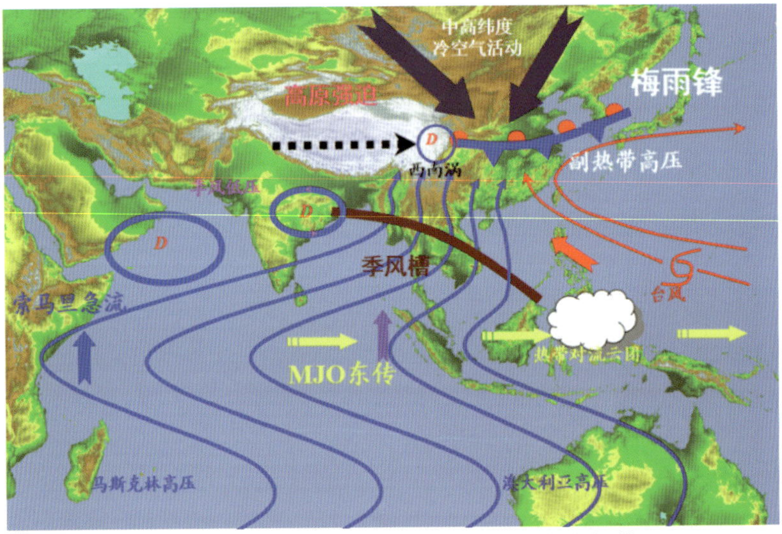

图 5.18　东亚夏季风系统中主要成员概略图(陶诗言 等,2006)

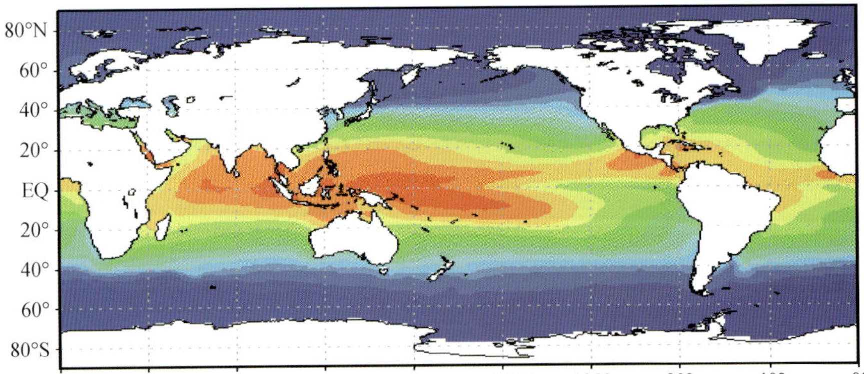

图 6.8　1982—1995 年平均海温(℃)分布

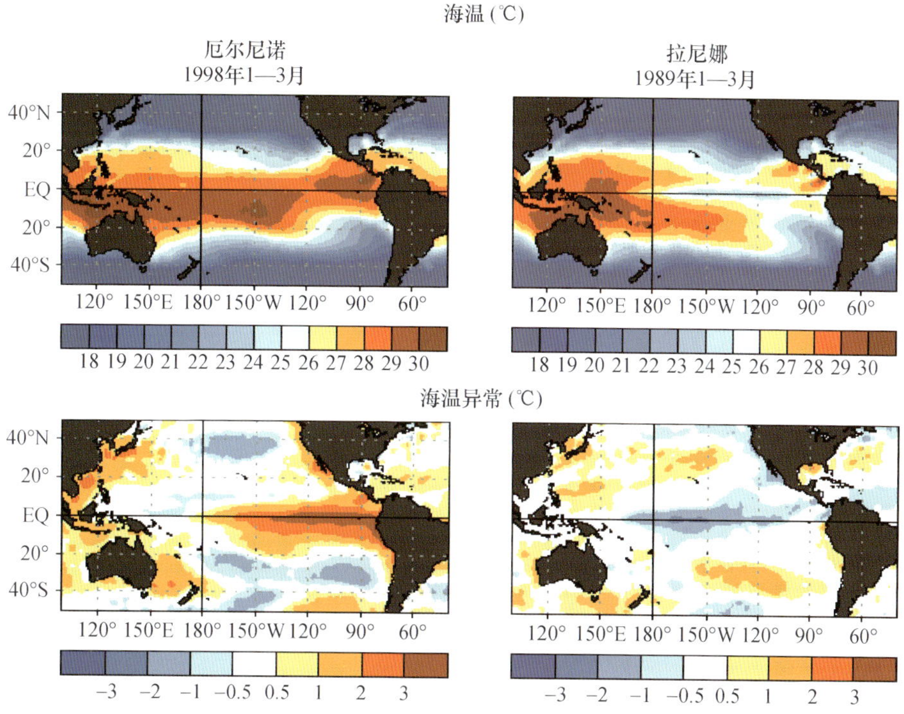

图 6.9　1998 年(左)和 1989 年(右)热带太平洋观测海温(上)
及其偏离气候态的海温异常(下)

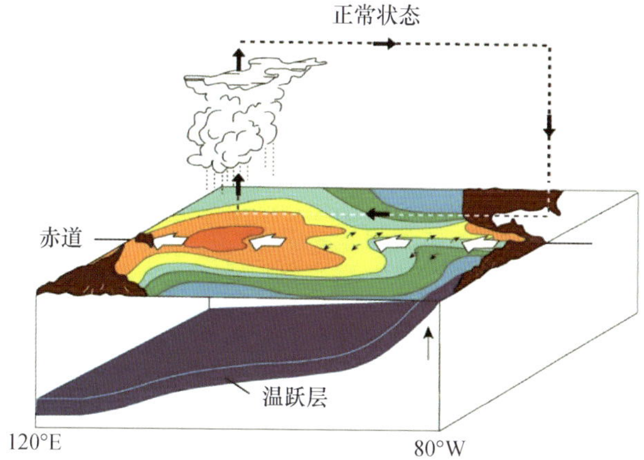

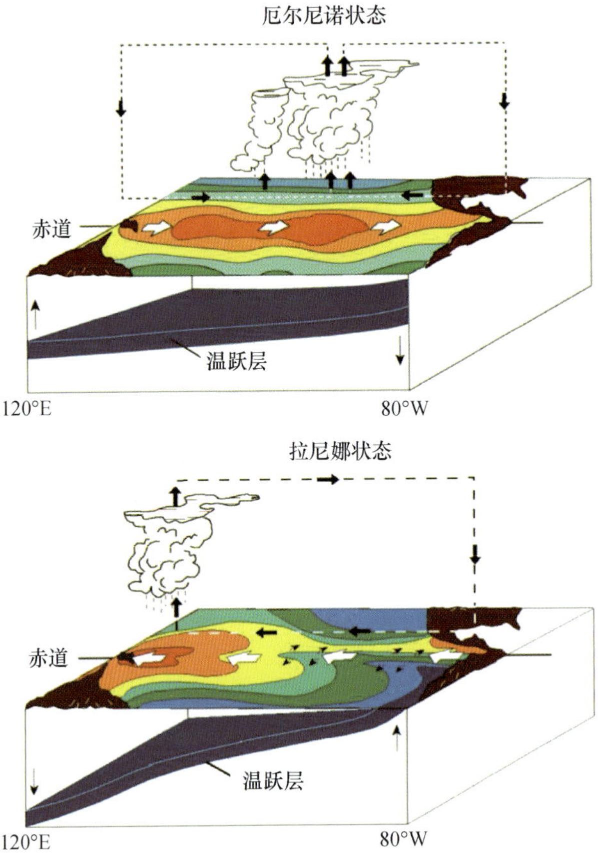

图 6.14 热带太平洋海洋大气环流基本态(上)、厄尔尼诺状态(中)和拉尼娜状态(下)示意图

厄尔尼诺冬季气候异常

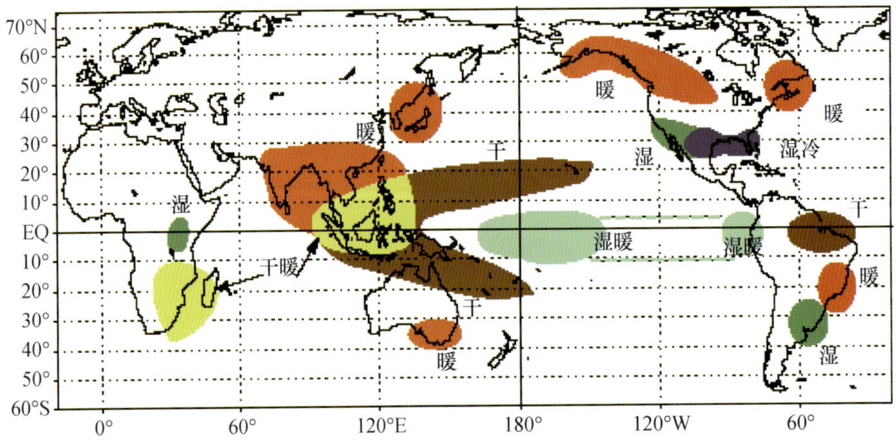

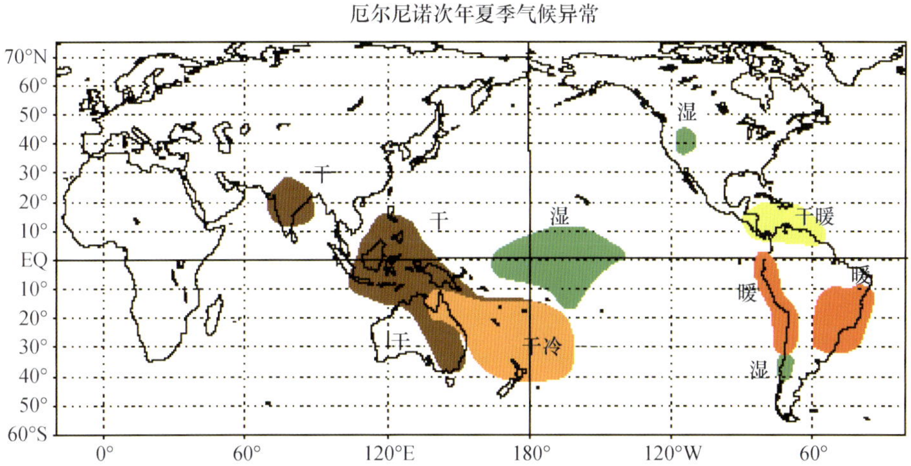

图 6.15　厄尔尼诺发生时，当年冬季及次年夏季全球降水和温度异常示意图（Rasmusson E M and Carpenter T H，1982）

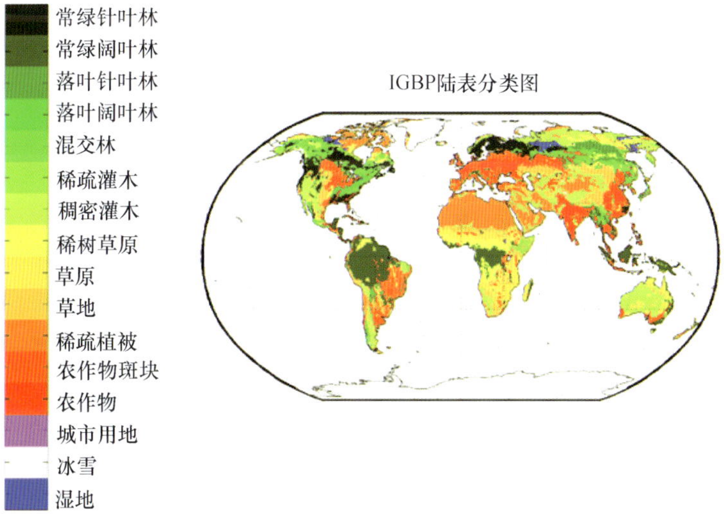

图 7.1　IGBP 全球陆地表面分类图（IGBP）

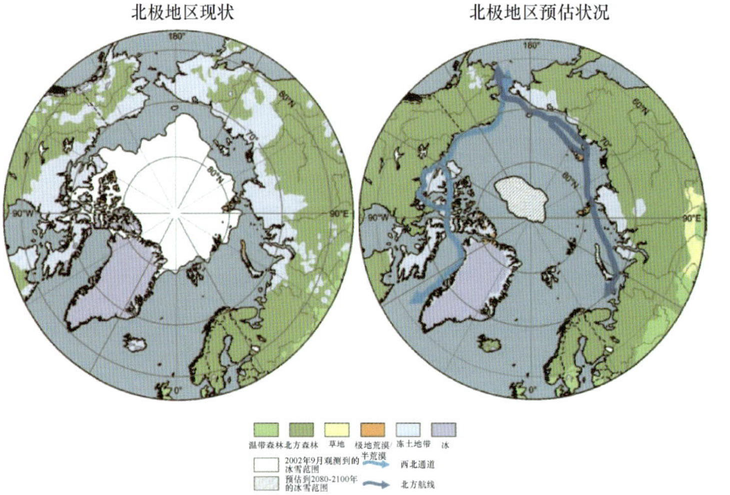

图 7.17　北极和邻近地区的植被

左图:当前植被,基于植物区系的调查。右图:根据 IS92 a 排放情景对 2090—2100 年进行模拟结果

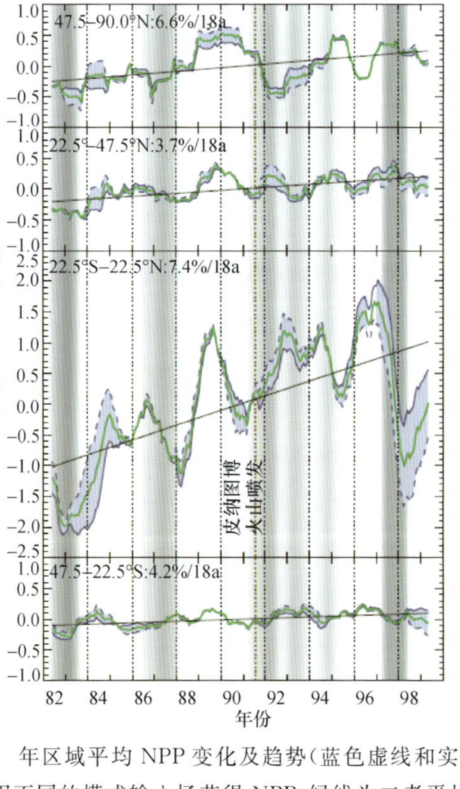

图 7.18　年区域平均 NPP 变化及趋势(蓝色虚线和实线表示采用不同的模式输入场获得 NPP,绿线为二者平均)

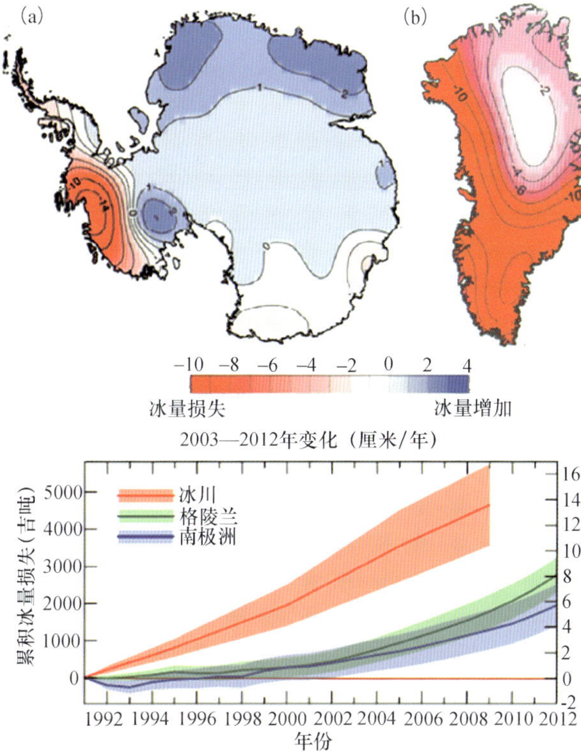

图 8.6　通过重力恢复和气候试验(GRACE)时间-变量重力确定的冰量损失分布图：(a)南极和(b)格陵兰，2003—2012 年间每年水量以 cm 为单位表示。(下)以物质(Gt)和海平面当量(mm)评估冰川和冰盖总冰量损失。冰川的损失不包括冰盖边缘的冰川。(引自 IPCC AR5，2013)

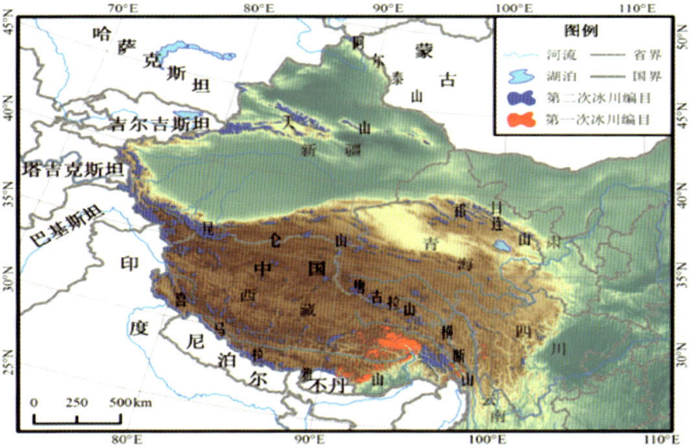

图 8.8　中国现代冰川分布(刘时银 等，2017)

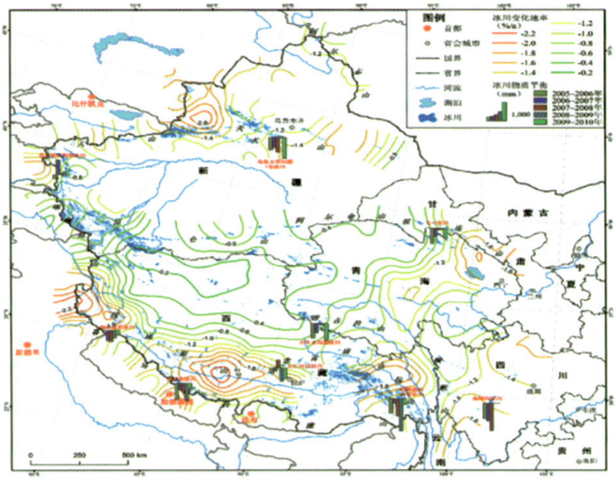

图 8.9　近 40 年中国西部冰川面积变化(刘时银 等,2017)

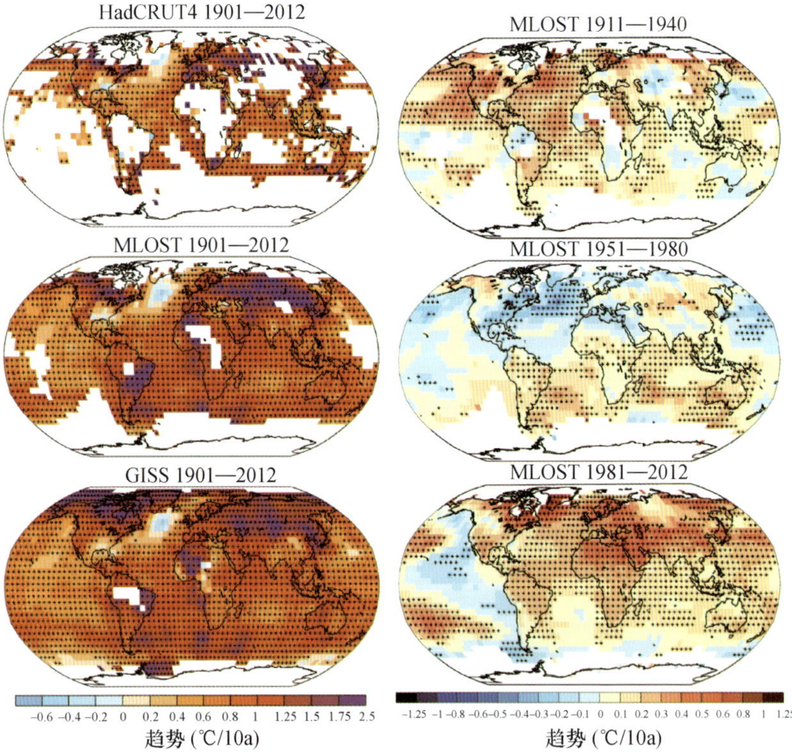

图 9.8　1901—2012(左,℃/10a)和基于 MLOST 的 3 个不同年代(右,℃/10 a)的逐年气温变化线性趋势,灰色表示数据不充足的地区。趋势显著性水平在 5%的地区用+表示(左图所用到的数据来自 HadCRUT4、MLOST 和 GISS,IPCC,2013)

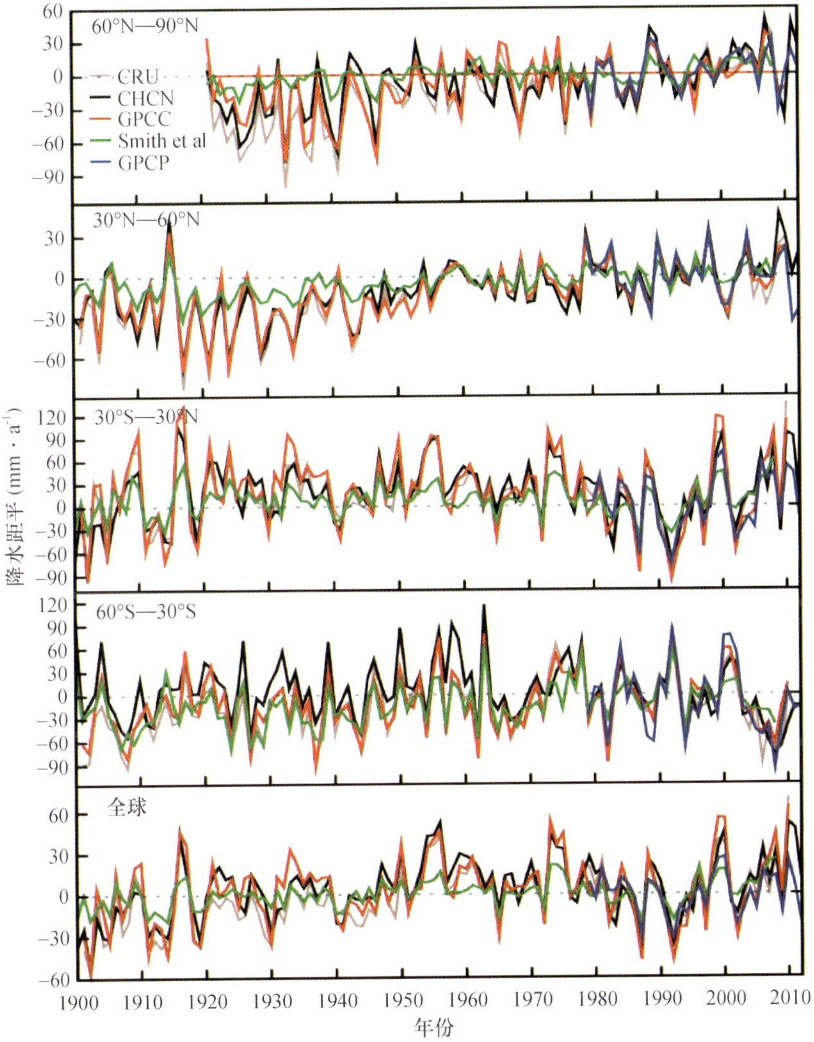

图 9.9 基于 5 种降水数据集的全球以及不同纬带陆地降水距平序列

（相对于 1981—2000 年平均，IPCC 2013）

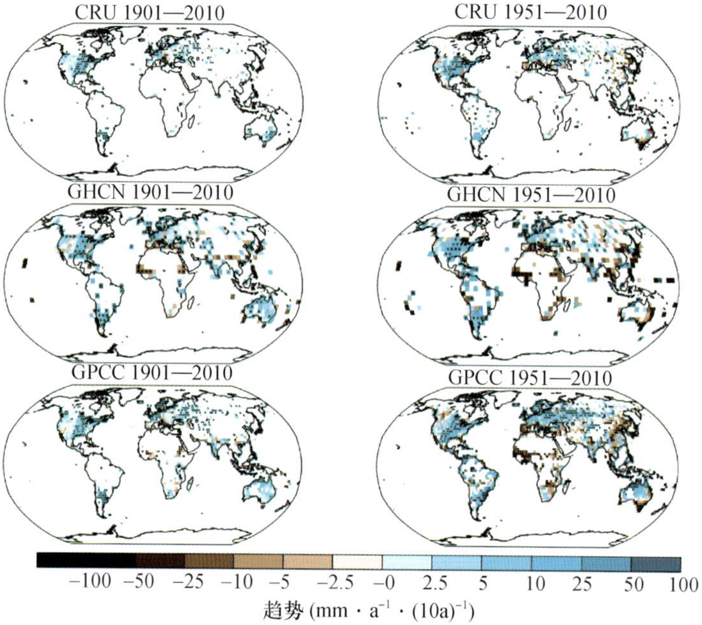

图 9.10 气候研究小组(CRU)、全球历史气候网(GHCN)和全球降水气候中心(GPCC)资料集给出的 1901—2010 年(左侧图)和 1951—2010(右侧图)观测到的陆地降水变化分布。仅针对第一个和最后一个十分位中超过完整记录 70%和超过资料可用率 20%的格点框计算了年累积值趋势。白色区域表示资料不完整或缺失。黑加号(+)表示趋势显著的格点框(IPCC,2013)

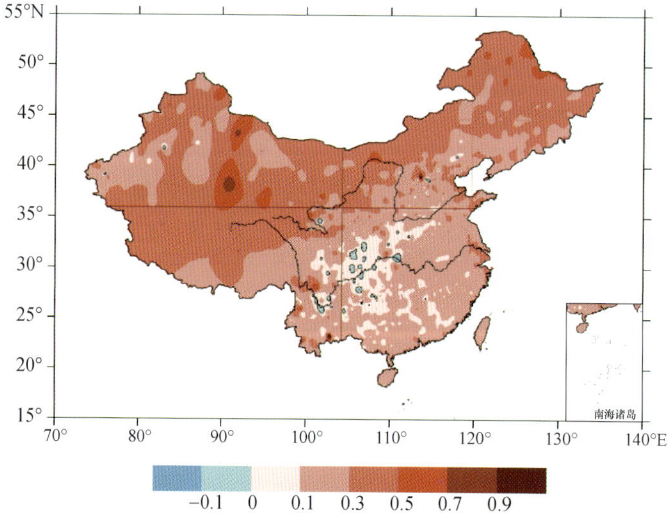

图 9.13 1961—2012 年中国年平均气温变化趋势的空间分布(℃/10 a)(第三次气候变化国家评估报告)

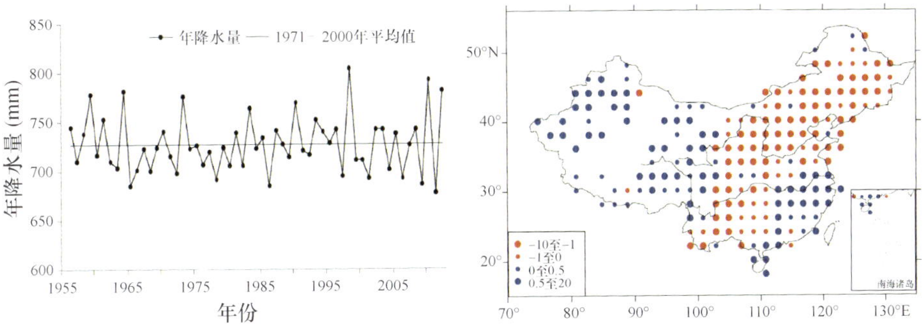

图 9.14 (a)1956—2012 年全国平均年降水量序列，
(b)1956—2012 年格点年降水量变化趋势(第三次气候变化国家评估报告)

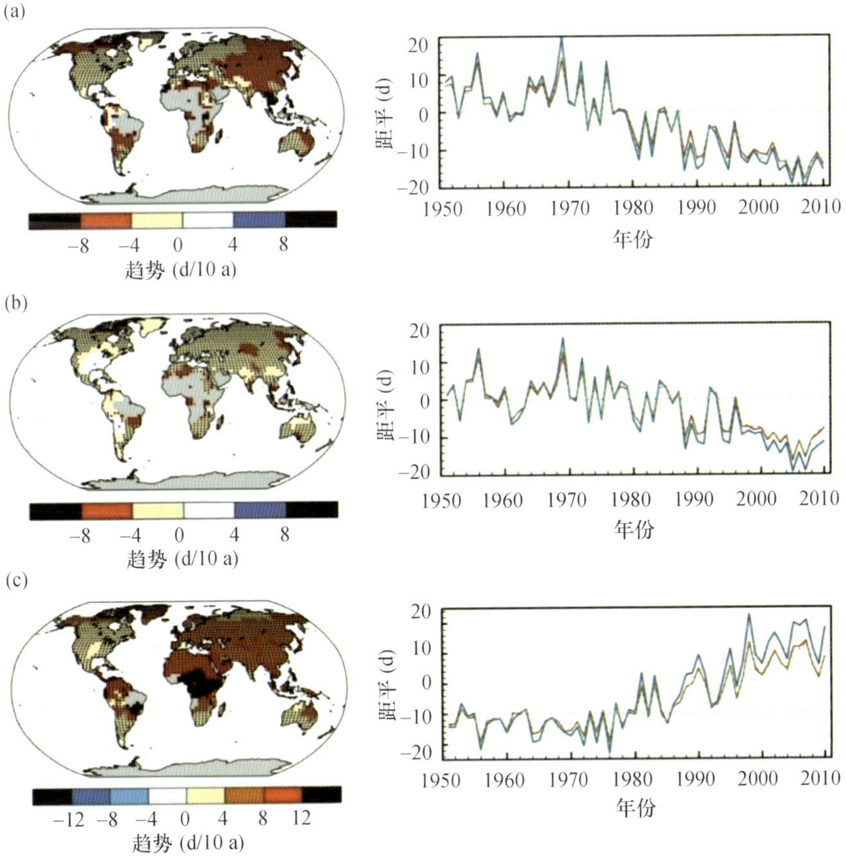

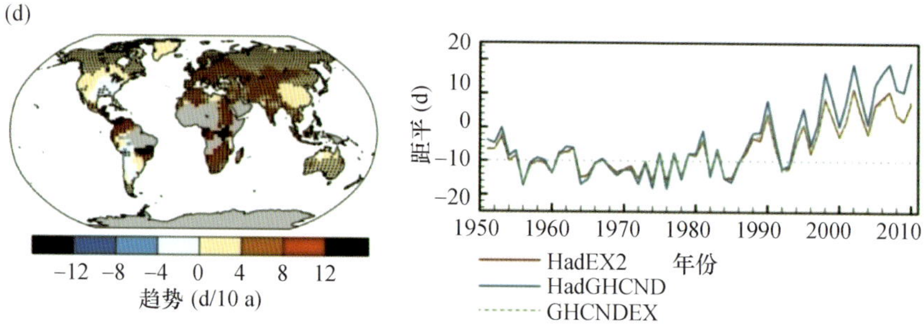

图 9.16　1951—2010 年全球陆地极端温度指数的变化

(a)冷夜 TN10P;(b)冷日 TX10P;(c)暖夜 TN90P;(d)暖日 TX90P(IPCC,2013)

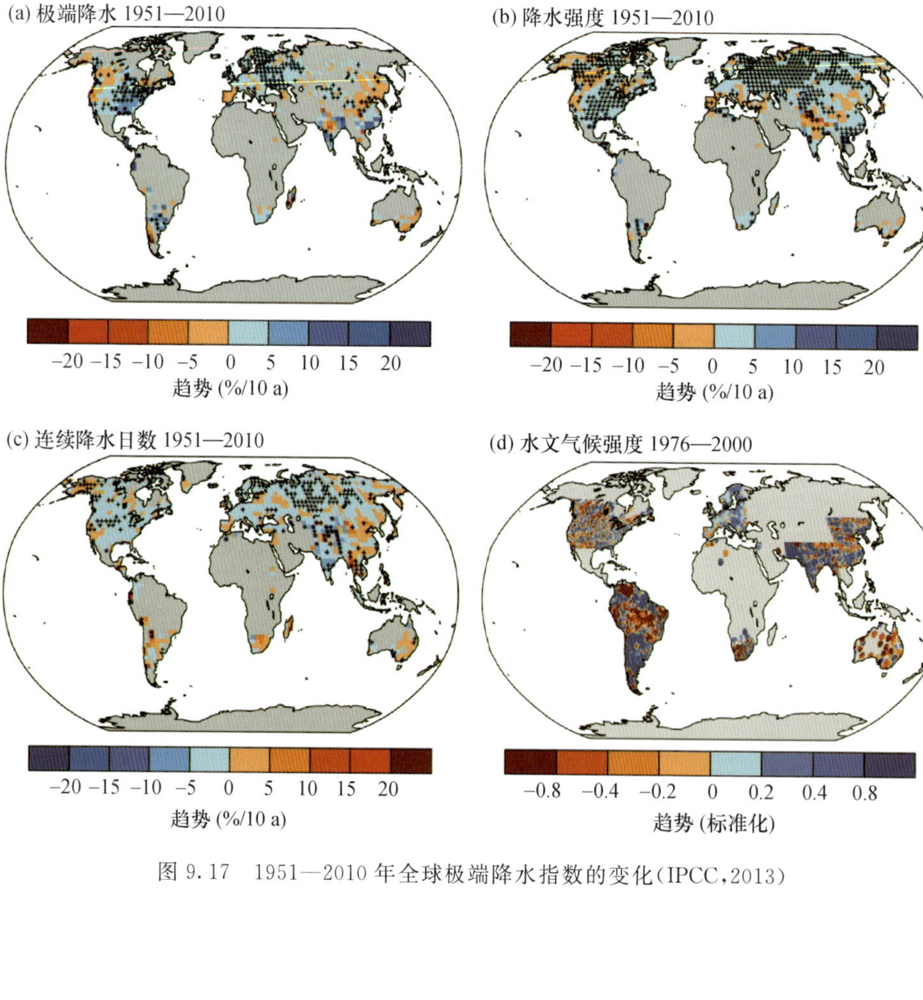

图 9.17　1951—2010 年全球极端降水指数的变化(IPCC,2013)

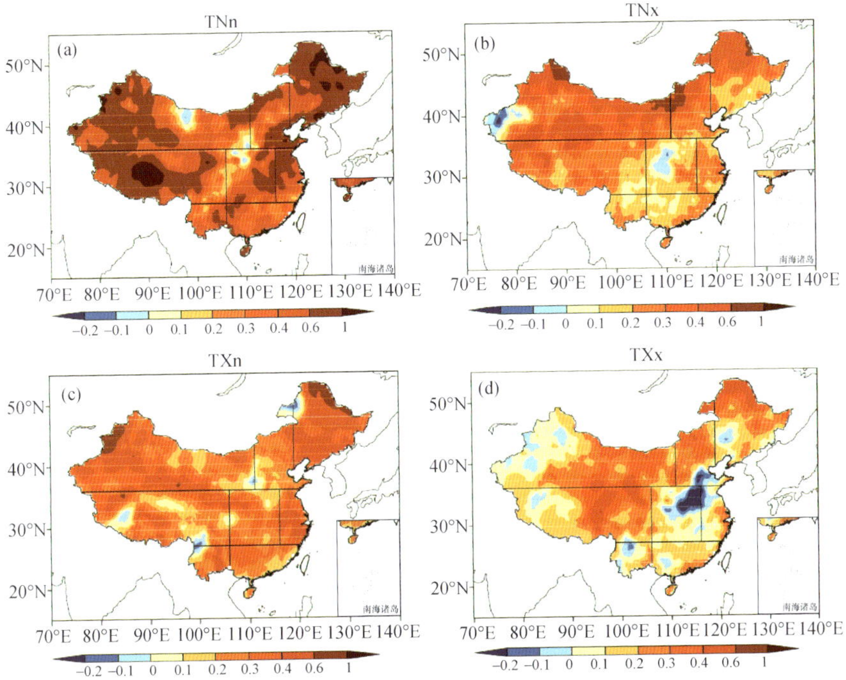

图 9.18　1961—2010 年中国日最低气温的年最低(TNn)和最高值(TNx)、日最高气温的年最低(TXn)和最高值(TXx)的变化趋势(单位:℃/10 a)分布(Zhou et al,2015)

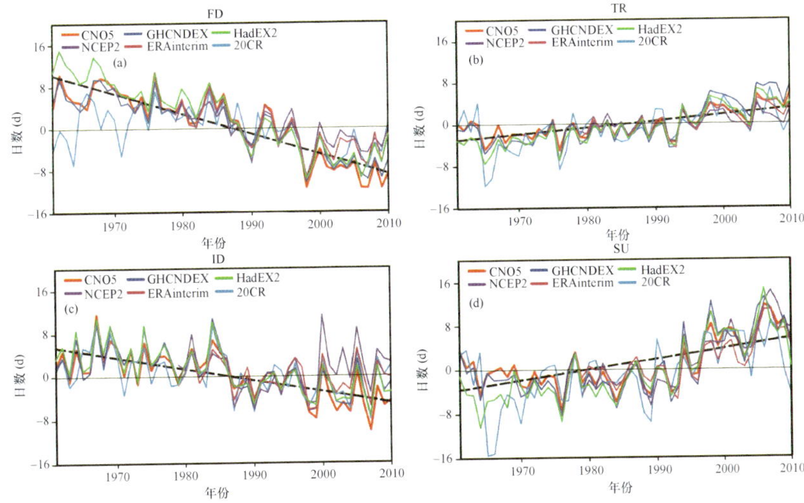

图 9.19　基于 3 种格点观测资料(CN05、HadEX2 和 GHCNDEX)和 3 种再分析资料(20CR、NCEP2 和 ERA-Interim)的 1961—2010 年全国平均霜冻日数 FD(a)、结冰日数 ID(c)、热夜 TR(b)和热日(SU)的变化(Zhou et al,2015)

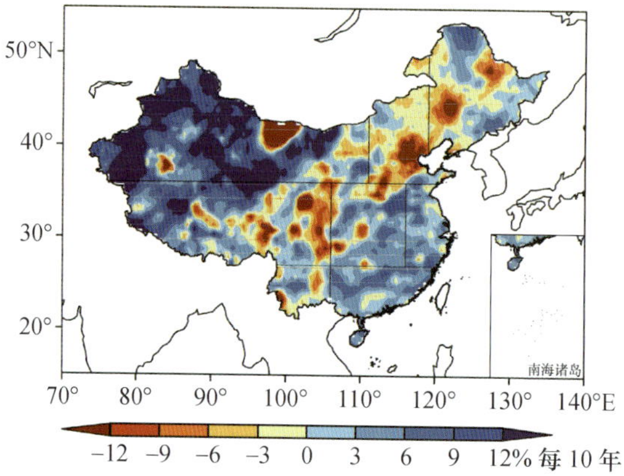

图 9.20　基于 CN05 格点资料的 1961—2010 中国年极端强降水变化趋势分布（Zhou et al,2015）（单位：%/10 a）

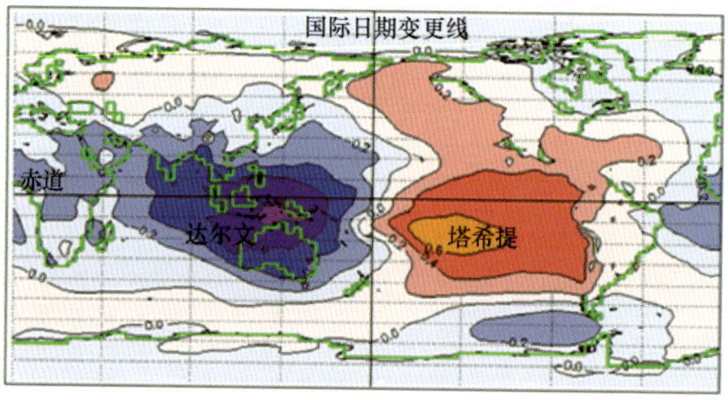

图 10.4　南方涛动指数与海平面气压的相关分布

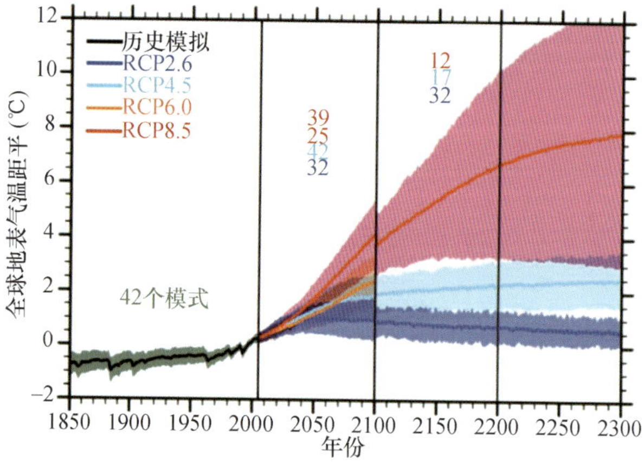

图 10.32　基于 CMIP5 多模式的全球年平均地表气温距平（相对于 1986—2005 年）。预估中各 RCP 情景的多模式平均用实线表示，阴影部分为各模式 5%～95%的区间范围。2100 年后的不连续主要由所使用的模式数量差异引起，不具有物理意义（引自 Collins et al,2013，转引自董思言和高学杰，2014）

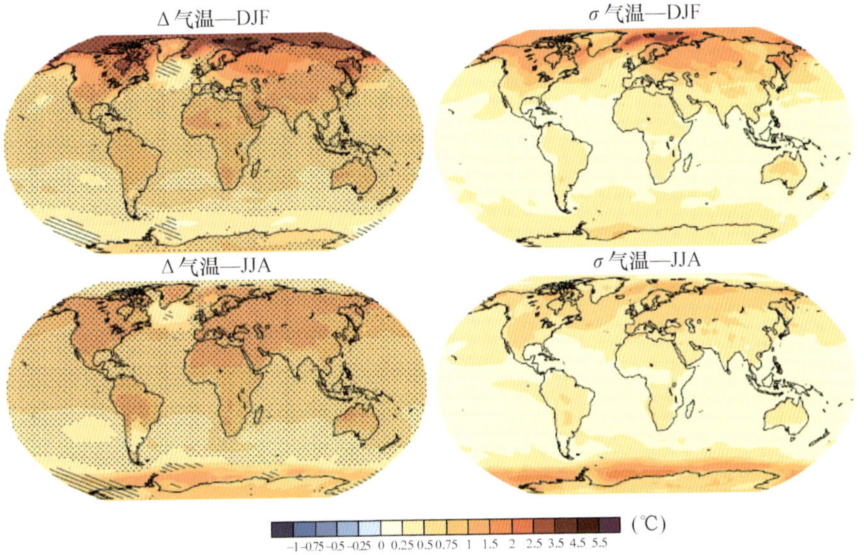

图 10.33　IPCC 第五次评估报告中 42 个气候模式给出的 RCP4.5 情景下 2016—2035 年地表气温相对于 1986—2005 年的变化幅度(左列)和模式间标准差(右列)。其中,打点区表示增温显著且 90%的模式对变化的正负趋势结果一致,斜线阴影区表示温度变化幅度小于模式间不确定幅度一个温度变化标准差(引自 IPCC,2013)

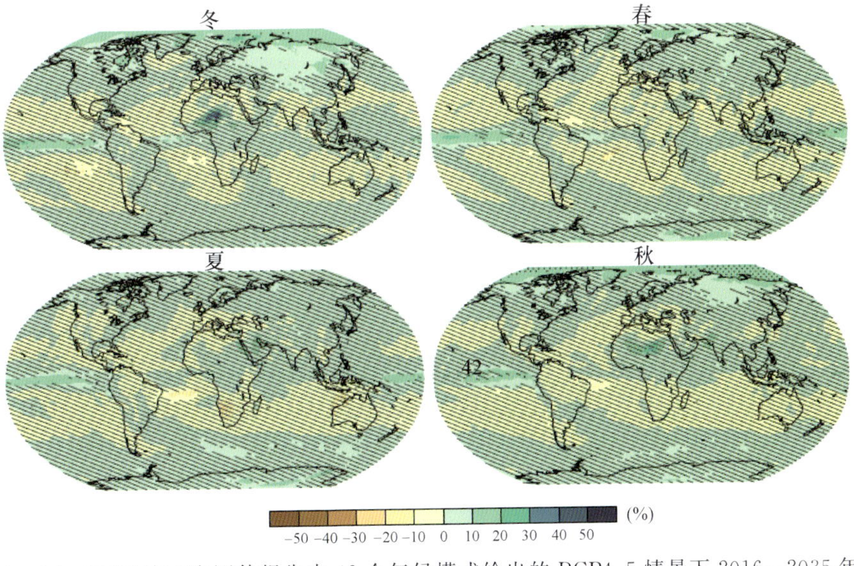

图 10.34　IPCC 第五次评估报告中 42 个气候模式给出的 RCP4.5 情景下 2016—2035 年降水相对于 1986—2005 年的变化幅度,其中打点区和斜线阴影区表示含义同图 10.33
(引自 IPCC,2013)

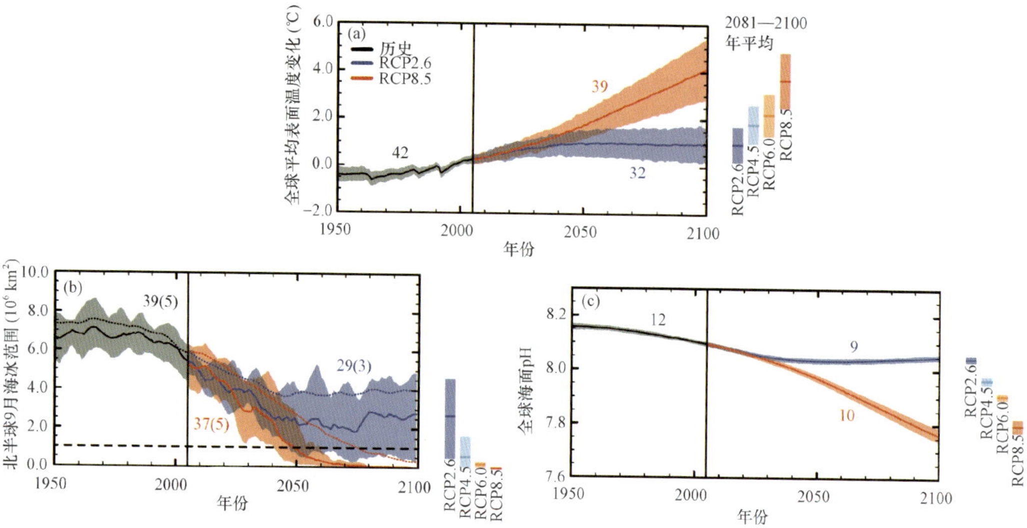

图 10.35　CMIP5 多模式模拟的 1950 至 2100 年全球平均地表温度、北半球 9 月海冰范围和全球海面 pH 值的时间序列

(a)相对于 1986—2005 年的全球年均地表温度的变化;(b)北半球 9 月海冰范围(5 年滑动平均);(c)全球平均海洋表面 pH。图上是 RCP2.6(蓝色)和 RCP8.5(红色)情景下预估的时间序列和不确定性(阴影)。黑色(灰色阴影)是利用历史重建强迫模拟的历史演变。垂直色块是所有 RCP 情景下 2081—2100 年期间的平均值和相关的不确定性。在此也给出了用于计算多模式平均的 CMIP5 模式数量。对于海冰范围(b),给出了最准确重现北极海冰气候平均状况和 1979—2012 年趋势的子模式集(括号中给出模式的数量)预估的平均值和不确定性(最小值到最大值的范围)。(引自 IPCC,2013,图 SPM.7)

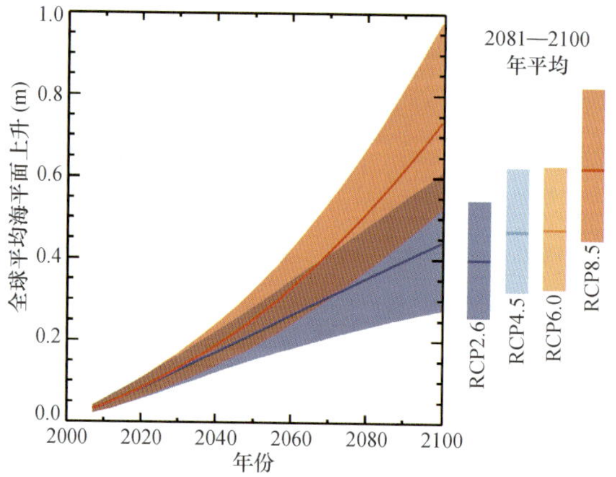

图 10.36　RCP2.6 和 RCP8.5 情景下,CMIP5 气候模式集合预估的相对于 1986—2005 年的 21 世纪全球平均海平面上升。阴影带表示预估的可能区间。彩色柱表示所有 RCP 情景下预估的 2081—2100 年间平均海平面上升的可能区间,横线表示相应的中值。(引自 IPCC,2013,图 SPM.9)